普通高等教育“十一五”国家级规划教材
普通高等教育土建学科专业“十二五”规划教材
高校工程管理专业指导委员会规划推荐教材

工程估价

（第四版）

谭大璐　主编

中国建筑工业出版社

图书在版编目(CIP)数据

工程估价/谭大璐主编. —4版.—北京：中国建筑工业出版社，2014.7（2021.6重印）

普通高等教育“十一五”国家级规划教材

普通高等教育土建学科专业“十二五”规划教材

高校工程管理专业指导委员会规划推荐教材

ISBN 978-7-112-16917-7

Ⅰ.①工… Ⅱ.①谭… Ⅲ.①建筑工程-工程造价-高等学校-教材 Ⅳ.①TU723.3

中国版本图书馆CIP数据核字(2014)第110877号

本书以《建筑安装工程费用项目组成》（建标〔2013〕44号）、《建设工程工程量清单计价规范》GB 50500—2013、《房屋建筑与装饰工程工程量清单计算规范》GB 50854—2013、《建筑工程建筑面积计算规范》GB/T 50353—2005、《全国统一建筑工程预算工程量计算规则（土建工程）GJDGZ-101-95》等为依据，通过查阅大量工程估价理论书籍与工程估价实例编写而成。全书囊括了工程估价、设计概算、预算与清单的工程量计算、招标投标阶段的工程估价、项目实施阶段合同价款的确定与工程结算等内容。

本书力求保持简明扼要、通俗易懂的编著风格和理论性、实用性相结合的编著思路，并力图在书中反映工程估价的通用做法和改革思路。

本书可供作大专院校工程造价、工程管理、土木工程及相关专业的教材，也可作为广大造价管理人员、工程咨询人员及自学者的参考书。

为更好地支持相应课程的教学，我们向采用本书作为教材的教师提供教学课件，有需要者可与出版社联系，邮箱：jckj@cabp.com.cn，电话：01058337285，建工书院 http：//edu.cabplink.com。

责任编辑：张　晶　王　跃

责任设计：董建平

责任校对：张　颖　党　蕾

普通高等教育“十一五”国家级规划教材

普通高等教育土建学科专业“十二五”规划教材

高校工程管理专业指导委员会规划推荐教材

工　程　估　价

(第四版)

谭大璐　主编

*

中国建筑工业出版社出版、发行（北京海淀三里河路9号）

各地新华书店、建筑书店经销

北京红光制版公司制版

北京京华铭诚工贸有限公司印刷

*

开本：787×1092毫米　1/16　印张：20¾　字数：516千字

2014年8月第四版　2021年6月第三十四次印刷

定价：**42.00**元（赠教师课件）

ISBN 978-7-112-16917-7

(33466)

第四版前言

本书的第三版于2008年2月出版，其间也重新改编并准备交稿付印，但得知2013版新的计量与计价规范会有较大变化，便放弃付印想法，直到今年建设工程工程量清单计量与计价规范颁布后，才又再次修订。本版在保持第三版简明扼要、通俗易懂、理论性和实用性相结合的特点基础上，在以下方面做了修改：

1. 本次修订版增加了对估价人员十分重要的招投标工程估价实务，施工阶段的工程结算实务、价格调整实务等内容，使本书更趋完善。

2. 在工程量计算规则方面，本版重点介绍工程量清单计算规则，这主要基于两方面的考虑，一是随着建设技术的进步与造价管理制度的完善，清单计算规则在内容上更加细化、全面，二是原预算规则与清单规则差异较大，现行规范在修订中做了灵活地对接。因此，只要熟练掌握了清单规则的计算方法，预算计算规范也较容易掌握。

3. 再次增加了应用性较强的各类例题与习题，帮助读者学习与理解教材内容。同时增加了造价工程师执业资格考试题型，为学生今后参加执业资格考试奠定基础。

4. 根据第三版的使用情况，删除了“水电安装工程预算工程量的计算规则”章节。

5. 更改了第三版中存在的错误，删除了过时的概念。

本书由四川大学谭大璐主编，并负责全书的统稿工作。第四版由四川大学谭大璐、彭盈、邹琢晶、牟江，四川大学锦城学院刘桂宏、毛晓丽、刘滢，同济大学建筑设计研究院（集团）有限公司尹航，上海鲁班软件有限公司谈健息，四川锦瑞青山科技有限公司白峰共同修订。四川大学建筑与环境学院2011级研究生廖晨雅、陈荃、晏新明，2012级研究生杨柳、张伟、杨威、李明洋为本书资料的收集、整理做了大量工作。中国兵器装备集团（成都）火控技术中心陈超，上海交通大学机械与动力工程学院2012级研究生吕博，四川大学建筑与环境学院雍化年、2012级研究生刘增辉等对本书图例与施工图绘制与修改也付出了辛勤的劳动。四川大学建筑与环境学院尹健、陈玉水对本书的编写也提出了许多宝贵意见并参与审稿工作。

在编写过程中，作者参阅和引用了不少专家、学者论著中的有关资料，在此表示衷心的感谢。同时也向参加第一、二、三版编写工作的所有老师与同学表示感谢。正是由于他们先前付出的辛勤劳动，才使第四版的修订工作能顺利完成。

本书的构思是以编写一本通俗易懂、风格新颖的工程估价教材为初衷。但由于作者的理论水平和工作实际经验有限，成书付梓过程中，虽经仔细校对修改，但难免仍有不当之处，敬请各位专家和读者不吝指教。

2013年10月

第 三 版 前 言

本书的第二版于 2005 年 7 月出版，经过近两年的使用，作者在保持第二版简明扼要、通俗易懂、理论性和实用性相结合等特点的基础上，在内容上做了以下修改：

1. 对第二版的《建筑面积计算规则》章节，按 GB/T 50353—2005 国家标准所制定的《建筑工程建筑面积计算规范》进行了修改。

2. 增加了“工程量清单项目及计算规则”章节，使读者能利用本书内容，进行常见清单项目的综合单价分析。

3. 增加了水电安装工程预算与清单的计量与计价章节，使本书涵盖了建筑工程中各单位工程估价的基本内容。

4. 在主要章节后，增加了应用性较强的案例，帮助读者理解书中的理论或规范条款。

5. 更换（修改）了第二版附录的大作业，使施工图纸内容符合现行的技术规范与设计规范。大作业练习在原有的砖混结构类型上，增加了框架结构类型，以期通过练习，使读者掌握常见结构类型的工程量清单编制与计价方法。

6. 更改了第二版中存在的错误，删除了过时的概念。

本书由四川大学谭大璐主编，第三版由四川大学谭大璐、邹琢晶、董娜、彭盈，南昌大学杜晓玲，四川建筑职业技术学院袁建新共同修订。四川大学王宗年教授为本书的修订提出了宝贵的建议与意见。四川大学建筑与环境学院 07 级研究生马文婷、巫明艳、严鹏、谭聪，建筑学 05 级学生尹航为本书的插图、施工图绘制及校对做了大量工作。谭大璐负责全书的统稿工作。

在编写过程中，作者参阅和引用了不少专家、学者论著中的有关资料，在此表示衷心的感谢。同时也向参加第一、二版编写工作的余明（东北财经大学）、王俊才（重庆大学）、王继才（后勤工程学院）、周波、尹健、雍化年（四川大学）等老师表示感谢。正是由于他们先前付出的辛勤劳动，才使第三版的修订工作能顺利完成。

本书的构思是以编写一本通俗易懂、风格新颖的工程估价教材为初衷。但由于作者的理论水平和工作实际经验有限，成书付梓过程中，虽经仔细校对修改，但难免仍有不当之处，敬请各位专家和读者不吝指教。

2007 年 8 月

第二版前言

本书的第一版于2003年5月出版，经过近两年的使用，作者基于下述原因，决定对第一版进行修改：

1. 近年来为配合我国工程造价领域的改革，国家有关行政管理部门陆续颁布了与工程造价密切相关的规范与规定，如《建设工程工程量清单计价规范》(GB 50500—2003)、“关于印发《建筑安装工程费用组成》的通知”(建标［2003］206号文)等。按新的文件精神，原书中的部分内容已不再适用，必须做相应的修改。

2. 在上述规范与规定的执行过程中，不少省市和企业在技术上遇到了不同程度的困难，高校“工程估价”课程的教学中也缺少一本反映工程估价现状的教材，因此出版一本通俗易懂、操作性较强的教材实为市场所急需。

3. 在第一版的使用过程中，发现个别例题和图例有错误。

第二版在保持第一版简明扼要、通俗易懂、理论性和实用性相结合的特点基础上，在内容上做了以下变动：

1. 按照新的规范与规定对相关内容进行了修改，对原书中的错误作了改正。

2. 根据现行文件，增加了第四章“建筑安装工程费用构成与计算”内容。

3. 将第一版第四章“施工图预算文件的构成”和第七章“施工图预算的审查”的部分内容合并，再根据现行文件精神，增加了新的内容和规定，构成第二版的第五章“建筑工程预算的编制与审查”。

4. 除保留了第一版第八章的部分内容外，按新的规范与规定对第八章、第九章进行了重新编写。

本书由四川大学谭大璐主编，第二版由谭大璐与杜晓玲（南昌大学）共同修订，四川大学邹琢晶，董娜，南昌航空工业学院熊黎黎也参与了部分章节的修订工作，谭大璐负责全书的统稿工作。

在编写过程中，作者参阅和引用了不少专家、学者论著中的有关资料，在此表示衷心的感谢。同时也向参加第一版编写工作的余明（东北财经大学）、王俊才（重庆大学）、王继才（后勤工程学院）、周波、尹健、雍化年（四川大学）等老师表示感谢。正是由于你们先前付出的辛勤劳动，才使第二版的修订工作能在较短时间内完成。

本书的构思是以编写一本通俗易懂、风格新颖的工程估价教材为初衷。但由于作者的理论水平和工作实际经验有限，成书付梓过程中，虽经仔细校对修改，但难免仍有不当之处，敬请各位专家和读者不吝指教。

2005年5月

第一版前言

本书根据教育部土建学科教学指导委员会工程管理分委会编制的工程管理专业《工程估价》教学大纲的要求，结合作者多年讲授《建筑工程定额与预算》的教学经验和心得而编写。

随着我国加入WTO，建筑工程领域的竞争日益激烈。无论是业主还是承包商，都对工程造价十分关心。业主方希望对工程造价的估计尽可能准确，使其有限的资金得到有效、合理的利用。而承包商则希望利用正确的估价方法，能在投标竞争中获胜，并在承包的工程中得到较高的利润。为此，合理地估计工程造价，成为双方都十分关心的问题。

本书具有以下特点：

1. 系统阐述了建设项目从工程估算、设计概算、施工图预算、招标投标估价等工程建设全过程的工程估算方法。本书以介绍建筑工程的估算方法为主，同时也介绍了其他行业投资估算原理，既具有通用性，又有一定的代表性。

2. 注意在内容广度上的拓展。既考虑了我国建筑工程估价领域的现状与特点，又介绍了国际惯例中工程估价的方式与发展趋势，为我国建筑工程估价领域从现阶段的政府“指导价”逐渐过渡到符合国际惯例的量价分离工程造价管理提供帮助。

3. 本书除介绍工程估价中的基本原理外，附有大量的图例、例题、常用的表格，既保持简明扼要的编著风格，又力求具有实用性和可操作性。

4. 本书在深度安排上有相对独立的章节，以满足不同专业、不同层次的读者选用。在本书的附录中，安排了不同难度的大作业，使不同层次的读者能得到动手能力的训练。

本书由四川大学建筑与环境学院谭大璐主编，并负责全书的统稿工作。各章参编人员为：

第一章:四川大学　谭大璐;第二章:后勤工程学院　王继才;第三章:重庆大学王俊才;第四章:东北财经大学　余明;第五章:谭大璐;第六章:谭大璐、周波;第七章:王继才;第八章:余明;第九章:王俊才;附录的预算说明书:邹琢晶、谭大璐。

四川大学尹健高级工程师对本书进行了认真的审核,周粼波、雍化年老师负责各章的插图及附录施工图的绘制,周树琴老师为本书提供了许多原始资料与插图。

作者在本书编写过程中,参阅和引用了不少专家、学者论著中的有关资料,在此表示衷心的感谢。

编著者以编写一本通俗易懂、风格新颖的工程估价教材为初衷。由于作者的理论水平和工作实际经验有限,成书付梓过程中,虽经仔细校对修改,但难免仍有不当之处,敬请各位专家和读者不吝指教。

2003年3月

目　录

1 概论

本章介绍了工程估价的概念和建筑工程估价的特点；对受雇于业主和受雇于承包商的估价师的工作内容进行了较为详细的论述；介绍了工程估价的一般工作程序与估价原则；在介绍工程估价发展的同时，结合现代工程项目特点，提出了对工程估价师的素质要求。

1.1 工程估价概述

1.1.1 工程估价的概念

工程估价是指工程估价人员在项目进行过程中，根据估价目的、遵循估价原则、按照估价程序、采用科学的估价方法，结合估价经验等，对项目最可能实现的合理价格所作出的估计、推测和判断。

建筑工程估价是根据建筑工程的特点，对拟建工程要付出的全部工程费用的额度进行估计。

工程估价是工程项目管理的重要环节。工程估价的正确性直接影响到项目投资的有效控制与合理收益。本书介绍的工程估价主要以建筑工程估价为基础，其方法与原理也可用于其他土木工程项目的估价中。

1.1.2 工程估价的特点

工程建设活动是一项多环节、受多因素影响、涉及面广的复杂活动。因而，其估算价值会随项目进行的深度不同而发生变化，即工程估价是一个动态估价过程。工程估价的特点是由基本建设产品本身固有的技术经济特点及其生产过程的技术经济特点所决定的。

1. 单件性特点

每一项建设工程都有其专门用途，为了适应不同用途的要求，每个项目的结构、造型、装饰，建筑面积或建筑体积，工艺设备和建筑材料就有差异。即使是用途相同的建设项目，由于建筑标准、技术水平、市场需求、自然地质条件等不同，其造价也不相同。因此，必须通过特殊的计价程序来确定各个项目的价格。

2. 多次性计价特点

工程项目一般都具有体积庞大、结构复杂、单件性强的特点，因此，其生产过程是一个周期长、环节多、耗资大的过程。而在不同的建设阶段，由于条件不同，对工程估价的要求也不相同。人们不可能超越客观条件，把建设项目的估算编制得与最终造价完全一致。但是，如果能充分掌握市场变动信息，应用科学的工程估价方法，对信息资料加以全面分析，则工程估价的准确度将大大提高。工程估价一般要经历多次估价过程，每个过程都有相应的估价控制指标，如图 1-1 所示。图中竣工验收阶段的决算虽然也是估价师的工作内容，但属于已完工程价格的审计问题，故本书不作详细介绍。

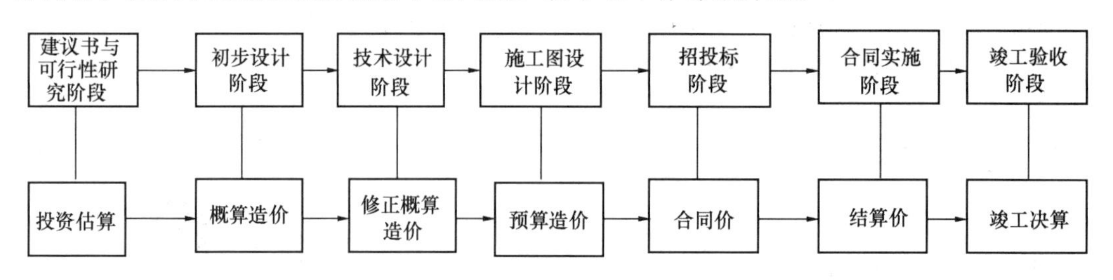

图 1-1 工程估价示意图

3. 组合性特点

由于建筑产品具有单件性、独特性、固定性、体积庞大等特点，因而其估价比一般工业企业的产品计价复杂得多。为了较为准确地对建筑产品合理计价，往往按工程的分部组合进行计价。根据工程项目的难易程度，可对建设项目的组成进行如下划分：

（1）建设项目

建设项目是指在一个总体设计或初步设计的范围内，由一个或若干个单项工程组成，经济上实行统一核算，行政上有独立机构或组织形式，实行统一管理的工程项目。其特征是，每一个建设项目都编制有设计任务书和独立的总体设计。如某一家工厂或一所学校建设，均可称作建设项目。

（2）单项工程

单项工程又称工程项目。单项工程是指具有独立的设计文件，能够独立存在的完整的建筑安装工程的整体。其特征是，该单项工程建成后，可以独立进行生产或交付使用。如学校建设项目中的教学楼、办公楼、图书馆、学生宿舍、职工住宅工程等。一个或若干个单项工程可组成建设项目。

（3）单位工程

单位工程是指具有独立的施工图纸，可以独立组织施工，但完工后不能独立交付使用的工程。例如工厂一个车间建设中的土建工程、设备安装工程、电气安装工程、管道安装工程等。一个或若干个单位工程可组成单项工程。

（4）分部工程

分部工程是按照单位工程的各个部分，由不同工种的工人，利用不同的工具、材料和机械完成的局部工程。其特征是，分部工程往往按建筑物、构筑物的主要部位划分。如土石方工程分部、混凝土和钢筋混凝土工程分部等。一个或若干个分部工程可组成单位工程。

（5）分项工程

分项工程是将分部工程进一步划分为若干部分。如砖石工程中的砖基础、墙身、零星砖砌体等。一个或若干个分项工程可组成分部工程。

计算工程造价时，往往从局部到整体，通过对分项工程、分部工程、单位工程、单项工程的费用计算后，汇总成为建设项目的工程造价。

由于建设项目是由不同的工程分部构成，因此估计工程价格时，一般都是由单个到综合，由局部到总体，逐个估价，层层汇总而成。例如，为确定建设项目的总概算，先要计算各单位工程的概算，再计算各单项工程的综合概算，最终汇成建设项目总概算。

1.1.3 工程估价的意义

工程估价在业主控制建设投资、设计单位考核设计效果、承包商安排施工活动并获得合理利润等方面有着重大意义，主要表现在以下几方面：

（1）合理的工程估价是项目投资控制的前提；

（2）工程估价是签订工程合同，进行工程结算的依据；

（3）工程估价是承包商进行施工准备工作的依据；

（4）工程估价是工程质量得以保证的经济基础。

工程估价必须适应当时当地建筑工程承发包市场的变化情况，不能过分偏离相应工程项目所必需的活劳动和物化劳动的消耗量，它应当有一个合理的浮动范围，避免发包商片面压低标价，也防止个别承包商为获得施工任务而盲目投低标，因为合理的工程价格是保证工程质量的经济基础。

1.2 工程估价的内容、程序与估价原则

1.2.1 工程估价的内容

工程估价的工作内容涉及建设项目的全过程。根据估价师的服务对象不同，工作内容也有不同的侧重点。

1. 受雇于业主的估价师的工作内容

（1）开发评估

在工程项目的初始阶段和规划阶段，估价师可以为业主（开发商）准备开发进行估算和其他涉及开发评估的工作，如财务预测、现金流量分析、敏感性分析或其他服务。

（2）合同前成本控制

工程合同签订前，估价师按业主要求，运用有关的估算方法，初步估计出工程的成本，使业主对工程造价有一个大致的了解。在项目的设计过程中，估价师应不断地向设计师提供有关成本方面的建议，对不同的施工方案进行成本比较，以成本规划控制设计。有时业主还要求估价师在制定成本规划的同时，运用价值工程的原理，分析项目的“全寿命”成本，使投资得到最有效的利用。

（3）融资与税收规划

估价师可按业主要求，就项目的资金来源和使用方式提供建议，并凭借自己对国家税

收政策和优惠条件的理解，对错综复杂的工程税收问题提供税收规划。

（4）选择合同发包方式，编制合同文件

工程条件和业主要求不同，所适用的发包方式也不同。如果业主最为关心的是成本问题，那么，应该选择成本能够确定的投标者而不是目前标价最低的投标者。估价师可以利用在发包方面的专业知识帮助业主选择合适的发包方式和承包商。

合同文件的编制是估价师的主要工作内容。合同文件编制的内容根据项目性质、范围和规模的不同而不同，一般包括工程量清单、合同条件、技术说明书等内容。

（5）投标分析

投标分析是选择承包商的关键步骤。估价师在此阶段起着重要作用，除了检查投标文件中的错误之处，往往还在参与业主与承包商的合同谈判中，起着为业主确定合同单价或合同总价的顾问作用。

（6）合同管理

估价师对合同的管理工作主要分为现金流量、财务状况和索赔三方面的管理。估价师应按制定的现金流量表来监督对承包商的付款进度（工程结算），通过编制相应的成本报表来了解项目的财务状况，及时将可能影响预算的事件通告业主，并尽早确定设计变更、工期延误等对财务的影响。估价师还应及时对发生的工程索赔价款进行估价核实。

（7）工程决算

项目完成后，估价师应及时办理与承包商的工程结算，并按业主要求，进行工程竣工决算。

2. 受雇于承包商的估价师的工作内容

（1）报价

承包商在投标过程中，工程量的计算与相应的价格确定是影响能否中标的关键。在这一阶段出现错误，特别是主要项目的报价错误，其损失是难以弥补的。成功的报价依赖于估价师对合同和施工方法的熟悉、对市场价格的掌握和对竞争对手的了解。

（2）谈判签约

承包商的估价师要就合同所涉及的项目单价、合同总价、合同形式、合同条款与业主的估价师谈判协商，力争使合同条款对承包商有利。

（3）现场测量、财务管理与成本分析

为了及时进行工程的中期付款（结算）和企业内部的经济核算，估价师应到施工现场实地测量，编制真实的工程付款申请。同时，定期编制财务报告，进行成本分析，将实际值与计划值相比较，判断企业盈亏状况，分析原因，避免企业合理利润的损失。

（4）工程竣工结算

工程竣工时，如果承包商觉得根据合同条款，未得到应该得到的付款，竣工结算就会比中期付款花更多的时间和精力，这需要承包商的估价师与业主（或业主的估价师）经过艰难的协商，完成竣工结算。

1.2.2 工程估价程序

1. 估价步骤

工程项目投入资金多，且由业主筹资，故项目建设的全过程应由业主决策、管理和控制。国际惯例的估价一般按以下步骤进行：

（1）业主根据国民经济发展的总体规划及市场对建筑产品的需求，拟订出资建设某类型建筑产品的轮廓性概念，委托咨询公司进行规划。

（2）咨询公司接受业主委托，从建设项目的技术、经济、管理等方面进行项目的可行性研究，向业主提交项目可行性研究报告。

（3）业主对咨询公司提交的可行性研究报告进行分析、审定，对可行性研究报告提供的方案作出决策。

（4）业主根据咨询公司可行性研究报告中提出的工程估算，进行设计招标。设计单位中标后，做出设计概算；业主再根据工程量清单，进行施工招标。

（5）业主根据施工合同价，加上业主费用，得出工程造价。

以上程序的特点是：项目实行先算价后工作、谁承包谁报价、估价与定价分开，因此只要估价准确，工程出现超资的可能就大大减少。

2. 工程估价的阶段划分与误差

在项目的不同阶段，由于工作深度不同，工程估价的误差也不一样。

（1）工程估算

工程估算分为项目规划阶段、项目建议书阶段和初步估算阶段的投资估算。投资估算应包括从筹建至竣工验收的全部建设工程费用。

（2）工程概算

在此阶段，已对项目进行了较详细的可行性研究，大部分设计图已完成，估算的投资额比较准确。可据此进行项目的筹资。

（3）工程量清单编制与施工图预算

在此阶段，设计说明书、施工图和材料清单都已完成，业主（或其委托的咨询机构）可根据工程图纸编制工程量清单，确定招标控制价，进行工程招标，而承包商则可根据业主提供的工程量清单，企业的技术水平和管理水平，人工、材料、机械的市场价格以及国家（或各地）有关部门规定，确定各项的综合单价，进行投标报价，同时根据施工图预算规则计算的工程量进行企业的施工安排与成本管理。

实际中，各阶段间并无明确的界线，服务于业主或承包商的估价师可根据实际工程的特点、类型，参照同类型工程的经济指标，适当地进入相应的工作阶段，快速作出满足工程要求的估价。

1.2.3 工程估价的原则

1. 资金打足原则

资金打足要求在工程估价过程中按工程量清单和设计文件提供的资料对已划分好的项目，充分考虑各种因素对价格的影响后进行报价。通常业主会以压低标价的方式减少工程投资，而承包商为了中标，也易低标报价，这样定出的工程造价往往偏低，一旦遇到涨价风险，就可能因资金短缺造成停工而延误工期。资金不足还可能导致承包商偷工减料使工程质量下降，最终反而使工程造价增加。

2. 估计准确原则

估价既不能“高估冒算”，也不能“低估压价”，估价人员应掌握充足的同类项目的历史资料，对拟建项目的特点、工程量、价格、工期、质量要求进行认真研究，并运用科学的技术经济分析方法对工程项目作出准确的估计。

3. 动态估价原则

由于工程项目的估价特点，实际中，造价往往受设计变更、施工条件、市场需求、地质环境等多因素的影响，因此估价需要进行动态调整。建立项目的预备费是进行动态调价的保证，也是控制投资不超估算的基础。

1.3 工程估价的发展

1.3.1 国际工程估价的起源与发展

工程估价的起源可追溯到中世纪。当时的大多数建筑都比较简单，业主一般请一个工匠来负责房屋的设计与建造。工程完工后，按双方事先商量好的总价支付，或者先确定一个单价，然后乘以实际完成的工程量得到工程的造价。

到14、15世纪，随着人们对房屋、公共建筑的要求日益提高，原有的工匠不能满足新的建筑形式的技术要求，建筑师成为一个独立的职业，而工匠们则负责其建造工作。工匠与建筑师接触时发现，由于建筑师往往受过较好的教育，因此在与建筑师协商造价时，自己往往处于劣势地位，为此，他们雇佣其他受过教育、有技术的人替他们计算工程量并与建筑师协商单价。

当工匠们雇佣的计算人员越来越专业化时，建筑师为了有更多的精力去完成自己的设计基本职能，也雇佣计算人员代表自己的利益与工匠们的计算人员对抗。这样，就产生了专门从事工程造价的计算人员——估价师。

19世纪初，英国为了有效地控制工程费用的支出、加快工程进度，开始实施竞争性招标。竞争性招标需要每个承包商在工程开始前根据图纸计算工程量，然后根据工程情况作出工程估价。参与投标的承包商往往雇佣一个估价师为自己做此工作，而业主（或代表业主利益的工程师）也需要雇佣一个估价师为自己计算拟建工程的工程量，为承包商提供工程量清单。所有的投标都以业主提供的工程量清单为基础，从而使投标结果具有可比性。当工程中发生工程变更后，工程量清单就成为调整工程价款的依据与基础。

20世纪初，工程估价领域出版了第一本标准工程量计算规则，使得工程量计算有了统一标准和基础，进一步促进了竞争性投标的发展。

20世纪50年代，英国皇家特许测量师协会（Royal Institute of Chartered Surveyor，简称RICS）的成本研究小组修改并发展了成本规划法，使估价工作从原来被动的工作转变成为主动工作，从原来设计结束后作估价转变为估价与设计工作同步进行。

20世纪60年代，RICS的成本信息服务部又颁发了划分建筑工程分部工程的标准，这样使得每个工程的成本可以按相同的方法分摊到各分部中，从而方便了不同工程的估价和成本信息资料的贮存。

20世纪70年代后期，建筑业人士达成了一个共识——对项目的估价仅考虑初始成本（一次性投资）是不够的，还应考虑到工程交付使用后的维修和运行成本，即应以“总成本”作为方案投资的控制目标。这种“总成本论”进一步拓宽了工程估价的含义，使工程估价贯穿于项目的全过程。

1.3.2 我国工程估价管理的历史沿革

早在北宋时期，我国土木建筑家李诫编修的《营造法式》，可谓工料计算方面的巨著，该书可以看作是古代的工料定额。清朝工部《工程做法则例》中，也有许多内容是说明工料计算方法的，它也是一部优秀的算工算料著作。

工程估价管理在北宋时期就有范例。丁渭修复皇宫工程中采用的挖沟取土烧砖，以沟运料修宫，修宫废料填沟的办法，取得了“一举三得”的显效，其中不仅包括算工算料方面的方法和经验，也包括了系统工程的管理思路。

新中国成立以后，我国工程估价管理大体上可以分为五个阶段。

第一阶段：1950～1957年，工程建设定额管理建立阶段。1950～1952年国民经济三年恢复时期，全国的工程建设项目虽然不多，但在解放较早的东北地区，已经着手一些工厂的恢复、扩建和少量新建工程。由于缺少建设经验和管理方法，加之工程基本由私人营造商承包，资金浪费大。第一个五年计划开始，国家基本建设规模日益扩大。为有效使用有限的建设资金，提高投资效果，在总结经验的基础上，吸收了苏联的建设经验和管理方法，建立了概预算制度，要求建立各类定额并对其进行管理，以提供编制和考核概预算的基础依据。同时为了提高投资效果，也要求加强施工企业内部的定额管理。

在该阶段，我国虽建立了定额管理，但由于面对大规模经济建设，缺乏工程估价经验、缺少专业人才，所以在学习外国经验时，也存在结合中国实际情况不够的问题，使定额的编制和执行受到影响。

第二阶段：1958～1966年，工程建设定额管理弱化时期。1958年开始，受“左”的错误指导思想的影响，削弱、放松，以致放弃了定额的管理。1958年6月，概预算和定额管理权限全部下放，形成了国家综合部门撒手不管的状态。不少地区代之以二合一定额，即将施工定额和预算定额合为一种定额，混淆这两种定额的不同性质、不同作用和不同使用范围。否认商品经济、市场交换和价值规律在定额管理和概预算中的影响。

1961年，我国概预算管理和定额管理曾有一定的恢复和改进。但1965年，工程建设投资管理进一步弱化，设计单位不再编制施工图预算。基建体制上废除甲、乙方每月按预算办理工程价款结算办法。1966年1月，试行建设公司工程负责制，改变承发包制度，规定一般工程由建设部门按年投资额或预算造价划拨给建设公司，工程决算时多退少补。这些规定从根本上摧毁了概预算管理制度和定额管理制度。

第三阶段：1966～1976年的十年动乱阶段。这时期国民经济濒临崩溃的边缘。概预算和定额管理机构被“砸烂”，大量基础资料销毁。1967年，在建筑工程部直属施工企业中实行经常费制度，即国家按施工企业人头给钱；材料费拨款按基建管理体制和材料供应方式确定；完工后不再办理结算。这从制度上否定了施工企业的性质，把企业变成享受供给制和实报实销的行政事业单位。推行这个制度的实质是施工企业花多少向建设单位报多少，建设单位花多少就向国家要多少。建设单位、施工企业都“吃大锅饭”，造成人力、物力、资金的严重浪费，投资效益下降，劳动生产率下降。

第四阶段：1976年10月十年动乱结束。从1977年起，国家恢复重建造价管理机构，1983年8月成立基本建设标准定额局，组织制定工程建设概预算定额、费用标准及工作制度。概预算定额统一归口，1988年划归原建设部，成立标准定额司，各省市、各部委建立了定额管理站，全国颁布了一系列推动概预算管理和定额管理发展的文件。随着中国建设工程造价管理协会的成立、工程项目全过程造价管理的概念逐渐为广大造价管理人员所接受，工程估价体制和管理都得到了迅速的恢复和发展。

第五阶段：1990～2003年。随着我国经济的发展水平和经济结构的日益复杂，与传统计划经济相适应的概预算定额管理，已逐渐暴露出不能满足市场经济要求的弊端。2003年，《建设工程工程量清单计价规范》GB 50500—2003的颁布实施，标志了我国的工程估价开始进入国际估价惯例的轨道，工程造价管理由传统的“量价合一”的计划模式向“量价分离”的市场模式转型。

近年来，工程造价咨询业的产生使工程的估价变得更为及时可靠，相关建设行政管理部门逐步完善了定额标准的制定和建立了相应的法律规范，实现了对工程造价的监督管理，规范定价行为。各咨询机构也加强了对工程造价信息的收集、整理和发布。2008年，中华人民共和国住房和城乡建设部、中华人民共和国国家质量监督检验检疫总局联合总结了GB 50500—2003实施以来的经验，发布了《建设工程工程量清单计价规范》GB 50500—2008，2013年，中华人民共和国住房和城乡建设部、中华人民共和国国家质量监督检验检疫总局又联合颁布了《建设工程工程量清单计价规范》GB 50500—2013和《房屋建筑与装饰工程工程量计算规范》GB 50854—2013等9本计量规范，这些规范修订了原规范中不尽合理、可操作性不强的条款和表格格式，将规范内容从招投标延伸到项目造价管理的全过程，为建设项目工程估价与管理提供了更为有效的依据与方法。

1.3.3 现代工程对估价师的素质要求

随着建筑业的发展，估价工作的内容日益增多，工作范围也日趋广阔。估价师从单纯按定额编制概预算或准备工程量清单拓展为业主或承包商的成本顾问。为此，估价人员应尽快适应时代要求，提高自身的综合素质。

如在美国，工程成本的估价管理主要由“工程成本促进协会”（The Association for the Advancement of Cost Engineering，简称AACE）进行行业管理。AACE的认证有成本工程师证（Certified Cost Engineer简称CCE）和成本咨询师证（Certified Cost Consultant简称CCC）两种。考试内容是一样的，要取得CCE证的必须是已有四年以上工程学历教育并已获得工程学士学位的人。要取得CCC证的必须是已经具有四年以上的建筑技术、项目管理、商业等专业学位，或已取得项目工程师执照的人。持有这两证的并没有什么特权，只是证明其已具有最新的工程造价专业知识和技能，比没有证的在就业时有优势。AACE的认证考试主要是考以下四个方面的知识和技能：

（1）基本知识，如工程经济学、生产率学、统计与概率、预测学、优化理论、价值工程等。

（2）成本估算与控制技能，如项目分解、成本构成、成本和价格的估概预算方法、成本指数、风险分析和现金流量等。

（3）项目管理知识，如管理学、行为科学、工期计划、资源管理、生产效率管理、合同管理、社会和法律等。

（4）经济分析技能，如现金流量、盈利分析等。

为了满足现代工程的要求和适应我国造价管理体制的转型，我国加强了建设项目投资的控制管理，项目投资控制与造价管理的执业资格制度逐步形成，涉及工程估价相关执业资格见表1-1。

工程估价相关执业资格　　**表1-1**

序号	名　称	管理部门	承办机构	实施时间
1	监理工程师	住房和城乡建设部	中国建设监理协会	1992.07
2	房地产估价师	住房和城乡建设部	住房和城乡建设部注册中心	1995.03
3	资产评估师	财政部	中国资产评估协会	1996.08
4	造价工程师	住房和城乡建设部	中国建设工程师协会	1996.08
5	咨询工程师（投资）	国家发展和改革委员会	中国工程咨询协会	2001.12
6	一级建造师	住房和城乡建设部	住房和城乡建设部注册中心	2003.01
7	设备监理师	国家质量监督检验检疫总局	中国设备监理协会	2003.10
8	投资建设项目管理师	国家发展和改革委员会	中国投资协会	2005.02

我国从事工程估价的人员应具备以下能力：

（1）具有对工程项目各阶段估价的能力。能根据工程图纸和统一的工程量计算规则，掌握工程量计算、工程量清单编制、工程单价的确定方法和工程估价的审核；掌握工程结算方法，协助编制与审查工程决算。

（2）能够运用现代经济分析方法，对拟建项目计算期（寿命期）内的投入、产出诸多因素进行调查；通过可行性研究，做好工程项目的预测工作，为业主优选投资方案提供依据。

（3）熟悉与工程相关的法律法规，了解工程项目中各方的权利、责任与义务。能对合同协议中的条款作出正确的解释；掌握招投标及评标方法，并具备谈判和索赔的才能与技巧。

（4）了解建筑施工技术、方法和过程，正确理解施工图、施工组织设计和施工安排。合理地编制费用项目，为正确估价提供保障。

（5）有获得工程信息、资料的能力，并能运用工程信息系统提供的各类技术与经济指标，结合工程项目具体特点，对已完工程的经济性作出评价和总结。

习题

1. 工程估价的主要特点有哪些？工程估价的基本原则是什么？
2. 建设项目是如何划分的？
3. 工程估价人员应具备的基本能力有哪些？

2 决策阶段的工程估价

投资决策是投资行动的一个关键环节，正确的项目投资行动基于正确的项目投资估算。本章扼要介绍了建设工程投资、建设工程造价的构成，投资估算的概念、作用；投资估算的阶段划分及各阶段对投资估算精确度的要求，并对决策阶段的投资估算做了较为详细的介绍。

2.1 建设工程投资与工程造价构成

建设工程投资一般是指进行某项工程建设花费的全部费用，包括形成工程项目固定资产的建设投资和再生产所需的流动资产（铺底流动资金）投资。

建设工程造价是指建设项目投资构成中的固定资产部分。从理论上讲，工程造价包括了构成建设项目的物质消耗支出、劳动报酬和参与建设项目各企业的盈利。我国现行的工程造价一般由设备、工器具购置费用，建筑安装工程费用，工程建设其他费用，预备费，建设期利息等组成。

设备、工器具购置费用是指按工程建设项目设计文件要求，建设单位或其委托单位购置或自制达到固定资产标准的设备和新、扩建项目配置的首套工器具及生产家具所需的投资。它由设备原价、工器具原价和相应的运杂费组成。

建筑安装工程费用是指建设单位支付给建筑安装企业的全部生产费用，是以货币形式表现的建筑安装工程的价值，包括用于建筑物的建造及有关的准备、清理等工程的投资，用于需要安装设备的安置、装配工程的投资。

工程建设其他费用是指从工程筹建到工程竣工验收交付使用而未纳入以上两项，由项目投资支付、为保证工程建设顺利完成和交付使用后能够正常发挥效用而发生的费用，按其内容可分为三类，第一类是土地使用费，包括农用土地征用费和取得国有土地使用费；第二类是与项目建设有关的费用，包括建设管理费、勘察设计费、研究试验费、临时设施费、工程保险费、引进技术和进口设备其他费；第三类是与未来生产经营有关的费用，包括联合试运转费、生产准备费及办公和生产家具购置费。

预备费包括在项目实施中可能发生的难以预料的、需要预先预留的基本预备费和在建设期内由于价格等变化引起的投资增加、需要事先预留的涨价预备费。

建设期利息是指项目借款在建设期内发生并计入固定资产的利息。

固定资产投资方向调节税是指根据国家产业政策而征收的税种。

我国现行建设工程总投资构成如图 2-1 所示。

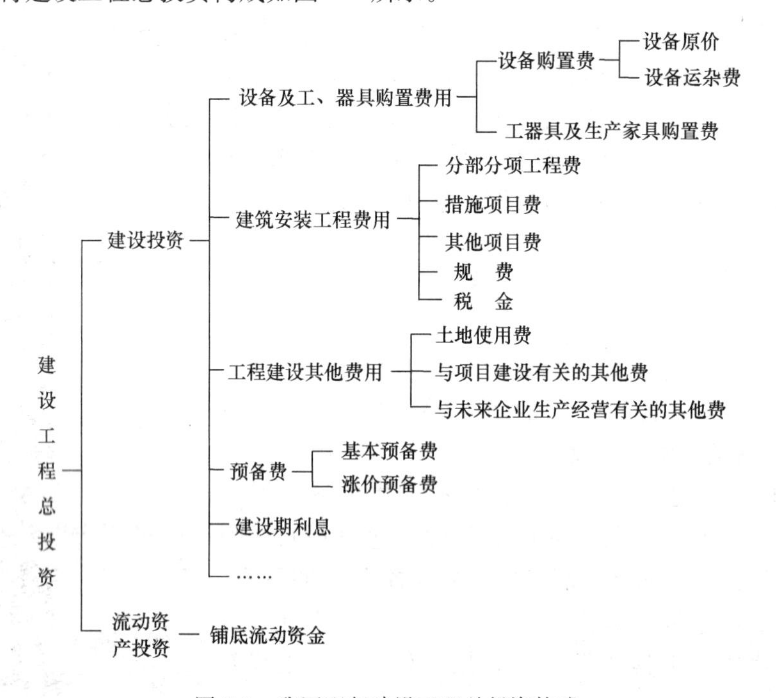

图 2-1 我国现行建设工程总投资构成

2.2 投资估算概述

2.2.1 投资估算的概念

投资估算是指在建设项目整个投资决策过程中，依据已有的资料，运用一定的方法和手段，对建设项目全部投资费用进行的预测和估计。

2.2.2 投资估算的作用

投资估算是工程项目建设前期从投资决策直至初步设计以前的重要工作环节，是项目建议书、可行性研究报告的重要组成部分，是保证投资决策正确的关键环节，其准确与否直接影响到项目的决策、工程规模、投资经济效果，并影响到工程建设能否顺利进行。在拟建项目的全面论证过程中，除考虑技术上可行外，还要考虑经济上的合理性，而建设项目的投资估算在拟建项目前期各阶段工作中，作为论证拟建项目的一种经济文件，有着极其重要的作用。具体可归纳为以下几点：

（1）投资估算是项目主管部门审批项目建议书和可行性研究报告的依据之一，并对制定项目规划、控制项目规模起参考作用。

(2) 投资估算是项目筹资决策和投资决策的重要依据，对于确定筹资方式，进行经济评价和方案优选起着重要作用。

(3) 投资估算是编制初步设计概算的依据，同时还对初步设计概算起控制作用，是项目投资控制目标之一。

2.2.3 投资估算阶段的划分、精度要求与作用

投资估算贯穿于整个建设项目投资决策过程之中，国内外的投资估算阶段的划分与误差要求稍有差异，见表2-1。

国内外投资估算阶段划分与误差要求 **表2-1**

阶段	国外		国内	
	阶段名称	误差（%）	阶段名称	误差（%）
一	项目的投资设想阶段（毛估阶段、比照估算）	>30	项目规划阶段	>30
二	项目的投资机会研究（粗估阶段、因素估算）	<30	项目建议书阶段	<30
三	项目的初步可行性研究阶段（初步估算阶段、认可估算）	<20	项目初步可行性研究阶段	<20
四	项目的详细可行性研究阶段（确定估算、控制估算）	<10	项目详细可行性研究阶段	<10
五	项目的设计阶段（详细估算、投标估算）	<5		

我国的投资估算由于不同阶段所具备的条件和掌握的资料不同，投资估算所起的作用也不同。

1. 项目规划阶段投资估算的作用

这一阶段是指有关部门根据国民经济发展规划、地区发展规划和行业发展规划的要求，编制项目规划书，粗略估算项目的投资额。

2. 项目建议书阶段投资估算的作用

在此阶段主要是按照项目建议书中的产品方案、项目建设规模、主要生产工艺、车间组成、初选建厂地点等，估算项目的投资额。目的是判断建设项目是否需要进行下一阶段的工作。

这一阶段的投资估算是作为相关管理部门审批项目建议书、初步选择投资项目的主要依据之一，对初步可行性研究及投资估算起指导作用。

3. 初步可行性研究阶段投资估算的作用

这一阶段主要是在掌握了更详细、更深入的资料条件下，估算项目所需的投资额，其作用是为了确定是否进行详细可行性研究。

4. 详细可行性研究阶段投资估算的作用

此阶段也称为最终可行性研究阶段，主要是进行全面、详细、深入的技术经济分析论证，评价和选择拟建项目的最佳投资方案，对项目的可行性提出结论性意见。该阶段研究内容详尽，其投资估算是进行详尽经济评价、决定项目可行性、选择最佳投资方案的主要依据，也是编制设计文件、控制初步设计及概算的主要依据。

每一工程在不同的建设阶段，由于条件不同，对估算准确度的要求也就有所不同，人们不可能超越客观条件，把建设项目投资估算编制得与最终实际投资完全一致。但如果能充分掌握市场变化信息，并全面加以分析，那么投资估算准确性就能提高。一般来说，建

设阶段愈接近后期，确定因素愈多，投资估算也就愈接近于实际投资。

2.2.4 投资估算编制的内容

投资估算的内容，应视项目的性质和范围而定。一般而论，一份完整的投资估算应包括投资估算编制依据、编制说明及投资估算总表三方面。

2.2.5 投资估算编制的依据

（1）项目建议书（或建设规划）、可行性研究报告、方案设计（包括设计招标或设计竞选中的方案设计）。

（2）设计参数，包括各种建筑面积指标、能源消耗指标等。

（3）现场情况，如地理位置、地质条件，交通、供水、供电条件等。

（4）已建类似工程项目的投资档案资料。

（5）投资估算指标、概算指标、技术经济指标。

（6）专门机构发布的工程建设费用的计算方法、费用标准以及其他有关工程估算造价的文件。

（7）当地材料、设备的市场价格。

（8）影响建设工程投资的动态因素，如利率、汇率、税率等。

（9）其他经验参考数据，如材料、设备运杂费率、设备安装费率、零星工程及辅材的比率等。

2.2.6 投资估算编制的程序

不同类型的工程项目可选用不同的投资估算方法，不同的投资估算方法有不同的投资估算编制程序。现从工程项目费用组成考虑，介绍一般较为常用的投资估算编制程序：

（1）熟悉工程项目的特点、组成、内容和规模等；

（2）收集有关资料、数据和估算指标等；

（3）选择相应的投资估算方法；

（4）估算工程项目各单位工程的建筑面积及工程量；

（5）进行单项工程的投资估算；

（6）进行附属工程的投资估算；

（7）进行工程建设其他费用的估算；

（8）进行预备费用的估算；

（9）计算贷款利息；

（10）计算固定资产投资方向调节税；

（11）检查、调整不适当的费用，确定工程项目的投资估算总额；

（12）估算工程项目主要材料、设备及需用量。

2.3 投资估算的编制方法

投资估算的编制方法很多，各有其适用条件和范围，而且误差程度也各不相同。在工作中应根据项目的性质、占有的技术经济资料和数据的具体情况，选用适宜的估算方法。

2.3.1 建设投资估算方法

建设投资由工程费用（建筑工程费、设备购置费、安装工程费）、工程建设其他费用和预备费（基本预备费和涨价预备费）组成。建设投资的估算既要避免少算漏项，又要防止高估冒算，力求切合实际，在实际工作中，可根据掌握资料的程度及投资估算编制要求的深度，从以下所介绍的方法中选用。

1. 生产能力指数法

这种方法根据已建成的、性质类似的建设项目或生产装置的投资额和生产能力及拟建项目或生产装置的生产能力估算拟建项目的投资额。计算公式为：

$$C_2 = C_1 \left(\frac{Q_2}{Q_1}\right)^n \cdot f \tag{2-1}$$

式中 C_1——已建类似项目或装置的投资额；

C_2——拟建项目或装置的投资额；

Q_1——已建类似项目或装置的生产规模；

Q_2——拟建项目或装置的生产规模；

f——不同时期、不同地点的定额、单价、费用变更等的综合调整系数；

n——生产规模指数，$0 \leqslant n \leqslant 1$。

若已建类似项目或装置的规模和拟建项目或装置的规模相差不大，生产规模比值在0.5～2之间，则指数 n 的取值近似为1。

若已建类似项目或装置与拟建项目或装置的规模相差不大于50倍，且拟建项目规模的扩大仅靠增大设备规模来达到时，则 n 取值约在0.6～0.7之间；若是靠增加相同规格设备的数量达到时，n 的取值约在0.8～0.9之间。

采用这种方法，计算简单、速度快；但要求类似工程的资料可靠，条件基本相同，否则误差就会增大。

【例 2-1】 已知建设一座年产量40万t的投资额为80000万元，现拟建一座年产量90万吨该类产品的生产装置，试用生产能力指数法估算拟建该类生产装置的投资额应为多少？（生产能力指数 $n=0.6$，$f=1.2$）。

【解】 根据式（2-1），得

$$C_2 = 80000 \times \left(\frac{90}{40}\right)^{0.6} \times 1.2 = 156164 \text{ 万元}$$

【例 2-2】 若将例2-1中生产系统的生产能力提高2倍，其投资额增加幅度为多少（$n=0.5, f=1$）？

【解】 $\dfrac{C_2}{C_1} = \left(\dfrac{Q_2}{Q_1}\right)^n = \left(\dfrac{3}{1}\right)^{0.5} = 1.7$

计算结果表明，生产能力提高两倍，投资额增加70%。

2. 比例估算法

（1）分项比例估算法

该法将项目的固定资产投资分为设备投资、建筑物与构筑物投资、其他投资三部分，先估出设备的投资额，然后再按一定比例估出建筑物与构筑物的投资及其他投资，最后将三部分投资加在一起。

1）设备投资估算

设备投资按其出厂价格加上运输费、安装费等，其估算公式如下：

$$K_1 = \sum_{i=1}^{n} Q_i P_i (1 + L_i) \tag{2-2}$$

式中 K_1——设备的投资估算值；

Q_i——第 i 种设备所需数量；

P_i——第 i 种设备的出厂价格；

L_i——同类项目同类设备的运输、安装费系数；

n——所需设备的种数。

2）建筑物与构筑物投资估算

$$K_2 = K_1 L_b \tag{2-3}$$

式中 K_2——建筑物与构筑物的投资估算值；

L_b——同类项目中建筑物与构筑物投资占设备投资的比例。露天工程取0.1～0.2，室内工程取0.6～1.0。

3）其他投资估算

$$K_3 = K_1 L_w \tag{2-4}$$

式中 K_3——其他投资的估算值；

L_w——同类项目其他投资占设备投资的比例。

项目固定资产投资总额的估算值 K 则为

$$K = (K_1 + K_2 + K_3)(1 + S\%) \tag{2-5}$$

式中 $S\%$——为考虑不可预见因素而设定的费用系数。一般为10%～15%。

（2）以拟建项目或装置的设备费为估算基数的估算法

以拟建项目或装置的设备费为基数，根据已建成的同类项目或装置的建筑安装费和其他工程费用等占设备价值的百分比，求出相应的建筑安装费及其他工程费用等，再加上拟建项目的其他有关费用，其总和即为项目或装置的投资。公式如下：

$$C = E(1 + f_1 P_1 + f_2 P_2 + f_3 P_3 + \cdots\cdots) + I \tag{2-6}$$

式中 C——拟建项目或装置的投资额；

E——根据拟建项目或装置的设备清单按当时当地价格计算的设备费（包括运杂费）的总和；

P_1，P_2，P_3，……——已建项目中建筑、安装及其他工程费用等占设备费百分比；

f_1，f_2，f_3，……——由于时间因素引起的定额、价格、费用标准等变化的综合调整系数；

I——拟建项目的其他费用。

与此法类似，有时也以拟建项目中的最主要、投资比重较大并与生产规模直接相关的工艺设备的投资（包括运杂费及安装费）为基数，根据同类型的已建项目的有关统计资料，计算出拟建项目的各专业工程（总图、土建、暖通、给水排水、管道、电气及电信、自控及其他工程费用等）占工艺设备投资的百分比，据以求出各专业的投资，然后把各部分投资费用（包括工艺设备费）相加求和，再加上工程其他有关费用，来估算项目的总费用。

3. 系数估算法

(1) 朗格系数法

这种方法以设备费为基础，乘以适当系数来推算项目的建设费用。基本公式如下：

$$D=C(1+\sum K_i)(1+K_c) \tag{2-7}$$

式中 D——总建设费用；

C——主要设备费用；

K_i——管线、仪表、建筑物等项费用的估算系数；

K_c——管理费、合同费、应急费等在内的总估算系数。

总建设费用与主要设备费用之比为朗格系数 K_L，即

$$K_L=(1+\sum K_i)\cdot(1+K_c) \tag{2-8}$$

【例 2-3】 某工业项目，已知该厂设备费 C 为 2950 万元，根据表 2-2 估算该厂的投资额(管理费、合同费、应急费等在内的总估算系数 K_c 为 0.56)。

某化工厂投资经验数据 K_i **表 2-2**

主设备安装人工费	0.10	构架	0.05
管线(碳钢)费	0.10	防火	0.06
保温费	0.50	电气	0.07
基础	0.03	油漆粉刷	0.06
建筑物	0.07	$\sum K_i$	1.04

【解】 总投资 $D=C(1+\sum K_i)K_c=2950\times(1+1.04)\times(1+0.56)=9388.08$ 万元

(2) 设备与厂房系数法

对于一个生产性项目，如果设计方案已确定了生产工艺，且按初步选定的工艺设备布置了工艺，就有了工艺设备的重量及厂房的高度和面积，则工艺设置投资和厂房土建的投资就可分别估算出来。项目的其他费用，与设备关系较大的按设备投资系数计算，与厂房土建关系较大的则以厂房土建投资系数计算，两类投资加起来就得出整个项目的投资。

项目投资＝设备及安装费×设备投资系数

＋厂房土建(包括设备基础)费×厂房土建投资系数 (2-9)

(3) 主要车间系数法

对于生产性项目，在设计中若已考虑了主要生产车间的产品方案和生产规模，可先采用合适的方法计算出主要车间的投资，然后利用已建相似项目的投资比例计算出辅助设施等占主要生产车间投资的系数，估算出总的投资。

辅助设施投资额＝主要生产车间投资×辅助设施等占主要生产车间投资的系数

项目总投资＝主要车间投资额＋辅助设施投资额 (2-10)

4. 综合指标投资估算法

综合指标投资估算法是依据国家有关规定，国家或行业、地方的定额、指标和取费标准以及设备和主材价格等，从工程费用中的单项工程入手，来估算初始投资。采用这种方法，还需要相关专业提供较为详细的资料，有一定的估算深度，精确度相对较高。

(1) 设备和工器具购置费估算

设备和工器具购置费的估算，需要主要设备的数量、出厂价格和相关运杂费资料，一般运杂费可按设备价格的百分比估算。主要设备以外的零星设备费可按占主要设备费的比例估算，工器具购置费一般也按占主要设备费的比例估算。

(2) 安装工程费估算

安装工程费一般可以按照设备费的比例估算，该比例通常结合该装置的具体情况，由经验确定。安装工程费中的材料费应包括运杂费。

安装工程费也可按设备吨位乘以吨安装费指标，或安装实物量乘以相应的安装费指标估算。

(3) 建筑工程费估算

建筑工程费的估算一般按单位综合指标法，即用工程量乘以相应的单位综合指标估算，如单位建筑面积（每平方米）投资，单位土石方（每立方米）投资，单位路面铺设（每平方米）投资等。

5. 工程建设其他费用的估算

工程建设其他费用种类较多，一般其他费用都需要按照国家、地方或部门的有关规定逐项估算。在项目的初期阶段，可以按照工程费用的百分数综合估算。

6. 预备费估算

按我国现行规定，预备费包括基本预备费和涨价预备费。

(1) 基本预备费

基本预备费是在项目实施中可能发生难以预料的支出，需要预先预留的费用，又称不可预见费。主要指设计变更及施工过程中可能增加工程量的费用。计算公式为：

$$基本预备费 =(设备及工器具购置费 + 建筑安装工程费 + 工程建设其他费) \times 基本预备费率 \tag{2-11}$$

(2) 涨价预备费

涨价预备费是指项目在建设期内由于价格等变化引起投资增加，需要事先预留的费用。计算公式为：

$$PC = \sum^{n} I_t[(1+f)^t - 1] \tag{2-12}$$

式中 PC——涨价预备费估算额；

I_t——建设期中第 t 年初的投资计划额（按建设前一年价格水平估算）；

n——建设期年份数；

f——年平均价格预计上涨率。

【例 2-4】 某建设项目的静态投资为 32310 万元，按该项目计划要求，项目建设期为 3 年，3 年的投资分年使用比例为第一年 25%，第二年 45%，第三年 30%，建设期内年平均价格变动率预测为 6%，估计该项目建设期的涨价预备费。

【解】 第一年投资计划用款额：

$$I_1 = 32310 \times 25\% = 8077.50 万元$$

第一年涨价预备费：

$$PC_1 = I_1[(1+f)-1] = 8077.50 \times [(1+6\%)-1] = 484.65 万元$$

第二年投资计划用款额：

$$I_2 = 32310 \times 45\% = 14539.5 \text{万元}$$

第二年涨价预备费：

$$PC_2 = I_2[(1+f)^2 - 1] = 14539.5 \times [(1+6\%)^2 - 1] = 1797.08 \text{万元}$$

第三年投资计划用款额：

$$I_3 = 32310 \times 30\% = 9693 \text{万元}$$

第三年涨价预备费：

$$PC_3 = I_3[(1+f)^3 - 1] = 9693 \times [(1+6\%)^3 - 1] = 1851.52 \text{万元}$$

所以，建设期的涨价预备费：

$$PC = PC_1 + PC_2 + PC_3$$
$$= 484.65 + 1797.08 + 1851.52 = 4133.25 \text{万元}$$

7. 建设期利息

建设期利息是指项目借款在建设期内发生并计入固定资产的利息。为了简化计算，在编制投资估算时通常假定借款均在每年的年中支用，借款第一年按半年计息，其余各年份按全年计息。计算公式为：

各年应计利息 =（年初借款本息累计 + 本年借款额 /2）× 年利率　　(2-13)

【例 2-5】 某新建项目，建设期为 3 年，共向银行贷款 1300 万元，贷款时间为：第一年 300 万元，第二年 600 万元，第三年 400 万元。年利率为 6%，计算建设期利息。

【解】 在建设期，各年利息计算如下：

第 1 年应计利息＝1/2×300×6%＝9 万元

第 2 年应计利息＝[300＋9＋1/2×600]×6%＝36.54 万元

第 3 年应计利息＝[300＋9＋600＋36.54＋1/2×400]×6%＝68.73 万元

建设期利息总和为 9＋36.54＋68.73＝114.27 万元。

2.3.2 铺底流动资金的估算方法

铺底流动资金是保证项目投产后，能正常生产经营所需要的最基本的周转资金数额。铺底流动资金是项目总投资中流动资金的一部分，在项目决策阶段，这部分资金就要落实。铺底流动资金的计算公式为：

铺底流动资金 = 流动资金 × 30%　　(2-14)

这里的流动资金是指建设项目投产后为维持正常生产经营用于购买原材料、燃料、支付工资及其他生产经营费用等所必不可少的周转资金。它是伴随着固定资产投资而发生的永久性流动投资，其值等于项目投产运营后所需全部流动资产扣除流动负债后的余额。其中，流动资产主要考虑应收及预付账款、现金和存货，流动负债主要考虑应付和预收款。由此看出，这里所解释的流动资金的概念，实际上就是财务中的营运资金。

流动资金的估算一般采用两种方法。

1. 扩大指标估算法

扩大指标估算法是按照流动资金占某种基数的比率来估算流动资金。一般常用的基数有销售收入、经营成本、总成本费用和固定资产投资等，究竟采用何种基数依行业习惯而定。

（1）产值（或销售收入）资金率估算法

$$流动资金额 = 年产值(年销售收入额) \times 产值(销售收入)资金率 \tag{2-15}$$

【例 2-6】 某项目投产后的年产值为 1.8 亿元，其同类企业的百元产值流动资金占用额为 19.5 元，求该项目的流动资金估算额。

【解】 18000×19.5/100=3510 万元

（2）经营成本（或总成本）资金率估算法。经营成本是一项反映物质、劳动消耗和技术水平、生产管理水平的综合指标。一些工业项目，尤其是采掘工业项目常用经营成本（或总成本）资金率估算流动资金。

$$流动资金额 = \begin{matrix}年经营成本\\(年总成本)\end{matrix} \times \begin{matrix}经营成本资金率\\(总成本资金率)\end{matrix} \tag{2-16}$$

（3）固定资产投资资金率估算法。固定资产投资资金率是流动资金占固定资产投资的百分比。如化工项目流动资金约占固定资产投资的 15%～20%，一般工业项目流动资金占固定资产投资的 5%～12%。

$$流动资金额 = 固定资产投资 \times 固定资产投资资金率 \tag{2-17}$$

（4）单位产量资金率估算法。单位产量资金率，即单位产量占用流动资金的数额。

$$流动资金额 = 年生产能力 \times 单位产量资金率 \tag{2-18}$$

2. 分项详细估算法

分项详细估算法，也称分项定额估算法。它是国际上通行的流动资金估算方法，详见下列公式。

$$流动资金 = 流动资产 - 流动负债 \tag{2-19}$$

$$流动资产 = 现金 + 应收及应付账款 + 存货 \tag{2-20}$$

$$流动负债 = 应付账款 + 预收账款 \tag{2-21}$$

$$流动资金本年增加额 = 本年流动资金 - 上年流动资金 \tag{2-22}$$

流动资产和流动负债各项构成估算公式如下：

（1）现金的估算

$$现金 = \frac{年工资及福利费 + 年其他费用}{资金周转次数} \tag{2-23}$$

$$\begin{aligned}年其他费用 = {} & 制造费用 + 管理费用 + 销售费用 - (以上三项费用\\ & 中所包含的工资及福利费、折旧费、维简费、推销费、修理费等)\end{aligned} \tag{2-24}$$

（2）应收（预付）账款的估算

$$应收账款 = 年经营成本 / 周转次数 \tag{2-25}$$

（3）存货的估算

存货包括各种外购材料、燃料、包装物、低值易耗品、在产品、外购商品、协作件、自制半成品和产成品等。在估算中的存货一般仅考虑外购原材料、燃料、在产品、产成品，也可考虑备品备件。

$$外购原材料燃料 = \frac{年外购原材料燃料费用}{周转次数} \tag{2-26}$$

$$在产品 = \frac{年外购原材料燃料及动力费 + 年工资及福利费 + 年修理费 + 年其他制造费用}{周转次数} \tag{2-27}$$

$$产成品 = 年经营成本 / 周转次数 \tag{2-28}$$

（4）应付账款的估算

$$应付账款 = \frac{年外购原材料燃料动力和备品备件费用}{周转次数} \tag{2-29}$$

【例 2-7】 已知某建设项目达到设计生产能力后全厂定员 1000 人，工资和福利费按每人每年 8000 元估算。每年的其他费用为 800 万元。年外购原材料燃料动力费估算为 21000 万元。年经营成本 25000 万元，年修理费占年经营成本的 10%。各项流动资金的最低周转天数分别为：应收账款 30 天，现金 40 天，应付账款 30 天，存货 40 天。试对项目进行流动资金的估算。

【解】 用分项详细估算法估算流动资金：

1. 应收账款＝年经营成本÷年周转次数＝25000÷(360÷30)＝2083.33 万元

2. 现金＝(年工资福利费＋年其他费)÷年周转次数

＝(1000×0.8＋800)÷(360÷40)＝177.78 万元

3. 存货：

外购原材料、燃料＝年外购原材料、燃料动力费÷年周转次数

＝21000÷(360÷40)＝2333.33(万元)

在产品＝(年工资福利费＋年其他费＋年外购原材料、燃料动力费

＋年修理费)÷年周转次数

＝(1000×0.8＋800＋21000＋25000×10%)÷(360÷40)＝2788.89 万元

产成品＝年经营成本÷年周转次数＝25000÷(360÷40)＝2777.78 万元

存货＝2333.33＋2788.89＋2777.78＝7900 万元

4. 流动资产＝现金＋应收账款＋存货＝2083.33＋177.78＋7900＝10161.11 万元

5. 应付账款＝年外购原材料、燃料动力和商品备件费用÷年周转次数

＝21000÷(360÷30)＝1750 万元

6. 流动负债＝应付账款＝1750 万元

7. 流动资金＝流动资产—流动负债＝10161.11—1750＝8411.11 万元

习题

1. 简述投资估算的概念。

2. 简述投资估算阶段的划分及各阶段精度要求。

3. 简述编制投资估算应注意的问题和影响投资估算的因素。

4. 已知建设日产 120t 尿素化肥装置的投资额为 180 万元，试估计建设日产 260t 尿素化肥装置的投资额（取生产能力指数 $n=0.6$，$f=1$）。

5. 若将上题设计中的化工生产系统的生产能力在原有的基础上增加一倍，其投资额应增加多少？

6. 某工程项目建设期为三年，第一年预计投资额为 8935 万元，第二年预计投资额为 24570 万元，第三年预计投资额为 11164 万元，建设期内年平均工程造价上涨率为 5%，求该项目建设期内的涨价预备费。

7. 某公司计划投资兴建一工业项目，该产品年生产能力为 3000 万 t，同类型产品年产 2000 万 t 的已建项目设备投资额为 5600 万元，且该已建项目中建筑、安装及其他工程费用等占设备费的百分比分别为

50%、20%、8%，相应的综合调价系数分别为 1.31、1.25、1.05。试求拟建项目的总投资额为多少万元?

8. 某工业建设项目，建设期 3 年，共贷款 1200 万元，第 1 年贷款额 400 万元，第 2 年 500 万元，第 3 年 300 万元，年利率 8%，计算建设期利息。

9. 某建设工程在建设期初的建安工程费和设备工器具购置费为 45000 万元。按本项目实施进度计划，项目建设期为 3 年，投资分年使用比例为：第一年 25%，第二年 55%，第三年 20%，建设期内预计年平均价格总水平上涨率为 5%。建设期贷款利息为 1395 万元，建设工程其他费用为 3860 万元，基本预备费率为 10%。试估算该项目的建设投资。

3 建筑安装工程费用构成与计算

本章以“住房和城乡建设部、财政部关于印发《建筑安装工程费用项目组成》的通知”（建标〔2013〕44号）为依据，详细地介绍了建筑安装工程费用的构成和计算方法。

3.1 建筑安装工程费用构成

根据建标〔2013〕44号文，建筑安装工程费用项目的组成可按造价形成划分与费用构成要素划分两大类。二者所含的内容相同，前者能够满足建筑安装工程在工程交易和工程实施阶段工程造价的组价要求，后者便于企业进行成本控制。

3.1.1 按造价形成划分的建筑安装工程费用项目组成

按造价形成划分的建筑安装工程费用由分部分项工程费、措施项目费、其他项目费、规费、税金组成，分部分项工程费、措施项目费、其他项目费包含人工费、材料费、施工机具使用费、企业管理费和利润，如图3-1所示。

1. 分部分项工程费

分部分项工程费是指各专业工程的分部分项工程应予列支的各项费用。

（1）专业工程

专业工程是指按现行国家计量规范划分的房屋建筑与装饰工程、仿古建筑工程、通用安装工程、市政工程、园林绿化工程、矿山工程、构筑物工程、城市轨道交通工程、爆破工程等各类工程。

（2）分部分项工程

分部分项工程是按现行国家计量规范对各专业工程划分的项目。如房屋建筑与装饰工程划分的土石方工程、地基处理与边坡支护工程、砌筑工程、钢筋及钢筋混凝土工程等。

各类专业工程的分部分项工程划分见现行国家或行业计量规范。

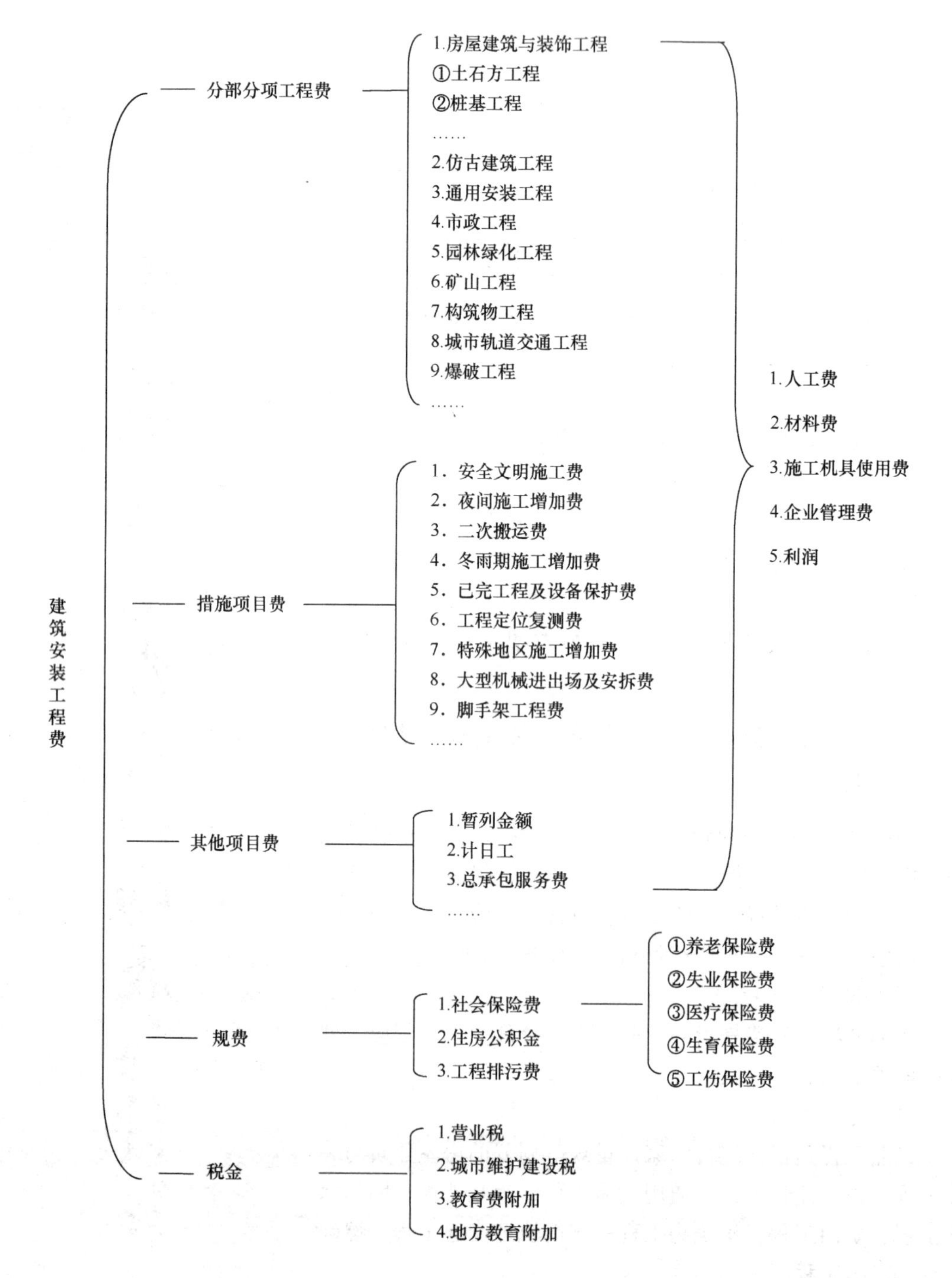

图 3-1 建筑安装工程费用项目组成表（按造价形成划分）

2. 措施项目费

措施项目费是指为完成建设工程施工，发生于该工程施工前和施工过程中的技术、生活、安全、环境保护等方面的费用。内容包括：

（1）安全文明施工费

1）环境保护费：是指施工现场为达到环保部门要求所需要的各项费用。

2）文明施工费：是指施工现场文明施工所需要的各项费用。

3）安全施工费：是指施工现场安全施工所需要的各项费用。

4）临时设施费：是指施工企业为进行建设工程施工所必须搭设的生活和生产用的临时建筑物、构筑物和其他临时设施费用。包括临时设施的搭设、维修、拆除、清理费或摊销费等。

（2）夜间施工增加费

夜间施工增加费是指因夜间施工所发生的夜班补助费、夜间施工降效、夜间施工照明设备摊销及照明用电等费用。

（3）二次搬运费

二次搬运费是指因施工场地条件限制而发生的材料、构配件、半成品等一次运输不能到达堆放地点，必须进行二次或多次搬运所发生的费用。

（4）冬雨季施工增加费

冬雨季施工增加费是指在冬季或雨季施工需增加的临时设施、防滑、排除雨雪，人工及施工机械效率降低等费用。

（5）已完工程及设备保护费

已完工程及设备保护费是指竣工验收前，对已完工程及设备采取的必要保护措施所发生的费用。

（6）工程定位复测费

工程定位复测费是指工程施工过程中进行全部施工测量放线和复测工作的费用。

（7）特殊地区施工增加费

特殊地区施工增加费是指工程在沙漠或其边缘地区、高海拔、高寒、原始森林等特殊地区施工增加的费用。

（8）大型机械设备进出场及安拆费

大型机械设备进出场及安拆费是指机械整体或分体自停放场地运至施工现场或由一个施工地点运至另一个施工地点，所发生的机械进出场运输及转移费用及机械在施工现场进行安装、拆卸所需的人工费、材料费、机械费、试运转费和安装所需的辅助设施的费用。

（9）脚手架工程费

脚手架工程费是指施工需要的各种脚手架搭、拆、运输费用以及脚手架购置费的摊销（或租赁）费用。

措施项目及其包含的内容详见各类专业工程的现行国家或行业计量规范。

3. 其他项目费

（1）暂列金额

暂列金额是指建设单位在工程量清单中暂定并包括在工程合同价款中的一笔款项。用于施工合同签订时尚未确定或者不可预见的所需材料、工程设备、服务的采购，施工中可能发生的工程变更、合同约定调整因素出现时的工程价款调整以及发生的索赔、现场签证确认等的费用。

（2）暂估价

暂估价是招标人在工程量清单中提供的用于支付必然发生但暂时不能确定价格的材料、工程设备的单价以及专业工程的金额。

（3）计日工

计日工是指在施工过程中，施工企业完成建设单位提出的施工图纸以外的零星项目或工作所需的费用。

（4）总承包服务费

总承包服务费是指总承包人为配合、协调建设单位进行的专业工程发包，对建设单位自行采购的材料、工程设备等进行保管以及施工现场管理、竣工资料汇总整理等服务所需的费用。

4. 规费

规费是指按国家法律、法规规定，由省级政府和省级有关权力部门规定必须缴纳或计取的费用。包括：

（1）社会保险费

1）养老保险费：是指企业按照规定标准为职工缴纳的基本养老保险费。

2）失业保险费：是指企业按照规定标准为职工缴纳的失业保险费。

3）医疗保险费：是指企业按照规定标准为职工缴纳的基本医疗保险费。

4）生育保险费：是指企业按照规定标准为职工缴纳的生育保险费。

5）工伤保险费：是指企业按照规定标准为职工缴纳的工伤保险费。

（2）住房公积金

住房公积金是指企业按规定标准为职工缴纳的住房公积金。

（3）工程排污费

工程排污费是指按规定缴纳的施工现场工程排污费。

其他应列而未列入的规费，按实际发生计取。

5. 税金

税金是指国家税法规定的应计入建筑安装工程造价内的营业税、城市维护建设税、教育费附加以及地方教育附加。

3.1.2 按费用构成要素划分的建筑安装工程费用项目组成

按费用构成要素划分的建筑安装工程费由人工费、材料（包含工程设备，下同）费、施工机具使用费、企业管理费、利润、规费和税金组成。其中人工费、材料费、施工机具使用费、企业管理费和利润包含在分部分项工程费、措施项目费、其他项目费中，如图3-2所示。

1. 人工费

人工费是指按工资总额构成规定，支付给从事建筑安装工程施工的生产工人和附属生产单位工人的各项费用。内容包括：

（1）计时工资或计件工资：是指按计时工资标准和工作时间或对已做工作按计件单价支付给个人的劳动报酬。

（2）奖金：是指对超额劳动和增收节支支付给个人的劳动报酬。如节约奖等。

（3）津贴补贴：是指为了补偿职工特殊或额外的劳动消耗和因其他特殊原因支付给个人的津贴，以及为了保证职工工资水平不受物价影响支付给个人的物价补贴。如流动施工津贴、特殊地区施工津贴、高温（寒）作业临时津贴、高空津贴等。

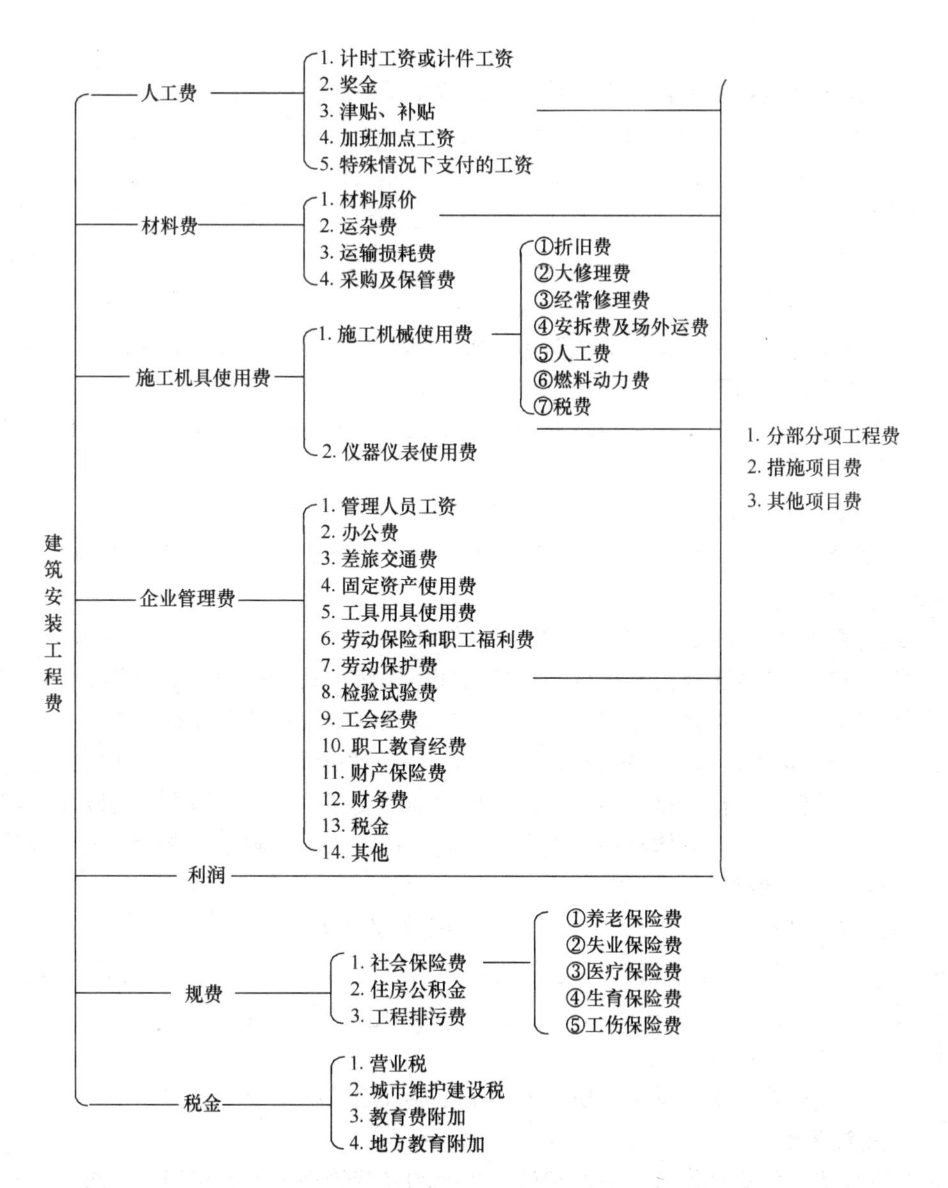

图 3-2　建筑安装工程费用项目组成表（按费用构成要素划分）

（4）加班加点工资：是指按规定支付的在法定节假日工作的加班工资和在法定日工作时间外延时工作的加点工资。

（5）特殊情况下支付的工资：是指根据国家法律、法规和政策规定，因病、工伤、产假、计划生育假、婚丧假、事假、探亲假、定期休假、停工学习、执行国家或社会义务等原因按计时工资标准或计时工资标准的一定比例支付的工资。

2. 材料费

材料费是指施工过程中耗费的原材料、辅助材料、构配件、零件、半成品或成品、工程设备的费用。内容包括：

（1）材料原价：是指材料、工程设备的出厂价格或商家供应价格。

（2）运杂费：是指材料、工程设备自来源地运至工地仓库或指定堆放地点所发生的全部费用。

（3）运输损耗费：是指材料在运输装卸过程中不可避免的损耗。

（4）采购及保管费：是指为组织采购、供应和保管材料、工程设备的过程中所需要的各项费用。包括采购费、仓储费、工地保管费、仓储损耗。

工程设备是指构成或计划构成永久工程一部分的机电设备、金属结构设备、仪器装置及其他类似的设备和装置。

3. 施工机具使用费

施工机具使用费是指施工作业所发生的施工机械、仪器仪表使用费或租赁费。

（1）施工机械使用费

施工机械使用费以施工机械台班耗用量乘以施工机械台班单价表示，施工机械台班单价由下列七项费用组成：

1）折旧费：指施工机械在规定的使用年限内，陆续收回其原值的费用。

2）大修理费：指施工机械按规定的大修理间隔台班进行必要的大修理，以恢复其正常功能所需的费用。

3）经常修理费：指施工机械除大修理以外的各级保养和临时故障排除所需的费用。包括为保障机械正常运转所需替换设备与随机配备工具附具的摊销和维护费用，机械运转中日常保养所需润滑与擦拭的材料费用及机械停滞期间的维护和保养费用等。

4）安拆费及场外运费：安拆费指施工机械（大型机械除外）在现场进行安装与拆卸所需的人工、材料、机械和试运转费用以及机械辅助设施的折旧、搭设、拆除等费用；场外运费指施工机械整体或分体自停放地点运至施工现场或由一施工地点运至另一施工地点的运输、装卸、辅助材料及架线等费用。

5）人工费：指机上司机（司炉）和其他操作人员的人工费。

6）燃料动力费：指施工机械在运转作业中所消耗的各种燃料及水、电等费用。

7）税费：指施工机械按照国家规定应缴纳的车船使用税、保险费及年检费等。

（2）仪器仪表使用费

仪器仪表使用费是指工程施工所需使用的仪器仪表的摊销及维修费用。

4. 企业管理费

企业管理费是指建筑安装企业组织施工生产和经营管理所需的费用。内容包括：

（1）管理人员工资：是指按规定支付给管理人员的计时工资、奖金、津贴补贴、加班加点工资及特殊情况下支付的工资等。

（2）办公费：是指企业管理办公用的文具、纸张、账表、印刷、邮电、书报、办公软件、现场监控、会议、水电、烧水和集体取暖降温（包括现场临时宿舍取暖降温）等费用。

（3）差旅交通费：是指职工因公出差、调动工作的差旅费、住勤补助费，市内交通费和误餐补助费，职工探亲路费，劳动力招募费，职工退休、退职一次性路费，工伤人员就医路费，工地转移费以及管理部门使用的交通工具的油料、燃料等费用。

（4）固定资产使用费：是指管理和试验部门及附属生产单位使用的属于固定资产的房屋、设备、仪器等的折旧、大修、维修或租赁费。

（5）工具用具使用费：是指企业施工生产和管理使用的不属于固定资产的工具、器具、家具、交通工具和检验、试验、测绘、消防用具等的购置、维修和摊销费。

(6) 劳动保险和职工福利费：是指由企业支付的职工退职金、按规定支付给离休干部的经费，集体福利费、夏季防暑降温、冬季取暖补贴、上下班交通补贴等。

(7) 劳动保护费：是企业按规定发放的劳动保护用品的支出。如工作服、手套、防暑降温饮料以及在有碍身体健康的环境中施工的保健费用等。

(8) 检验试验费：是指施工企业按照有关标准规定，对建筑以及材料、构件和建筑安装物进行一般鉴定、检查所发生的费用，包括自设试验室进行试验所耗用的材料等费用。不包括新结构、新材料的试验费，对构件做破坏性试验及其他特殊要求检验试验的费用和建设单位委托检测机构进行检测的费用，对此类检测发生的费用，由建设单位在工程建设其他费用中列支。但对施工企业提供的具有合格证明的材料进行检测不合格的，该检测费用由施工企业支付。

(9) 工会经费：是指企业按《工会法》规定的全部职工工资总额比例计提的工会经费。

(10) 职工教育经费：是指按职工工资总额的规定比例计提，企业为职工进行专业技术和职业技能培训，专业技术人员继续教育、职工职业技能鉴定、职业资格认定以及根据需要对职工进行各类文化教育所发生的费用。

(11) 财产保险费：是指施工管理用财产、车辆等的保险费用。

(12) 财务费：是指企业为施工生产筹集资金或提供预付款担保、履约担保、职工工资支付担保等所发生的各种费用。

(13) 税金：是指企业按规定缴纳的房产税、车船使用税、土地使用税、印花税等。

(14) 其他：包括技术转让费、技术开发费、投标费、业务招待费、绿化费、广告费、公证费、法律顾问费、审计费、咨询费、保险费等。

5. 利润

利润是指施工企业完成所承包工程获得的盈利。

6. 规费：同前

7. 税金：同前

3.2 建筑安装工程费用的计算

根据建标〔2013〕44号文，上述各费用项目的参考计算方法如下。

3.2.1 按造价形成划分的费用参考计算

1. 分部分项工程费

$$分部分项工程费=\sum(分部分项工程量\times综合单价) \tag{3-1}$$

式中，综合单价包括人工费、材料费、施工机具使用费、企业管理费和利润以及一定范围的风险费用（下同）。

2. 措施项目费

(1) 国家计量规范规定应予计量的措施项目，其计算公式为：

$$措施项目费=\sum(措施项目工程量\times综合单价) \tag{3-2}$$

（2）国家计量规范规定不宜计量的措施项目计算方法为：

1）安全文明施工费

安全文明施工费＝计算基数×安全文明施工费费率（%） (3-3)

安全文明施工费的计算基数为：

① 定额分部分项工程费＋定额中可以计量的措施项目费；

② 定额人工费；

③ 定额人工费＋定额机械费。

其费率由工程造价管理机构根据各专业工程的特点综合确定。

2）夜间施工增加费

夜间施工增加费＝计算基数×夜间施工增加费费率（%） (3-4)

3）二次搬运费

二次搬运费＝计算基数×二次搬运费费率（%） (3-5)

4）冬雨季施工增加费

冬雨季施工增加费＝计算基数×冬雨季施工增加费费率（%） (3-6)

5）已完工程及设备保护费

已完工程及设备保护费＝计算基数×已完工程及设备保护费费率（%） (3-7)

上述2）～5）项措施项目的计费基数为：

① 定额人工费；

② 定额人工费＋定额机械费。

其费率由工程造价管理机构根据各专业工程特点和调查资料综合分析后确定。

3. 其他项目费

（1）暂列金额：由建设单位根据工程特点，按有关计价规定估算，施工过程中由建设单位掌握使用、扣除合同价款调整后如有余额，归建设单位。

（2）计日工：由建设单位和施工企业按施工过程中的签证计价。

（3）总承包服务费：由建设单位在招标控制价中根据总包服务范围和有关计价规定编制，施工企业投标时自主报价，施工过程中按签约合同价执行。

4. 规费和税金

建设单位和施工企业均应按照省、自治区、直辖市或行业建设主管部门发布标准计算规费和税金，不得作为竞争性费用。

3.2.2 按构成要素划分的费用参考计算

1. 人工费

人工费的计算方法有以下两种：

（1）施工企业投标报价时自主确定人工费

人工费＝∑(工日消耗量×日工资单价) (3-8)

该公式计算的人工费也是工程造价管理机构编制计价定额确定定额人工单价或发布人工成本信息的参考依据。

（2）工程造价管理机构编制计价定额时确定定额人工费

$$人工费=\sum(工程工日消耗量\times 日工资单价) \tag{3-9}$$

日工资单价是指施工企业平均技术熟练程度的生产工人在每工作日（国家法定工作时间内）按规定从事施工作业应得的日工资总额。

工程造价管理机构确定日工资单价应通过市场调查、根据工程项目的技术要求，参考实物工程量人工单价综合分析确定，最低日工资单价不得低于工程所在地人力资源和社会保障部门所发布的最低工资标准的：普工 1.3 倍、一般技工 2 倍、高级技工 3 倍。

工程计价定额不可只列一个综合工日单价，应根据工程项目技术要求和工种差别适当划分多种日人工单价，确保各分部工程人工费的合理构成。

该公式计算的人工费是施工企业投标报价的参考依据。

2. 材料费

（1）材料费

$$材料费=\sum(材料消耗量\times 材料单价) \tag{3-10}$$

$$材料单价=\{(材料原价+运杂费)\times[1+运输损耗率(\%)]\}\times[1+采购保管费率(\%)] \tag{3-11}$$

（2）工程设备费

$$工程设备费=\sum(工程设备量\times 工程设备单价) \tag{3-12}$$

$$工程设备单价=(设备原价+运杂费)\times[1+采购保管费率(\%)] \tag{3-13}$$

3. 施工机具使用费

（1）施工机械使用费

$$施工机械使用费=\sum(施工机械台班消耗量\times 机械台班单价) \tag{3-14}$$

$$\begin{aligned}机械台班单价=&台班折旧费+台班大修费+台班经常修理费+台班安拆费及场外运费\\&+台班人工费+台班燃料动力费+台班车船税费\end{aligned} \tag{3-15}$$

工程造价管理机构在确定计价定额中的施工机械使用费时，应根据《建筑施工机械台班费用计算规则》结合市场调查编制施工机械台班单价。施工企业可以参考工程造价管理机构发布的台班单价，自主确定施工机械使用费的报价，如租赁施工机械，公式为：

$$施工机械使用费=\sum(施工机械台班消耗量\times 机械台班租赁单价) \tag{3-16}$$

（2）仪器仪表使用费

$$仪器仪表使用费=工程使用的仪器仪表摊销费+维修费 \tag{3-17}$$

4. 企业管理费费率

（1）以分部分项工程费为计算基础

$$企业管理费费率(\%)=\frac{生产工人年平均管理费}{年有效施工天数\times 人工单价}\times 人工费占分部分项工程费比例(\%) \tag{3-18}$$

（2）以人工费和机械费合计为计算基础

$$企业管理费费率(\%)=\frac{生产工人年平均管理费}{年有效施工天数\times(人工单价+每工日机械使用费)}\times 100\% \tag{3-19}$$

(3) 以人工费为计算基础

$$企业管理费率(\%)=\frac{生产工人年平均管理费}{年有效施工天数\times人工单价}\times100\% \quad (3\text{-}20)$$

上述公式适用于施工企业投标报价时自主确定管理费，是工程造价管理机构编制计价定额确定企业管理费的参考依据。

工程造价管理机构在确定计价定额中企业管理费时，应以定额人工费或（定额人工费＋定额机械费）作为计算基数，其费率根据历年工程造价积累的资料，辅以调查数据确定，列入分部分项工程和措施项目中。

5. 利润

(1) 施工企业根据企业自身需求并结合建筑市场实际自主确定，列入报价中。

(2) 工程造价管理机构在确定计价定额中利润时，应以定额人工费或（定额人工费＋定额机械费）作为计算基数，其费率根据历年工程造价积累的资料，并结合建筑市场实际确定，以单位（单项）工程测算，利润在税前建筑安装工程费的比重可按不低于5%且不高于7%的费率计算。利润应列入分部分项工程和措施项目中。

6. 规费

(1) 社会保险费和住房公积金

社会保险费和住房公积金应以定额人工费为计算基础，根据工程所在地省、自治区、直辖市或行业建设主管部门规定费率计算。

$$社会保险费和住房公积金=\sum(工程定额人工费\times社会保险费和住房公积金费率) \quad (3\text{-}21)$$

社会保险费和住房公积金费率可以每万元发承包价的生产工人人工费和管理人员工资含量与工程所在地规定的缴纳标准综合分析取定。

(2)工程排污费

工程排污费等其他应列而未列入的规费应按工程所在地环境保护等部门规定的标准缴纳，按实计取列入。

7. 税金

$$税金=税前造价\times综合税率(\%) \quad (3\text{-}22)$$

$$综合税率(\%)=\left[\frac{1}{1-营业税率(1+城市维护建设税+教育费附加+地方教育附加)}-1\right] \quad (3\text{-}23)$$

根据现行相关税率规定，不同纳税地点的综合税率见表3-1。

不同纳税地点的综合税率表（%） **表3-1**

纳税地点	营业税税率	城市维护建设税税率	教育费附加税率	地方教育附加	综合税率
市区	3	7	3	2	3.48
县城、镇	3	5	3	2	3.41
不在市区、县城、镇	3	1	3	2	3.28

实行营业税改增值税的，按纳税地点现行税率计算。

习题

一、单选题

1. 我国按造价形式划分的建筑安装工程费用构成为(　　)。
A. 分部分项工程费、措施项目费、企业管理费、税金
B. 分部分项工程费、措施项目费、其他项目费、规费、税金
C. 人、料、机费用，措施项目费，利润，税金
D. 人、料、机费用，企业管理费，利润，规费，税金
2. 根据我国现行建筑安装工程费用组成，下列不属于材料费的是(　　)。
A. 材料、工程设备的出厂价格　B. 材料在运输装卸过程中不可避免的损耗
C. 对建筑材料进行一般检查所发生的费用　D. 采购及保管费用
3. 下列费用中属于企业管理费的是(　　)。
A. 检验试验费　B. 医疗保险费　C. 住房公积金　D. 养老保险费
4. 根据我国现行建筑安装工程费用组成，下列费用中不属于人工费的是(　　)。
A. 奖金　B. 特殊情况下支付的工资
C. 津贴补贴　D. 计日工工资
5. 根据我国现行建筑安装工程费用组成，下列费用中不属于措施项目费的是(　　)。
A. 安全文明施工费　B. 夜间增加施工费　C. 总承包服务费　D. 脚手架工程费

二、多选题

1. 根据我国现行建筑安装工程费用组成，下列费用中属于企业管理费中检验试验费的有(　　)。
A. 建筑材料一般鉴定、检查所发生的费用
B. 设备一般鉴定、检查所发生的费用
C. 构件一般鉴定、检查所发生的费用
D. 对新结构、新材料的试验费
E. 建筑安装物一般鉴定、检查所发生的费用
2. 根据我国现行的建筑安装工程费用组成，下列费用中属于措施项目费的是(　　)。
A. 安全文明施工费　B. 施工机械作业时发生的安拆费
C 二次搬运费　D. 已完工程以及设备保护费
E. 工程排污费
3. 根据我国现行建筑安装工程费用组成规定，税金的内容包括(　　)。
A. 营业税　B. 所得税
C. 城市维护建设税　D. 教育费附加
E. 车船使用税
4. 根据我国现行建筑安装工程费用组成，下列费用中属于其他项目费的有(　　)。
A. 企业管理费　B. 暂估价
C. 工程排污费　D. 计日工
E. 总承包服务费
5. 根据我国现行建筑安装工程费用组成，下列费用中不属于规费的有(　　)。
A. 养老保险费　B. 劳动保险费
C. 医疗保险费　D. 教育费附加
E. 工程排污费

4 建筑工程定额与概预算

本章介绍了建筑工程定额的概念与分类，并介绍了建筑工程概预算的作用、分类及编制方法。

4.1 建筑工程定额

4.1.1 定额的概念

定额，即规定的额度，是人们根据不同的需要，对某一事物规定的数量标准。

建设工程定额，即额定的消耗量标准，是指按照国家有关的产品标准、设计规范和施工验收规范、质量评定标准，并参考行业、地方标准以及有代表性的工程设计、施工资料确定的工程建设过程中完成规定计量单位产品所消耗的人工、材料、机械等消耗量的标准。

4.1.2 定额的作用

1. 定额是节约社会劳动，提高劳动生产率的重要手段

降低劳动消耗，提高劳动生产率，是人类社会发展的普遍要求和基本条件。定额为生产者和管理者提供了评价劳动成果和经营效益的标准尺度。

2. 定额是组织和协调社会化大生产的工具

随着生产力的发展，分工越来越细，生产社会化程度越来越高。任何一件商品都是许多劳动者共同完成的社会产品，所以必须借助定额实现生产要素的合理配置，组织、指挥，协调社会生产，保证社会生产的顺利、持续发展。

3. 定额是贯彻按劳分配原则的手段

定额作为评价劳动成果和经济效益的尺度，也就成为按劳分配原则的手段。比如依据工时消耗定额可以对劳动者的工作进行考核，通过分析其完成的工作量的多少，决定其劳动所得的高低。

4. 定额是宏观调控的依据

我国实施的是社会主义市场经济，既要发展市场经济，又要有计划的指导和调节，就需要利用定额为预测、计划、调节和控制经济发展提供有依据的参数和计量标准。

4.1.3 定额的分类

由于出发点和使用范围的不同，可以按照不同的方法对定额进行分类，如图 4-1 所示。

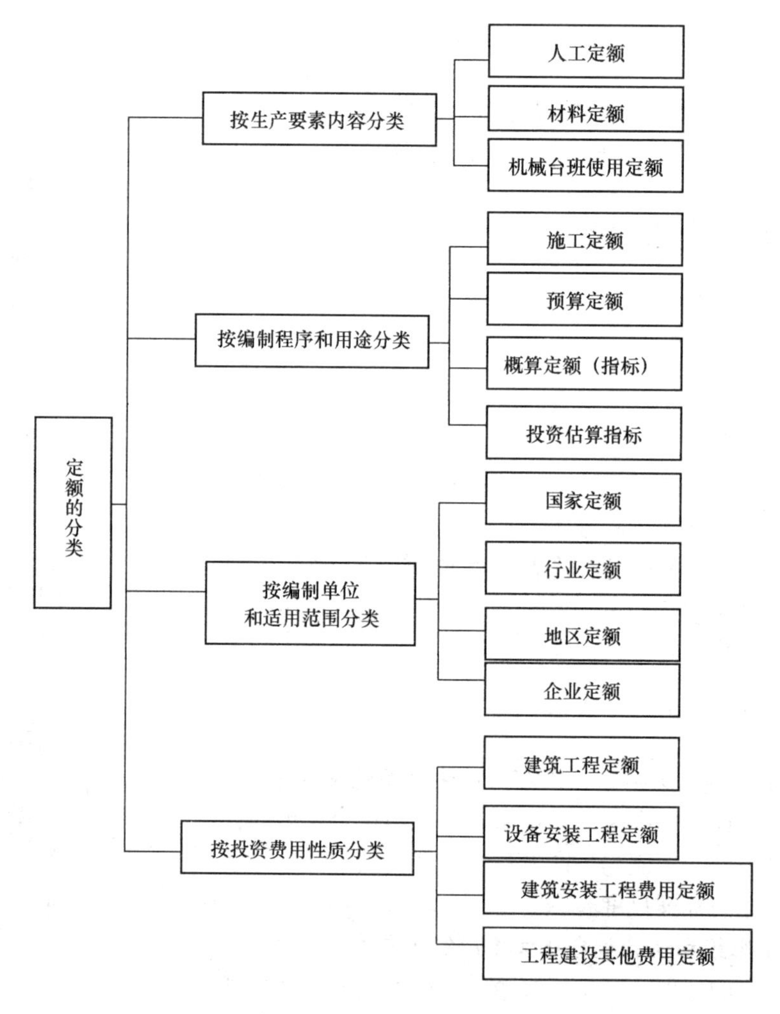

图 4-1 建筑工程定额的分类

定额的分类随我国工程造价的发展而变化，如现在有些省份为了与我国现行的建设项目工程量清单计价相配套，颁布了建设工程工程量清单计价定额，不同定额的内容与作用将在后续章节有选择地进行阐述。

4.2 施工定额与施工预算

4.2.1 施工定额与施工预算的概念

施工定额是指企业在正常的施工条件下，以同一性质的施工过程为测定对象而规定的完成单位合格产品所消耗的人工、材料、机械台班使用的数量标准。施工定额是根据企业的实际施工技术水平和管理水平编制的一种内部使用的生产定额，施工定额属于基础定额。

施工定额不仅是确定施工过程或单位合格产品的生产要素消耗量的基础，同时也是确定企业定员标准、实行计划管理、编制施工作业计划、推行经济责任制的主要依据。通过与其他企业的施工定额比较，可以衡量本企业工人劳动生产效率的高低和企业技术管理水平的高低。

利用本企业的施工定额，确定完成单位合格产品所消耗的人、料、机数量，并考虑相应的价格，经编制、汇总得到的预算称为施工预算。某企业施工定额形式见表 4-1。

建筑工程施工定额实例 **表 4-1**

定额编号：166 项目名称：一砖及一砖以上内墙 计量单位：$10m^3$

项 目	单 位	数 量
人工	工日	15.22
材料 混合砂浆 M2.5	m^3	2.35
红（青）砖	千块	5.26
水	m^3	1.06
机械 灰浆搅拌机	台班	0.28
塔式起重机	台班	0.47

4.2.2 人工定额（劳动定额）

1. 定额时间的构成

工人工作时间消耗，是指工人在同一工作班内，全部劳动时间的消耗。工人在工作班内消耗的工作时间，按其消耗的性质，可分为两大类：必需消耗的时间和损失时间，如图 4-2 所示。

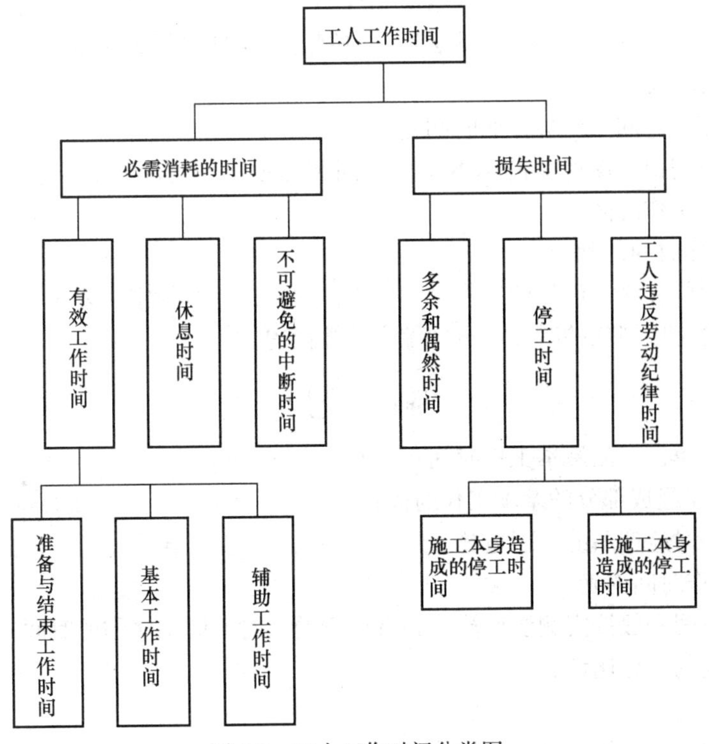

图 4-2 工人工作时间分类图

必需消耗的时间（也称为定额时间），是指工人在正常施工条件下，为完成单位合格产品所消耗的时间。

损失时间（也称为非定额时间），是指与产品生产无关，而与施工组织和技术上的缺点有关，与工人在施工过程中的个人过失或某些偶然因素有关的时间消耗。

制定人工定额时，考虑的是生产产品的定额时间，即图 4-2 中所示的必需消耗的时间。

2. 人工定额的确定方法

人工定额是根据国家的经济政策、劳动制度和有关技术文件及资料制定的。制定人工定额，常用的方法有四种：

（1）技术测定法。技术测定法是根据生产技术和施工组织条件，对施工过程中各工序，采用测时法、写实记录法、工作日写实法和简易测定法，测出各工序的工时消耗等资料，再对所获得的资料进行科学的分析，制定劳动定额的方法。

（2）统计分析法。统计分析法是把过去施工生产中的同类工程或同类产品的工时消耗的统计资料，与当前生产技术和施工组织条件的变化因素结合起来，通过统计分析，制定定额的方法。这种方法简单易行，适用于施工条件正常、产品稳定、工序重复量大和统计工作制度健全的施工过程。

（3）比较类推法。对于同类型产品规格多，工序重复、工作量小的施工过程，常用比较类推法。采用此法制定定额是以同类型工序和同类型产品的实耗工时为标准，类推出相似项目定额水平的方法。此法必须掌握类似的程度和各种影响因素的异同程度。

（4）经验估计法。根据定额专业人员、经验丰富的工人和施工技术人员的实际工作经验，参考有关定额资料，对施工管理组织和现场技术条件进行调查、讨论和分析制定定额的方法，叫做经验估计法。经验估计法通常在制定一次性定额时使用。

3. 人工定额的确定

（1）工序作业时间（简称作业时间）

工序作业时间由生产产品的基本工作时间和辅助工作时间构成，它是生产产品主要的、必需消耗的工作时间。

1）基本工作时间的确定

基本工作时间在必需消耗的工作时间中占的比重最大。拟定时要实测并记录单位产品施工生产中每道工序消耗的时间，再经综合计算而得。

$$T_{基本} = \sum_{i=1}^{n} t_i \tag{4-1}$$

式中 $T_{基本}$——单位产品基本工作时间；

t_i——i 组成部分的基本工作时间；

n——对应产品的工序道数。

2）辅助工作时间的确定

辅助工作时间一般按实测法计算，如有现行的工时（即工序作业时间）规范，也可以按工序作业时间的百分比计算。

（2）规范时间

规范时间包括工序作业时间以外的准备与结束时间、不可避免中断时间和休息时间。

规范时间一般都是以定额时间的百分数来确定，见表 4-2。在有些教材中，定额时间也称为工作班时间或工作日延续时间。

规范时间占定额时间（8h）的比例 **表 4-2**

规范时间	占定额时间（8h）的比例（%）
准备与结束时间	2～6
不可避免中断时间	2～4
休息时间	4～16

（3）定额时间的拟定

定额时间的计算公式为：

$$\text{工序作业时间} = \text{基本工作时间} + \text{辅助工作时间} \quad (4\text{-}2)$$

辅助工作时间占工序时间的百分比用“辅助时间%”表示，则：

$$\text{辅助工作时间} = \text{工序作业时间} \times \text{辅助时间}\ \% \quad (4\text{-}3)$$

由式（4-2）和式（4-3）得：

$$\text{工序作业时间} = \frac{\text{基本工作时间}}{(1 - \text{辅助时间}\ \%)} \quad (4\text{-}4)$$

规范时间＝准备与结束时间＋不可避免中断时间＋休息时间

规范时间占定额时间的百分数用“规范时间%”表示，则：

$$\text{规范时间} = \sum \text{定额时间} \times \text{规范时间}\ \% \quad (4\text{-}5)$$

$$\text{定额时间} = \text{工序作业时间} + \text{规范时间} \quad (4\text{-}6)$$

由式（4-5）和式（4-6）得：

$$\text{定额时间} = \frac{\text{工序作业时间}}{1 - \text{规范时间}\ \%} \quad (4\text{-}7)$$

4. 人工定额的基本形式

人工定额又称劳动定额，指在正常的施工条件下，完成单位合格产品所必需的人工消耗量标准。人工定额有时间定额和产量定额两种基本形式。

（1）时间定额

时间定额是指在一定的生产技术和生产组织条件下，某工种和某种技术等级的工人小组或个人，完成单位合格产品所必需消耗的工作时间，时间定额的计量单位，通常以生产单位产品所消耗的工日来表示。每个工日的工作时间规定为 8 小时。

当定额时间的单位为分钟时，有：

$$\text{时间定额} = \frac{\text{定额时间}}{8 \times 60} \quad (\text{工日}) \quad (4\text{-}8)$$

时间定额的计算方法如下：

$$\text{单位产品的时间定额(工日)} = \text{生产产品需消耗的工日数} / \text{产品的数量} \quad (4\text{-}9)$$

（2）产量定额

产量定额是指在一定的生产技术和生产组织条件下，某工种和某种技术等级的工人小组或个人，在单位时间（工日）内，完成合格产品的数量。

产量定额是以产品的单位（如 m、m^2、m^3、t、块、件等）作为计量单位。

产量定额的计算方法如下：

单位时间的产量定额 = 产品的数量 / 生产产品需消耗的工日数 (4-10)

从时间定额和产量定额的概念和计算式可以看出，两者互为倒数关系，即

时间定额=1/产量定额

时间定额和产量定额，是劳动定额的两种不同的表现形式。但它们有各自的用途。时间定额以工日为单位，便于计算分部分项工程的工日需要量，计算工期和核算工资。因此，劳动定额通常采用时间定额进行计量。产量定额以产品的数量进行计量，用于分配工作量、编制作业计划和考核生产效率。

【例 4-1】 完成 $1m^3$ 砌体的基本工作时间为 16.6h（折算成一人工作），辅助工作时间占工序时间的 3%。其他时间均以占定额时间的百分比来计算，其中准备与结束时间为 2%、不可避免的中断时间为 2%、休息时间为 16%。求砌筑每立方米砖墙的时间定额和产量定额。

【解】 依式(4-4) $工序作业时间=\frac{基本工作时间}{(1-辅助时间\%)}=\frac{16.6}{1-3\%}=17.11h$

依式(4-7) $定额时间=\frac{工序作业时间}{1-规范时间\%}=\frac{17.11}{1-(2\%+2\%+16\%)}=21.39h$

时间定额=21.39÷8=2.67 工日

产量定额=1÷2.67=0.375m^3

当（辅助工作时间+准备与结束时间）≤5%～6%时，作为简化计算，这两项也可以合成一项，即将辅助工作时间也归并于规范时间中。

【例 4-2】 某工程计划 8 月份完成砌一砖厚的砖墙 $1000m^3$，求所需安排劳动力的数量（在劳动定额中查得，一砖墙每 m^3 砌体的时间定额为 0.802 工日，设每月有效施工天数为 25.5 天）。

【解】 完成砌一砖厚的砖墙 $1000m^3$ 消耗的工日数为：1000×0.802=802 工日

所需安排劳动力的数量：802÷25.5≈32 人

4.2.3 材料消耗定额

1. 材料消耗定额的概念

材料消耗定额是指在正常施工条件下，完成单位合格产品所必需消耗的材料和半成品（如构件和配件等）的数量标准。在建筑安装工程成本中，材料消耗的比重约占 65%甚至更高，因此建筑产品的造价主要决定于材料消耗量的大小。加强材料消耗定额的管理工作，对于实行经济核算，具有重要的现实意义。

材料消耗定额可用于编制采购计划，及时按计划供应施工所需要的材料，防止超储积压，加速资金周转，提高经济效益。同时也是确定材料需用量，签发限额领料单、考核和分析材料利用情况的依据。

2. 材料消耗定额的确定方法

材料消耗定额的确定方法有四种：观测法，试验法，统计法，理论计算法。

（1）观测法。是在现场对施工过程观察，记录产品的完成数量、材料的消耗数量以及作业方法等具体情况，通过分析与计算来确定材料消耗指标的方法。

（2）试验法。是在试验室里，用专门的设备和仪器，来进行模拟试验，测定材料消耗

量的一种方法。如混凝土、砂浆、钢筋等材料消耗量的确定。试验法的优点是能在材料用于施工前就测定出材料的用量和性能，缺点是由于脱离施工现场，有些实际影响材料消耗量的因素难以估计。

(3) 统计法。是以长期现场积累的分部分项工程的拨付材料数量、完成产品数量及完工后剩余材料数量的统计资料为基础，经过分析计算得出的单位产品的材料消耗量的方法。统计法准确程度较差，应该结合实际施工过程，经过分析研究后，确定材料消耗指标。

(4) 理论计算法。有些建筑材料，可以根据施工图中所标明的材料及构造，结合理论公式计算消耗量。如红砖（或青砖）、型钢、玻璃和钢筋混凝土预制构件等，都可以通过计算求出消耗量。

3. 材料消耗定额的组成

材料消耗定额分为两部分。一部分是直接用于工程中的材料，称为材料净用量；另一部分是操作过程中不可避免的材料损耗量。即：

$$\text{材料总耗量} = \text{材料净用量} + \text{材料损耗量} \tag{4-11}$$

$$\text{材料总耗量} = \text{材料净用量} \times (1 + \text{材料损耗率}) \tag{4-12}$$

其中，材料损耗率=（材料损耗量/材料净用量）×100%

材料损耗率可按有关规定执行。

(1) 砌体材料用量的确定

$$\text{砖的净用量} = \frac{2 \times \text{墙厚的砖数}}{\text{墙厚} \times (\text{砖长} + \text{灰缝}) \times (\text{砖厚} + \text{灰缝})} \quad \text{块} \tag{4-13}$$

式中的墙厚规定为：半砖墙 0.115m，一砖墙 0.24m，一砖半墙 0.365m。

$$\text{每立方米砌体砂浆净用量} = 1 - \text{砖的净用量} \times \text{单块砖体积} \quad m^3 \tag{4-14}$$

【例 4-3】 用标准砖砌筑一砖半的墙体，求每立方米砖砌体所用砖和砂浆的总耗量。已知砖的损耗率为 1%，砂浆的损耗率为 1%，灰缝宽 0.01m。

【解】 $\text{砖净用量} = \dfrac{2 \times 1.5}{0.365 \times (0.24 + 0.01) \times (0.053 + 0.01)} = 521.85 \text{ 块}$

根据式(4-12)

砖的总用量$=521.85 \times (1+0.01) \approx 527$ 块

每 m^3 砖砌体砂浆的净用量$=1-522 \times 0.24 \times 0.115 \times 0.053 = 0.236m^3$

每 m^3 砖砌体砂浆的总用量$=0.236 \times (1+0.01) = 0.238m^3$

(2) 块料面层材料净用量的确定

以 $100m^2$ 为单位计算，有：

$$\text{块料面层净用量} = 100 \div [(\text{块料长} + \text{灰缝}) \times (\text{块料宽} + \text{灰缝})] \tag{4-15}$$

$$\text{灰缝材料净用量} = [100 - \text{块料净用量} \times \text{块料长} \times \text{块料宽}] \times \text{灰缝厚} \tag{4-16}$$

$$\text{结合层材料净用量} = 100 \times \text{结合层厚度} \tag{4-17}$$

【例 4-4】 用 1∶3 水泥砂浆贴 300mm×300mm×20mm 的大理石块料面层，结合层厚度为 30mm，试计算 $100m^2$ 地面大理石块料面层和砂浆的总用量（设灰缝宽 3mm，大理石块料的损耗率为 0.2%，砂浆的损耗率为 1%）。

【解】 块料面层净用量$=100 \div [(0.3+0.003) \times (0.3+0.003)] = 1089.22$ 块

大理石块料总用量＝1089.22×(1＋0.2%)≈1092 块

灰缝材料净用量＝[100－1089.22×0.3×0.3]×0.02＝0.039m^3

结合层材料净用量＝100×0.03＝3m^3

砂浆总用量＝(0.039＋3)×(1＋0.01)＝3.07m^3

4.2.4 机械台班消耗定额

1. 机械台班定额的概念

机械台班消耗定额，又称机械台班使用定额。它是指在正常的施工条件、合理的施工组织和合理地使用机械的前提下，生产单位质量合格的建筑产品必需消耗的机械台班的数量标准。

工人使用一台机械，工作 8h，称为一个机械台班。一个台班的工作，既包括了机械的运行，又包括了操纵机械的工人的劳动。

2. 定额时间的构成

与工人工作时间分类相似，机械工作时间分类也分为两大类，如图 4-3 所示。机械的定额时间只包括机械必须消耗的时间。

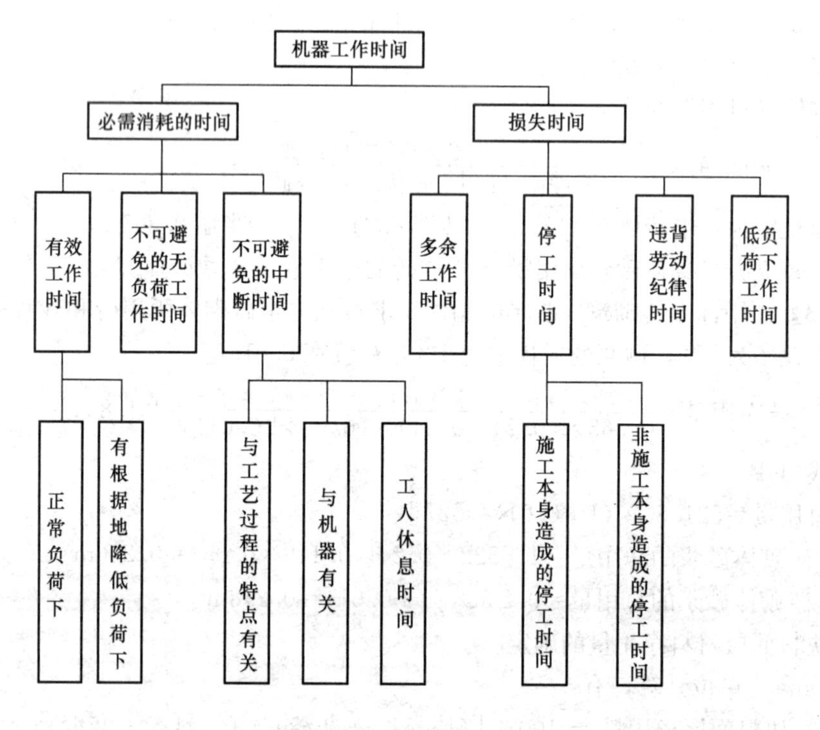

图 4-3 机械工作时间分类

3. 机械台班定额消耗量的确定方法

(1) 确定机械 1 小时纯工作正常生产率

1) 循环动作机械的 1h 纯工作正常生产率

机械一次循环的正常延续时间 ＝∑(循环各组成部分正常延续时间)－交叠时间 (4-18)

$$\text{机械纯工作 1 小时循环次数} = \frac{60(\text{分})}{\text{一次循环的正常延续时间(分)}} \tag{4-19}$$

$$\text{机械纯工作 1 小时正常生产率} = \text{机械纯工作 1 小时循环次数} \times \text{一次循环生产的产品数量} \tag{4-20}$$

2）连续动作机械机械的 1 小时纯工作正常生产率

$$\text{连续动作机械纯工作 1 小时正常生产率} = \frac{\text{工作时间内生产的产品数量}}{\text{工作时间(h)}} \tag{4-21}$$

（2）确定施工机械的正常利用系数

$$\text{机械正常利用系数} = \frac{\text{机械一个台班内的纯工作时间(h)}}{8} \tag{4-22}$$

（3）计算施工机械台班定额

1）机械台班产量定额

机械台班产量定额是指在合理的劳动组织和正常的施工条件下，使用某种机械在一个台班时间内生产的单位合格产品的数量，计算公式为：

$$\text{施工机械台班产量定额} = \text{机械 1 小时纯工作正常生产率} \times \text{工作班纯工作时间} \tag{4-23}$$

或

$$\text{施工机械台班产量定额} = \text{机械 1 小时纯工作正常生产率} \times \text{工作班延续时间} \times \text{机械正常利用系数} \tag{4-24}$$

2）机械台班时间定额

机械台班时间定额是指在合理的劳动组织和正常的施工条件下，使用某种机械生产合格产品所消耗的台班数量。机械台班时间定额与机械台班产量定额互为倒数关系。

$$\text{施工机械时间定额} = \frac{1}{\text{机械台班产量定额}} \tag{4-25}$$

【例 4-5】 已知用塔式起重机吊运混凝土。测定塔节需时 50s，运行需时 60s，卸料需时 40s，返回需时 30s，中断 20s；每次装混凝土 0.5m^3，机械利用系数 0.85。求单位产品需机械时间定额。

【解】 一次循环时间：50＋60＋40＋30＋20＝200s

每小时循环次数：60×60÷200＝18 次/h

机械产量定额：18×0.5×8h×0.85＝61.20m^3/台班

机械时间定额：1/61.20＝0.02 台班/m^3

【例 4-6】 砂浆用 400L 搅拌机现场搅拌，其资料如下：人工运料 200s，装料 40s，搅拌 80s，卸料 30s，正常中断 10s，机械利用系数 0.8。求单位产品需机械时间定额。

【解】 此题包括了两项平行工作，一是与搅拌机工作无关的运料时间，二是与搅拌机工作相关的装料、搅拌、卸料和正常中断。此时应选择平行工作中最长的时间作为计算机械台班定额的基础。故：

机械运行一次所需时间：200s

机械的产量定额＝（8×60×60÷200）×0.4×0.8

＝46.08m^3/台班

机械时间定额：1/46.08＝0.022 台班/m^3

【例 4-7】 用塔式起重机安装预制构件，9 人小组每台班产量为 180 块，求每安装 1 块预制构件的机械时间定额和综合小组的人工时间定额。

【解】 机械时间定额=1÷180=0.0056台班

综合小组的人工时间定额=0.0056×9=0.05工日

4.3 预算定额与施工图预算

4.3.1 预算定额与施工图预算的概念

1. 预算定额的概念

预算定额是指在一定的生产条件下，采用科学的方法，完成一定计量单位分项工程所必需消耗的人工、材料、机械台班的数量标准，预算定额代表着社会平均水平，它由国家或授权机关组织编制、审批并颁发执行。

预算定额是施工企业编制施工组织设计的依据、编制施工图预算、确定建筑安装工程造价的依据、是编制概算定额与概算指标的依据。

预算定额单价往往是以消耗量与对应的价格（基价）形式呈现，一般称为单位估价表，见表4-3。

建筑工程单位估价表形式 **表4-3**

定额编号	166
计量单位	$10m^3$
项目名称	一砖及一砖以上内墙
基价（元）	1633.15
其中	
人工费（元）	327.53
材料费（元）	1096.89
机械费（元）	208.73

单位估价表是各省、市根据本省情况给出的完成单位产品的价格。在计划经济时代，投标人用的是估价表中给出的统一基价，中标能力的竞争成为一种计算能力的竞争。2003年开始，中华人民共和国住房和城乡建设部和国家质量监督检验检疫总局联合发布了《建设工程工程量清单计价规范》，该规范对建筑产品价格的确定方法进行了改革，让投标企业根据市场情况和企业自身情况自主报价，一些省份编制的与工程量清单规范配套的工程量清单计价定额中的单价仅供招投标人参考。

2. 施工图预算的概念

施工图预算是根据国家颁布的《预算工程量计算规则》和各地颁布的代表地方平均水平的《建筑工程预算定额》编制的工程造价的经济文件。施工图预算是确定工程造价的基础、是投标报价的依据、是施工单位进行施工准备、控制施工成本的依据。

4.3.2 人工工日消耗量的确定

预算定额中人工工日消耗量是指完成某一工程项目所必需的各种用工量的总和。它由基本用工量、超运距用工量、辅助用工量和人工幅度差组成。即

$$人工工日消耗量 = 基本用工量 + 超运距用工量 + 辅助用工量 + 人工幅度差 \tag{4-26}$$

1. 基本用工量

基本用工量是指完成合格产品所必需消耗的技术工种用工。它按技术工种相应劳动定额计算，以不同工种列出定额工日。

2. 超运距用工量

超运距用工量是指预算定额中规定的材料、半成品取定的运输距离超过劳动定额规定的运输距离需增加的工日数量。

3. 辅助用工量

辅助用工量指劳动定额中不包括而在预算定额内必须考虑的工时，如材料在现场加工所用的工时量等。

4. 人工幅度差

人工幅度差指在劳动定额中未包括而在正常施工情况下不可避免的各种工时损失，其计算公式为：

$$人工幅度差 = (基本用工量 + 超运距用工量 + 辅助用工量) \times 人工幅度差系数 \tag{4-27}$$

式中　人工幅度差系数——根据经验选取，一般土建工程取10%，设备安装工程取12%。

5. 人工工日消耗量

人工工日消耗量按下式计算

$$\begin{aligned}人工工日消耗量 = &(基本用工量 + 超运距用工量 + 辅助用工量)\\ &\times(1 + 人工幅度差系数)\end{aligned} \tag{4-28}$$

【例 4-8】　已知砌筑一砖墙的基本用工为2.77工日/m^3，超运距用工为0.136工日/m^3，人工幅度差系数为10%，试计算砌筑10m^3一砖墙的人工工日消耗量指标。

【解】　人工工日消耗量=(基本用工+超运距用工)×(1+人工幅度差系数)

$=10\times(2.77+0.136)\times1.1=31.97$ 工日

4.3.3 材料消耗量的确定

与施工定额相比，预算定额的材料消耗量除考虑材料的净用量和合理损耗量外，还应根据不同地区施工企业的平均管理水平，考虑材料在以下几方面的不可避免损耗量：

(1) 施工操作中的材料损耗量，包括操作过程中不可避免的废料和损耗量。

(2) 领料时材料从工地仓库、现场堆放点及施工现场内的加工地点运至施工操作地点不可避免的场内运输损耗量、装卸损耗量。

(3) 材料在施工操作地点的不可避免的堆放损耗量。

4.3.4 机械台班消耗量的确定

预算定额中的机械台班消耗量为

$$机械台班消耗量 = 基础定额机械台班 \times (1 + 机械幅度差系数) \tag{4-29}$$

机械幅度差系数是在基础定额中没有包括，而在合理的施工组织条件下机械所必需的停歇时间。机械幅度差通常包括以下几项内容：

(1) 施工中机械转移及配套机械互相影响损失的时间;
(2) 机械在正常施工情况下，机械不可避免的工序间歇;
(3) 工程结尾工作量不饱满所损失的时间;
(4) 检查工程质量影响机械操作时间;
(5) 临时水电线路的移动所发生的不可避免的机械操作间歇时间;
(6) 冬季施工期间内发动机械的时间;
(7) 不同厂牌机械的工效差;
(8) 配合机械施工的工人，在人工幅度差范围内的工作间歇影响的机械操作时间。

4.3.5 预算定额单价的确定

预算定额单价是指根据单位产品消耗的人工、材料和机械的数量与地区造价管理部门统计的人工、材料和机械价格两者相乘，分别求出单位产品的人工费、材料费和机械台班费，再将三者相加，得到预算单价（或称预算基价），见表 4-4。

砌筑一砖及一砖以上内墙的单位估价表 **表 4-4**

定额编号：166　　项目名称：一砖及一砖以上内墙　　计量单位：10m³

项　目	单　位	单　价	数　量	合　价
人工费	工日	21.52	15.22	327.53
材料费				1096.89
其中：混合砂浆 M2.5	m³	98.87	2.35	232.34
红（青）砖	千块	164.00	5.26	862.64
水	m³	1.80	1.06	1.91
机械费				208.73
其中：灰浆搅拌机	台班	44.70	0.28	12.52
塔式起重机	台班	417.47	0.47	196.21
合计				1633.15

编制施工图预算时，将工程的实际工程量按定额计量单位折算成定额工程数量，与预算单价相乘，并进行汇总，便得到工程的预算价。

在我国实施工程量清单计价方法后，不少省份编制了与清单配套的计价定额。定额给出了供投标单位参考的综合单价。从理论上讲，工程量清单中使用的综合单价应根据企业自身生产与管理水平、国家相应法律法规确定，但在现阶段，各省的清单配套计价定额中的综合单价仍然在一定程度上反映的是社会平均水平，因此它仍具有预算定额单价的特性。

4.3.6 预算定额的组成与应用

1. 预算定额的组成

为了使用方便，通常将预算定额项目表及相关的资料汇编成册，称为预算定额。预算定额一般由目录、总说明、建筑面积计算规则、分部工程说明、分部工程的工程量计算规则、项目表、附注及附录等内容组成。

总说明是对定额的说明，概述定额的编制依据、适用范围、编制过程中已考虑和未考虑的因素以及使用中应注意的问题。

分部工程说明是对各分部工程定额的说明，指明该分部工程定额的项目划分、施工方法、材料选用、定额换算以及使用中应该注意的问题。

建筑面积计算规则和分部工程的工程量计算规则是对计算建筑面积和计算各分部分项工程的工程量所作的规定。

预算定额中篇幅最大的是项目表。项目表按分部、分项的顺序排列。每个分项可能有几个子目，项目表包括编号、名称和计量单位。有的定额采用全册顺序编号，有的定额采用分部工程顺序编号。

附注是附在定额项目表下（或上）的注释，是对某些定额项目的使用方法的补充说明。

附录是指收录在预算定额中的参考资料，包括施工机械台班费用定额、混凝土和砂浆配合比表，建筑工程材料预算价格表以及其他必要的资料。附录主要供使用者在进行工程预算单价换算时使用。

2. 预算定额的应用

为了正确使用预算定额，必须熟悉定额的总说明、各分部工程说明和附注等文字说明；熟悉定额项目表的项目划分、计量单位及各栏数字间的对应关系；熟悉定额附录资料的使用方法。在此基础上，编制施工图预算时才能迅速、准确地确定需要计算的分部分项工程的项目名称、计量单位、预算定额单价，正确地进行工程预算单价的套用和换算。

预算定额的应用主要分为定额的套用、换算和补充三种情况。

（1）定额的套用

套用定额应根据施工图纸、设计要求、做法说明，从工程内容、技术特征、施工方法等方面认真核对，当与定额条件完全相符时，才能直接套用。

例如，C20 的混凝土板 10m^3，套价时就要考虑该板是现浇还是预制的。若是预制的，还要考虑是现场预制的还是在预制厂预制的，条件不同，得出的预算价格就不相同。现浇板不存在板的安装问题，预制板则有安装问题。同样，预制厂生产的混凝土板要考虑运输、堆放损耗率，而现场预制的板则不必考虑运输、堆放损耗率。此外，在套价时，一定要使实际工程量的单位与定额规定的单位一致，以免造成价格套用错误。

【例 4-9】 M5.0 混合砂浆（细砂）砖墙 60m^3，计算预算价格。已在预算定额中查到 M5.0 混合砂浆（细砂）砖墙的单价为 2063.66 元/10m^3。

【解】 预算价格＝2063.66×6＝12381.96 元

（2）定额的换算

当工程内容或设计要求与定额不相同时，首先要弄清楚定额是否允许换算，如允许换算，应按定额的要求进行换算。

1）混凝土、砂浆强度等级的换算

一般定额规定，当定额中的混凝土和砂浆强度等级与设计要求不同时，允许按附录材料单价换算，但定额中各种配合比的材料用量不得调整。因此，换算时，应按照换价不换量的原则进行。

【例 4-10】 已计算出 M2.5 混合砂浆（细砂）砖墙的工程量为 100m^3，求该工程量的预算价格。

预算定额中无M2.5混合砂浆（细砂）砖墙子项，但有M5混合砂浆（细砂）砖墙，单价为2063.66元/10m^3。在相应的“材料”栏中，M5混合砂浆（细砂）砖墙的砂浆用量为2.24m^3，砂浆单价为142元/m^3。在定额附录中查得：M2.5混合砂浆（细砂）的单价为128.7元/m^3。

【解】 此例为设计要求与定额条件在砂浆强度等级上不相符。根据换价不换量的原则，可以通过下述公式进行换算：

新基价＝原基价－换出部分价值＋换入部分价值

＝2063.66－2.24×142＋2.24×128.7

＝2033.87元/10m^3

预算价格＝2033.87×10＝20338.7元

2）工程量系数换算

工程量系数换算是将某工程量乘上一个规定的系数，使原工程量变大或变小，再按规定，套用相应定额，求预算价格的方法。工程量系数一般在各分部的计算规则中。

【例4-11】 某预算定额规定，木百叶门刷油漆，执行单层木门刷油漆定额，工程量乘1.25的系数。已查得单层木门刷调和漆的基价为1420.79元/100m^2，求39m^2木百叶门刷调和漆的预算价格。

【解】 预算价格＝0.39×1.25×1420.79＝692.64元

3）其他换算

其他换算是指对基价中的人工费、材料费或机械费中的某些项目进行换算。换算系数一般在分部说明里给出。

【例4-12】 某预算定额的砌筑工程中规定，实心砖墙墙身如为弧形时，执行普通实心砖墙定额，但定额人工费乘以1.10系数，砖用量增加2.5%。已查得：每10m^3普通M5.0混合砂浆（细砂）砖墙基价中人工费513.15元，材料费1387.11元，机械费7.27元，综合费156.13元。其中砖用量5.31千匹，价格为200元/千匹。求200m^3M5.0混合砂浆（细砂）砌弧形墙身的预算价格。

【解】 200m^3砌弧形墙身的预算价格为

20×（513.15×1.10＋1387.11＋5.31×0.025×200＋7.27＋156.13）＝42830.5元

（3）定额的补充

当设计要求与定额条件完全不相同时，或由于设计采用新材料、新工艺方法，在定额中无此项目，属于定额的缺项时，可由合同双方编制临时性定额，报工程所在地工程造价管理部门审查批准，并按有关规定进行备案。

4.3.7 施工图预算的编制

1. 工程预算的编制依据

（1）施工图纸；

（2）施工组织设计和施工方案；

（3）现行定额和单位估价表；

（4）费用组成；

（5）各组成要素的调价规定；

（6）预算工作手册。

2. 施工图预算的编制内容与方法

（1）编制内容

施工图预算包括单位工程预算、单项工程预算和建设项目总预算。

编制施工图预算，首先是编制单位工程预算，将每个单位工程预算造价综合汇总成为一个单项工程的预算，再将每个单项工程预算造价综合汇总成为建设项目的总预算。由此可见，施工图预算编制的重点为单位工程施工图预算的编制。

（2）编制方法

施工图预算编制分为工料单价法和综合单价法两大类。

1）工料单价法的编制

工料单价法是指分部分项工程单价由人工费、材料费和机械使用费构成，以分部分项工程量乘以对应的单价后，汇总后加上措施费、企业管理费、规费、利润、税金，即构成预算价格。

工料单价法的编制又可分为预算单价法的编制（简称单价法、预算计价法）和实物法的编制两类。

预算单价法与实物法编制施工图预算的差别在于前者在预算计价时直接采用的是定额估价表中的人、料、机价格，而后者采用的是当时当地的市场价格的人、料、机价格。

2）综合单价法的编制

综合单价法是指预算单价中不仅包括了人料机费用，还包括了其他相关的费用。按照综合单价法中单价综合的内容不同，综合单价法可分为全费用综合单价法和部分费用综合单价法。

全费用综合单价法综合了施工图预算中的所有费用组成部分，我国现行计价规范中的综合单价是部分费用单价，包括完成一个规定清单项目所需的人工费、材料和工程设备费、施工机具使用费和企业管理费、利润以及一定范围内的风险费用。

4.3.8 工程预算表格的组成

预算表格的设计应能反映各种基本的经济指标，力求简单明了，计算方便。由于各省市、地区的预算规定不尽相同，预算用表无统一的格式。预算定额单价法编制的工程造价预算书一般由首页、编制说明、工程费用总表、工程预算（计价）表、材料、机械汇总表、单项材料价差调整表、工料分析汇总表等组成。

4.3.9 工程预算的审查内容与方法

1. 预算的审查内容

（1）预算的编制依据。预算编制依据的审查与概算审查相同，即审查编制依据的合法性、时效性和适用范围。

（2）预算工程量。工程量是确定建筑安装工程造价的决定因素，是预算审查的重要内容。工程量审查常见的问题为：

1）多计工程量。计算尺寸以大代小，按规定应扣除的不扣除。

2）重复计算工程量，虚增工程量。

3）项目变更后，该减的工程量未减。

4）未考虑施工方案对工程量的影响。

（3）预算单价

预算单价是确定工程造价的关键因素之一，审查的主要内容包括单价的套用是否正确，换算是否符合规定，补充的定额是否按规定执行。

（4）应计取的费用

根据现行规定，除规费、措施费中的安全文明施工费和税金外，企业可以根据自身管理水平自主确定费率，因此，审查各项应计取费用的重点是费用的计算基础是否正确。

除建筑安装工程费用组成的各项费用外，还应列入调整某些建筑材料价格变动所发生的材料差价。

2. 工程预算的审查方法

由于工程规模，结构复杂程度、施工条件以及预算编制人员的业务水平等不同，所编制的工程预算的质量水平也就有所不同，因此所采用的审查方法也就有所不同。常用的预算审查法如下：

（1）全面审查法

全面审查法又称逐项审查法，此法按预算定额顺序或施工顺序，对施工图预算中的项目逐一进行全部审查。具体的审查过程与编制施工图预算基本相同。此方法的优点是全面、细致，经过审查的工程预算差错较少，审查质量较高，缺点是工作量大，此方法一般仅用于工程量比较小、工艺比较简单的工程。

（2）重点审查法

重点审查法就是抓住对工程造价影响比较大的项目和容易发生差错的项目重点进行审查。重点审查的内容主要有工程量大或费用较高的项目；换算后的定额单价和补充定额单价；容易混淆的项目和根据以往审查经验，经常会发生差错的项目；各项费用的计费基础及其费率标准；市场采购材料的差价。

重点审查法应灵活掌握，重点审查中，如发现问题较大较多，应扩大审查范围；当然，如果建设单位工程预算的审查力量较强，或时间比较充裕，审查的范围也可放宽一些。

（3）对比审查法

对比审查法是当工程条件相同时，用已完工程的预算或未完但已经过审查修正的工程预算对比审查拟建工程的同类工程预算的一种方法。采用该方法一般须符合下列条件：

1）拟建工程与已完或在建工程预算采用同一施工图，但基础部分和现场施工条件不同，则相同部分可采用对比审查法。

2）工程设计相同，但建筑面积不同，两个工程的建筑面积之比与两个工程各分部分项工程量之比大体一致。此时可按分项工程量的比例，审查拟建工程各分部分项工程的工程量，或用两个工程每平方米建筑面积造价、每平方米建筑面积的各分部分项工程量对比进行审查。

3）两个工程面积相同，但设计图纸不完全相同，则相同的部分，如厂房中的柱子、层架、层面、砖墙等，可进行工程量的对照审查。对不能对比的分部分项工程可按图纸计算。

(4) 筛选审查法

筛选审查法是根据建筑工程中各个分部分项工程的工程量、造价、用工量在单位面积上的数值变化不大的特点，把这些数据加以汇集、优选，找出这些分部分项工程在单位建筑面积上的工程量、价格、用工的基本数值，归纳为工程量、造价（价值）、用工三个基本数值表，并注明其适用的建筑标准。用这些基本数值作为标准来对比筛审拟建项目各分部分项工程的工程量、造价或用工量。若计算出的数值与基本数值相同或相近就不审了；若计算出的数值与基本数值相差较大，就意味着此分部分项工程的单位建筑面积数值不在基本值范围内，应对该分部分项工程详细审查。

【例 4-13】 某 6 层矩形住宅，底层为 370 墙，楼层为 240 墙，建筑面积 1900m²，砖墙工程量的单位建筑面积用砖指标为 0.46m³/m²，而该地区同类型的一般住宅工程（240 墙）测算的砖墙用砖耗用量综合指标为 0.42m³/m²。试分析砖墙工程量计算是否正确。

【解】 该住宅底层是 370mm 厚墙，而综合指标是按 240mm 厚墙考虑，故砖砌体量偏大是必然的，至于用砖指标 0.46m³/m² 是否正确，可按以下方法测算。

底层建筑面积　　$S_{底}=1900\div6=317\text{m}^2$

设底层也为 240 墙，则底层砖体积　$V_{底}=317\times0.42=133.14\text{m}^3$

当底层为 370 墙，底层砖体积为：$V'_{底}=133.14\times370\div240=205.26\text{m}^3$

该建筑砖体积 V 为

$$V=(1900-317)\times0.42+205.26=870.12\text{m}^3$$

该建筑砖体积比综合指标（240 墙）多用砖体积（V_D）为

$$V_D=870.12-1900\times0.42=72.12\text{m}^3$$

每单位建筑面积多用砖体积$=72.12\div1900=0.04\text{m}^3$

与 $0.46-0.42=0.04\text{m}^3/\text{m}^2$ 一致，说明工程量计算出错的可能性较小。

4.4 概算定额与设计概算

4.4.1 概算定额与设计概算的概念

1. 概算定额与概算指标的概念

(1) 概算定额

概算定额贯彻社会平均水平和简明适用原则，它是在预算定额基础上，根据通用图和标准图等资料，以主要分项工程为基础，经过适当综合扩大，确定完成一定计量单位合格产品所消耗的人工、材料、机械台班消耗量的数量标准。

概算定额是设计阶段编制概算的依据、是进行设计方案比较的依据、是编制主要材料需要量的依据。

(2) 概算指标

当设计图纸不全，可采用概算指标对拟建工程进行估算。概算指标通常是以整个建筑物、构筑物为对象，以建筑面积、建筑体积等为计量单位而规定的人工、材料和机械台班的消耗量标准和造价指标。概算指标比概算定额具有更加概括与扩大的特点。

概算指标可以作为编制投资估算的参考、设计单位进行设计方案比较和优选的依据、编制固定资产投资计划，确定投资额的主要依据，还可以作为匡算主要材料用量的依据。

2. 设计概算的概念

设计概算是由设计单位根据初步设计图纸（或扩大初步设计图纸）及说明书、概算定额（或概算指标）、各类费用标准等资料，或参照类似工程预（决）算文件，编制和确定的建设项目从筹建至竣工交付使用所需全部费用的文件。

设计概算是编制建设项目投资计划、确定和控制建设项目投资的依据、是进行贷款的依据、是签订总承包合同的依据、是考核设计方案技术经济合理性和选择设计方案的依据、是考核建设项目投资效果的依据。

4.4.2 概算定额与概算指标的组成

1. 概算定额的组成

概算定额由总说明、分部说明和概算定额表等三部分组成。总说明主要包括编制的目的和依据、适用范围和应遵守的规定，建筑面积计算规则；分部说明规定了分部分项工程的工程量计算规则等内容；概算定额表形式与预算相似，但它比预算定额更为综合。

2. 概算指标的组成

概算指标一般由文字说明和列表形式两部分组成。

文字说明有总说明和分册说明，其内容一般包括：概算指标的编制范围、编制依据、分册情况、指标包括的内容、指标的使用方法、指标允许调整的范围及调整方法等。

概算指标列表形式分为建筑工程概算指标的列表形式和安装工程概算指标的列表形式两大类，包括示意图、工程特征、经济指标、每 $100m^2$ 建筑面积各分部工程量指标、每 $100m^2$ 建筑面积（或 $1000m^3$ 建筑体积）主要工料指标等。

4.4.3 设计概算的内容

设计概算可分为三级概算，即：单位工程概算、单项工程综合概算和建设项目总概算，如图 4-4 所示。

4.4.4 设计概算的编制

1. 设计概算的编制依据

（1）经批准的有关文件、主管部门的有关文件、指标；经批准的设计文件；

（2）工程地质勘测资料；

（3）水、电和原材料供应情况；

（4）交通运输情况及运输价格；

（5）地区人料机标准；

（6）机电设备价目表；

（7）国家或省市颁发的概算定额或概算指标及各项取费标准；

（8）类似工程概算及技术经济指标。

2. 单位工程概算的编制与计价

单位工程概算包括建筑工程概算和设备及安装工程概算两大类。

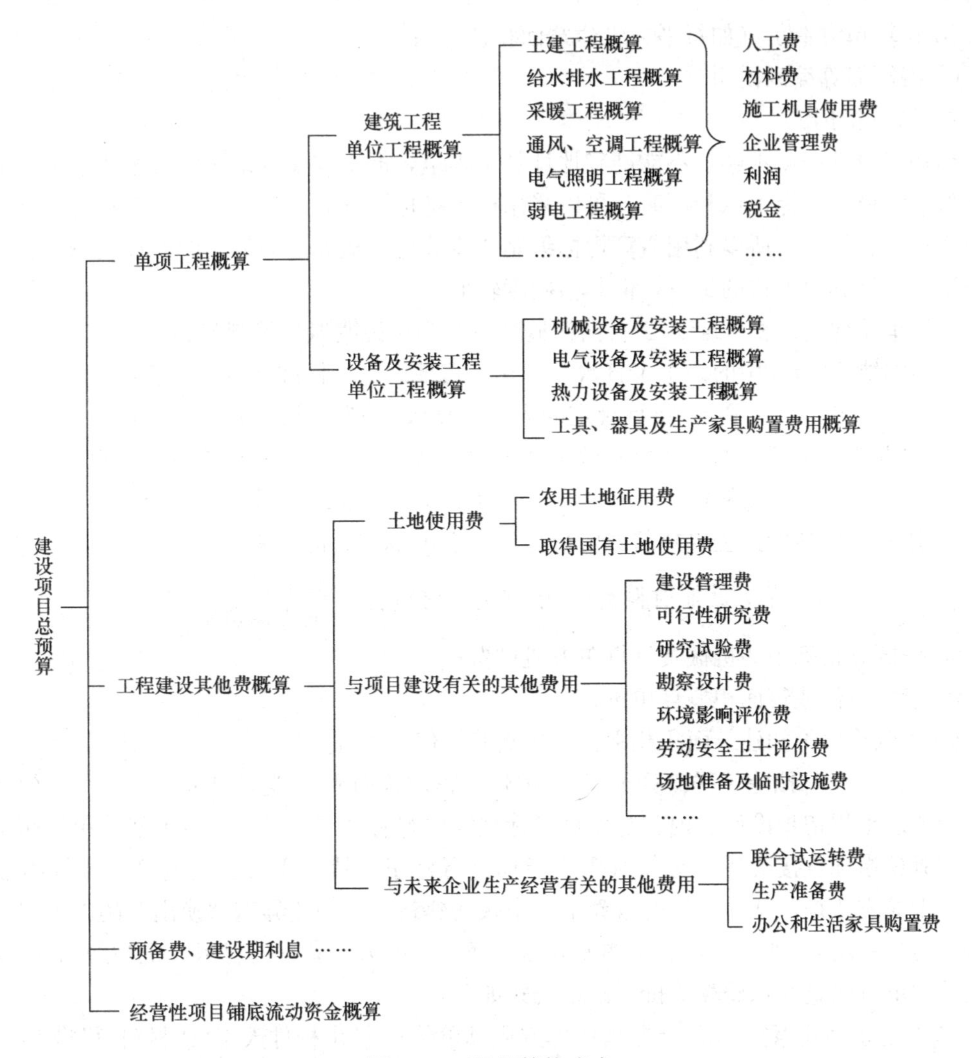

图 4-4 三级概算构成表

(1) 建筑工程概算的编制

1) 概算定额法

概算定额法又叫扩大单价法或扩大结构定额法。采用此方法编制建筑工程概算比较准确，但计算较繁琐。必须具备一定的设计基础知识、熟悉概算定额时才能弄清分部分项的扩大综合内容，正确计算扩大分部分项的工程量。同时在套用扩大单位估价表时，若所在地区的工资标准及材料预算价格与概算定额不相符，则需要重新编制扩大单位估价或测定系数加以修正。

当初步设计达到一定深度、建筑结构比较明确时，可采用这种方法编制建筑工程概算。

利用概算定额编制概算的具体步骤如下：

① 熟悉图纸，了解设计意图、施工条件和施工方法；

② 列出分部分项工程项目，并计算工程量；

③ 计算设计概算各项成本与费用构成，汇总构成单位工程概算造价；

④ 计算单方造价（如每平方米建筑面积造价）；

⑤ 编写概算编制说明。

2）概算指标法

当初步设计深度不够，不能准确地计算工程量，但工程设计采用的技术比较成熟而又有类似工程概算指标可以利用时，可以采用概算指标法编制概算。由于概算指标比概算定额更为扩大、综合，所以利用概算指标编制的概算比按概算定额编制的概算更加简化，这种方法具有计算速度快的优点，但其精确度较低。

现以单位建筑面积（m^2）工料消耗概算指标为例说明概算编制步骤：

① 根据概算指标中的人工工日数及拟建工程地区工资标准计算人工费：

$$单方人工费 = 指标规定的人工工日数 \times 拟建地区日工资标准 \tag{4-30}$$

② 根据概算指标中的主要材料数量及拟建地区材料概算价格计算主要材料费：

$$单方主要材料费 = \Sigma(主要材料消耗量 \times 拟建地区材料概算价格) \tag{4-31}$$

③ 按其他材料费占主要材料费的百分比，求出单方其他材料费：

$$单方其他材料费 = 单方主要材料费 \times \frac{其他材料费}{主要材料费} \tag{4-32}$$

④ 按概算指标中的机械费计算单方机械费；

⑤ 求出单位建筑面积概算单价；

⑥ 用概算单价和建筑面积相乘，得出概算价值：

$$拟建工程概算价值 = 拟建工程建筑面积 \times 概算单价 \tag{4-33}$$

如拟建工程初步设计的内容与概算指标规定内容有局部差异时，就不能简单按照类似工程的概算指标直接套用，必须对概算指标进行修正，然后用修正后的概算指标编制概算。修正的方法是，从原指标的概算单价中减去建筑、结构差异需“换出”的人工费（或材料、机械费用），加上建筑、结构差异需“换入”的人工费（或材料、机械费用），得到修正后的单方建筑面积概算单价。修正公式如下：

$$单方建筑面积概算单价 = 原指标单方概算单价 - 换出构件人工(或材料、机械费用)单价 + 换入构件人工(或材料、机械费用)单价 \tag{4-34}$$

$$换出(或换入)构件造价 = 换出(或换入)构件工程量 \times 拟建地区相应单价 \tag{4-35}$$

【例 4-14】 某新建宿舍，建筑面积为 6200m^2，按地区概算指标，一般土建工程 691.6 元/m^2。概算指标与该宿舍楼图纸的结构特征相比较，结构构造有部分改变，同时数量也有出入，需要对概算单价进行修正，如表 4-5。

建筑工程概算指标修正表（每 1000m^2） **表 4-5**

扩大结构序号	结构名称	单位	数量	单价（元）	复价（元）
	一般土建工程				
	换出部分				
1	M5 毛石基础	1m^3	18	132.49	2384.82
2	砖砌外墙	1m^3	51	167.51	8543.01
	小计				10927.83
	换入部分				
1	M7.5 混合砂浆砖基础	1m^3	19.6	154.47	3027.61
2	砖砌外墙	1m^3	61.2	167.51	10251.61
	小计				13279.22

【解】 结构变化后的修正指标为：

$$K = 691.6 - \frac{10927.83}{1000} + \frac{13279.22}{1000} = 693.95 \text{ 元 /m}^2$$

该新建宿舍的土建工程概算造价为 $6200\text{m}^2 \times 693.95 \text{ 元/m}^2 = 4302490 \text{ 元}$

3）类似工程预算法

如果拟建工程与已完工程或在建工程相似，而又没有合适的概算指标时，就可以利用已建工程或在建工程的工程造价资料来编制拟建工程的设计概算。

类似工程预算法是以类似工程的预算或结算资料，按照编制概算指标的方法，求出工程的概算指标，再按概算指标法编制拟建工程概算。

利用类似工程预算编制概算时，应考虑拟建工程在建筑与结构、地区工资、材料价格、机械台班单价及其他费用的差异，这些差异可按下式进行修正。

$$i \text{ 因素修正系数 } K_i = \frac{\text{拟建工程地 } i \text{ 因素标准}}{\text{类似工程地 } i \text{ 因素标准}} \tag{4-36}$$

【例 4-15】 某新建办公楼，建筑面积为 20000m²，试用类似工程概算法，计算其概算造价。类似工程的建筑面积为 18000m²，概算造价 1640 万元，各种费用占概算造价的比例是：人工费 11%，材料费 65%，机械费 7%，其他费用 17%，并根据公式已算出修正系数为 $K_1=1.02$；$K_2=1.05$；$K_3=0.99$；$K_4=1.04$。

【解】 造价总修正系数

$$K=0.11\times1.02+0.65\times1.05+0.07\times0.99+0.17\times1.04=1.041$$

修正后类似工程概算造价： $C'=1640\times1.041=1707.24$ 万元

修正后类似工程单方概算造价

$$C''=17072400\div18000=948.47 \text{ 元/m}^2$$

故该新建办公楼概算造价为 $V=20000\times948.47=1896.94$ 万元

（2）设备及安装工程概算的编制

1）设备购置费概算的编制

设备购置费由设备原价及运杂费两项组成。国产标准设备原价可根据设备型号、规格、性能、材质、数量及附带的配件，向制造厂家询价，或向设备、材料信息部门查询，或按有关规定逐项计算。非主要标准设备和工器具、生产家具的原价可按主要设备原价的百分比计算，百分比指标按主管部门或地区有关规定执行。

国产非标准设备原价在编制设计概算时可按下列两种方法确定：

① 非标准设备台（件）估价指标法

根据非标准设备的类别、重量、性能等情况，以每台设备规定的估价指标计算，即：

$$\text{非标准设备原价} = \text{设备台数} \times \text{每台设备估价指标} \tag{4-37}$$

② 非标准设备吨重估价指标法

根据非标准设备的类别、性能、质量、材质等情况，以某类设备所规定的吨重估价指标计算，即：

$$\text{非标准设备原价} = \text{设备吨重} \times \text{每吨重设备估价指标} \tag{4-38}$$

设备运杂费按有关规定的运杂费率计算，即：

$$\text{设备运杂费} = \text{设备原价} \times \text{设备运杂费率(\%)} \tag{4-39}$$

2）设备安装工程概算的编制

设备安装工程概算的编制方法有：

① 预算单价法。当初步设计有详细设备清单时，可直接按预算单价（预算定额单价）编制设备安装工程概算。根据计算的设备安装工程量，乘以安装工程预算单价，经汇总求得。

用预算单价法编制概算，计算比较具体，精确性较高。

② 扩大单价法。当初步设计的设备清单不完备，或仅有成套设备的重量时，可采用主体设备，成套设备或工艺线的综合扩大安装单价编制概算。

③ 概算指标法。当初步设计的设备清单不完备，或安装预算单价及扩大综合单价不全，无法采用预算单价法和扩大单价法时，可采用概算指标编制概算。概算指标形式较多，概括起来主要可按以下几种指标进行计算。

a. 按占设备价值的百分比（安装费率）的概算指标计算。

$$设备安装费 = 设备原价 \times 设备安装费率 \tag{4-40}$$

b. 按每吨设备安装费的概算指标计算。

$$设备安装费 = 设备总吨数 \times 每吨设备安装费(元/t) \tag{4-41}$$

c. 按座、台、套、组、根或功率等为计量单位的概算指标计算。如工业炉，按每台安装费指标计算；冷水箱，按每组安装费指标计算安装费等等。

d. 按设备安装工程每平方米建筑面积的概算指标计算。设备安装工程有时可按不同的专业内容（如通风、动力、管道等）采用每平方米建筑面积的安装费用概算指标计算安装费。

3. 单项工程综合概算的编制与计价

单项工程综合概算是以其所包含的建筑工程概算表和设备及安装工程概算表为基础汇总编制的。单项工程综合概算文件一般包括编制说明和综合概算表两部分，当项目无需编制建设项目总概算时，还应列入工程建设其他费用概算。

（1）编制说明

编制说明主要包括编制依据、编制方法、主要设备和材料的数量及其他有关问题。

（2）综合概算表

综合概算表需根据单项工程对应范围内的各单位工程概算等基础资料，按照规定的统一表格进行编制，除了将所包括的所有单位工程概算，按费用构成的项目划分填入表内外，还需列出技术经济指标，如表 4-6 所示。

单项工程综合概算表 **表 4-6**

序号	单项工程概算或费用名称	概算价值（万元）						技术经济指标			占总投资比例（%）
		建筑工程费	设备购置费	工器具购置费	安装工程费	工程建设其他费用	合计	单位	数量	指标（元/m²）	
1	建筑工程	×					×			×	×
1.1	……	×					×	×		×	
1.2	……	×					×	×		×	
……		……					……	……		……	

续表

序号	单项工程概算或费用名称	概算价值（万元）						技术经济指标			占总投资比例（%）
		建筑工程费	设备购置费	工器具购置费	安装工程费	工程建设其他费用	合计	单位	数量	指标（元/m²）	
2	设备及安装工程		×				×			×	×
2.1	……		×				×	×		×	
2.2	……		×				×	×		×	
……			……				……	……		……	
3	工器具购置费			×			×			×	×
3.1	……			×			×	×		×	
3.2	……			×			×	×		×	
……				……			……	……		……	
4	安装工程费				×		×			×	×
4.1	……				×		×	×		×	
4.2	……				×		×	×		×	
……				……	……		……	……		……	
5	工程建设其他费用					×					
5.1	……										
5.2	……										
	合计	×	×	×	×	×	×				

4. 建设项目总概算的编制

建设项目总概算是设计文件的重要组成部分，是确定整个建设项目从筹建到竣工验收交付使用所预计花费的全部费用的文件。它由各单项工程综合概算、工程建设其他费用、预备费和经营性项目铺底流动资金等汇编而成，见表4-7。

某工程建设项目总概算表 **表4-7**

建设单位：______

建设项目名称：______ 总建筑面积：______

序号	单项工程综合概算或费用名称	概算价值（万元）					技术经济指标			占总投资比例（%）	备注
		建筑工程费	设备购置费	工器具购置费	安装工程费	合计	单位	数量	指标（元/m²）		
一	单项工程综合概算									×	
1	×××办公楼	×	×	×	×	×	×	×	×		
2	×××车间	×	×	×	×	×	×	×	×		
……	……	……				……	……		……		
	小计	×	×	×	×	×					
二	工程建设其他费用									×	
1	建设管理费					×					

续表

序号	单项工程综合概算或费用名称	概算价值（万元）					技术经济指标			占总投资比例（%）	备注
		建筑工程费	设备购置费	工器具购置费	安装工程费	合计	单位	数量	指标（元/m²）		
2	可行性研究费					×					
3	勘察设计费					×					
……	……					……					
	小计					×					
三	预备费									×	
1	基本预备费					×					
2	涨价预备费					×	×				
	小计					×					
四	建设期利息					×	×			×	
……	……			……	……	……	……				
五	总概算价值	×	×	×	×	×					
	（其中回收金额）	（×）	（×）								
	投资比例（%）	×	×	×	×						

（1）总概算书的编制

1）工程概况：说明工程建设地址、建设条件、工期、名称、品种与产量、规模、功能及厂外工程的主要情况等。

2）编制依据：说明设计文件、定额、价格及费用指标等依据。

3）编制范围：说明总概算书已包括与未包括的工程项目和费用。

4）编制方法：说明采用何种方法编制等。

5）投资分析：分析各项工程费用所占比例、各项费用构成、投资效果等。此外，还要与类似工程比较，分析投资高低原因，以及论证该设计是否经济合理。

6）主要设备和材料数量：说明主要机械设备、电气设备及主要建筑材料的数量。

7）其他有关问题：说明在编制概算文件过程中存在的其他有关问题。

（2）总概算表构成

1）按总概算组成的顺序和各项费用的性质，将各个单项工程综合概算及其他工程和相应的费用概算汇总列入总概算表。

2）将工程项目和费用名称及各项数值填入相应各栏内，然后按各栏分别汇总。

3）以汇总后总额为基础。按取费标准计算预备费、建设期利息、铺底流动资金等。

4）计算回收金额。回收金额是指在整个基本建设过程中所获得的各种收入。如原有房屋拆除所回收的材料和旧设备等的变现收入；试车收入大于支出部分的价值等。回收金额的计算方法，按有关部门的规定执行。

5）计算总概算价值。

6）计算技术经济指标。整个项目的技术经济指标应选择有代表性和能说明投资效果的指标填列。

7）投资分析。为对基本建设投资分配、构成等情况进行分析，应在总概算表中计算出各项工程和费用投资占总投资比例，在表的末栏计算出每项费用的投资占总投资的比例。

5. 设计概算的审查内容与方法

（1）设计概算的审查内容

1）审查设计概算的编制依据

① 审查编制依据的合法性。各种编制依据必须经过国家或授权机关的批准，不得强调情况特殊而擅自更改规定。

② 审查编制依据的时效性。各种依据，如定额、指标等，都应执行国家有关部门的现行规定。

③ 审查编制依据的适用范围。各种编制依据有规定的适用范围，如主管部门规定的各种专业定额及其取费标准，只适用于该部门的专业工程；各地区规定的各种定额及其取费标准只适用于该地区范围以内。

2）审查设计概算的编制深度

一般大中型项目的设计概算，应有完整的编制说明和“三级概算”表（即总概算表、单项工程综合概算表、单位工程概算表），并按有关规定的深度进行编制。审查各级概算的编制、校对、审核是否按规定编制并进行了相关的签署。

3）审查概算的编制范围

审查设计概算编制范围及具体内容是否与主管部门批准的建设项目范围及具体工程内容一致；审查分期建设项目的建筑范围及具体工程内容有无重复交叉，是否重复计算或漏算；审查其他费用所列的项目是否符合规定；静态投资、动态投资和经营性项目铺底流动资金是否分别列出等。

4）审查建设规模、标准

审查概算的投资规模、生产能力、设计标准、建设用地、建筑面积、主要设备、配套工程、设计定员等是否符合原批准可行性研究报告或立项批文的标准。如概算总投资超过原批准投资估算10%以上，应进一步审查超估算的原因。

5）审查设备规格、数量和配置

审查所选用的设备规格、台数是否与生产规模一致；材质、自动化程度有无提高标准，引进设备是否配套、合理；备用设备台数是否恰当；消防、环保设备是否计算等。除此之外还要重点审查设备价格是否合理、是否合乎有关规定等。

6）审查工程费

要根据初步设计图纸、概算定额及工程量计算规则、专业设备材料表等对相应的费用进行审查，检查有无多算、重算、漏算。

7）审查计价指标

应审查建筑与安装工程采用的计价定额、价格指数和有关人工、材料、机械台班单价是否符合工程所在地（或专业部门）定额要求和实际市场价格水平，费用取值是否合理、并审查概算指标调整系数，主材价格，人工、机械台班和辅材调整系数是否正确与合理。

8）审查其他费用

审查费用项目是否按国家统一规定计列，具体费率或计取标准是否按国家、行业或有关部门规定计算，有无随意列项、有无多列、交叉计列和漏项等。

（2）设计概算的审查方法

设计概算审查前要熟悉设计图纸和有关资料，深入调查研究，了解建筑市场行情，了解现场施工条件，掌握第一手资料，进行经济对比分析，使审批后的概算更符合实际。概算的审查方法有对比分析法、查询核实法及联合会审法。

1）对比分析法

对比分析法主要是指将建设规模、标准与立项批文对比；工程数量与设计图纸对比；各项取费与规定标准对比；材料、人工单价与市场信息对比，技术经济指标与同类工程的指标对比等等。通过对比分析，发现设计概算存在的主要问题和偏差。

2）查询核实法

查询核实法是对一些关键设备、重要装置、难以核算的较大投资进行多方查询核对．逐项落实的方法。主要设备的市场价向设备供应部门或招标公司查询核实；重要生产装置、设施向同类企业（工程）查询了解；进口设备价格及有关费税向进出口公司查询；复杂的建安工程向同类工程的建设、承包、施工单位查询等。

3）联合会审法

联合会审法由会审单位分头审查，然后集中研究共同定案；或组织有关部门成立专门审查班子，根据审查人员的业务专长分组，将概算费用进行分解，分别审查，最后集中讨论定案。

习题

一、计算题

1. 用标准砖砌筑一砖墙体，已知砖的损耗率为1%，砂浆的损耗率为1%，灰缝宽0.01m，求每立方米砖砌体所用砖和砂浆的总耗量。

2. 已知完成单位合格产品的基本用工为22工日，超运距用工为4工日，人工幅度差系数为12%，求人工工日消耗量。

3. 某工程现场采用出料容量500L的混凝土搅拌机，每次循环中，装料、搅拌、卸料、中断需要的时间分别是1min、3min、1min、1min，机械正常利用系数为0.9，求机械台班产量定额。

4. 根据计时观察法测得工人工作时间：基本工作时间61min，辅助工作时间9min，准备与结束工作时间13min，不可避免的中断时间6min，休息时间9min，计算与规范时间。

5. 根据计时观察资料测得某工人工作时间有关数据如下：准备与结束工作时间12min，基本工作时间68min，休息时间10min，辅助工作时间11min，不可避免中断时间6min，计算该工序的规范时间。

二、单选题

1. 下列工程建设定额中，属于按定额编制程序和用途分类的是（　　）。

A. 机械台班消耗定额　B. 行业通用定额　C. 投资估算指标　D. 补充定额

2. 采用现场测定法，测得某种建筑材料在正常施工条件下的单位消耗量为12.47kg，损耗量为0.65kg，则该材料的损耗率为(　　)。

A. 4.95%　B. 5.21%　C. 5.45%　D. 5.50%

3. 拟建工程与已完工工程采用同一个施工图，但两者基础部分和现场施工条件不同，则对相同部分的施工图预算，宜采用的审查方法是(　　)。

A. 分组计算审查法　　B. 筛查审查法　　C. 对比审查法　　D. 标准预算审查法

4. 设计概算审查的常用方法中不包括（　　）。

A. 联合会审法　　B. 概算指标法　　C. 查询核实法　　D. 对比分析法

5. 当初步设计达到一定深度、建筑结构比较明确时，宜采用（　　）编制建筑工程概算。

A. 预算单价法　　B. 概算指标法　　C. 类似工程预算法　　D. 扩大单价法

5 建设工程工程量清单计价规范

为规范建设工程造价计价行为，统一建设工程计价文件的编制原则和计价方法，根据《中华人民共和国建筑法》、《中华人民共和国合同法》、《中华人民共和国招标投标法》等法律法规，中华人民共和国住房和城乡建设部与国家质量监督检验检疫总局联合发布了《建设工程工程量清单计价规范》GB 50500—2013，以下简称现行计价规范。

5.1 建设工程工程量清单计价规范概述

5.1.1 工程量清单

工程量清单是载明建设工程分部分项工程项目、措施项目、其他项目的名称和相应数量以及规费、税金项目等内容的明细清单。

(1) 招标工程量清单。招标人依据国家标准、招标文件、设计文件以及施工现场实际情况编制的，随招标文件发布供投标报价的工程量清单，包括其说明和表格。

(2) 已标价工程量清单。构成合同文件组成部分的投标文件中已标明价格，经算术性错误修正（如有）且承包人已确认的工程量清单，包括其说明和表格。

5.1.2 综合单价

综合单价是指完成一个规定清单项目所需的人工费、材料和工程设备费、施工机具使用费和企业管理费、利润以及一定范围内的风险费用。

现行计价规范规定，工程量清单应采用综合单价计价。

5.1.3 计价风险

建设工程发承包，必须在招标文件、合同中明确计价中的风险内容及其范围，不得采用无限风险、所有风险或类似语句规定计价中的风险内容及范围。

现行计价规范对发包人应承担的计价风险，发承包人应承担的市场物价波动的风险范围以及承包人应承担的风险作了明确的规定。

5.1.4 工程量清单的作用

(1) 在招投标阶段，招标工程量清单为投标人的投标竞争提供了一个平等和共同的基础。工程量清单将要求投标人完成的工程项目及其相应工程实体数量全部列出，为投标人提供拟建工程的基本内容、实体数量和质量要求等信息。这使所有投标人所掌握的信息相同，受到的待遇是客观、公正和公平的。

(2) 工程量清单是建设工程计价的依据。在招标投标过程中，招标人根据工程量清单编制招标工程的招标控制价；投标人按照工程量清单所表述的内容，依据企业定额计算投标价格，自主填报工程量清单所列项目的单价与合价。

(3) 工程量清单是工程付款和结算的依据。发包人根据承包人是否完成工程量清单规定的内容，并按已标价工程量清单中所报的单价作为支付工程进度款和进行结算的依据。

(4) 工程量清单是调整工程量、进行工程索赔的依据。在发生工程变更、索赔、增加新的工程项目等情况时，可以选用或者参照工程量清单中的分部分项工程或计价项目与合同单价来确定变更项目或索赔项目的单价和相关费用。

5.1.5 工程量清单的适用范围

(1) 现行计价规范提供的工程量清单适用于建设工程发承包及实施阶段的计价活动，包括工程量清单的编制、招标控制价的编制、投标报价的编制、工程合同价款的约定、工程施工过程中计量与合同价款的支付、索赔与现场签证、竣工结算的办理和合同价款争议的解决以及工程造价鉴定等活动。

(2) 现行计价规范明确规定，使用国有资金投资的工程建设工程发承包项目，必须采用工程量清单计价。

(3) 对于非国有资金投资的工程建设项目，是否采用工程量清单方式计价由项目业主自主确定。当确定采用工程量清单计价时，则应执行现行计价规范；对于不采用工程量清单计价的建设工程，除不执行工程量清单计价的专门性规定外，仍应执行现行计价规范规定的工程价款调整、工程计量和价款支付、索赔与现场签证、竣工结算以及工程造价争议处理等条文。

5.1.6 现行计价规范的构成

现行计价规范包括规范条文和附录两部分。

规范条文共 16 章，包括总则、术语、一般规定、工程量清单编制、招标控制价、投标报价、合同价款约定、工程计量、合同价款调整、合同价款期中支付、竣工结算与支付、合同解除的价款结算与支付、合同价款争议的解决、工程造价鉴定、工程计价资料与档案、工程计价表格。

规范条文就适用范围、作用以及计量活动中应遵循的原则、工程量清单编制的规则、工程量清单计价的规则、工程量清单计价格式及编制人员资格等作了明确规定。

附录分为 A、B、C、D、E、F、G、H、J、K、L，共计 11 个。除附录 A 外，其余为工程计价表格。附录分别对招标控制价、投标报价、竣工结算的编制等使用的表格作了明确规定。

5.2 工程量清单的编制

5.2.1 工程量清单的编制依据

（1）现行计价规范和相关工程的国家计量规范；
（2）国家或省级、行业建设主管部门颁发的计价定额和办法；
（3）建设工程设计文件及相关资料；
（4）与建设工程项目有关的标准、规范、技术资料；
（5）拟定的招标文件；
（6）施工现场情况、地勘水文资料、工程特点及常规施工方案；
（7）其他相关资料。

5.2.2 工程量清单编制方法

工程量清单应由具有编制能力的招标人或受其委托，具有相应资质的工程造价咨询人编制。

采用工程量清单方式招标，招标工程量清单必须作为招标文件的组成部分，其准确性和完整性由招标人负责。

1. 分部分项工程项目清单

分部分项工程项目清单为不可调整的闭口清单。在投标阶段，投标人对招标文件提供的分部分项工程项目清单必须逐一计价，对清单所列内容不允许进行任何更改变动。投标人如果认为清单内容有不妥或遗漏，只能通过质疑的方式由清单编制人作统一的修改更正。清单编制人应将修正后的工程量清单发往所有投标人。

分部分项工程项目清单必须根据国家现行计量规范规定的项目编码、项目名称、项目特征、计量单位和工程量计算规则进行编制。

（1）项目编码

项目编码是分部分项工程量清单项目名称的数字标识。应按现行计量规范项目编码的9位数字另加3位顺序码构成。一至九位应按现行计量规范的规定设置，十至十二位应根据拟建工程的工程量清单项目名称和项目特征设置，同一招标工程的项目编码不得有重码。

一至二位为专业工程码，如建筑工程与装饰工程为01、仿古建筑工程为02、通用安装工程为03、市政工程为04、园林绿化工程为05、矿山工程为06、构筑物工程为07、城市轨道交通工程为08、爆破工程为09。

三至四位为附录分类顺序码；五至六位为分部工程顺序码；七、八、九位为分项工程项目名称顺序码；十至十二位为清单项目名称顺序码。例如：

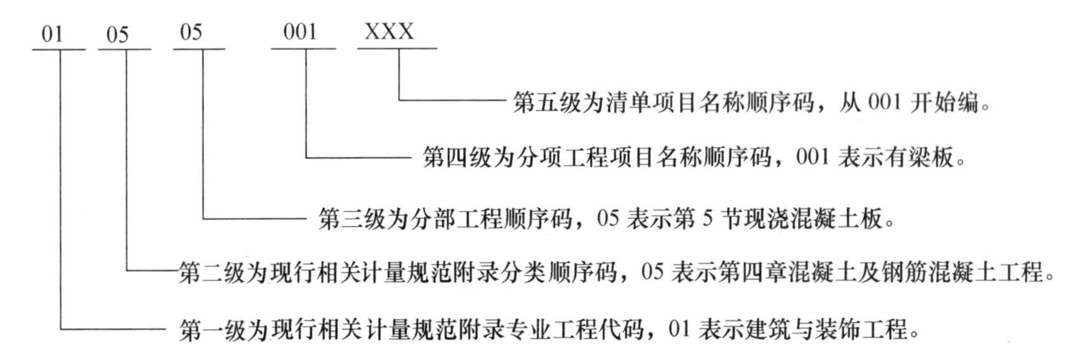

例如同一个标段（或合同段）的工程量清单中含有三个单位工程，每一单位工程中都有项目特征相同的实心砖墙砌体，在工程量清单中需反映三个不同单位工程的实心砖墙砌体工程量时，此时工程量清单应以单位工程为编制对象，第一个单位工程的实心砖墙的项目编码应为010401003001，第二个单位工程的实心砖墙的项目编码应为010401003002，第三个单位工程的实心砖墙的项目编码应为010401003003，并分别列出各单位工程实心砖墙的工程量。

（2）项目名称

分部分项工程项目清单的项目名称应按现行计量规范的项目名称结合拟建工程的实际确定。分项工程项目清单的项目名称一般以工程实体而命名，项目名称如有缺项，编制人应作补充，并报省级或行业工程造价管理机构备案。补充项目的编码由现行相关计量规范的专业工程代码X（即01～09）与B和三位阿拉伯数字组成，并应从XB001起顺序编制，同一招标工程的项目不得重码。分部分项工程项目清单中应附补充项目名称、项目特征、计量单位、工程量计算规则、工作内容。

（3）项目特征

项目特征是确定分部分项工程项目清单综合单价的重要依据，在编制的分部分项工程项目清单时，必须对其项目特征进行准确和全面的描述。

但有的项目特征用文字往往又难以准确和全面的描述清楚，因此为达到规范、简捷、准确、全面描述项目特征的要求，在描述分部分项工程项目清单项目特征时应按以下原则进行：

1）项目特征描述的内容应按现行相关计量规范附录中的规定，结合拟建工程的实际，满足确定综合单价的需要。

2）对采用标准图集或施工图纸能够全部或部分满足项目特征描述要求的，项目特征描述可直接采用详见××图集或××图号的方式。但对不能满足项目特征描述要求的部分，仍应用文字描述。

（4）计量单位

分部分项工程项目清单的计量单位应按现行相关计量规范附录中规定的计量单位确定。如“吨”、“立方米”、“平方米”、“米”、“千克”或“项”、“个”等。在现行计量规范中有两个或两个以上计量单位的，如门窗工程的计量单位为“樘/m”，钢筋混凝土桩的单位为“m/根”，应结合拟建工程是实际情况，确定其中一个为计量单位。同一工程项目计量单位应一致。

（5）工程量计算

现行相关计量规范明确了清单项目的工程量计算规则，其工程量是以形成工程实体为准，并以完成后的净值来计算的。这一计算方法避免了因施工方案不同而造成计算的工程量大小各异的情况，为各投标人提供了一个公平的平台。

采用不同计量单位计算工程量时，应注意：

1）以“吨”为计量单位的应保留小数点三位，第四位小数四舍五入；

2）以“立方米”、“平方米”“米”、“千克”为计量单位的应保留小数点二位，第三位小数四舍五入；

3）以“项”、“个”等为计量单位的应取整数。

2. 措施项目清单的编制

措施项目清单为可调整清单，投标人对招标文件中所列项目，可根据企业自身特点做适当的变更增减。投标人要对拟建工程可能发生的措施项目和措施费用作通盘考虑，清单一经报出，即被认为是包括了所有应该发生的措施项目的全部费用。如果报出的清单中没有列项，且施工中又必须发生的项目，业主有权认为，其已经综合在分部分项工程量清单的综合单价中。将来措施项目发生时投标人不得以任何借口提出索赔与调整。

现行计价规范中，将措施项目分为能计量和不能计量的两类。

对能计量的措施项目（即单价措施项目），同分部分项工程量一样，编制措施项目清单时应列出项目编码、项目名称、项目特征、计量单位，并按现行相关计量规范规定，采用对应的工程量计算规则计算其工程量。

对不能计量的措施项目（即总价措施项目），措施项目清单中仅列出项目编码、项目名称，但未列出项目特征、计量单位的项目，编制措施项目清单时，应按现行相关计量规范附录（措施项目）的规定执行。

由于工程建设施工的特点和承包人组织施工生产的施工装备水平、施工方案及其管理水平的差异，同一工程、不同的承包人组织施工采用的施工措施并不完全一致，因此，措施项目清单应根据拟建工程的实际情况列项。

3. 其他项目清单的编制

其他项目清单是指因招标人的特殊要求而发生的与拟建工程有关的其他费用项目和相应数量的清单。其他项目清单应根据拟建工程的具体情况列项。

（1）暂列金额

暂列金额是招标人暂定并包括在合同中的一笔款项。中标人只有按照合同约定程序，实际发生了暂列金额所包含的工作，才能将得到的相应金额，纳入合同结算价款中。扣除实际发生金额后的暂列金额余额仍属于招标人所有。

（2）暂估价

暂估价包括材料暂估价、工程设备暂估价和专业工程暂估价。暂估价中的材料、工程设备暂估单价应根据工程造价信息或参照市场价格估算，列出明细表；专业工程暂估价应分不同专业，按有关计价规定估算，列出明细表。

一般而言，为方便合同管理和计价，需要纳入分部分项工程量清单项目综合单价中的暂估价则最好只是材料、工程设备费，以方便投标人组价。对专业工程暂估价一般应是综合暂估价，应当包括除规费、税金以外的管理费、利润等。

（3）计日工

计日工是为了解决现场发生的零星工作的计价而设立的。计日工对完成零星工作所消耗的人工工时、材料数量、施工机械台班进行计量，并按照计日工表中填报的适用项目的单价进行计价支付。

计日工适用的零星工作一般是指合同约定之外的或者因变更而产生的、工程量清单中没有相应项目的额外工作，尤其是那些时间不允许事先商定价格的额外工作。为了获得合理的计日工单价，计日工表中一定要尽可能把项目列全，并给出一个比较贴近实际的暂定数量。

（4）总承包服务费

总承包服务费是为了解决招标人在法律、法规允许的条件下进行专业工程发包以及自行采购供应材料、设备时，要求总承包人对发包的专业工程提供协调和配合服务（如分包人使用总包人的脚手架、水电接剥等）；对供应的材料、设备提供收、发和保管服务以及对施工现场进行统一管理；对竣工资料进行统一汇总整理等发生并向总承包人支付的费用。招标人应当预计该项费用并按投标人的投标报价向投标人支付该项费用。

4. 规费项目清单的编制

规费是指按国家法律、法规规定，由省级政府和省级有关权力部门规定必须缴纳或计取的费用。现行的规费内容已在图 3-1 中列出，不再赘述。

5. 税金项目清单的编制

目前国家税法规定应计入建筑安装工程造价内的税种，详见图 3-1。如国家税法发生变化或地方政府及税务部门依据职权对税种进行了调整，应对税金项目清单进行相应调整。

5.3 工程量清单的计价

根据现行计价规范规定，建设项目采用工程量清单计价，建筑安装工程费由分部分项工程费、措施项目费、其他项目费、规费和税金组成。

5.3.1 建筑安装工程费构成及计量费用的计算程序

建筑安装工程费构成及可计量费用的计算程序，如图 5-1 所示。

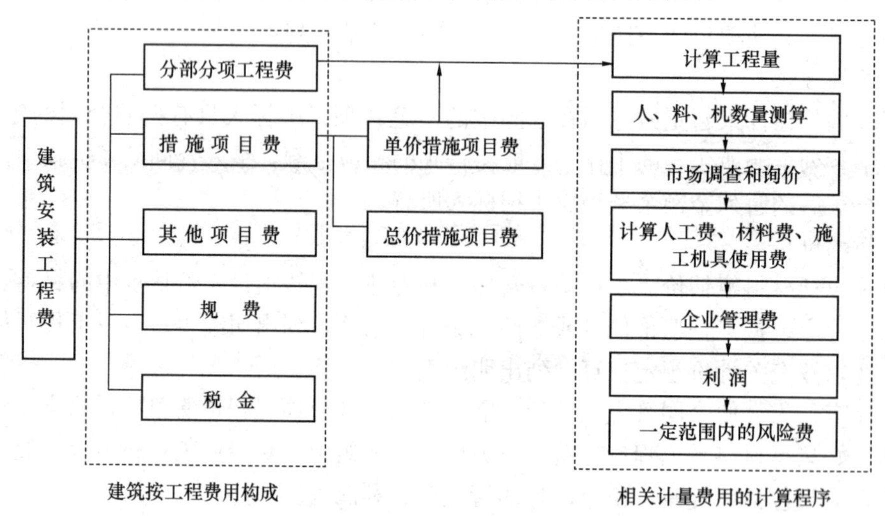

图 5-1 建筑安装工程费用构成及计量费用计算程序图

5.3.2 工程造价的计算

$$分部分项工程费=\sum 分部分项工程量\times 分部分项工程综合单价 \tag{5-1}$$

$$措施项目费=\sum 措施项目工程量\times 措施项目综合单价+\sum 单项措施费 \tag{5-2}$$

$$单位工程造价=分部分项工程费+措施项目费+其他项目费+规费+税金 \tag{5-3}$$

$$单项工程造价=\sum 单位工程造价 \tag{5-4}$$

$$建设项目造价=\sum 单项工程造价 \tag{5-5}$$

5.4 工程量清单计价表格

工程量清单计价表格为现行计价规范中的附录B～附录L，包括了工程量清单、招标控制价、投标报价、竣工结算和工程造价鉴定等各个阶段计价使用的5种封面22种（类）表样。由于篇幅原因，以下只列举最基本的招标控制价使用的表格及投标报价使用的表格，其他表格详见现行计价规范。

5.4.1 封面、扉页

1. 封面

现行计价规范中工程计价文件中的招标工程量清单、招标控制价、投标总价封面如表5-1、表5-2、表5-3所示。封面应按规定的内容填写、盖章。如委托工程造价咨询人编制，还应由其加盖相同单位公章。

2. 扉页

扉页即签字盖章页，应按规定的内容填写、签字、盖章，由造价员编制的工程量清单应有负责审核的造价工程师签字、盖章。受委托编制的工程量清单，应有造价工程师签字、盖章以及工程造价咨询人盖章。招标工程量清单扉页、招标控制价扉页与投标总价扉页见表5-4、表5-5、表5-6。

5.4.2 总说明

总说明表适用于工程计价的各阶段。在工程计价的不同阶段，说明的内容有差别的，要求也有所不同，见表5-7。

总说明应按下列内容填写：

（1）工程概况：建设规模、工程特征、计划工期、施工现场实际情况、自然地理条件、环境保护要求等。

（2）工程招标和专业工程发包范围。

（3）工程量清单编制依据。

（4）工程质量、材料、施工等的特殊要求。

（5）其他需要说明的问题。

招标工程量清单封面　表 5-1

__________________工程

招标工程量清单

投　标　人：__________________

（单位盖章）

造价咨询人：__________________

（单位盖章）

年　月　日

招标控制价封面 **表 5-2**

______________工程

招标控制价

投　标　人：______________
（单位盖章）

造价咨询人：______________
（单位盖章）

年　月　日

投标总价封面 表 5-3

______________________工程

投标总价

投标人：__________________
（单位盖章）

年 月 日

招标工程量清单扉页 表 5-4

______________工程

招标工程量清单

投 标 人：______________
（单位盖章）

造价咨询人______________
（单位资质专用章）

法定代表人
或其授权人：______________
（签字或盖章）

法定代表人
或其授权人：______________
（签字或盖章）

编 制 人：______________
（造价人员签字盖专用章）

复 核 人：______________
（造价工程师签字盖专用章）

编制时间： 年 月 日

复核时间： 年 月 日

招标控制价扉页　　　　表 5-5

____________________工程

招标控制价

投标总价（小写）：____________________

（大写）：____________________

投　标　人：____________________
（单位盖章）

造价咨询人____________________
（单位资质专用章）

法定代表人
或其授权人：____________________
（签字或盖章）

法定代表人
或其授权人：____________________
（签字或盖章）

编　制　人：____________________
（造价人员签字盖专用章）

复　核　人：____________________
（造价工程师签字盖专用章）

编制时间：　年　月　日

复核时间：　年　月　日

招标工程量清单扉页 表 5-6

招标总价

招 标 人：______________________

工程名称：______________________

投标总价（小写）______________________

（大写）______________________

投 标 人：______________________

（单位盖章）

法定代表人

或其授权人：______________________

（签字或盖章）

编 制 人：______________________

（造价人员签字盖专用章）

时间： 年 月 日

总说明 表 5-7

工程名称： 第 页 共 页

5.4.3 招标控制价/投标报价汇总表

招标控制价/投标报价汇总表包括：建设项目招标控制价/投标报价汇总表、单项工程招标控制价/投标报价汇总表和单位工程招标控制价/投标报价汇总表。

建设项目（或单项工程）招标控制价/投标报价汇总表见表5-8。建设项目与单项工程招标控制价/投标报价汇总表在形式上是一样的，只是对价格的处理不同。

建设项目（或单项工程）招标控制价/投标报价汇总表 **表5-8**

工程名称： 第 页 共 页

序号	单项工程（或单位工程）名称	金额（元）	其中（元）		
			暂估价	安全文明施工费	规费
合计					

单位工程招标控制价/投标报价汇总表见表5-9。

单位工程招标控制价/投标报价汇总表 **表5-9**

工程名称： 标段： 第 页 共 页

序号	汇总内容	金额（元）	其中：暂估价（元）
1	分部分项工程		
1.1			
1.2			
……			
2	措施项目		
2.1	其中：安全文明施工费		
3	其他项目		
3.1	其中：暂列金额		
3.2	其中：专业工程暂估价		
3.3	其中：计日工		
3.4	其中：总承包服务费		
4	规费		
5	税金		
招标控制价合计＝1＋2＋3＋4＋5			

本表适用于单位工程招标控制价或投标报价的汇总，但如无单位工程划分时，单项工程也使用本表汇总。

5.4.4 分部分项工程和措施项目计价表

分部分项工程和措施项目计价表包括分部分项工程和单价措施项目清单计价表、综合单价分析表、总价措施项目清单与计价表，见表5-10、表5-11、表5-12。

分部分项工程和单价措施项目清单与计价表 表 5-10

工程名称： 标段： 第 页 共 页

序号	项目编码	项目名称	项目特征描述	计量单位	工程量	金额（元）		
						综合单价	合价	其中 暂估价
本页小计								
合计								

注：为计取规费等的使用，可在表中增设其中：“定额人工费”。

综合单价分析表 表 5-11

工程名称： 标段： 第 页共 页

项目编码				项目名称				计量单位			
清单综合单价组成明细											
定额编号	定额名称	定额单位	数量	单价				合价			
				人工费	材料费	机械费	管理费和利润	人工费	材料费	机械费	管理费和利润
人工单价	小计										
元/工日	未计价材料费										
清单项目综合单价											
材料费明细	主要材料名称、规格、型号					单位	数量	单价（元）	合价（元）	暂估单价（元）	暂估合价（元）
	其他材料费							—		—	
	材料费小计							—		—	

注：1. 如不使用省级或行业建设主管部门发布的计价依据，可不填定额项目、编号等。

2. 招标文件提供了暂估单价的材料，按暂估的单价填入表内“暂估单价”栏及“暂估合价”栏。

总价措施项目清单与计价表 **表 5-12**

工程名称： 标段： 第 页 共 页

序号	项目编码	项目名称	计算基础	费率（%）	金额（元）	调整费率（%）	调整后金额（元）	备注
		安全文明施工费						
		夜间施工增加费						
		二次搬运费						
		冬雨期施工增加费						
		已完工程及设备保护费						
合计								

编制人（造价人员）： 复核人（造价工程师）：

注：1. “计算基础”中安全文明施工费可为“定额人工费”或“定额人工费＋定额机械费”，其他项目可为“定额人工费”或“定额人工费＋定额机械费”。

2. 按施工方案计算的措施费，若无“计算基础”和“费率”的数字，也可只填“金额”数值，但应在备注栏说明施工方案出处或计算方法。

5.4.5 其他项目计价表

其他项目计价表由其他项目清单与计价汇总表（见表 5-13）以及汇总表中相关项目组成表构成，相关项目组成表包括暂列金额明细表、材料（工程设备）暂估单价及调整表、专业工程暂估价及结算表、计日工表、总承包服务费计价表等。如在工程实施中，发生索赔与现场签证，则还有索赔与现场签证计价汇总表、费用索赔申请（核准）表、现场签证表等，详见现行计价规范。

其他项目清单与计价汇总表 **表 5-13**

工程名称： 标段： 第 页 共 页

序号	项目名称	金额（元）	结算金额（元）	备注
1	暂列金额			明细详见“13 规范”表-12-1
2	暂估价			
2.1	材料（工程设备）暂估价/结算价			明细详见“13 规范”表-12-2
2.2	专业工程暂估价			明细详见“13 规范”表-12-3
3	计日工			明细详见“13 规范”表-12-4
4	总承包服务费			明细详见“13 规范”表-12-5
5	索赔与现场签证			明细详见“13 规范”表-12-6
合 计				

注：材料（工程设备）暂估单价进入清单项目综合单价，此处不汇总。

5.4.6 规费、税金项目计价表

规费、税金项目清单与计价表见表5-14。

规费、税金项目计价表 **表5-14**

工程名称： 标段： 第 页共 页

序号	项目名称	计算基础	计算基数	计算费率（%）	金额（元）
1	规费	定额人工费			
1.1	社会保障费	定额人工费			
(1)	养老保险费	定额人工费			
(2)	失业保险费	定额人工费			
(3)	医疗保险费	定额人工费			
(4)	工伤保险费	定额人工费			
(5)	生育保险费	定额人工费			
1.2	住房公积金	定额人工费			
1.3	工程排污费	按工程所在地环保部门收取标准，按实计入			
2	税金	分部分项工程费＋措施项目费＋其他项目费＋规费－按规定不计税的工程设备金额			
合计					

编制人（造价人员）： 复核人（造价工程师）：

5.4.7 主要材料、工程设备一览表

主要材料、工程设备一览表见表5-15、表5-16。

发包人提供材料和工程设备一览表 **表5-15**

工程名称 第 页共 页

序号	材料（工程设备）名称、规格、型号	单位	数量	单价（元）	交货方式	送达地点	备注

注：此表由招标人填写、供投标人在报价、确定总承包服务费时参考。

承包人提供材料和工程设备一览表 **表5-16**

工程名称 第 页共 页

序号	名称、规格、型号	单位	数量	风险系数（%）	基准单价（元）	投标单价（元）	发承包人确认单价（元）	备注

注：1. 此表由招标人填写除"投标单价"栏的内容，投标人在投标时自主确定投标单价。

2. 招标人应优先采用工程造价管理机构发布的单价作为基准单价，未发布的，通过市场调查确定其基准单价。

习题

一、单项选择题

1. 现行计价规范规定，分部分项工程量清单项目编码的第三级表示（　　）的顺序码。

A. 分项工程　　B. 扩大分项工程　　C. 分部工程　　D. 专业工程

2. 下列措施项目中，适宜于采用综合单价方式计价的是（　　）。

A. 已完工程及设备保护　　B. 二次搬运费

C. 安全文明施工　　D. 混凝土模板及支架

3. 采用工程量清单计价方式招标时，对工程量清单的完整性和准确性负责的是（　　）。

A. 编制招标文件的招标代理人　　B. 编制清单的工程造价咨询人

C. 发布招标文件的招标人　　D. 确定中标的投标人

4. 分部分项工程量清单项目设置五级编码。其中第五级编码为（　　）顺序码。

A. 专业工程　　B. 分部工程

C. 分项工程　　D. 工程量清单项目

5. 下列关于分部分项工程的说法中，正确的是（　　）。

A. 分部分项工程项目清单为不可调整的闭口清单

B. 投标人不必对清单项目逐一计价

C. 投标人可以根据具体情况对清单的列项进行变更和增减

D. 投标人不得对清单中内容不妥或遗漏的部分进行修改

二、多项选择题

1. 根据现行计价规范，分部分项工程综合单价包括完成一个清单项目所需的人工费、材料和工程设备费、施工机具使用费以及（　　）。

A. 企业管理费　　B. 利润

C. 规费　　D. 税金

E. 一定范围内的风险费

2. 根据《建设工程工程量清单计价规范》GB 50500—2013，下列费用项目中，属于其他项目的有（　　）。

A. 暂列金额　　B. 暂估价

C. 应急费　　D. 未明确项目的准备金

E. 计日工

3. 根据现行计价规范，工程量清单的适用范围包括（　　）。

A. 招标控制价的编制　　B. 投标报价的编制

C. 工程量清单编制　　D. 竣工结算

E. 设计概算编制

4. 根据现行计价规范，工程量清单的编制依据包括（　　）。

A. 设计文件　　B. 招标文件

C. 现行的计量规范　　D. 现行的计价定额

E. 现行的预算定额

5. 分部分项工程项目清单必须依据现行的国家计量规范规定的项目编码、项目名称以及（　　）进行编制。

A. 项目特征　　B. 计量单位

C. 工作内容　　D. 分类顺序

E. 工程量计算规则

6. 关于工程量清单编制的说法，正确的有（　　）。

A. 脚手架工程应列入以综合单价形式计价的单价措施项目中

B. 暂估价用于支付可能发生也可能不发生的材料、工程设备及专业工程

C. 材料、工程设备费应纳入分部分项工程量清单的暂估价中

D. 暂列金额是招标人考虑工程建设工程中不可预见、不能确定的因素而暂定的一笔费用

E. 计日工清单中由招标人填写数量与单价

6

建筑面积计算规范

本章根据中华人民共和国住房和城乡建设部颁布的《建筑工程建筑面积计算规范》GB/T 50353—2005规定，介绍了建筑面积的计算方法。本规范的适用范围是新建、扩建、改建的工业与民用建筑工程的建筑面积的计算，包括工业厂房、仓库，公共建筑、居住建筑，农业生产使用的房屋、粮种仓库、地铁车站等的建筑面积的计算。

6.1 计算建筑面积的范围与方法

6.1.1 建筑面积

建筑面积是指建筑物的水平平面面积，它由建筑物占地面积、各楼层、隔层面积（地上、地下）的总和构成，包括建筑物的使用面积、交通面积和结构面积。

建筑面积反映了建筑物规模的大小，它是编制基本建设计划、控制投资规模的一项重要技术指标。通过建筑面积的计算，能为计算项目其他工程量提供参考数据，确定项目的有关技术经济指标。

6.1.2 建筑面积的计算规范

1. 单层建筑物的建筑面积，应按其外墙勒脚以上结构外围水平面积计算，并应符合下列规定：

（1）单层建筑物高度在2.20m及以上者应计算全面积；高度不足2.20m者应计算1/2面积，如图6-1所示。

即建筑面积按建筑平面图外轮廓线尺寸计算：

$$S = L \times B(\mathrm{m}^2) \tag{6-1}$$

式中 S——单层建筑物的建筑面积（m^2）；

L——两端山墙勒脚以上外表面间水平长度（m）；

B——两纵墙勒脚以上外表面间水平长度（m）。

（2）利用坡屋顶内空间时，净高超过2.10m的部位应计算全面积；净高在1.20～2.10m的部位应计算1/2面积；净高不足1.20m的部位不计算面积。如图6-2所示。

2. 单层建筑物内设有局部楼层者，局部楼层的二层及以上楼层，有围护结构的应按其围护结构外围水平面积计

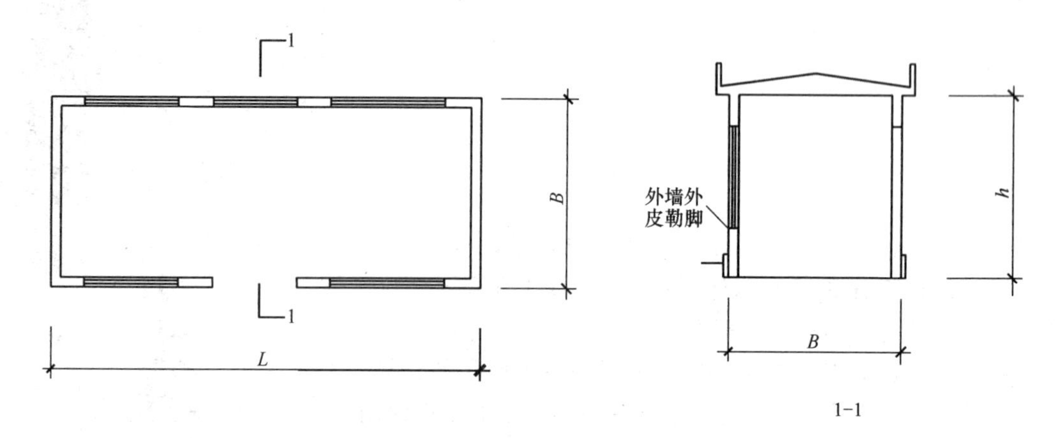

图 6-1 单层建筑物的建筑面积

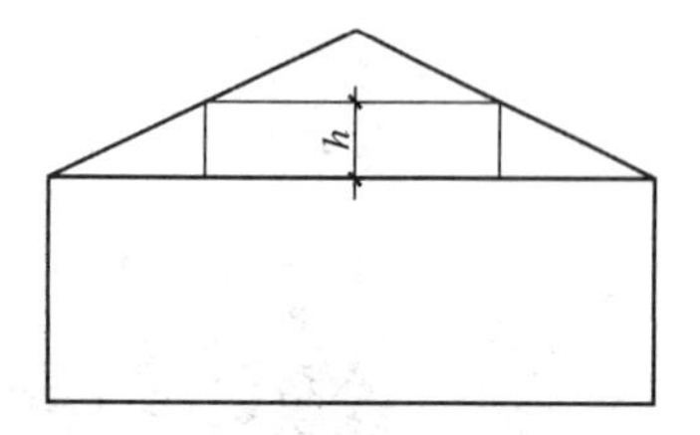

图 6-2 利用坡屋顶内空间利用的建筑面积计算

算，无围护结构的应按其结构底板水平面积计算。层高在 2.20m 及以上者应计算全面积；层高不足 2.20m 者应计算 1/2 面积。如图 6-3 所示。

建筑面积计算公式为：

$$S = L \times B + \Sigma l \times b + \Sigma M(\mathrm{m}^2) \tag{6-2}$$

式中 $l \times b$——有围护结构楼层的结构外围水平面积；

M——无围护结构楼层的结构底板水平面积。

3. 多层建筑物首层应按其外墙勒脚以上结构外围水平

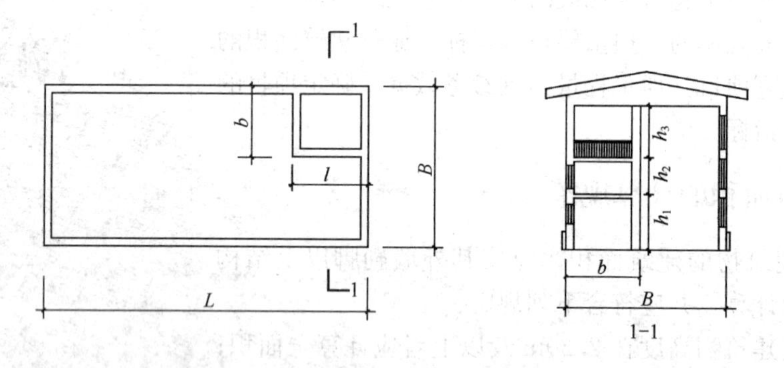

图 6-3 设有部分楼层的单层建筑物的建筑面积

面积计算；二层及以上楼层应按其外墙结构外围水平面积计算。层高在 2.20m 及以上者应计算全面积；层高不足 2.20m 者应计算 1/2 面积。同一建筑物如结构、层数不同时，分别计算建筑面积。如图 6-4。

4. 多层建筑坡屋顶内和场馆看台下，当设计加以利用且净高超过 2.10m 的部位应计算全面积；净高在 1.20m～2.10m 的部位应计算 1/2 面积；当设计不利用或室内净高不足 1.20m 时不应计算面积。

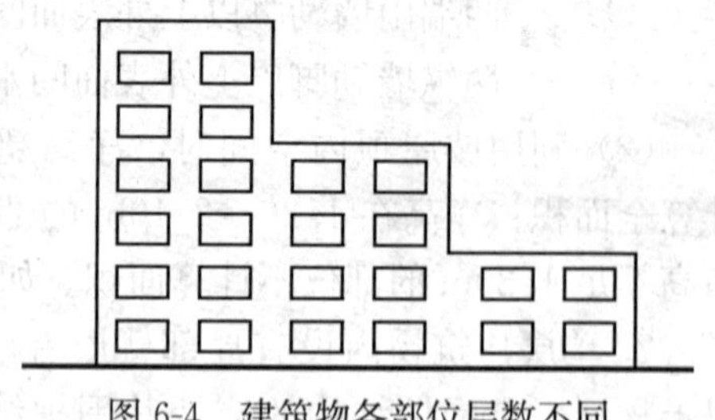

图 6-4 建筑物各部位层数不同

5. 地下室、半地下室（车间、商店、车站、车库、仓库等），包括相应的有永久性顶盖的出入口，应按其外墙上口（不包括采光井、外墙防潮层及其保护墙）外边线所围水平面积计算。层高在 2.20m 及以上者应计算全面积；层高不足 2.20m 者应计算 1/2 面积（图 6-5）。建筑面积计算公式为：

地下室部分建筑面积：　　$S_1 = l_1 \times b_1 (m^2)$　　(6-3)

出入口部分建筑面积：　　$S_2 = l_2 \times b_2 (m^2)$　　(6-4)

$$S = S_1 + S_2 (m^2) \quad (6\text{-}5)$$

式中　l_1，b_1——地下室上口外围的水平长度与宽度，m；

　　l_2，b_2——地下室出入口外围的水平长度与宽度，m。

6. 深基础架空层（图 6-6）、坡地的建筑物吊脚架空层（图 6-7），设计加以利用并有围护结构的，层高在 2.20m 及以上的部位应计算全面积；层高不足 2.20m 的部位应计算 1/2 面积。设计加以利用、无围护结构的建筑吊脚架空层，应按其利用部位水平面积的 1/2 计算；设计不利用的深基础架空层、坡地吊脚架空层、多层建筑坡屋顶内、场馆看台下的空间不应计算面积。

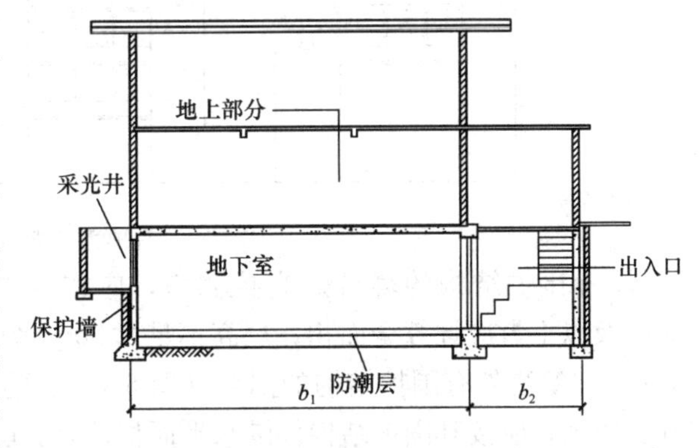

图 6-5　地下室建筑面积示意图

7. 建筑物的门厅、大厅按一层计算建筑面积。门厅、大厅内设有回廊时，应按其结构底板水平面积计算，层高在 2.20m 及以上者应计算全面积；层高不足 2.20m 者应计算 1/2 面积。如图 6-8 所示。

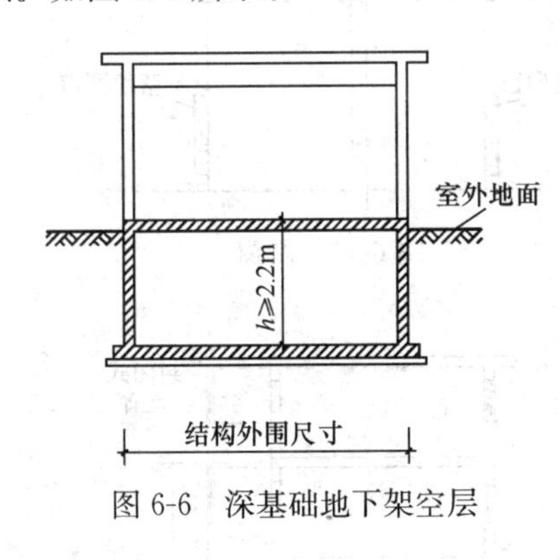

图 6-6　深基础地下架空层

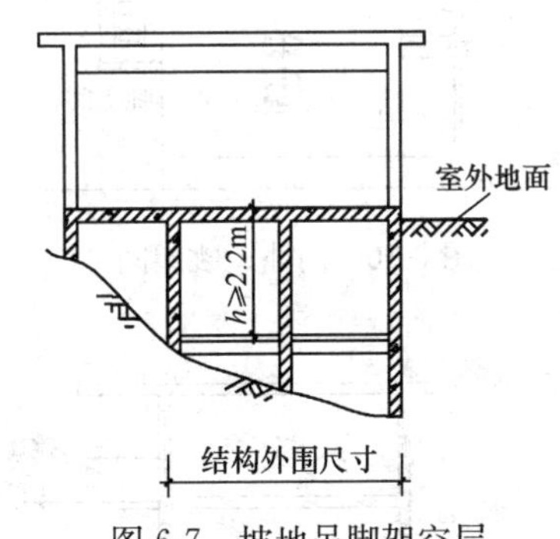

图 6-7　坡地吊脚架空层

8. 建筑物间有围护结构的架空走廊，应按其围护结构外围水平面积计算。层高在 2.20m 及以上者应计算全面积；层高不足 2.20m 者应计算 1/2 面积。有永久性顶盖无围护结构的应按其结构底板水平面积的 1/2 计算。无永久性顶盖的架空走廊不计算建筑面积。如图 6-9。

9. 立体书库、立体仓库、立体车库，无结构层的应按一层计算，有结构层的应按其结构层面积分别计算。层高在 2.20m 及以上者应计算全面积；层高不足 2.20m 者应计算 1/2 面积。

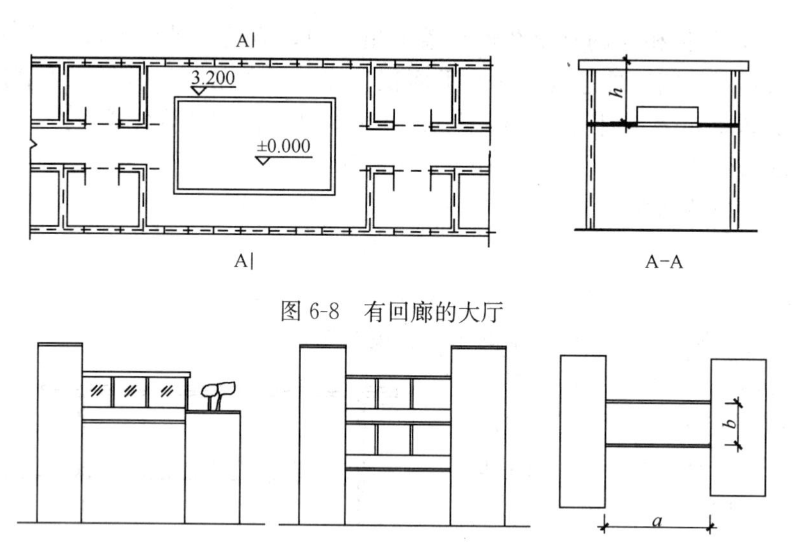

图 6-8 有回廊的大厅

图 6-9 有顶盖的架空通廊

10. 有围护结构的舞台灯光控制室，应按其围护结构外围水平面积计算。层高在 2.20m 及以上者应计算全面积；层高不足 2.20m 者应计算 1/2 面积。

11. 建筑物外有围护结构的门斗（图 6-10）、落地橱窗（图 6-11）、挑廊（图 6-12b）、走廊、檐廊，应按其围护结构外围水平面积计算。层高在 2.20m 及以上者应计算全面积；层高不足 2.20m 者应计算 1/2 面积。有永久性顶盖无围护结构的应按其结构底板水平面积的 1/2 计算（图 6-12a 和图 6-13）。

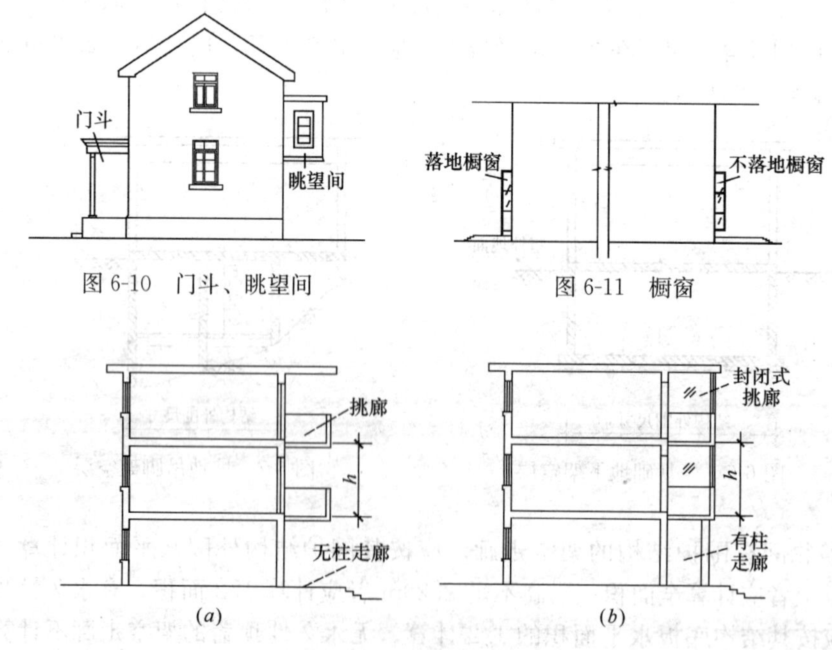

图 6-10 门斗、眺望间

图 6-11 橱窗

图 6-12 挑廊与走廊

12. 有永久性顶盖无围护结构的场馆看台应按其顶盖水平投影面积的 1/2 计算。

13. 建筑物顶部有围护结构的楼梯间、水箱间、电梯机房等，层高在 2.20m 及以上者应计算全面积；层高不足 2.20m 者应计算 1/2 面积。如图6-14。

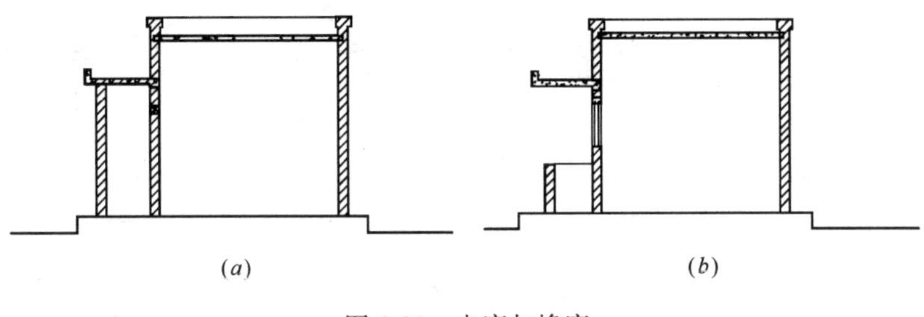

图 6-13 走廊与檐廊

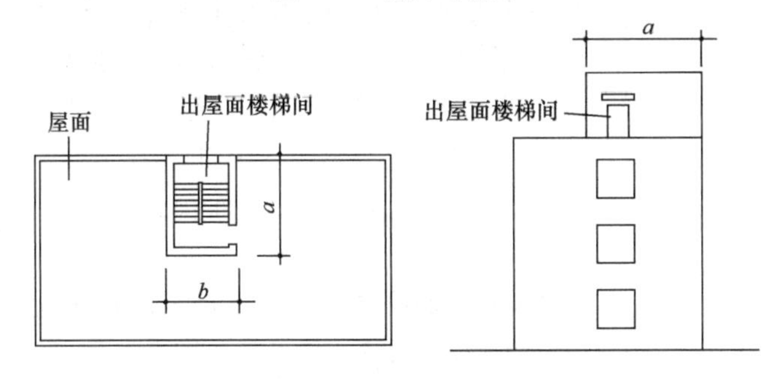

图 6-14 有围护结构的出屋面楼梯间

14. 设有围护结构不垂直于水平面而超出底板外沿的建筑物，应按其底板面的外围水平面积计算。层高在 2.20m 及以上者应计算全面积；层高不足 2.20m 者应计算 1/2 面积。

15. 建筑物内的室内楼梯间、电梯井、观光电梯井、提物井、管道井、通风排气竖井、垃圾道、附墙烟囱应按建筑物的自然层计算。

以电梯井为例，在计算时分 3 种情况：

（1）如图 6-15（*a*），电梯井附筑在主体墙外，应按建筑物楼层的自然层乘以电梯井投影面积计算建筑面积；

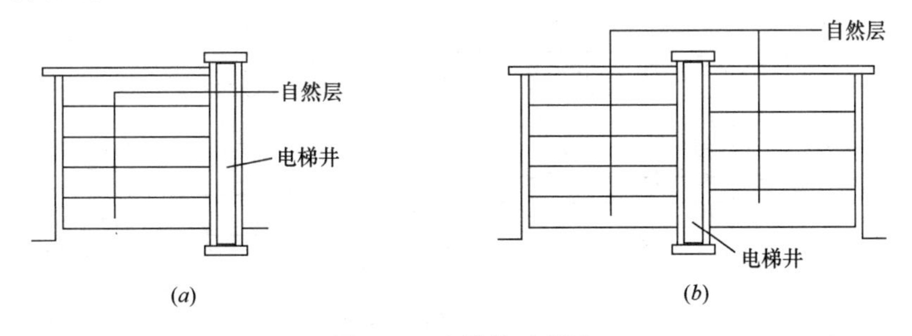

图 6-15 电梯井示意图

（2）如图 6-15（*b*），电梯井附筑在主体墙内，但两边自然层不相同，共用该电梯，则按楼层层数较多一边的层数乘以电梯井投影面积计算建筑面积；

（3）电梯井附筑在主体墙内，且两边自然层相同，其建筑面积已包括在整体建筑面积之内，则不再另行计算建筑面积。

16. 雨篷结构的外边线至外墙结构外边线的宽度超过 2.10m 者，应按雨篷结构板的水平投影面积的 1/2 计算。如图 6-16。

17. 有永久性顶盖的室外楼梯，应按建筑物自然层的水平投影面积的 1/2 计算。室外楼梯，最上层楼梯无永久性顶盖，或有不能完全遮盖楼梯的雨篷，上层楼梯不计算面积，

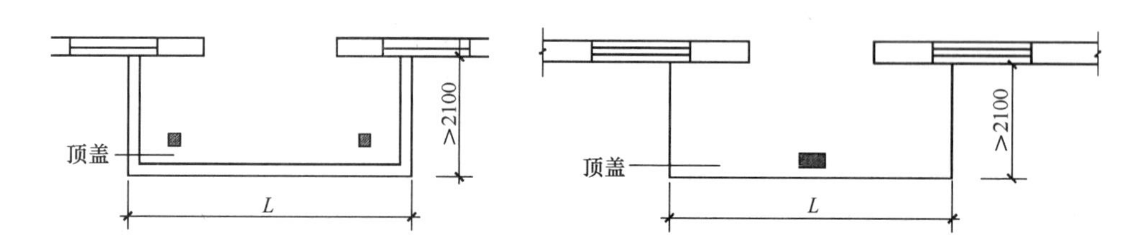

图 6-16 雨篷

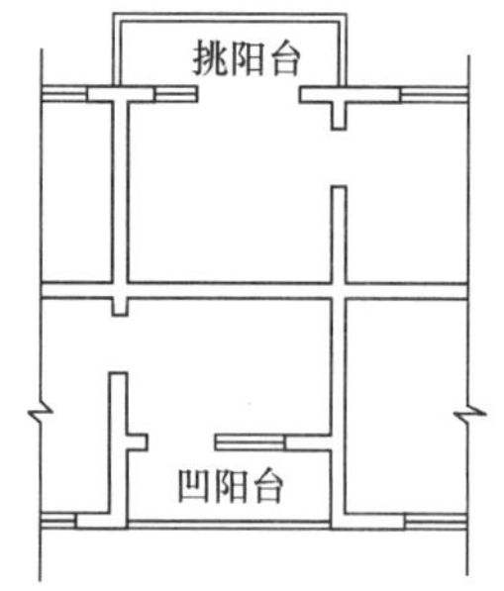

图 6-17 挑阳台与凹阳台

上层楼梯可视为下层楼梯的永久性顶盖，下层楼梯应计算面积。

18. 建筑物的阳台，不论是凹阳台、挑阳台、封闭阳台、不封闭阳台均按其水平投影面积的一半计算。如图 6-17。

19. 有永久性顶盖无围护结构的车棚、货棚、站台、加油站、收费站等，应按其顶盖水平投影面积的 1/2 计算。如图 6-18、图 6-19。

20. 高低联跨的单层建筑物，如需分别计算建筑面积，应以高跨结构外边线为界分别计算。图 6-20、图 6-21。

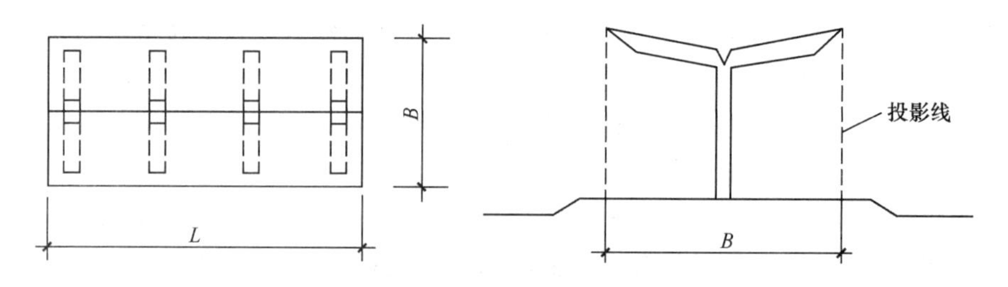

图 6-18 单排柱的站台（车棚、货棚）等

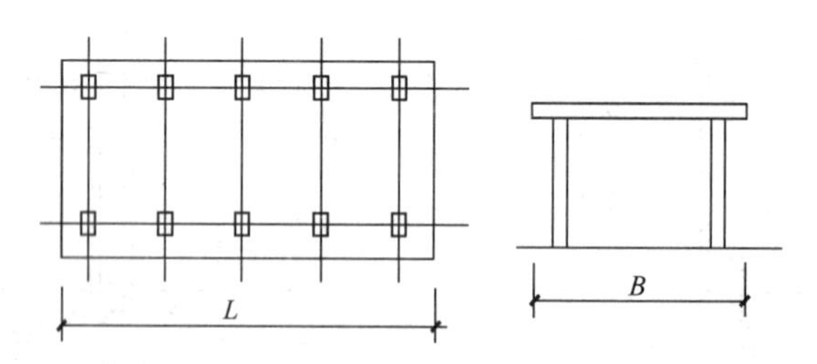

图 6-19 有柱车棚

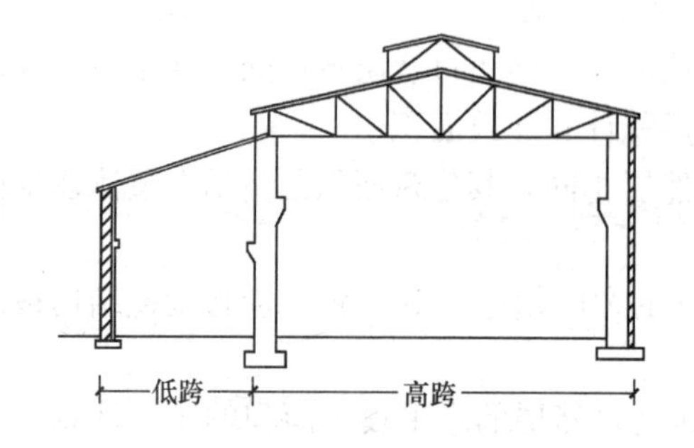

图 6-20 高跨为边跨单层厂房示意图

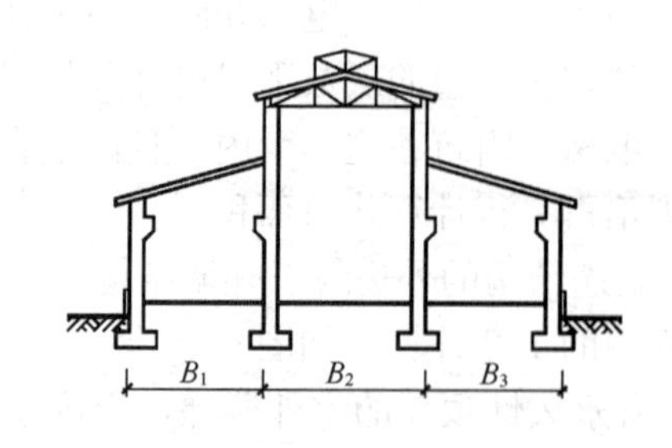

图 6-21 高跨为中跨单层厂房示意图

以高跨为中跨的单层厂房为例，设厂房长为L，高跨部分的建筑面积为：

$$S_1 = L \times B_2 (\mathrm{m}^2) \quad (6\text{-}6)$$

低跨部分的建筑面积为：

$$S_2 = L \times (B_1 + B_3)(\mathrm{m}^2) \quad (6\text{-}7)$$

当高低跨内部连通时，其变形缝应计算在低跨面积内，图 6-22。

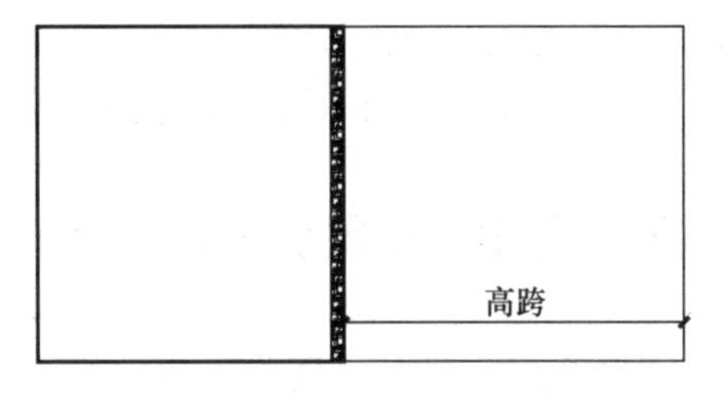

图 6-22 高低联跨建筑物变形缝计算示意图

21. 以幕墙作为围护结构的建筑物，应按幕墙外边线计算建筑面积。

22. 建筑物外墙外侧有保温隔热层的，应按保温隔热层外边线计算建筑面积。

23. 建筑物内的变形缝，应按其自然层合并在建筑物面积内计算。如图 6-23。

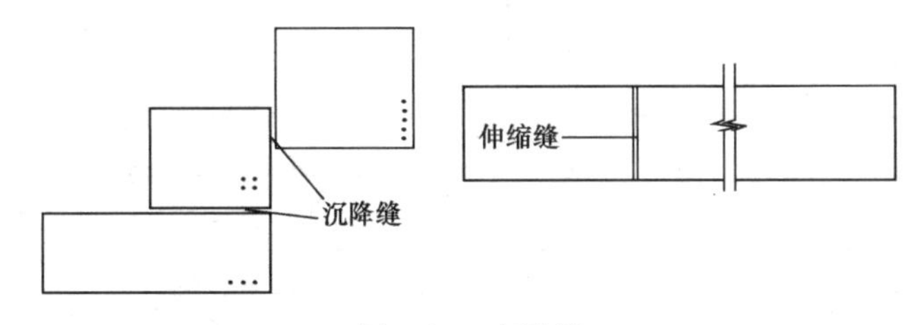

图 6-23 变形缝

6.2 不计算建筑面积的范围

1. 勒脚、附墙柱、垛、台阶、墙面抹灰、装饰面、镶贴块料面层、装饰性幕墙、空调室外机搁板（箱）、飘窗、构件、配件、宽度在 2.10m 及以内的雨篷以及与建筑物内不相连通的装饰性阳台、挑廊。如图 6-24。

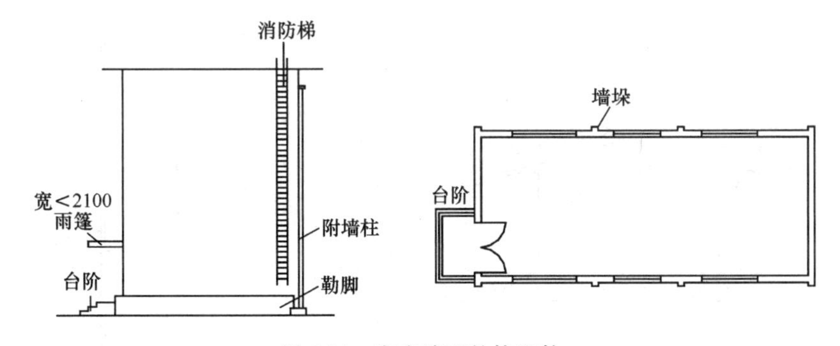

图 6-24 突出墙面的构配件

2. 用于检修、消防等的室外钢楼梯、爬梯、建筑物通道（骑楼、过街楼的底层）。

3. 建筑物内的设备管道夹层。

4. 建筑物内分隔的单层房间，舞台及后台悬挂幕布、布景的天桥、挑台等。

5. 屋顶水箱、花架、凉棚、露台、露天游泳池。

6. 建筑物内的操作平台、上料平台、安装箱和罐体的平台。

7. 自动扶梯、自动人行道。

8. 独立烟囱、烟道、地沟、油（水）罐、气柜、水塔、贮油（水）池、贮仓、栈桥、地下人防通道、地铁隧道。

9. 已在第一节中提到的其他不计算建筑面积的范围。

6.3 建筑面积计算案例

【例 6-1】 某办公楼共 4 层，层高 3m。底层为有柱走廊，楼层设有无围护结构的挑廊。顶层设有永久性顶盖。试计算办公楼的建筑面积，墙厚均为 240mm，见图 6-25。

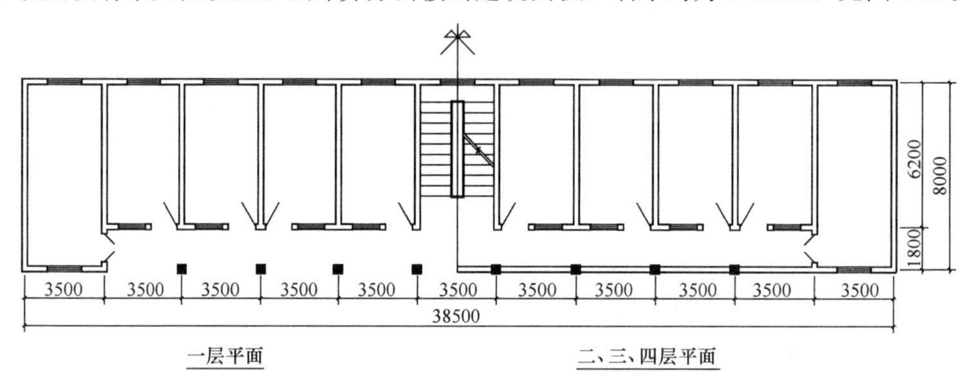

图 6-25　办公楼示意图

【解】 此办公楼为 4 层，未封闭的走廊、挑廊按结构底板水平面积的 1/2 计算。

$$S = [(38.5+0.24)\times(8.0+0.24)]\times 4-4\times 1/2\times 1.8\times[3.5\times 9-0.24]$$
$$=1164.33\text{m}^2$$

【例 6-2】 求图 6-26 高低连跨单层厂房的建筑面积。柱断面尺寸 250mm×250mm，纵墙厚 370mm，横墙厚 240mm。

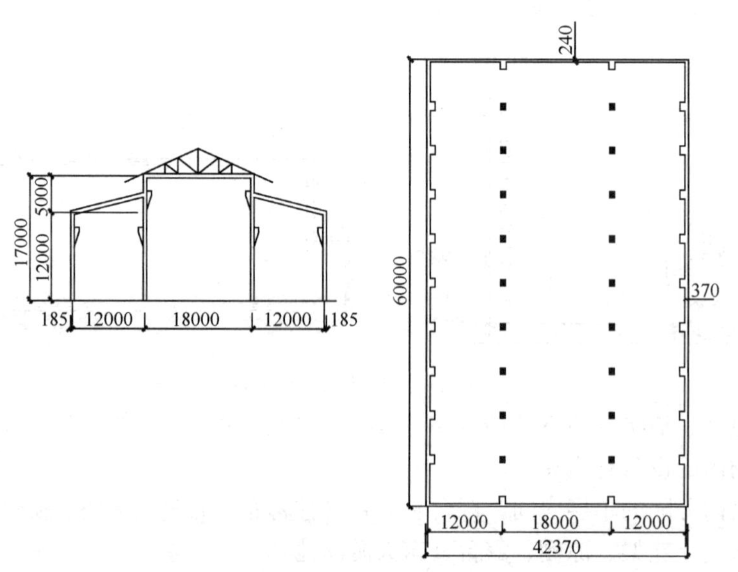

图 6-26　高低连跨厂房示意图

【解】 此单层厂房外柱的外边就是外墙的外边。

边跨的建筑面积：　　$S_1=60.0\times(12.0-0.125+0.185)\times 2$

$=1447.20\text{m}^2$

中跨的建筑面积： $S_2=60.0\times(18.0+0.25)=1095.00\text{m}^2$

总建筑面积： $S=1447.20+1095=2542.20\text{m}^2$

习题

1. 求下图所示单层建筑的建筑面积。

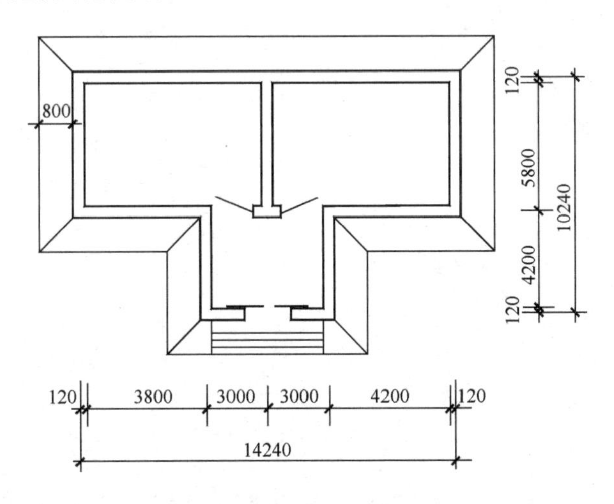

图1 单层建筑平面示意图

2. 计算下图学生宿舍建筑面积，墙厚按240mm计算。

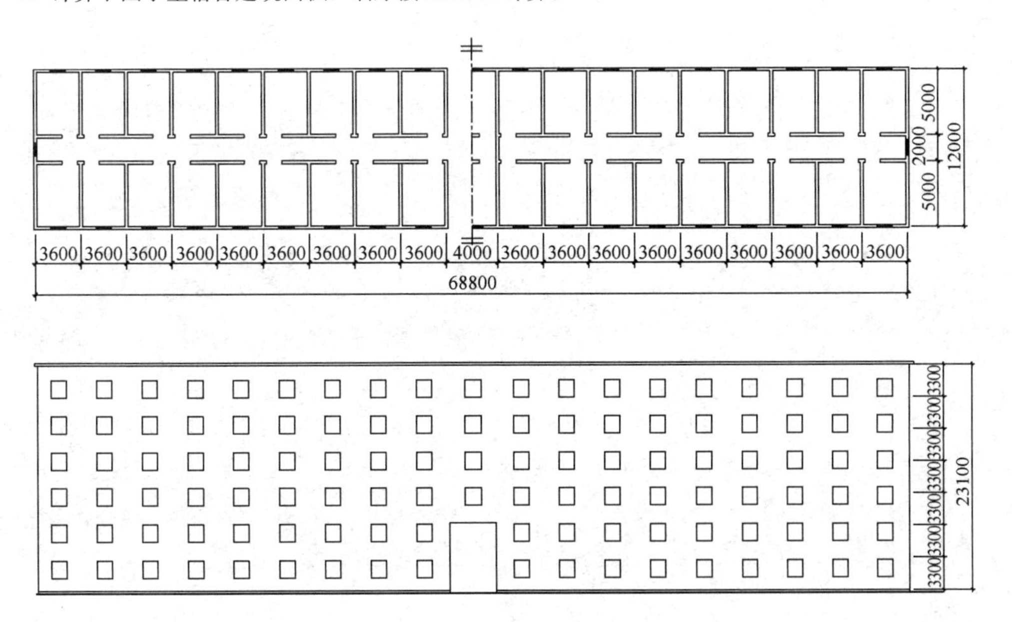

图2 学生宿舍示意图

7

房屋建筑与装饰工程工程量计算规范

工程量的计算在工程估价中起着十分重要的作用，其准确性直接影响工程招投标的结果和工程结算、竣工决算的正确性。本章将介绍中华人民共和国住房和城乡建设部、中华人民共和国国家质量监督检验检疫总局联合发布的《房屋建筑与装饰工程工程量清单计算规范》GB 50854—2013 中最常用的工程量计算方法，未介绍的项目按该计算规范规定执行。

7.1 土石方工程

7.1.1 土石方工程的一般规定

土石方分部的工作内容主要涉及平整场地、各类土石方的挖掘与回填土等。

计算土石方工程量前应确定下列资料：

1. 土及岩石的类别划分

规范中所列的土及岩石分类表见表 7-1、表 7-2。

土的分类表 **表 7-1**

土壤分类	土的名称	开挖方法
一、二类土	粉土、砂土（粉砂、细砂、中砂、粗砂、砾砂）、粉质黏土、弱中盐渍土、软土（淤泥质土、泥炭、泥炭质土）、软塑红黏土、冲填土	用锹，少许用镐、条锄开挖。机械能全部直接铲挖满载者
三类土	黏土、碎石土（圆砾、角砾）混合土、可塑红黏土、硬塑红黏土、强盐渍土、素填土、压实填土	主要用镐、条锄、少许用锹开挖。机械需部分刨松方能铲挖满载者或可直接铲挖但不能满载者
四类土	碎石土（卵石、碎石、漂石、块石）、坚硬红黏土、超盐渍土、杂填土	全部用镐、条锄挖掘、少许用撬棍挖掘。机械需普遍刨松方能铲挖满载者

注：本表土的名称及其含义按国家标准《岩土工程勘察规范》GB 50021—2001（2009 年版）定义。

岩石分类表　　表 7-2

<table>
<tr><th colspan="2">岩石分类</th><th>代表性岩石</th><th>开挖方法</th></tr>
<tr><td colspan="2">极软岩</td><td>1. 全风化的各种岩石
2. 各种半成岩</td><td>部分用手凿工具、部分用爆破法开挖</td></tr>
<tr><td rowspan="2">软质岩</td><td>软岩</td><td>1. 强风化的坚硬岩或较硬岩
2. 中等风化—强风化的较软岩
3. 未风化—微风化的页岩、泥岩、泥质砂岩等</td><td>用风镐和爆破法开挖</td></tr>
<tr><td>较软岩</td><td>1. 中等风化—强风化的坚硬岩或较硬岩
2. 未风化—微风化的凝灰岩、千枚岩、泥灰岩、砂质泥岩等</td><td>用爆破法开挖</td></tr>
<tr><td rowspan="2">硬质岩</td><td>较硬岩</td><td>1. 微风化的坚硬岩
2. 未风化—微风化的大理岩、板岩、石灰岩、白云岩、钙质砂岩等</td><td>用爆破法开挖</td></tr>
<tr><td>坚硬岩</td><td>未风化—微风化的花岗岩、闪长岩、辉绿岩、玄武岩、安山岩、片麻岩、石英岩、石英砂岩、硅质砾岩、硅质石灰岩等</td><td>用爆破法开挖</td></tr>
</table>

注：本表依据国家标准《工程岩体分级标准》GB 50218—94 和《岩土工程勘察规范》GB 50021—2001（2009 年版）整理。

在土石方工程项目中，应考虑土及岩石类别，土及岩石越硬，完成单位工程量的价格也越高。如土的类别不能准确划分时，招标人可注明为综合，由投标人根据地勘报告决定报价。

2. 挖运土和排水的施工方法

挖运土有人工和机械两种挖运方式，排水也有深井降水和轻型井点降水等方法。不同的方法，将影响报价。因此应事先了解其施工组织与安排。

3. 土石方体积的折算

土方应按挖掘前的天然密度体积计算，非天然密实土方应按表 7-3 折算。

天然密实度体积是指天然形成的土方堆积体积，虚方体积指未经碾压、堆积时间≤1 年的土。松填体积是指挖出来的土未经过夯实填入坑内（或其他地方）的体积，夯实体积即为松填体积经人工或机械夯实后的体积。

土方体积折算系数表　　表 7-3

天然密实度体积	虚方体积	夯实后体积	松填体积
0.77	1.00	0.67	0.83
1.00	1.30	0.87	1.08
1.15	1.50	1.00	1.25
0.92	1.20	0.80	1.00

石方体积应按挖掘前的天然密实体积计算。非天然密实石方应按表 7-4 折算。

石方体积折算系数表 表 7-4

石方类别	天然密实度体积	虚方体积	松填体积	码方
石方	1.0	1.54	1.31	
块石	1.0	1.75	1.43	1.67
砂夹石	1.0	1.07	0.94	

注：本表按住房和城乡建设部颁发《爆破工程消耗量定额》GYD-102-2008 整理。

【例 7-1】 从天然密实度体积为 0.77 的土层取土回填 $60m^3$ 的花坛，求挖土体积。

【解】 $V=60\times0.77=46.2m^3$

4. 土方放坡、支挡土板

土方放坡或支挡土板都能有效地防止挖方过程中土方的垮塌。根据土壤的类别，在挖沟槽或地坑时，当挖土超过一定深度（此深度称为放坡起点）后，为避免土方的垮塌，往往要进行放坡。放坡的起点高度与放坡系数按施工组织设计规定执行，无施工组织设计规定时，可参照表 7-5 规定执行。在工程计价时，放坡与支挡土板都属于施工采取的措施，放坡与支挡土板的工程量不得重复计算。

放坡系数表 表 7-5

土类别	放坡起点（m）	人工挖土	机械挖土		
			在坑内作业	在坑上作业	顺沟槽在坑上作业
一、二类土	1.20	1∶0.5	1∶0.33	1∶0.75	1∶0.5
三类土	1.50	1∶0.33	1∶0.25	1∶0.67	1∶0.33
四类土	2.00	1∶025	1∶0.10	1∶0.33	1∶0.25

注：1. 沟槽、基坑中土类别不同时，分别按其放坡起点、放坡系数，依不同土类别厚度加权平均计算。
2. 计算放坡时，在交接处的重复工程量不予扣除，原槽、坑作基础垫层时，放坡自垫层上表面开始计算。

5. 工作面

为进行基础支模、支挡土板等工作，挖土时往往要留工作面。工作面按施工组织设计规定计算，如无规定，可按表 7-6 规定计算。

基础施工时所需工作面宽度计算表 表 7-6

基础材料	每边各增加工作面宽度（mm）
砖基础	200
浆砌毛石、条石基础	150
混凝土基础垫层支模板	300
混凝土基础支模板	300
基础垂直面做防水层	1000（防水层面）

注：本表按《全国统一建筑工程预算工程量计算规则》GJDGZ～101—95 整理。

6. 其他

（1）挖土方平均厚度应按自然地面测量标高至设计地坪标高间的平均厚度确定。基础土方开挖深度应按基础垫层底表面标高至交付施工场地标高确定，无交付施工场地标高时，应按自然地面标高确定。

（2）挖土方如需截桩头时，应按桩基工程相关项目列项。

（3）桩间挖土不扣除桩的体积，并在项目特征中加以描述。

（4）弃、取土运距可以不描述，但应注明由投标人根据施工现场实际情况自行考虑，决定报价。

（5）挖沟槽、基坑、一般土方因工作面和放坡增加的工程量（管沟工作面增加的工程量）是否并入各土方工程量中，应按各省、自治区、直辖市或行业建设主管部门的规定实施，如并入各土方工程量中，办理工程结算时，按经发包人认可的施工组织设计规定计算，编制工程量清单时，可按工程实体净值计算。

7.1.2 土方工程

1. 平整场地

平整场地是指建筑物场地厚度≤±300mm 的挖、填、运、找平。

（1）工作内容：土方挖填，场地找平和运输。

（2）项目特征：土的类别，弃土与取土运距，运距按工程实际情况确定。

（3）计算规则：按设计图示尺寸以建筑物首层建筑面积（m^2）计算。

$$S_{平}=S_{首建面}(m^2) \tag{7-1}$$

式中 $S_{平}$——平整场地面积（m^2）；

$S_{首建面}$——建筑物首层建筑面积（m^2）。

【例 7-2】 如图 7-1 所示，计算该建筑物的平整场地面积，图中尺寸线均为外墙外边线。

【解】 依式（7-1）$S_{平}=\left[(9.24-2)+\frac{1}{2}\times 2\right]\times 21.24=175.02\ m^2$

而该建筑物的首层占地面积为：

$$首层占地面积=9.24\times 21.24=196.26\ m^2$$

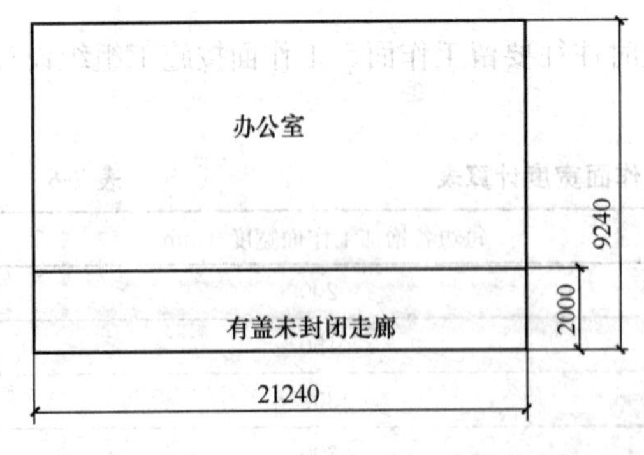

图 7-1 平整场地面积计算

从此例题可以看出，平整场地面积可能与建筑物首层占地面积不同。当施工组织设计中，首层建筑面积小于首层占地面积时，超出部分的价格应包括在平整场地的报价内。

2. 挖一般土方

挖一般土方是指底面积＞150m^2 的挖土方，厚度＞±300mm 的竖向布置挖土或山坡切土。

（1）工作内容：排地表水，土方开挖，围护（挡土板）及拆除，基底钎探，运输。

（2）项目特征：土的类别，挖土深度，弃土运距。

（3）计算规则：按设计图示尺寸以体积（m^3）计算。

3. 挖基础土方

挖基础土方主要包括挖沟槽土方（如条形基础）和挖基坑土方（如独立基础等）。

①工作内容：同挖一般土方。

②项目特征：同挖一般土方。

③计算规则：按设计图示尺寸以基础垫层底面积乘以挖土深度以体积（m^3）计算。

(1) 沟槽工程量计算

当基础底部宽≤7m，且底长>3倍底宽，执行挖沟槽土方计算规则。

1) 不考虑工作面及放坡

不考虑工作面及放坡的沟槽工程量计算如图7-2（a）所示，计算公式为：

$$V_{槽} = b \times h \times l_{槽} \quad (m^3) \tag{7-2}$$

式中 $V_{槽}$——沟槽工程量（m^3）；

b——垫层宽度（m）；

h——挖土深度（m）；

l——沟槽长度（m）。

外墙沟槽长度按外墙中心线计算；内墙沟槽长度按槽底间净长度计算。

2) 考虑工作面或放坡（或支挡土板）

①不放坡、不支挡土板、留工作面的沟槽工程量计算

如图7-2（b），计算公式为

$$V = (b + 2c) \times h \times l \quad (m^3) \tag{7-3}$$

式中 V——沟槽工程量（m^3）；

b——垫层宽度（m）；

h——挖土深度（m）；

l——沟槽长度（m）；

c——工作面宽度（m）。

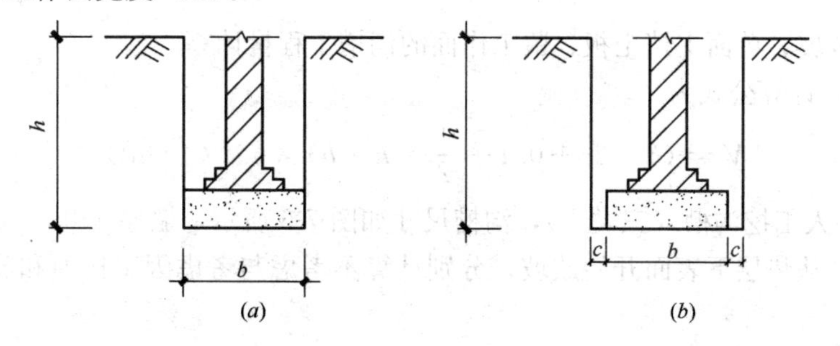

图7-2 不放坡的沟槽

（a）不放坡，不留工作面；（b）不放坡，留工作面

②双面放坡、不支挡土板、基础底宽为a，留工作面的沟槽工程量计算

a. 垫层下表面放坡，如图7-3（a）所示，其计算公式为：

$$V = (b + 2c + k \times h) \times h \times l \quad (m^3) \tag{7-4}$$

式中 k——放坡系数，其他符号含义同上。

b. 垫层上表面放坡，且$b = a + 2c$，如图7-3（b）所示，计算公式为：

$$V = [(b + k \times h_1) \times h_1 + b \times h_2] \times l \quad (m^3) \tag{7-5}$$

c. 垫层上表面放坡，且$b < a + 2c$，如图7-3（c）所示，计算公式为：

$$V=\{[(a+2c)+kh_1]\times h_1+b\times h_2\}\times l \quad (m^3) \tag{7-6}$$

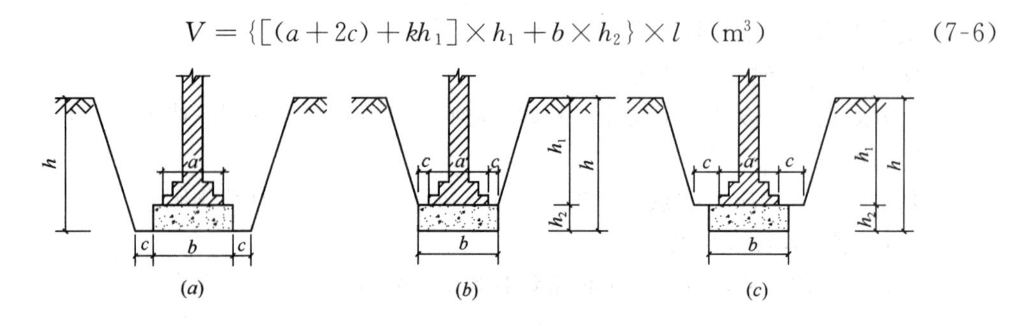

图 7-3 放坡的沟槽

(a) 垫层下表面放坡；(b) 垫层上表面放坡；(c) 垫层上表面放坡

③ 不放坡、双面支挡土板、留工作面的沟槽工程量计算

如图 7-4，计算公式为：

$$V=(b+2c+0.1\times 2)\times h\times l \quad (m^3) \tag{7-7}$$

式中 0.1——为单面挡土板厚度（m），其他符号含义同上。

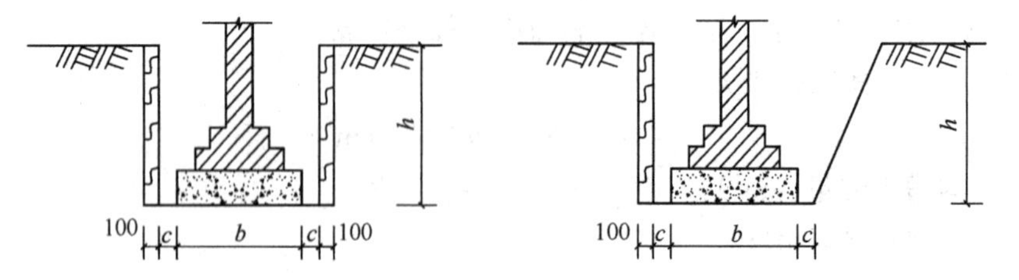

图 7-4 不放坡、支挡土板、留工作面的沟槽

图 7-5 单面放坡、单面支挡土板、留工作面的沟槽

④ 单面放坡、单面支挡土板、留工作面的沟槽工程量计算

如图 7-5，计算公式为

$$V=(b+2c+0.1+\frac{1}{2}\times k\times h)\times h\times l \quad (m^3) \tag{7-8}$$

【例 7-3】 人工挖沟槽（三类土），沟槽尺寸如图 7-6 所示，墙厚 240mm，工作面每边放出 300mm，从垫层下表面开始放坡，分别计算不考虑与考虑因工作面和放坡增加的沟槽工程量。

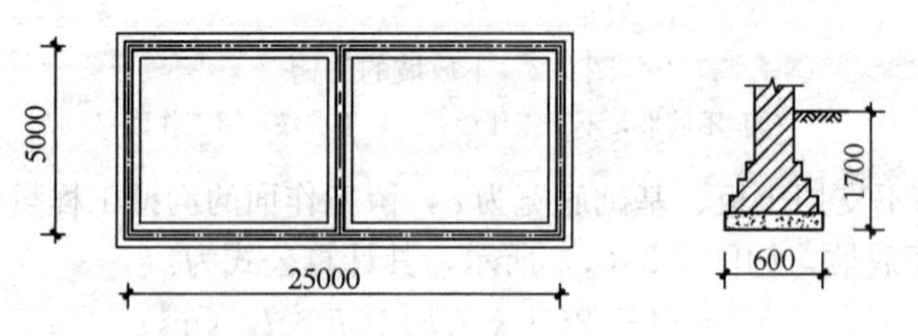

图 7-6 沟槽工程量计算示意图

【解】 1. 不考虑工作面和放坡 $V_{槽}=b\times h\times l_{槽}$

外墙槽长：(25+5)×2=60m

内墙槽长：5−0.6=4.40m

$$V_{槽} = 0.6 \times 1.7 \times (60 + 4.40) = 65.69\text{m}^3$$

2. 考虑工作面和放坡

由于人工挖土深度为 1.7m，按表 7-5 查得放坡系数为 0.33；

外墙槽长：(25+5)×2=60m

内墙槽长：5−0.60−2×0.3=3.80m

$$\begin{aligned} V &= (b + 2c + k \times h) \times h \times l \\ &= (0.6 + 2 \times 0.3 + 0.33 \times 1.7) \times 1.7 \times (60 + 3.80) \\ &= 191.00\text{m}^3 \end{aligned}$$

由以上计算可知，是否考虑工作面和放坡对计算工程量的多少有很大影响，应严格按各省、自治区、直辖市或行业建设主管部门的规定执行。

(2) 基坑工程量计算

当底长≤3 倍底宽，且底面积≤150m² 时，执行挖基坑土方计算规则，例如柱基础、设备基础等的土方挖掘。基坑的形状有矩形和圆形，可以放坡也可以不放坡。

1) 矩形基坑

①不放坡的矩形基坑

不放坡的矩形基坑工程量计算公式为：

$$V = H \times a \times b \quad (\text{m}^3) \tag{7-9}$$

式中 V——地坑工程量（m³）；

H——地坑深度（m）；

a——基础垫层长度（m）；

b——基础垫层宽度（m）。

② 放坡的矩形基坑

放坡的矩形基坑如图 7-7 所示，工程量计算公式为

$$V = (a + 2c + kH)(b + 2c + kH) \times H + \frac{1}{3}k^2H^3 \quad (\text{m}^3) \tag{7-10}$$

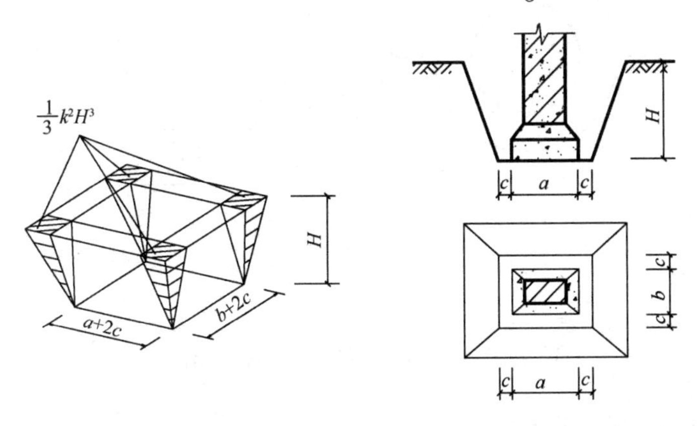

图 7-7 矩形地坑体积

【例 7-4】图 7-8 为某工程方形基坑，图示尺寸已含工作面宽度（每边 300mm）。人工挖土，试分别计算不考虑与考虑因工作面和放坡增加的基坑土方工程量。

【解】 1. 不考虑工作面和放坡增加的基坑土方工程量

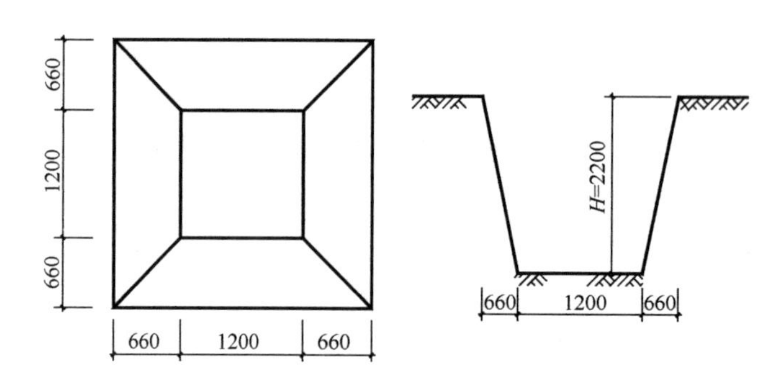

图 7-8 矩形基坑示意图

已知 $a=b=1.2-0.3\times2=0.6\text{m}$ $H=2.2\text{m}$

$$V=0.6\times0.6\times2.2=0.792\ \text{m}^3$$

2. 考虑工作面和放坡增加的基坑土方工程量

已知 $a+2c=1.2\text{m}$ $b+2c=1.2\text{m}$ $k=\dfrac{660}{2200}=0.3$ $H=2.2\text{m}$

$$V=(1.2+0.3\times2.2)(1.2+0.3\times2.2)\times2.2+\frac{1}{3}\times0.3^2\times2.2^3=7.93\text{m}^3$$

2）圆形基坑

①不放坡的圆形基坑

不放坡的圆形基坑计算公式为：

$$V=H\pi R^2(\text{m}^3) \tag{7-11}$$

式中 V——地坑工程量（m^3）；

H——地坑深度（m）；

R——垫层半径（m）。

②考虑工作面与放坡的圆形基坑见图 7-9。

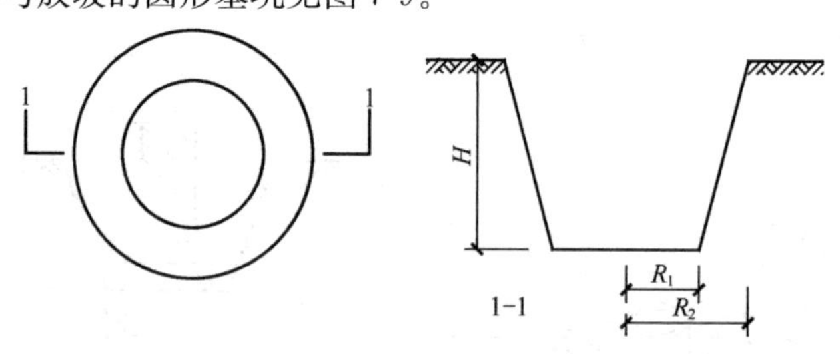

图 7-9 放坡圆形基坑

计算公式为：

$$V=\frac{1}{3}\pi H(R_1^2+R_2^2+R_1R_2)(\text{m}^3) \tag{7-12}$$

式中 R_1——坑底半径（m）；

R_2——坑上口半径（m）；

其他符号含义同上。

4. 管沟土方

管沟土方项目适用于管道（给水排水、工业、电力、通信）、光（电）缆沟［包括：

人（手）孔、接口坑］及连接井（检查井）等。

（1）工作内容：排地表水，土方开挖，围护（挡土板）支撑，运输，回填。

（2）项目特征：土的类别，管外径，挖沟深度，回填要求。

（3）计算规则：可按设计图示管道中心线以长度（m）计算，或以立方米（m^3）计量，按设计图示管底垫层面积乘以挖土深度计算；无管底垫层按管外径的水平投影面积乘以挖土深度计算。不扣除各类井的长度，井的土方并入管沟土方。

7.1.3 石方工程

1. 挖一般石方

一般石方是指底面积＞150m^2，厚度＞±300mm 的竖向布置挖石或山坡凿石。

（1）工作内容：排地表水，凿石，运输。

（2）项目特征：岩石类别，开凿深度，弃碴运距。

（3）计算规则：按设计图示尺寸以体积（m^3）计算。

2. 挖沟槽石方

沟槽石方指底宽≤7m 且底长＞3 倍底宽的挖石。

（1）工作内容：同挖一般石方。

（2）项目特征：同挖一般石方。

（3）计算规则：按设计图示尺寸沟槽底面积乘以挖石深度以体积（m^3）计算。

3. 挖基坑石方

基坑石方指底长≤3 倍底宽且底面积≤150m^2 的挖石。

（1）工作内容：同挖一般石方。

（2）项目特征：同挖一般石方。

（3）计算规则：按设计图示尺寸基坑底面积乘以挖石深度以体积（m^3）计算。

7.1.4 回填

回填项目适用于场地回填、基础回填和室内回填项目。

1. 回填方

（1）工作内容：运输，回填，压实。

（2）项目特征：密实度要求，填方材料品种，填方粒径要求，填方来源、运距。

（3）计算规则

1）场地回填：按回填面积乘平均回填厚度以体积（m^3）计算。

2）基础回填：基础回填土如图 7-10 所示。

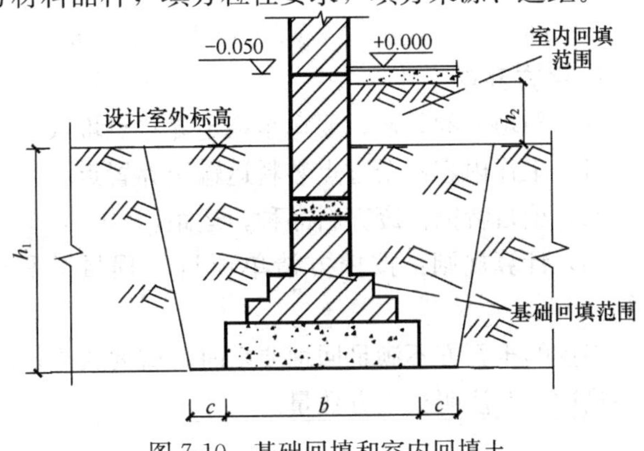

图 7-10 基础回填和室内回填土

在基础施工完成后，必须将槽、坑四周未做基础的部分填至室外地坪标高，如图 7-10 中 h_1 所示。基础回填土必须回填密实。填方密实度要求，在无特殊要求情况下，项目特征可描述为满足设计和规范的要求。

沟槽、基坑的回填土体积按挖方工程量减去自然地坪以下埋设的基础体积（包括基础垫层及其他构筑物），见下式：

$$V = V_1 - V_2(\mathrm{m}^3) \tag{7-13}$$

式中 V——基础回填土体积（m^3）；

V_1——沟槽、基坑挖方体积（m^3）；

V_2——设计室外地坪以下埋设的基础体积（m^3）。

3）室内回填土

室内回填土指室外地坪至室内设计地坪垫层下表皮范围内的回填土，按主墙间面积乘回填厚度，不扣除间隔墙计算。如图 7-10 中 h_2，计算公式为：

$$V_{室内} = S_{净} \times h_2(\mathrm{m}^3) \tag{7-14}$$

式中 $V_{室内}$——室内回填土体积（m^3）；

$S_{净}$——墙与墙间净面积（墙指 120mm 以上的墙体）（m^2）；

h_2——填土厚度（m），室外地坪至室内设计地坪高差减地面的面层和垫层厚度。

【例 7-5】 如图 7-11 所示，求室内回填土体积。

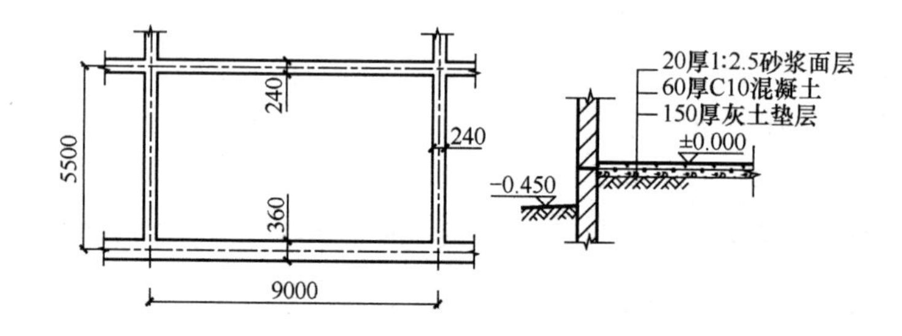

图 7-11 室内回填土的计算

【解】 $S_{净} = (9-0.24)(5.5-0.18-0.12) = 45.55\ \mathrm{m}^2$

$$h_2 = 0.45-0.02-0.06-0.15 = 0.22\ \mathrm{m}$$

$$V_{室内} = 45.55 \times 0.22 = 10.02\ \mathrm{m}^3$$

2. 余方弃置

挖方与填方的差额，要运至指定弃置点堆放。

（1）工作内容：余方点装料运输至弃置点。

（2）项目特征：废弃料品种，运距。

（3）计算规则：按挖方清单项目工程量减利用回填方量（正数）后的体积（m^3）计算。

当挖的土石方不满足回填要求时，就要买土回填，如需买土回填应在项目特征填方来源中描述，并注明买土方数量。

7.2 地基处理与边坡支护工程

7.2.1 地基处理与边坡支护工程概述

1. 地基处理的概念

地基处理指按照上部结构对地基的要求，对地基进行必要的加固或改良，提高地基承载能力，改善其变形性能或渗透性能而采取的技术措施。

常用的地基处理方法有换填垫层、预压地基、强夯地基、砂石桩、水泥粉煤灰碎石桩、灰土挤密桩等。

2. 基坑与边坡的支护

基坑支护指为了保护地下主体结构施工和基坑周边环境的安全，对基坑采用的临时性支挡、加固、保护与地下水控制的措施。

边坡支护是指为保证边坡及其环境的安全，对边坡采取的支挡、加固与防护措施。

3. 相关规定

（1）地层情况

地基处理、边坡支护及打桩难易与地层情况密切相关，地层情况按表 7-1、表 7-2 的规定，并根据岩土工程勘察报告按单位工程各地层所占比例（包括范围值）进行描述。对无法准确描述的地层情况，可注明由投标人根据岩土工程勘察报告自行决定报价。

（2）桩长

地基处理与边坡支护工程以及桩基础工程中涉及桩长应包括桩尖长度。

空桩长度＝孔深－桩长，其中孔深为自然地面至设计桩底的深度。

（3）成孔

地基处理过程中，常见的成孔方式有泥浆护壁成孔和沉管灌注成孔等形式。采用泥浆护壁成孔，工作内容包括土方、废泥浆外运。采用沉管灌注成孔，工作内容包括桩尖制作、安装。

（4）其他

地下连续墙和喷射混凝土（砂浆）的钢筋网、咬合灌注桩的钢筋笼、钢筋混凝土支撑的钢筋制作、安装及混凝土挡土墙按混凝土和钢筋混凝土工程相关项目列项。

7.2.2 地基处理

根据地基处理时采取方法的不同，将地基处理工程分为三大类。第一类主要指采取大面积铺、填、堆及夯实等措施减少土中孔隙、加大密度，从而提高地基承载力。包括：换填垫层、铺设土工合成材料、强夯地基等。第二类主要指在地基中成孔并掺加水泥砂浆、混合料等材料，通过物理化学作用将土粒胶结在一起来提高地基刚度。包括：水泥粉煤灰碎石桩、高压喷射注浆桩、灰土（土）挤密桩等。第三类特指褥垫层。

1. 第一类地基处理工程

（1）换填垫层

当建筑物基础下的持力层比较软弱，不能满足上部荷载对地基的要求时，常采用换填垫层法来处理软弱地基。换填垫层是指挖除基础底面下一定范围内的软弱土层或不均匀土层，然后回填灰土、素土、砂石等性能稳定、无侵蚀性、压缩性较低、强度较高的材料，并分层夯实后作为地基的持力层的地基处理方法，如图 7-12 所示。

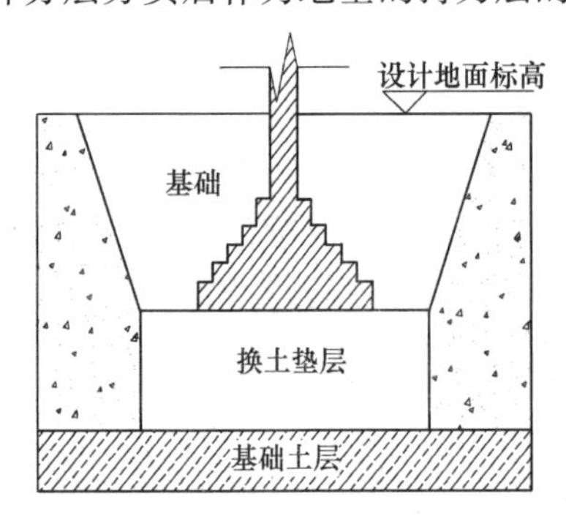

图 7-12 换土垫层示意图

1）工作内容：分层铺填，碾压、振密或夯实与材料运输。

2）项目特征：材料种类及配比，压实系数和掺加剂品种。

3）计算规则：按设计图示尺寸以体积（m^3）计算。

（2）铺设土工合成材料

1）工作内容：挖填锚固沟，铺设，固定与运输。

2）项目特征：部位，品种和规格。

3）计算规则：按设计图示尺寸以面积（m^2）计算。

（3）预压地基

预压地基指在地基上进行堆载预压或真空预压，或联合使用堆载和真空预压，形成固结压密后的地基。按加载方法的不同，预压地基分为堆载预压、真空预压等形式，如图 7-13、图 7-14 所示。预压地基适用于处理淤泥质土、淤泥、冲填土等饱和黏性地基。

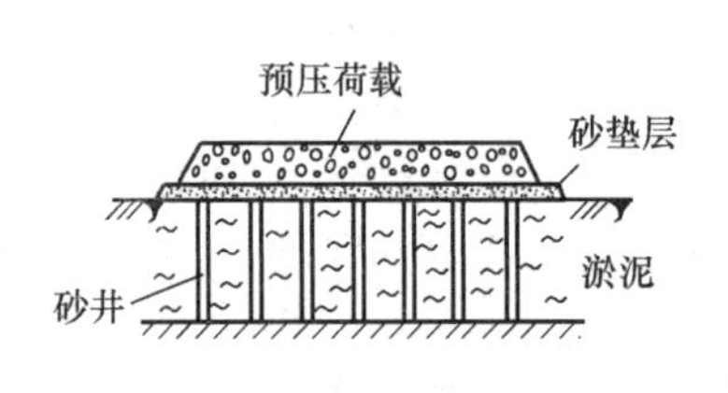

图 7-13 堆载预压地基

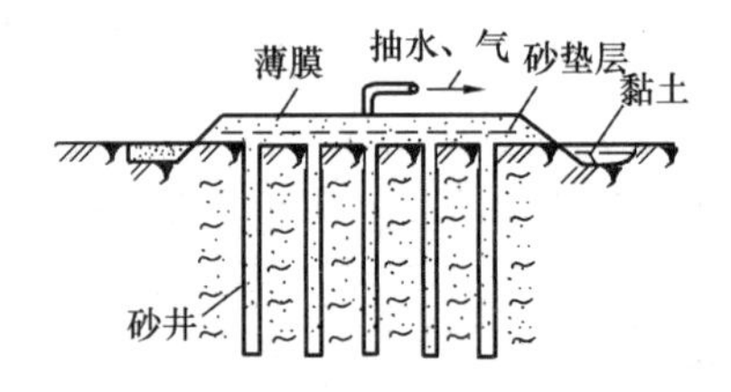

图 7-14 真空预压地基

1）工作内容：设置排水竖井、盲沟、滤水管，铺设砂垫层、密封膜，堆载、卸载或抽气设备安拆、抽真空，材料运输。

2）项目特征：排水竖井种类、断面尺寸、排列方式、间距、深度，预压方法，预压荷载、时间，砂垫层厚度。

3）计算规则：按设计图示处理范围以面积（m^2）计算。

（4）强夯地基

强夯地基是指利用重锤自由下落时的冲击能来夯实浅层填土地基，使表面形成一层较为均匀的硬层来承受上部载荷的地基处理方法。

1）工作内容：铺设夯填材料，强夯，夯填材料运输。

2）项目特征：夯击能量，夯击遍数，夯击点布置形式、间距，地基承载力要求，夯填材料种类。

3）计算规则：同预压地基。

2. 第二类地基处理工程

（1）振冲桩（填料）

振冲桩指在软弱地基中采用振冲填筑砂粒、碎石、矿渣等性能稳定的材料，构成桩体，形成以散体桩和桩间土共同承担上部结构荷载的复合地基。

1）工作内容：振冲成孔、填料、振实，材料运输，泥浆运输。

2）项目特征：地层情况，空桩长度、桩长，桩径，填充材料种类。

3）计算规则：可按设计图示尺寸以桩长（m）计算或按设计桩截面乘以桩长以体积（m^3）计算。

（2）砂石桩

砂石桩是指采用振动、冲击或水冲等方式在软弱地基中成孔后，再将碎石、砂或砂石挤压入已成的孔中，形成大直径的砂或砂卵石（砾石、碎石）所构成的密实桩体。

砂石桩是处理软弱地基的一种常用的方法，主要适用于松散砂土、素填土和杂填土等地基的处理。

1）工作内容：成孔，填充、振实，材料运输。

2）项目特征：地层情况，空桩长度、桩长，桩径，成孔方法，材料种类、级配。

3）计算规则：同振冲桩。

（3）水泥粉煤灰碎石桩

水泥粉煤灰碎石桩，简称CFG桩，它是在碎石桩的基础上掺入适量石屑、粉煤灰和少量水泥，加水拌合后制成具有一定强度的桩体，如图7-15所示。CFG桩是一种处理软弱地基的新方法，适用于处理黏性土、粉土、砂土和自重固结完成的素填土地基处理。

1）工作内容：成孔，混合料制作、灌注、养护，材料运输。

2）项目特征：地层情况，空桩长度、桩长，桩径，成孔方法，混合料强度等级。

3）计算规则：按设计图示尺寸以桩长（m）计算。

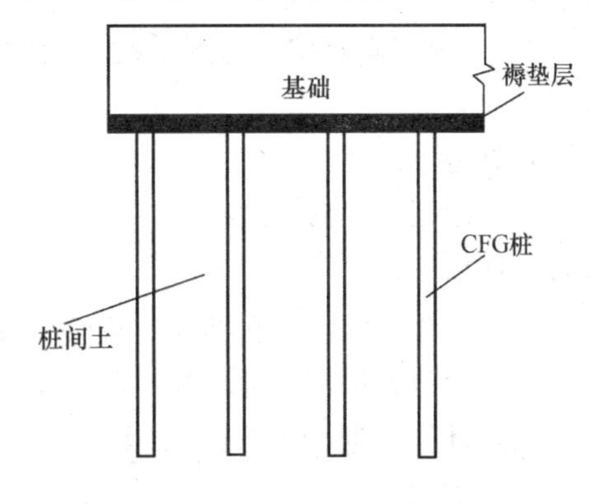

图7-15　CFG桩示意图

（4）灰土挤密桩

灰土挤密桩是采用冲击、爆破等方法将钢管打入土中侧向挤压成孔，将钢管拔出后，往桩孔内分层回填灰土（一般熟石灰与黏土按照3∶7的比例或2∶8的比例拌合成复合土），然后再分层压实挤密形成，常用于复合地基。

1）工作内容：成孔，灰土拌合、运输、填充、夯实。

2）项目特征：地层情况，空桩长度、桩长，桩径，成孔方法，灰土级配。

3）计算规则：同水泥粉煤灰碎石桩。

（5）粉喷桩

粉喷桩属于深层搅拌法加固地基方法的一种形式，也叫加固土桩。深层搅拌法是加固饱和软黏土地基的一种新颖方法，它是利用水泥、石灰等材料作为固化剂的主剂，通过特制的搅拌机械就地将软土和固化剂（浆液状和粉体状）强制搅拌，利用固化剂和软土之间所产生的一系列物理及化学反应，使软土硬结成具有整体性、水稳性和一定强度的优质地基。粉喷桩就是采用粉体状固化剂来进行软基搅拌处理的方法。粉喷桩最适合于加固各种成因的饱和软黏土，目前国内常用于加固淤泥、淤泥质土、粉土和含水量较高的黏性土。

1）工作内容：预搅下钻、喷粉搅拌提升成桩，材料运输。

2）项目特征：地层情况，空桩长度、桩长，桩径，粉体种类、掺量，水泥强度等级、石灰粉要求。

3）计算规则：按设计图示尺寸以桩长（m）计算。

（6）高压喷射注浆桩

高压喷射注浆桩是以高压旋转的喷嘴将水泥浆喷入土层与土体混合，形成连续搭接的水泥加固体的地基处理方法。

1）工作内容：成孔，水泥浆制作、高压喷射注浆，材料运输。

2）项目特征：地层情况，空桩长度、桩长，截面积，注浆类型、方法，水泥强度等级。

3）计算规则：同粉喷桩。

（7）注浆地基

注浆地基指将配置好的化学浆液或水泥浆液，通过导管注入土体空隙中，使其与土体结合，发生物化反应，从而提高土体强度，减小其压缩性和渗透性。

1）工作内容：成孔，注浆导管制作、安装，浆液制作、压浆，材料运输。

2）项目特征：地层情况，空钻深度、注浆深度，注浆间距，浆液种类及配比，注浆方法，水泥强度等级。

3）计算规则：按设计图示尺寸以钻孔深度（m）计算或按设计图示尺寸以加固体积（m^3）计算。

3. 褥垫层

褥垫层指用中砂、粗砂、级配砂石等材料在竖向承载搅拌桩复合地基的基础和桩之间设置粘结层。

（1）工作内容：材料拌合、运输、铺设、压实。

（2）项目特征：厚度，材料品种及比例。

（3）计算规则：按设计图示尺寸以铺设面积（m^2）计算或按设计图示尺寸以体积（m^3）计算。

【例 7-6】如图 7-16 所示，某地基工程采用水泥粉煤灰桩进行地基处理，桩基础底部尺寸为 2.1m×2.1m，桩数为 28 根，设计桩长 12m，试计算该地基水泥粉煤灰桩及褥垫层的工程量。

【解】水泥粉煤灰桩 $L=28\times12=336$m

褥垫层 $S=(2.1+0.3\times2)\times(2.1+0.3\times2)=7.29m^2$

或：$V=(2.1+0.3\times2)\times(2.1+0.3\times2)\times0.2=1.458m^3$

7.2.3 基坑与边坡支护

根据支护措施使用材料的不同，将基坑与边坡支护分为两大类。第一类以混凝土为主要材料，包括地下连续墙、咬合灌注桩、喷射混凝土（水泥砂浆）等。第二类使用水泥浆、钢、木或其他材料制作，包括钢板桩、锚杆、土钉等。

1. 第一类基坑与边坡支护

（1）地下连续墙

地下连续墙亦称为现浇地下连续墙，是指分槽段用专用机械成槽、浇筑钢筋混凝土所形成的连续地下墙体。

1）工作内容：导墙挖填、制作、安装、拆除，挖土成槽、固壁、清底置换，混凝土制作、运输、灌注、养护，接头处理，土方、废泥浆外运，打桩场地硬化及泥浆池、泥浆沟。

2）项目特征：地层情况，导墙类型、截面，墙体厚度，成槽深度，混凝土种类、强度等级，接头形式。

3）计算规则：按设计图示墙中心线长乘以厚度乘以槽深以体积（m^3）计算。

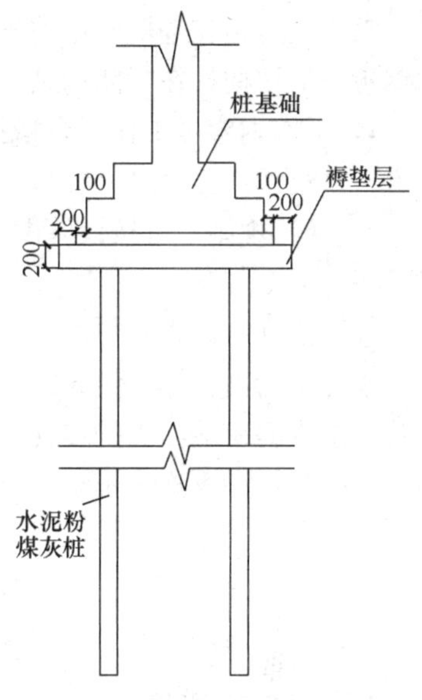

图 7-16 水泥粉煤灰桩基础剖面图

（2）咬合灌注桩

1）工作内容：成孔、固壁，混凝土制作、运输、灌注、养护，套管压拔，土方、废泥浆外运，打桩场地硬化及泥浆池、泥浆沟。

2）项目特征：地层情况，桩长，桩径，混凝土种类、强度等级，部位。

3）计算规则：可按设计图示尺寸以桩长（包括桩尖）（m）计算或按设计图示数量（根）计算。

（3）预制钢筋混凝土板桩

1）工作内容：工作平台搭拆，桩机移位，沉桩，板桩连接。

2）项目特征：地层情况，送桩深度、桩长，桩截面，沉桩方法，连接方式，混凝土强度等级。

3）计算规则：同咬合灌注桩。

（4）喷射混凝土、水泥砂浆

1）工作内容：修整边坡，混凝土（砂浆）制作、运输、喷射、养护，钻排水孔、安装排水管，喷射施工平台搭设、拆除。

2）项目特征：部位，厚度，材料种类，混凝土（砂浆）类别、强度等级。

3）计算规则：按设计图示尺寸以面积（m^2）计算。

（5）钢筋混凝土支撑

当基坑不能放坡时，可以采用基坑的支撑技术进行直立挖土。支撑的材料有钢筋混凝土支撑、钢支撑等。钢筋混凝土支撑是指为适应不规则基坑的形体并使挖土有较大空间的混凝土支撑体系，有对撑、角撑、弧形支撑等。

1）工作内容：模板（支架或支撑）制作、安装、拆除、堆放、运输及清理模内杂物、刷隔离剂等，混凝土制作、运输、浇筑、振捣、养护。

2）项目特征：部位，混凝土种类，混凝土强度等级。

3）计算规则：按设计图示尺寸以体积（m^3）计算。

2. 第二类基坑与边坡支护

（1）钢板桩

钢板桩是指在基坑开挖前先在周围用打桩机将钢板桩打入地下要求的深度，形成封闭的钢板支护结构，在封闭的结构内进行基础施工。

1）工作内容：工作平台搭拆，桩机移位，打拔钢板桩。

2）项目特征：地层情况，桩长，板桩厚度。

3）计算规则：可按设计图示尺寸以质量（t）计算或按设计图示墙中心线长乘以桩长以面积（m^2）计算。

（2）锚杆（锚索）

锚杆是指由杆体（钢绞线、预应力螺纹钢筋、普通钢筋或钢管）、注浆固结体、锚具、套管所组成的一端与支护结构构件连接，另一端锚固在稳定岩土体内的受拉杆件。杆体采用钢绞线时，亦可称为锚索。

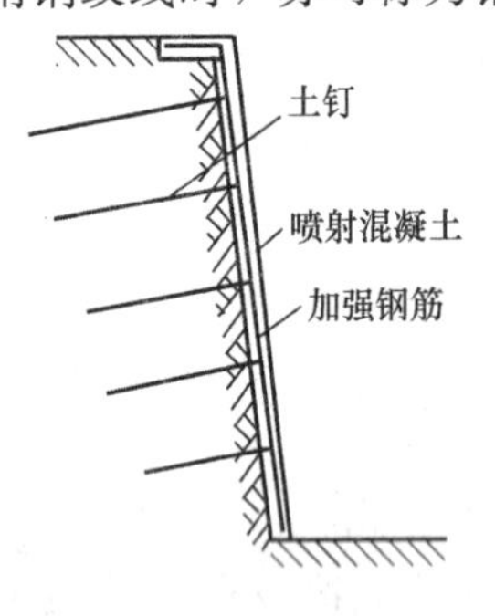

图 7-17　土钉支护示意图

1）工作内容：钻孔、浆液制作、运输、压浆，锚杆（锚索）制作、安装，张拉锚固，锚杆（锚索）施工平台搭设、拆除。

2）项目特征：地层情况，锚杆（索）类型、部位，钻孔深度，钻孔直径，杆体材料品种、规格、数量，预应力，浆液种类、强度等级。

3）计算规则：按设计图示尺寸以钻孔深度（m）计算或按设计图示数量（根）计算。

（3）土钉

土钉是指植入土中并注浆形成的承受拉力与剪力的杆件，主要依靠与土体之间的粘结力和摩擦力，在土体发生变形时被动受力以起到加固土体的作用，如图 7-17 所示。

1）工作内容：钻孔、浆液制作、运输、压浆，土钉制作、安装，土钉施工平台搭设、拆除。

2）项目特征：地层情况，钻孔深度，钻孔直径，置入方法，杆体材料品种、规格、数量，浆液种类、强度等级。

3）计算规则：同锚杆（锚索）。

（4）钢支撑

钢支撑是指用型钢作为基坑支撑材料，进行直立土壁支护的方法。

1）工作内容：支撑、铁件制作（摊销、租赁），支撑、铁件安装，探伤，刷漆，拆除，运输。

2）项目特征：部位，钢材品种、规格，探伤要求。

3）计算规则：按设计图示尺寸以质量（t）计算。不扣除孔眼质量，焊条、铆钉、螺栓等不另增加质量。

【例 7-7】 如图 7-18 所示，某边坡工程采用土钉支护，土钉成孔直径 100mm，成孔深度均为 12m，计算该工程土钉工程量。

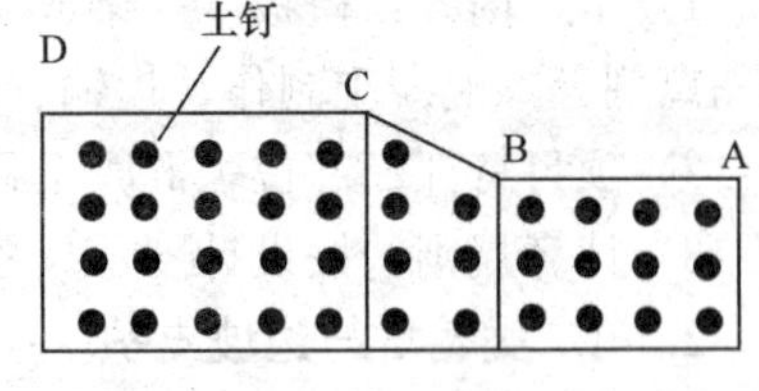

图 7-18　边坡土钉示意图

【解】 AB 段土钉工程量 $n=12$ 根

BC 段土钉工程量 $n=7$ 根

CD 段土钉工程量 $n=20$ 根

该工程土钉工程量：$n=12+7+20=39$ 根

7.3 桩基工程

7.3.1 桩基础及桩的分类

1. 桩基础

当建筑物建造在软弱土层上，不能以天然土地基做基础，而进行人工地基处理又不经济时，往往可以采用桩基础来提高地基的承载能力。桩基础具有施工简单、速度快、承载能力大、沉降量小而且均匀等特点，因而在工业与民用建筑工程中得到广泛的应用。

2. 桩的分类

随着施工工艺的发展，桩的种类日益增多，常见的有预制钢筋混凝土桩、钢管桩、灌注桩等。

7.3.2 打桩

1. 预制钢筋混凝土桩

预制钢筋混凝土桩是先预制成型，再用沉桩设备将其沉入土中以承受上部结构荷载的构件。钢筋混凝土预制桩常见有实心方桩、空心管桩，如图 7-19 所示。

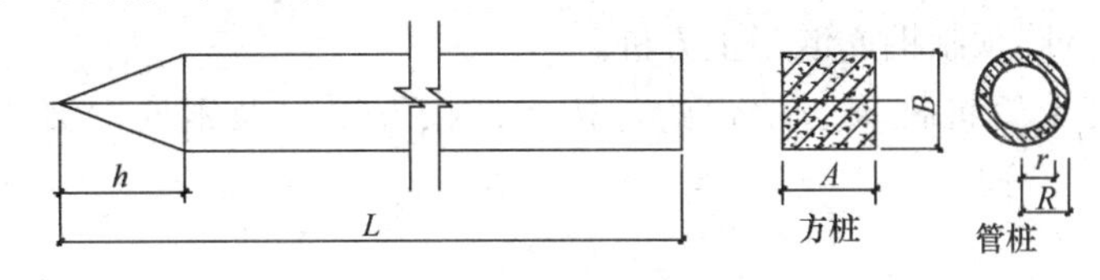

图 7-19　钢筋混凝土预制桩示意图

预制钢筋混凝土方桩、预制钢筋混凝土管桩项目以成品桩编制，应包括成品桩购置费，如果用现场预制，应包括现场预制桩的所有费用。

(1) 预制钢筋混凝土方桩

1) 工作内容：工作平台搭拆，桩机竖拆、移位，沉桩，接桩与送桩。

当设计基础的打桩深度超过一般预制桩的单根长度时，就需要打入数根桩以满足设计要求。把两根桩紧密连接起来，称为接桩。接桩一般有两种方式：

①焊接法

焊接法是将上一节桩末端的预埋铁件，与下一节桩顶的桩帽盖用焊接法焊牢。

②硫磺胶泥接桩法

硫磺胶泥接桩法是将上节桩下端的预留伸出锚筋，插入下节桩上端预留的锚孔内，并灌以硫磺胶泥胶粘剂，使两端粘结起来，见图 7-20。

打桩工程中，有时要求将桩顶面打到低于桩架操作平台以下，或设计要求将桩打入自然地坪以下，由于打桩机的安装和操作的要求，桩锤不能直接锤击到桩头，必须用工具桩（也称冲桩、送桩筒，长 2～3m，用硬木或金属制成）接到桩的上端将桩送打至设计标高，

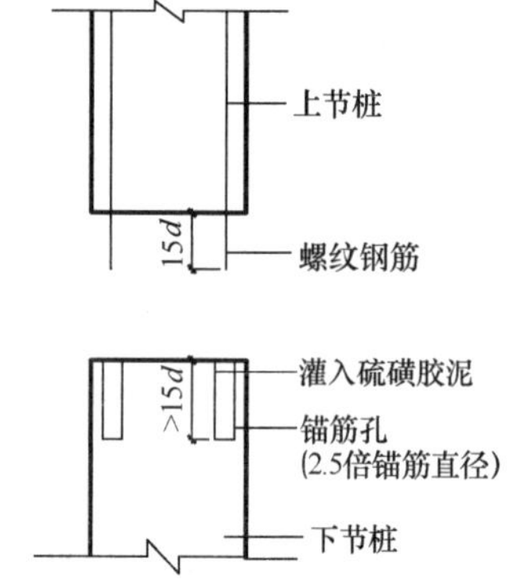

图 7-20 硫磺胶泥接桩

此过程即为送桩。

2）项目特征：地层情况，送桩深度、桩长，桩截面，桩倾斜度，沉桩方法，接桩方式，混凝土强度等级。

3）计算规则：可根据实际要求，按下述任一种计算方法计算。

① 按设计图示尺寸以桩长（包括桩尖）(m) 计算。

② 按设计图示截面积乘以桩长以实体积（m^3）计算。

③ 按设计图示尺寸以数量（根）计算。

【例 7-8】 某预制钢筋混凝土方桩，长 7m，截面为 250mm×250mm，共有 120 根，求预制钢筋混凝土方桩工程量。

【解】 $L = 7 \times 120 = 840$ m

或：$V=0.25\times0.25\times7\times120=52.5\text{m}^3$

或：$N=120$ 根（每根长 7m）

(2) 预制钢筋混凝土管桩

1）工作内容：工作平台搭拆，桩机竖拆、移位，沉桩，接桩，送桩，桩尖制作安装，填充材料，刷防护材料。

2）项目特征：地层情况，送桩深度、桩长，桩外径、壁厚，桩倾斜度，沉桩方法，桩尖类型，混凝土强度等级，填充材料种类，防护材料种类。

3）计算规则：同预制钢筋混凝土方桩。

预制钢筋混凝土管桩桩顶与承台的连接构造按混凝土及钢筋混凝土工程相关项目列项。

(3) 钢管桩

1）工作内容：工作平台搭拆，桩机竖拆、移位，沉桩，接桩，送桩，切割钢管、精割盖帽，管内取土，填充材料、刷防护材料。

2）项目特征：地层情况，送桩深度、桩长，材质，管径、壁厚，桩倾斜度，沉桩方法，填充材料种类，防护材料种类。

3）计算规则：按设计图示尺寸以质量（t）计算或按设计图示尺寸以数量（根）计算

(4) 截（凿）桩头

预制桩打入地后，可能会有一部分突出地面，为了进行下一道工序，必须将突出地面多余的桩头截掉。

1）工作内容：截（切割）桩头，凿平，废料外运。

2）项目特征：桩类型，桩头截面、高度，混凝土强度等级，有无钢筋。

3）工程量计算规则：按设计图示截面积乘以桩头长度以体积（m^3）计算或按设计图示尺寸以数量（根）计算。

7.3.3 灌注桩

灌注桩包括泥浆护壁成孔灌注桩、沉管灌注桩、干作业成孔灌注桩等。混凝土灌注桩的钢筋笼制作、安装，按混凝土及钢筋混凝土工程中相关项目编码列项。

1. 泥浆护壁成孔灌注桩

泥浆护壁成孔灌注桩是指在泥浆护壁条件下成孔，采用水下灌注混凝土的桩。成孔方法包括冲击钻成孔、冲抓锥成孔、回旋钻成孔、潜水钻成孔、泥浆护壁的旋挖成孔等。

（1）工作内容：护筒埋设，成孔、固壁，混凝土制作、运输、灌注、养护，土方、废泥浆外运，打桩场地硬化及泥浆池、泥浆沟。

（2）项目特征：地层情况，空桩长度、桩长，桩径，成孔方法，护筒类型、长度，混凝土种类、强度等级。

（3）计算规则：可根据实际要求，按下述中任一种计算方法计算。

1）按设计图示尺寸以桩长（包括桩尖）（m）计算。

2）按不同截面在桩上范围内以体积（m^3）计算。

3）按设计图示数量（根）计算。

2. 沉管灌注桩

沉管灌注桩是利用锤击打桩设备或振动沉桩设备，将带有钢筋混凝土的桩尖（或钢板靴）或带有活瓣式桩靴的钢管沉入土中（钢管直径应与桩的设计尺寸一致），造成桩孔，然后放入钢筋骨架并浇筑混凝土，随之拔出套管，利用拔管时的振动将混凝土捣实，形成的灌注桩。其沉管方法包括锤击沉管法、振动沉管法、振动冲击沉管法和内夯沉管法等。

（1）工作内容：打（沉）拔钢管，桩尖制作、安装，混凝土制作、运输、灌注、养护。

（2）项目特征：地层情况，空桩长度、桩长，复打长度，桩径，沉管方法，桩尖类型，混凝土种类、强度等级。

（3）计算规则：同泥浆护壁成孔灌注桩。

3. 干作业成孔灌注桩

干作业成孔灌注桩是指不用泥浆护壁和套管护壁的情况下，用钻机成孔后，下钢筋笼，灌注混凝土的桩，适用于地下水位以上的土层使用。其成孔方法包括螺旋钻成孔、螺旋钻成孔扩底、干作业的旋挖成孔等。

（1）工作内容：成孔、扩孔，混凝土制作、运输、灌注、振捣、养护。

（2）项目特征：地层情况，空桩长度、桩长，桩径，扩孔直径、高度，成孔方法，混凝土种类、强度等级。

（3）计算规则：同泥浆护壁成孔灌注桩。

4. 挖孔桩土（石）方

（1）工作内容：排地表水，挖土、凿石，基地钎探与运输。

（2）项目特征：地层情况，挖孔深度，弃土（石）运距。

（3）计算规则：按设计图示尺寸（含护壁）截面积乘以挖孔深度以体积（m^3）计算。

5. 人工挖孔灌注桩

（1）工作内容：护壁制作，混凝土制作、运输、灌注、振捣、养护。

（2）项目特征：桩芯长度，桩芯直径、扩底直径、扩底高度，护壁厚度、高度，护壁混凝土种类、强度等级，桩芯混凝土种类、强度等级。

（3）计算规则：按桩芯混凝土体积（m^3）计算或按设计图示数量（根）计算。

【例 7-9】某工程桩基础采用沉管灌注桩进行施工，桩长 12m，桩径 600mm，共 180

根桩，超灌高度不小于0.8m，求与该工程相关的桩基工程量。

【解】 沉管灌注桩工程量：$n=180$ 根

或：$V=3.14\times0.3^2\times12\times180=50.86\text{m}^3$

或：$L=12\times180=2160\text{m}$

截（凿）桩头工程量：$V=3.14\times0.3^2\times0.8\times180=40.69\text{m}^3$

或：$n=180$ 根（每根高0.8m）

7.4 砌筑工程

7.4.1 砌筑工程的一般说明

砌筑工程是指用砖、石和各类砌块进行建筑物或构筑物的砌筑，主要包括砖砌体、砌块砌体和石砌体。

1. 砌块。砌筑工程中常用砌块尺寸如表7-7所示。

常用砌块尺寸 （mm） **表7-7**

红（青）砖	240×115×53
硅酸盐砌块	880×430×240
条石	1000×300×300 或 1000×250×250
方整石	400×220×220
五料石	1000×400×200
烧结多孔砖	KP_1 型：240×115×90，KM_1 型：190×190×90
烧结空心砖	240×180×115

2. 砂浆。根据工程要求，不同的砌体采用不同的砂浆种类，一般常用水泥砂浆和混合砂浆，砂浆的种类和强度等级不同，价格也不相同。

3. 标准砖。标准砖尺寸为240mm×115mm×53mm。标准砖墙厚度按表7-8计算。

标准砖墙计算厚度表 **表7-8**

砖数（厚度）	1/4	1/2	3/4	1	3/2	2	5/2	3
计算厚度（mm）	53	115	180	240	365	490	615	740

7.4.2 砖砌体

砖砌体主要包括砖基础、墙体、柱、零星砌砖等。

1. 砖基础

砖基础项目适用于各种类型的砖基础，如柱基础、墙基础、管道基础等。最常见的砖基础为条形基础，如图7-21所示。

（1）工作内容：砂浆制作、运输，砌砖，防潮层铺设，材料运输。

（2）项目特征：砖品种、规格、强度等级，基础类型，砂浆强度等级，防潮层材料种类。

（3）计算规则：按设计图示尺寸以体积（m^3）计算。

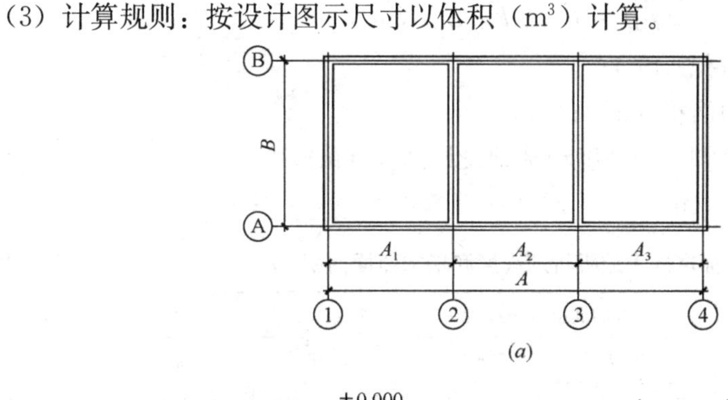

（a）

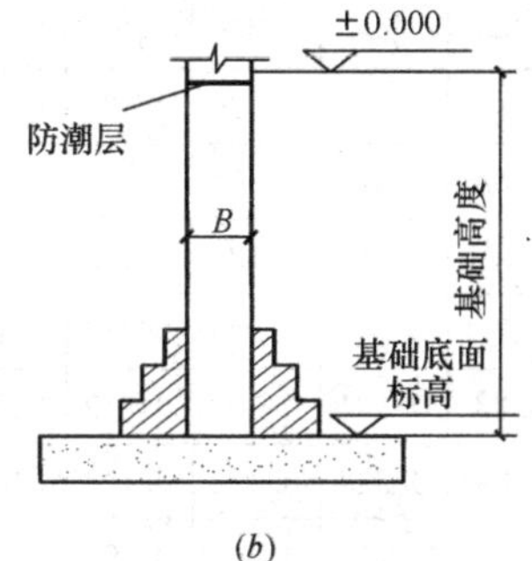

（b）

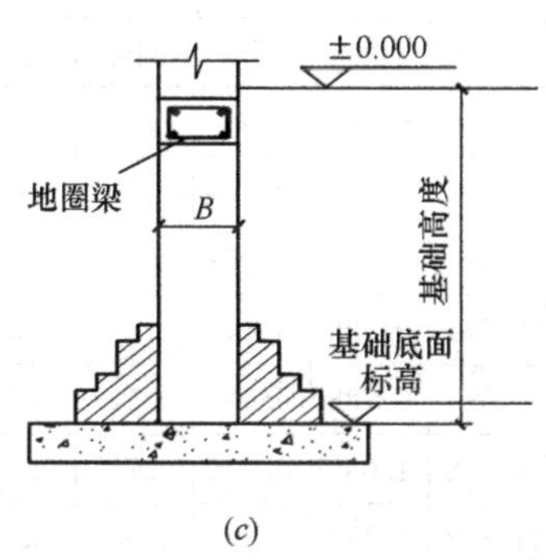

（c）

图 7-21　砖基础平面、剖面图

（a）砖基础平面图；（b）等高大放脚砖基础剖面图；（c）不等高大放脚砖基础剖面图

1）基础长度

外墙的基础长度按外墙中心线计算，内墙的基础长度按内墙净长线计算。

2）基础墙厚度

基础墙厚度为基础主墙身的厚度，按表 7-8 的规定确定。

3）基础高度

基础与墙（柱）身使用同一种材料时，划分应以设计室内地坪为界（有地下室的按地下室室内设计地坪为界），以下为基础，以上为墙（柱）身，见图 7-21（b）、（c）。基础与墙身使用不同材料时，位于设计室内地面高度≤±300mm 以内时，以不同材料为界，高度>±300mm，应以设计室内地面为界。

4）基础断面计算

砖基础受刚性角的限制，需在基础底部做成逐步放阶的形式，俗称大放脚。大放脚的体积要并入所附基础墙内，可根据大放脚的层数、所附基础墙的厚度及是否等高放阶等因素确定，增加面积可查表 7-9 或自行计算。

大放脚增加的断面面积计算公式为：

$$S_{放脚} = h_1 \times d(m^2) \tag{7-15}$$

式中　$S_{放脚}$——大放脚增加的断面面积（m^2）；

h_1——大放脚折加高度（m）；

d——基础墙厚度（m）。

基础断面面积计算公式如下：

$$S_{断面} = (h_1 + h_2) \times d(m^2) \tag{7-16}$$

或 $$S_{断面}=h_2\times d+S_{放脚}(m^2) \qquad (7\text{-}17)$$

式中 $S_{断面}$ ——基础断面面积（m^2）；

$S_{放脚}$ ——大放脚折加面积（m^2）；

h_1、h_2 ——分别为大放脚折加高度和基础设计高度（m）；

d ——基础墙厚度（m）。

标准砖大放脚折加高度和增加断面面积 **表 7-9**

放脚层数	折加高度（m）												增加断面面积（m^2）	
	1/2 砖		1 砖		3/2 砖		2 砖		5/2 砖		3 砖			
	等高	间隔	等高	间隔	等高	间隔	等高	间隔	等高	间隔	等高	间隔	等高	间隔
一	0.137	0.137	0.066	0.066	0.043	0.043	0.032	0.032	0.026	0.026	0.021	0.021	0.01575	0.01575
二	0.411	0.342	0.197	0.164	0.129	0.108	0.096	0.08	0.077	0.064	0.064	0.053	0.04725	0.03938
三			0.394	0.328	0.259	0.216	0.193	0.161	0.154	0.128	0.128	0.106	0.0945	0.07875
四			0.656	0.525	0.432	0.345	0.321	0.253	0.256	0.205	0.213	0.17	0.1575	0.126
五			0.984	0.788	0.647	0.518	0.482	0.38	0.384	0.307	0.319	0.255	0.2363	0.189
六			1.378	1.083	0.906	0.712	0.672	0.58	0.538	0.419	0.447	0.351	0.3308	0.2599
七			1.838	1.444	1.208	0.949	0.90	0.707	0.717	0.563	0.596	0.468	0.441	0.3465
八			2.363	1.838	1.553	1.208	1.157	0.90	0.922	0.717	0.766	0.596	0.567	0.4411
九			2.953	2.297	1.942	1.51	1.447	1.125	1.153	0.896	0.956	0.745	0.7088	0.5513
十			3.61	2.789	2.372	1.834	1.768	1.366	1.409	1.088	1.171	0.905	0.8663	0.6694

注：本表按标准砖双面放脚每层高 126mm（等高式），以及双面放脚层高分别为 126mm、63mm（间隔式，又称不等高式）砌出 62.5mm，灰缝按 10mm 计算。

5）应扣除（或并入）的体积

计算砖基础工程量时，应包括附墙垛基础宽出部分体积，扣除地梁（圈梁）、构造柱所占体积，不扣除基础大放脚 T 形接头处的重叠部分及嵌入基础内的钢筋、铁件、管道、基础砂浆防潮层和单个面积≤0.3m^2 的孔洞所占体积，靠墙暖气沟的挑砖不增加。

附墙砖垛基础增加体积见表 7-10。

砖垛放脚增加体积表 **表 7-10**

规格 / 体积 / 放脚层数	砖垛断面尺寸（mm）										
	125×240	125×365	125×490	250×240	250×365	250×490	250×615	375×365	375×490	375×615	375×740
	等高	不等高		等高		不等高		等高		不等高	
一	0.002	0.002	0.004		0.004		0.006		0.006		
二	0.006	0.005	0.012		0.010		0.018		0.015		
三	0.012	0.010	0.024		0.020		0.036		0.030		
四	0.020	0.016	0.039		0.032		0.059		0.047		
五	0.030	0.024	0.059		0.047		0.089		0.071		
六	0.041	0.032	0.083		0.065		0.124		0.097		

续表

放脚层数 \ 规格 / 体积	砖垛断面尺寸（mm）										
	125×240	125×365	125×490	250×240	250×365	250×490	250×615	375×365	375×490	375×615	375×740
	等高	不等高		等高		不等高		等高		不等高	
七	0.055	0.043	0.110		0.087		0.165		0.130		
八	0.071	0.055	0.142		0.110		0.213		0.165		
九	0.089	0.069	0.177		0.138		0.266		0.207		
十	0.108	0.084	0.217		0.167		0.325		0.251		

注：本表放脚增加体积适用于最底层放脚高度为126mm的情况，其他说明同表7-9。

砖垛基础计算公式为：

$V=$（砖垛断面积×砖垛基础高＋单个砖垛放脚增加体积）×砖垛个数（m^3）（7-18）

6）条形砖基础工程量的计算

条形砖基础体积计算公式如下：

$$V = L \times S_{断面} \pm V_{其他}(m^3) \quad (7\text{-}19)$$

式中 L——条形砖基础长度（m）；

$V_{其他}$——应并入（或扣除）的体积（m^3）。

【例7-10】如图7-22所示，试计算该工程的砖基础工程量。

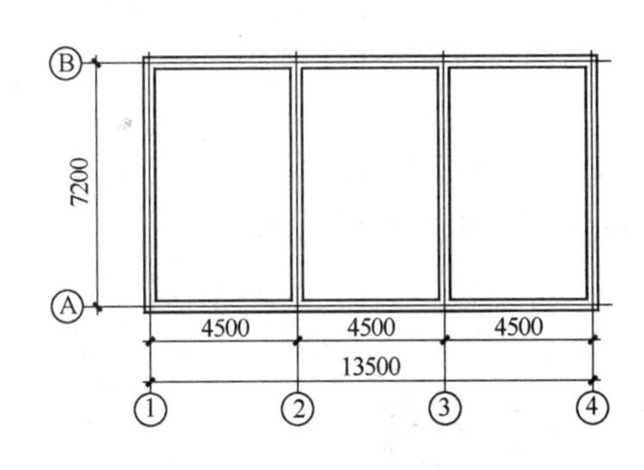

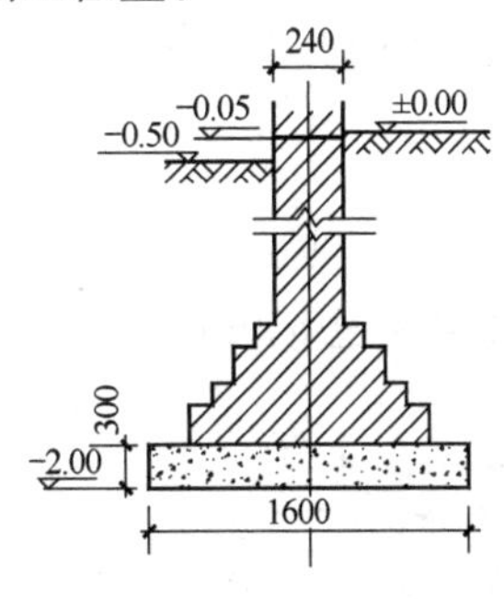

图7-22 砖基础工程

【解】（1）外墙中心线 $L_{中} = (13.5 + 7.2) \times 2 = 41.40$ m

根据公式（7-17），有 $S_{断面} = h_2 \times d + S_{放脚}$（$m^2$）

查表7-9，四阶不等高大放脚折加面积为0.126m^2

$$h_2 = (2 - 0.3) = 1.7\ m$$

$$S_{断面} = 1.7 \times 0.24 + 0.126 = 0.534\ m^2$$

$$V_{外} = 41.40 \times 0.534 = 22.11\ m^3$$

（2）内墙净长 $L_{净} = (7.2 - 0.24) \times 2 = 13.92$ m

$$V_{内} = 13.92 \times 0.534 = 7.43\ m^3$$

$$V = V_{外} + V_{内} = 22.11 + 7.43 = 29.54\ m^3$$

2. 一般砖墙

一般砖墙在此特指内外砖墙、女儿墙等。

（1）工作内容：砂浆制作、运输，砌砖，刮缝，砖压顶砌筑，材料运输。

（2）项目特征：砖品种、规格、强度等级，墙体类型，砂浆强度等级、配合比。

（3）计算规则：按设计图示尺寸以体积（m^3）计算。

外墙长度按中心线计算，内墙按净长计算。墙厚度按表 7-8 规定计算。墙体高度依据不同墙体而异。

1）外墙高度

①斜（坡）屋面无檐口天棚者算至屋面板底，如图 7-23 所示。

②有屋架且室内外均有天棚者算至屋架下弦底另加 200mm，如图 7-24 所示。

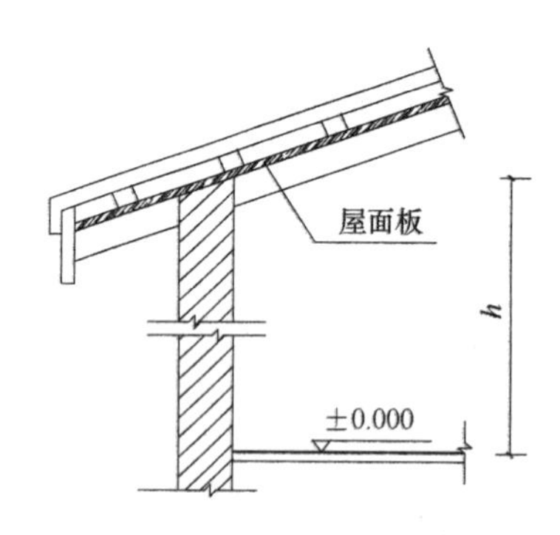

图 7-23 斜（坡）屋面无檐口天棚的外墙高度

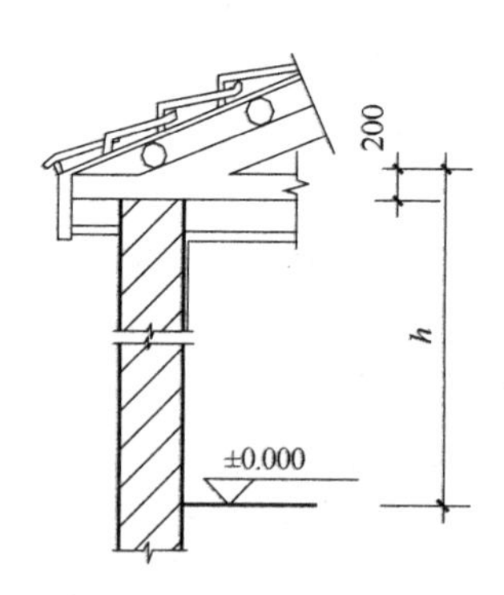

图 7-24 有屋架且室内外均有天棚的外墙高度

③无天棚者算至屋架下弦底另加 300mm，如图 7-25 所示。

④出檐宽度超过 600mm 时按实砌高度计算，如图 7-26 所示。

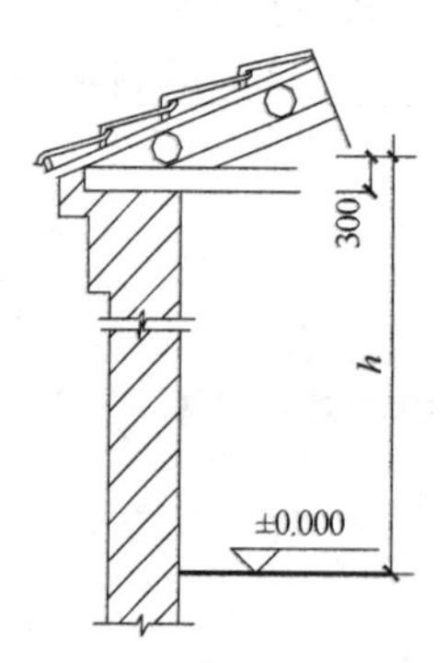

图7-25 无天棚的外墙高度

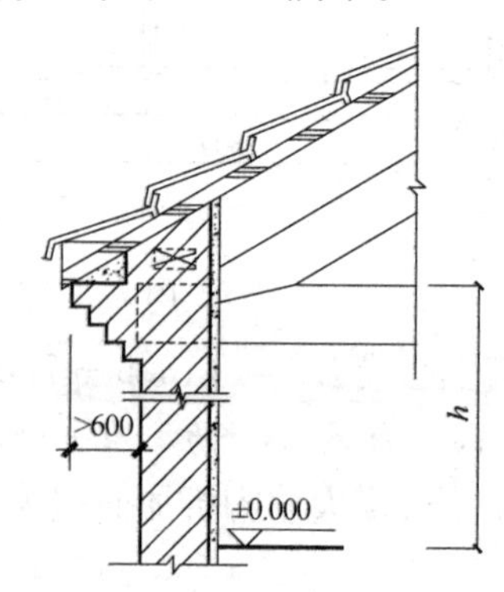

图 7-26 出檐宽度超过 600mm 的外墙高度

⑤平屋面从室内地坪标高算至钢筋混凝土板底，如图 7-27 所示。

⑥有钢筋混凝土楼板隔层者算至板顶，如图 7-27 中 h_1、h_2 所示。

2）内墙高度

①位于屋架下弦者，算至屋架下弦底，如图 7-28 所示。

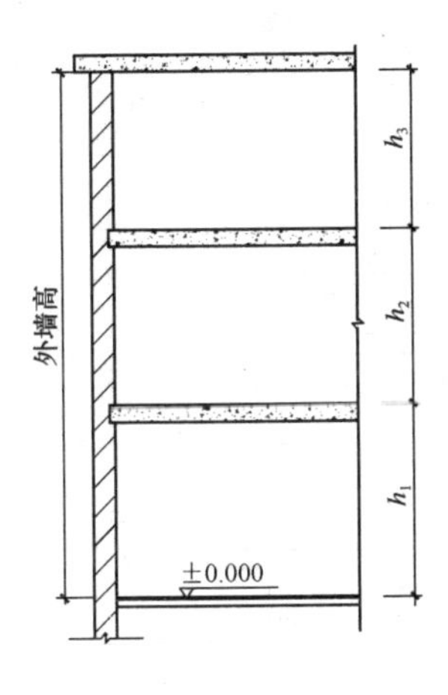

图 7-27　钢筋混凝土楼板隔层下的内外墙高度

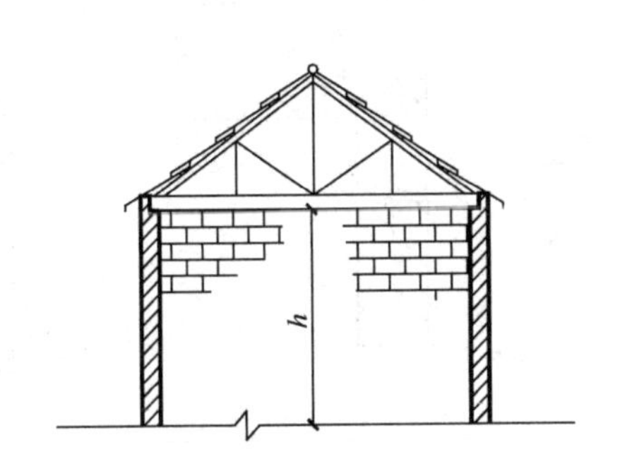

图 7-28　位于屋架下弦的内墙高度

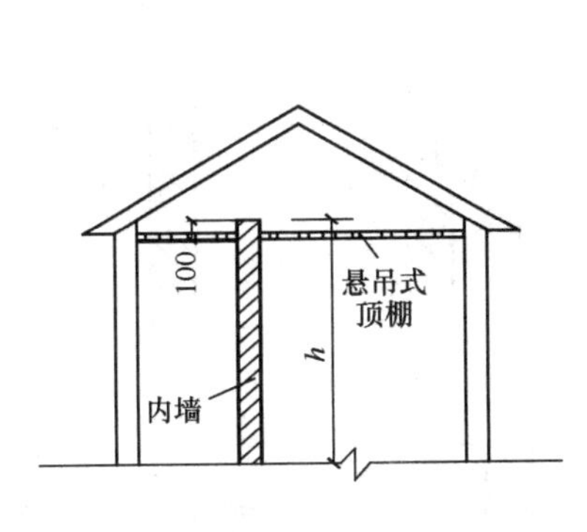

图 7-29　无屋架弦的内墙高度

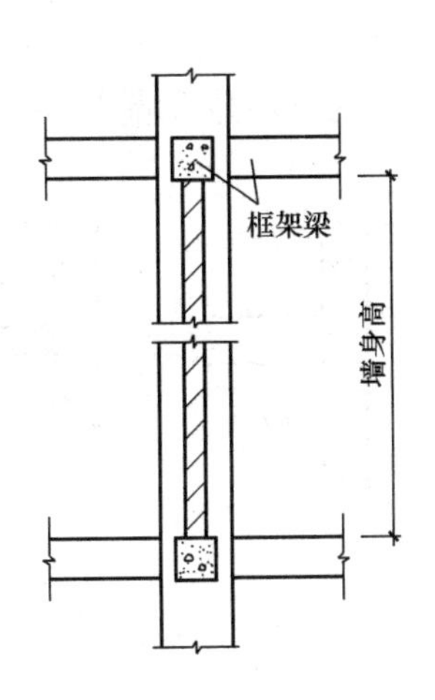

图 7-30　有框架梁的内墙高度

②无屋架者算至天棚底另加 100mm，如图 7-29 所示。

③有钢筋混凝土楼板隔层者算至楼板顶，如图 7-27h_1、h_2 所示。

④有框架梁时算至梁底，如图 7-30 所示。

3）女儿墙高度

从屋面板上面算至女儿墙顶面（如有混凝土压顶时算至压顶下表面），如图 7-31 所示。

4）内外山墙高度

内外山墙按其平均高度计算如图 7-32 所示。

$$h = h_1 + \frac{1}{2}h_2 \qquad (7\text{-}20)$$

计算墙体工程量时，应扣除（或并入）的体积：

① 应扣除门窗、洞口、嵌入墙内的钢筋混凝土柱、梁、圈梁、挑梁、过梁及凹进墙内的壁龛、管槽、散热器槽、消火栓箱所占体积。

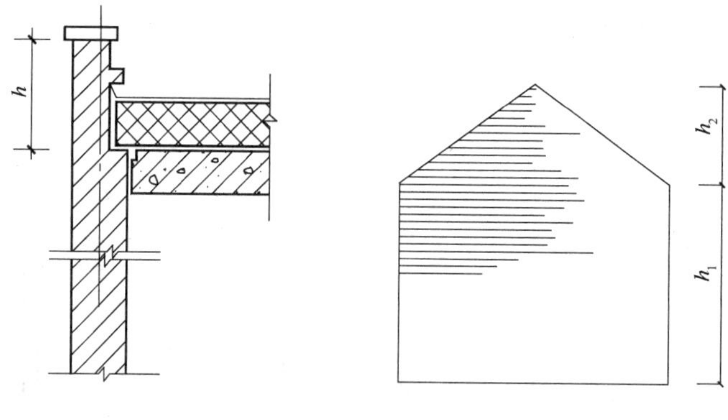

图 7-31　女儿墙高度　　　图 7-32　内外山墙高度

② 不扣除梁头、板头、檩头、垫木、木楞头、沿缘木、木砖、门窗走头、砖墙内加固钢筋、木筋、铁件、钢管及单个面积≤0.3m² 的孔洞所占体积。

③ 不增加凸出墙面的腰线、挑檐、压顶、窗台线、虎头砖、门窗套的体积。

④ 凸出墙面的砖垛并入墙体体积内计算。部分不扣除和不增加的砖砌体体积如图 7-33 所示。

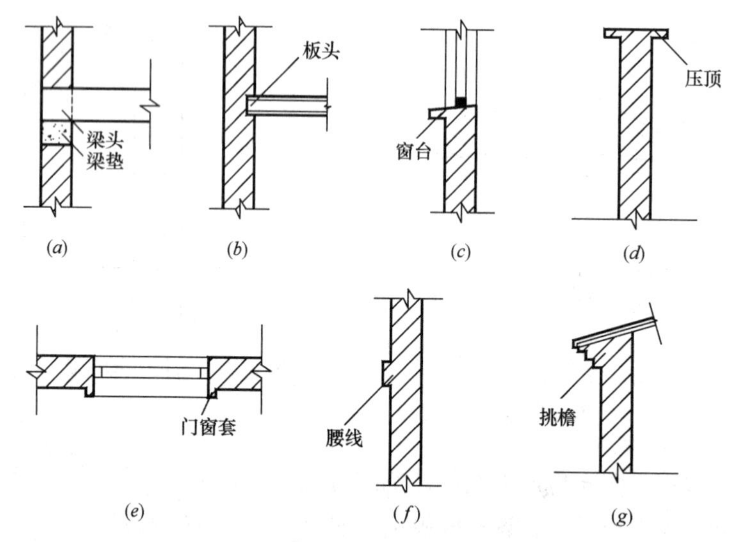

图 7-33　不扣除和不增加的砖砌体体积

（4）一般砖墙计算方法

一般砖墙计算可分为以下四个步骤：

1）计算墙面面积；

2）扣除墙面上门窗、洞口所占的面积，算出墙体净面积；

3）计算扣除门窗洞口后的墙体体积；

4）增加或扣除附于墙体上或嵌入墙体内的各种构件体积，得出墙体净体积。

【例 7-11】 如图 7-34 所示单层建筑，内外墙用 M5 砂浆砌筑。假设外墙中圈梁、过梁体积为 1.2m³，门窗面积为 16.98m²；内墙中圈梁、过梁体积为 0.2m³，门窗面积为 1.8m²。天棚抹灰厚 10mm。试计算砖墙砌体工程量。

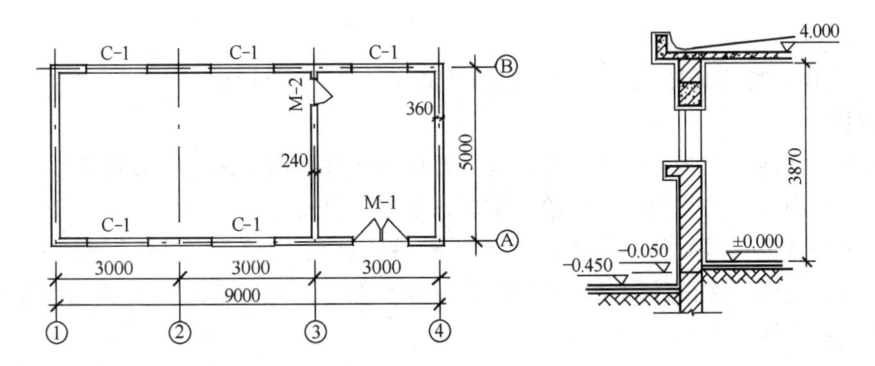

图 7-34 平屋面砖墙工程量计算示意图

【解】(1) 外墙中心线：$L_{中} = (5.00 + 9.00) \times 2 = 28$ m

(2) 内墙净长：$L_{净} = 5.00 - 0.36 = 4.64$ m

(3) 墙高 h：由于该建筑为平屋面，内外墙高度均为 3.88m。

(4) 墙体体积计算见表 7-11，墙体体积合计为 35.95m^3。

砖墙工程量计算表 表 7-11

部位	墙长 (m)	×墙高 (m)	=墙毛面积 (m^2)	一门窗洞口面积 (m^2)	=墙净面积 (m^2)	×墙厚 (m)	± V_b (m^3)	=墙体体积 (m^3)
外墙	28.00	3.88	108.64	16.98	91.66	0.365	−1.20	32.26
内墙	4.64	3.88	18.00	1.80	16.20	0.24	−0.20	3.69
合计								35.95

3. 围墙、框架间墙

(1) 工作内容：同一般砖墙。

(2) 项目特征：同一般砖墙。

(3) 计算规则：

1) 框架间墙不分内外墙按墙体净尺寸以体积（m^3）计算。

2) 围墙按设计图示尺寸以体积（m^3）计算。围墙墙身与围墙基础的划分应以设计室外地坪为界，以下为基础，以上为墙身，墙身高度从基础上部算至砖压顶上表面（如有混凝土压顶时算至压顶下表面），围墙柱应并入围墙体积内。

4. 其他砖墙

此处其他砖墙特指空斗墙、空花墙和填充墙。

(1) 工作内容：砂浆制作、运输，砌砖，装填充料，刮缝，材料运输。

(2) 项目特征：砖品种、规格、强度等级，墙体类型，砂浆强度等级、配合比。

填充墙项目特征还应描述填充材料种类及厚度。

(3) 计算规则：

1) 空斗墙：按设计图示尺寸以空斗墙外形体积（m^3）计算。墙角、内外墙交接处、门窗洞口立边、窗台砖、屋檐处的实砌部分体积并入空斗墙体积内。

2) 空花墙：按设计图示尺寸以空花部分外形体积（m^3）计算，不扣除空洞部分体积。

3）填充墙：按设计图示尺寸以填充墙外形体积（m^3）计算。

5. 砖柱

砖柱有实心砖柱和多孔砖柱两种形式，常见的砖柱断面形式有方形和圆形。

（1）工作内容：砂浆制作、运输，砌砖，刮缝，材料运输。

（2）项目特征：砖品种、规格、强度等级，柱类型，砂浆强度等级、配合比。

（3）计算规则：按设计图示尺寸以体积（m^3）计算。扣除混凝土及钢筋混凝土梁垫、梁头、板头所占体积。

在进行计算时，砖柱应分为柱基础和柱身两部分计算，柱身与柱基的划分同墙身与墙基。

柱身以柱的断面面积乘以柱高，以体积（m^3）计算工程量。

柱基础工程量按图示尺寸以体积（m^3）计算，应并入砖柱基大放脚的体积，扣除混凝土及钢筋混凝土梁垫、梁头、板头所占体积。计算公式为：

$$V = S \times (h + h_Z)(m^3) \tag{7-21}$$

$$h_Z = \frac{V_{放脚}}{S}(m) \tag{7-22}$$

式中 V——柱基础体积（m^3）；

S——柱断面面积（m^2）；

h——柱基高（m）；

h_Z——大放脚折加高度（m）；

$V_{放脚}$——柱周围大放脚体积（m^3）。

标准砖柱基础大放脚折加高度见表 7-12。

砖柱基四周放脚折加高度 **表 7-12**

砖柱断面尺寸（mm）	断面积（m^2）	形式	一个柱基础四边的折加高度（m）						
			一层	二层	三层	四层	五层	六层	七层
240×240	0.0576	等高	0.1654	0.5646	1.2660	2.3379	3.8486	5.8666	8.4602
		不等高		0.3650	1.0664	1.6023	3.1131	4.1221	6.7156
240×365	0.0876	等高	0.1313	0.4387	0.9673	1.7620	2.8677	4.3295	6.1921
		不等高		0.2850	0.8136	1.2109	2.3167	3.0475	4.9102
365×365	0.1332	等高	0.1011	0.3318	0.7247	1.3063	2.1073	3.1571	4.4853
		不等高		0.2169	0.6088	0.8997	1.7006	2.2255	3.5537
490×365	0.1789	等高	0.0863	0.2809	0.6059	1.0832	1.7348	2.5829	3.6493
		不等高		0.1836	0.5086	0.7472	1.3989	1.8229	2.8893
490×490	0.2401	等高	0.0725	0.2339	0.5005	0.8888	1.4153	2.0962	2.9480
		不等高		0.1532	0.4198	0.6140	1.1404	1.4809	2.3327
615×490	0.3014	等高	0.0643	0.2059	0.4380	0.7735	1.2256	1.8073	2.5317
		不等高		0.1351	0.3672	0.5349	0.9870	1.2779	2.0023

续表

砖柱断面尺寸（mm）	断面积（m^2）	形式	一个柱基础四边的折加高度（m）						
			一层	二层	三层	四层	五层	六层	七层
615×615	0.3782	等高	0.0564	0.1797	0.3802	0.6684	1.0546	1.5493	2.1629
		不等高		0.1181	0.3186	0.4626	0.8489	1.0962	1.7098
740×740	0.5476	等高	0.0462	0.1457	0.3057	0.5335	0.8363	1.2211	1.6952
		不等高		0.0959	0.2560	0.3699	0.6726	0.8650	1.3392

注：1. 本表为四边大放脚砌筑法，最顶层为两匹砖，每次砌出均为 62.5mm，灰缝为 10mm。
2. 等高大放脚每阶高均为 126mm，不等高大放脚阶高分别为 126mm 和 63mm，间隔砌筑。
3. 计算时，基础部分的砖柱高度，应按图示尺寸另行计算。

【例 7-12】试计算砖柱断面为 490mm×490mm，大放脚为四阶不等高，基础高为 1.5m 的柱基工程量。

【解】$V = 0.49 \times 0.49 \times (1.500 + 0.6140) = 0.51\ m^3$

6. 砖检查井

（1）工作内容：砂浆制作、运输，铺设垫层，底板混凝土制作、运输、浇筑、振捣、养护，砌砖，刮缝，井池底、壁抹灰，抹防潮层，材料运输。

（2）项目特征：井截面、深度，砖品种、规格、强度等级，垫层材料种类、厚度，底板厚度，井盖安装，混凝土强度等级，砂浆强度等级，防潮层材料种类。

（3）计算规则：按设计图示数量（座）计算。检查井内爬梯、混凝土构件按混凝土和钢筋混凝土相关编码列项。

7. 砖地沟、明沟

（1）工作内容：土方挖、运、填，铺设垫层，底板混凝土制作、运输、浇筑、振捣、养护，砌砖，刮缝、抹灰，材料运输。

（2）项目特征：砖品种、规格、强度等级，沟截面尺寸，垫层材料种类、厚度，混凝土强度等级，砂浆强度等级。

（3）计算规则：按设计图示以中心线长度（m）计算。

8. 零星砌砖

零星砌砖的工作内容同砖柱。项目特征包括零星砌砖名称、部位，砖品种、规格、强度等级；砂浆强度等级、配合比。

常见的零星砌砖包括砖砌台阶、台阶挡墙、锅台、炉灶、厕所蹲台、池槽、池槽腿、砖胎膜、花台、花池、楼梯栏板、阳台栏板、地垄墙、不大于 0.3m^2 的孔洞填塞，按不同砌体分别以“m^3”、“m^2”、“m”、“个”计算工程量。

7.4.3 砌块砌体

砌块砌体包括砌块墙和砌块柱两部分。

砌块墙的项目特征、计算规则与一般砖墙相似。工作内容包括砂浆制作、运输，砌砖、砌块，勾缝，材料运输。

砌块柱项目特征、工作内容、计算规则与砖柱相似。

砌体内加筋、墙体拉结的制作、安装，及灌注大于 30mm 砌体垂直灰缝的细石混凝土，应按混凝土和钢筋混凝土工程相关项目编码列项。

7.4.4 石砌体

石砌体计算规则与砖砌体类似，计算时按具体规定执行。

7.4.5 垫层

（1）工作内容：垫层材料的拌制，垫层铺设，材料运输。

（2）项目特征：垫层材料种类、配合比、厚度。

（3）计算规则：按设计图示尺寸以立方米（m^3）计算。

现行规范规定，混凝土垫层应按混凝土和钢筋混凝土工程相关项目编码列项，没有包括垫层要求的清单项目应按砌筑工程中所列垫层项目编码列项。如：灰土垫层、楼地面垫层（非混凝土）等应按砌筑工程编码列项。

7.4.6 砖砌体工程计算实例

【例 7-13】如图 7-35 所示砖混结构单层建筑，外墙厚 360mm，1、5、A、D 均为偏中轴线。外墙中圈梁、过梁体积为 11.30m^3（其中地圈梁体积为 4.43m^3），内墙中圈梁、过梁体积为 1.44m^3（其中地圈梁体积为 0.67m^3），屋面板厚度为 120mm，天棚抹面厚 10mm，内外墙门窗规格如表 7-13 所示，附墙砖垛基础为 4 阶不等高放坡，计算该建筑砖砌体工程量。

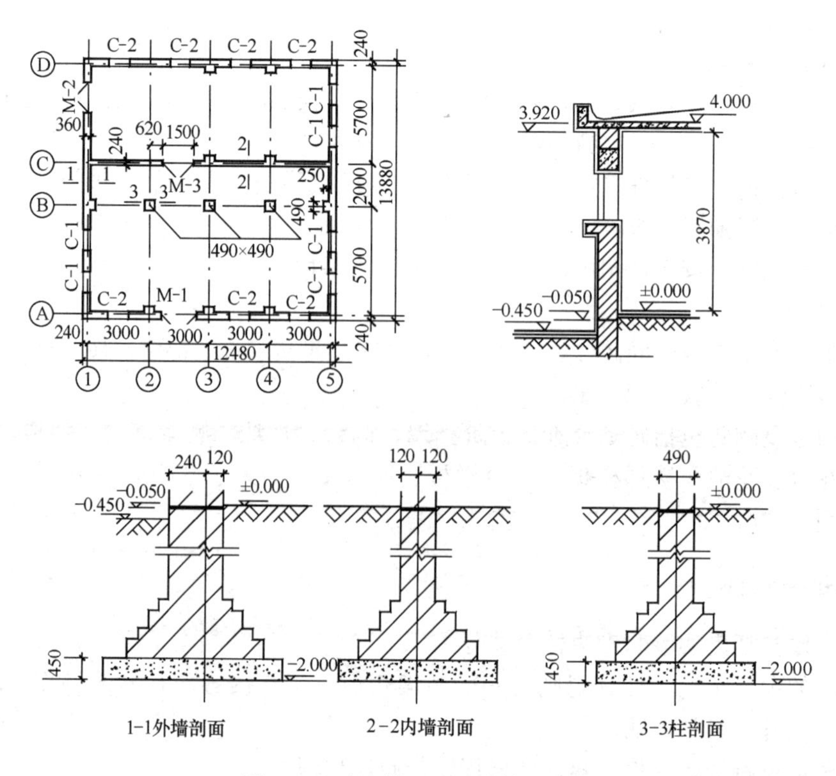

图 7-35 砖砌体工程量计算示意图

门窗统计表 表 7-13

名称	序号	编号	规格（宽×高）(mm)	数量	所在墙轴线号
钢窗	1	C-1	1500×1800	6	1、5 轴线外墙
	2	C-2	1200×1800	7	A、D 轴线外墙
钢门	1	M-1	2100×2400	1	A 轴外墙
	2	M-2	1200×2700	1	1 轴外墙
木门	1	M—3	1500×2400	1	C 轴内墙

【解】（一）基数计算

1. 外墙中心线 $L_{中}$　$L_{中}=(12.48-0.36+13.88-0.36)\times2=51.28$ m

2. 内墙净长 $L_{净}$　$L_{净}=12.00-0.12\times2=11.76$ m

3. 砖基础计算高度 $h_{基}$　$h_{基}=2.00-0.45=1.55$ m

4. 墙高 h　由于该建筑为平屋面，内外墙高度为 3.88m。

（二）砖基础工程量计算

1. 外墙砖基础

$$V_{外}=外墙基础中心线长度\times（基础高+折加高）\times墙厚$$

根据表 7-9，$V_{外}=51.28\times(1.55+0.345)\times0.365=35.47\ m^3$

2. 内墙砖基础

$V_{内}=内墙净长度\times基础断面$

根据表 7-9，$V_{内}=11.76\times0.24\times(1.55+0.525)=5.86\ m^3$

3. 外墙砖垛基础

外墙上共有 7 个砖垛，查表 7-10，有

$$V_{外垛}=(砖垛断面积\times砖垛基础高+单个砖垛增加体积)\times砖垛个数$$
$$=(0.49\times0.25\times1.55+0.032)\times7=1.55\ m^3$$

4. 内墙砖垛基础

内墙上有 2 个砖垛，查表 7-10，有

$$V_{内垛}=(0.49\times0.25\times1.55+0.032)\times2=0.44\ m^3$$

5. 砖基础总体积

$$V_{基础}=35.47+5.86+1.55+0.44-4.43-0.67=38.22\ m^3$$

（三）砖墙工程量

1. 砖外墙工程量

(1) 外墙门窗面积

$$S_1=1.5\times1.8\times6+1.2\times1.8\times7+2.1\times2.4+1.2\times2.7=39.60\ m^2$$

(2) 外墙墙垛工程量

$$V'_{垛}=0.49\times0.25\times3.88\times7=3.33\ m^3$$

(3) 墙体工程量

$V_{外墙身}=(51.28\times3.88-39.60)\times0.365-(11.3-4.43)+3.33=54.63\ m^3$

2. 砖内墙工程量

(1) 内墙门窗面积 $S_2=1.5\times2.4=3.6\ m^2$

（2）内墙墙垛工程量 $V_{垛}' = 0.49 \times 0.25 \times 3.88 \times 2 = 0.95\ m^3$

（3）墙体工程量

$$V_{内墙身} = (11.76 \times 3.88 - 3.60) \times 0.24 - (1.44 - 0.67) + 0.95 = 10.27\ m^3$$

3. 砖墙总体积

$$V_{墙身} = 54.63 + 10.27 = 64.90\ m^3$$

（四）砖柱工程量

1. 砖柱基础查表 7-12，$V_{柱} = [0.49 \times 0.49 \times (1.55 + 0.614)] \times 3 = 1.56\ m^3$

2. 砖柱柱身工程量 $V_{柱身} = 0.49 \times 0.49 \times 3.88 \times 3 = 2.79\ m^3$

合计：砖基础：38.22m^3　　砖柱基础：1.56m^3

砖墙身：64.90m^3　　砖柱柱身：2.79m^3

砖砌体计算表见表 7-14。

砖砌体工程量计算表　　**表 7-14**

项　目	外墙		内墙	
	基础	墙身	基础	墙身
墙长（m）	51.28	51.28	11.76	11.76
×高（m）	1.55+0.345=1.895	3.88	1.55+0.525=2.075	3.88
=毛面积（m^2）	97.18	198.97	24.40	45.63
一门窗洞口面积（m^2）		39.60		3.6
=净面积（m^2）	97.18	159.37	24.40	42.03
×厚度（m）	0.365	0.365	0.24	0.24
+砖垛体积（m^3）	1.55	3.33	0.44	0.95
± V_b（m^3）	−4.43	−6.87	−0.67	−0.77
砖砌体体积（m^3）	32.59	54.63	5.63	10.27
砖柱体积（m^3）	砖柱基础：1.56			
	砖柱柱身：2.79			

7.5 混凝土和钢筋混凝土工程

7.5.1 混凝土和钢筋混凝土工程的一般规定

1. 工程内容

在现代建筑工程中，建筑物的基础、主体骨架、结构构件、楼地面工程常采用混凝土和钢筋混凝土材料。根据现行计量规范，混凝土和钢筋混凝土工程的工程内容主要包括现浇混凝土构件制作、预制混凝土构件制作（含运输和安装）以及钢筋工程。

混凝土和钢筋混凝土工程的模板和支架工程费用在具体执行时有两种情况：当招标人在措施项目清单中未编列现浇混凝土模板和支架项目清单时，按混凝土和钢筋混凝土实体项目执行，应以分部分项工程量清单形式列出工程量，其综合单价中应包含模板及支架产生的费用。如模板和支架工程费在措施项目中考虑，其工程量按相关规定计算，详见7.17节。

2. 混凝土和钢筋混凝土工程的主要用材

(1) 水泥

根据混凝土的强度等级要求不同，配制混凝土常用的水泥强度等级有32.5和42.5，当实际使用的水泥强度等级高于定额规定时，不得进行价格与用量调整。

(2) 石子

混凝土所用石子的品种有砾石、卵石、毛石三种。各地区根据工程要求自行选定。定额中砾石的粒径一般为5～40mm或5～80mm，卵石和毛石的粒径一般为80mm以上。石子粒径越小，混凝土中水泥用量就越多，混凝土的单价也越高。不同石子粒径混凝土的选用应根据设计和规范要求来确定。

(3) 砂

混凝土常用的砂为中砂，也有细砂和特细砂。一般在石子粒径和混凝土强度等级不变的情况下，当混凝土强度等级高于C15后，砂的粒径越细，混凝土的价格也越高。

(4) 钢筋

钢筋混凝土中的钢筋一般有普通光圆钢筋（HPB300、HPB235）、带肋钢筋（HRB335、HRB400、RRB400）、冷轧带肋钢筋和低碳冷拔丝等。

钢筋的连接方式有绑扎、焊接、机械连接等，一般定额都已包括了钢筋的除锈工料，不得另行计算。

3. 一般规定

在计算现浇或预制混凝土和钢筋混凝土构件工程量时，不扣除构件内钢筋、螺栓、预埋铁件、张拉孔道所占体积，但应扣除劲性骨架的型钢所占体积。

7.5.2 现浇混凝土基础

现浇混凝土基础包括现场支模浇筑的垫层、带形基础、独立基础（含杯形基础）、满堂基础、柱承台基础和设备基础。

(1) 工作内容：模板及支撑制作、安装、拆除、堆放、运输及清理模内杂物、刷隔离剂等，混凝土制作、运输、浇筑、振捣、养护。

(2) 项目特征：混凝土种类、混凝土强度等级。设备基础还应描述灌浆材料及其强度等级。

(3) 计算规则：按设计图示尺寸以体积（m^3）计算，不扣除伸入承台基础的桩头所占体积。

1. 带形基础

带形基础又称条形基础，外形呈长条状，断面形状一般有梯形、阶梯形和矩形等，如图7-36所示。

混凝土带形基础的工程量的一般计算式为：

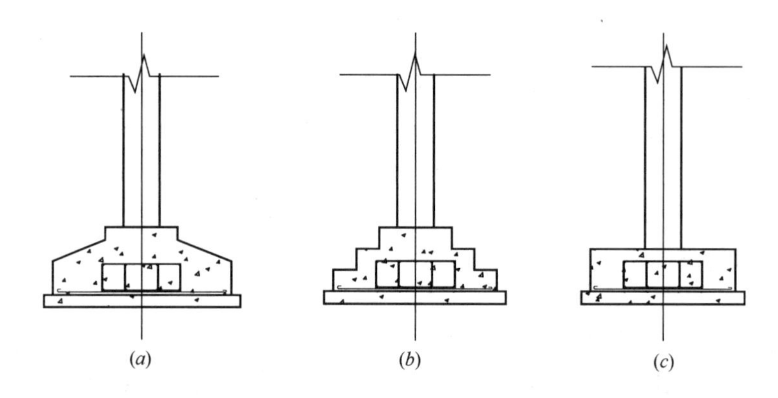

图 7-36 带形基础

(a) 梯形；(b) 阶梯形；(c) 矩形

$$V_{带基} = L \times S \quad (m^3) \tag{7-23}$$

式中 $V_{带基}$——带形基础体积（m^3）；

L——带形基础长度（m），外墙按中心线长度计算，内墙按净长度计算；

S——带形基础断面面积（m^2）。

梯形内外墙基础交接的T形接头部分，如图 7-37 所示。

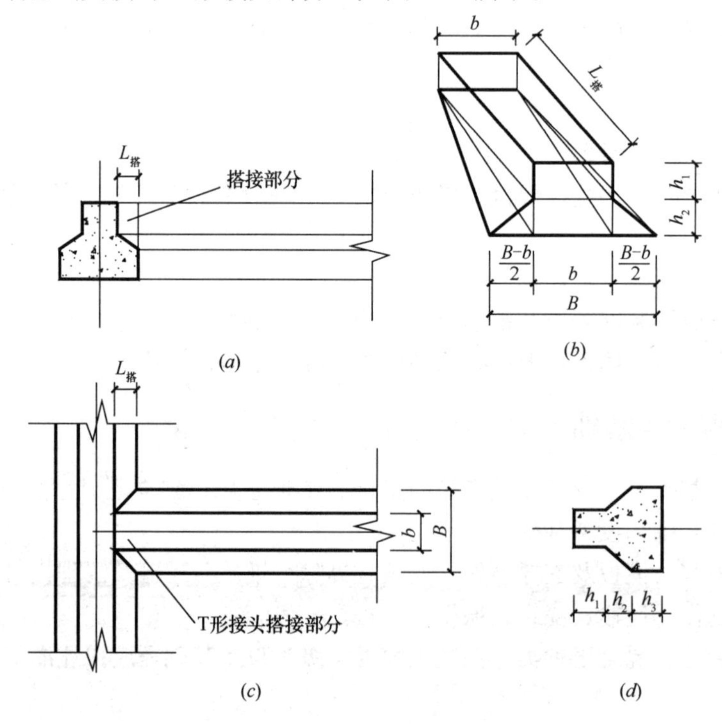

图 7-37 T形接头搭接计算示意图

(a) 有梁式带形基础；(b) 搭接部分示意图

(c) T形接头示意图；(d) 接头截面示意图

梯形内外墙基础交接的T形接头部分的体积计算公式为：

(1) 有梁式接头体积

$$V_{搭接} = V_1 + V_2 \quad (m^3) \tag{7-24}$$

$$V_1 = L_{搭} \times b \times h_1 \quad (m^3) \tag{7-25}$$

$$V_2 = L_{搭} \times h_2 \times \frac{2b+B}{6} \quad (m^3) \tag{7-26}$$

式中　$V_{搭接}$——T形接头搭接体积（m^3）；

V_1——（b）图中 h_1 断面部分搭接体积（m^3）；

V_2——（b）图中 h_2 断面部分搭接体积（m^3）。

其他符号含义见图7-37。

（2）无梁式接头体积

$$V_{搭接} = V_2 \quad (m^3) \tag{7-27}$$

简化计算时，无梁式接头体积可按内墙和外墙的每个交接处的1/2搭接长度乘以内墙带基面积计算。

2. 独立基础

当建筑物上部结构采用框架结构或单层排架结构承重时，基础常采用不同形式的独立基础。独立基础的形式分为阶梯式、截锥式和杯形基础3种。

当基础体积为阶梯形时，其体积为各阶矩形的长、宽、高相乘后相加，如图7-38所示。

当基础体积为截锥形时，其体积可由矩形体积和棱台体积之和构成，如图7-39所示。

棱台体积公式如下：

$$V = \frac{h}{3}(a_1b_1 + \sqrt{a_1b_1 \times a_2b_2} + a_2b_2) \quad (m^3) \tag{7-28}$$

式中　V——棱台体积（m^3）；

a_1、b_1——棱台下底的长和宽（m）；

a_2、b_2——棱台上底的长和宽（m）；

h——棱台高（m）。

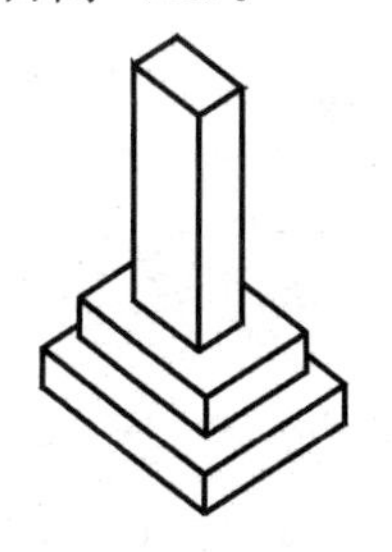

图7-38　阶梯形独立基础

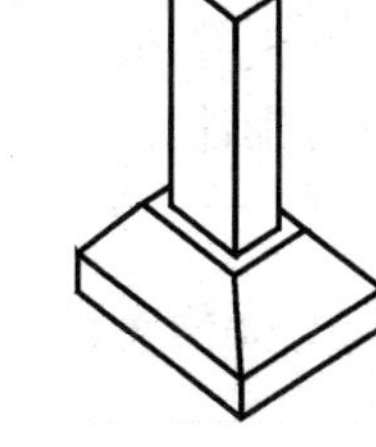

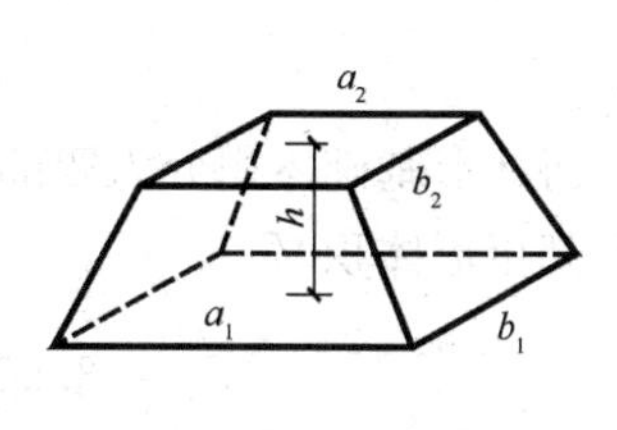

图7-39　截锥形独立

【例7-14】　某截锥形独立基础下底矩形长和宽分别为1.5m和1.3m，高0.2m，棱台上底长和宽分别为1.1m和0.9m，高0.6m，求该独立基础体积。

【解】　$V = (1.5 \times 1.3 \times 0.2) + \frac{0.6}{3}[1.5 \times 1.3 + \sqrt{(1.5 \times 1.3) \times (1.1 \times 0.9)} + 1.1$

$\times 0.9] = 1.26\text{m}^3$

当基础体积为杯形基础时，其体积可视为由两个矩形体积，一个棱台体积减一个倒棱台体积（杯口净空体积 $V_{杯}$）构成，如图 7-40 所示。杯形基础体积的计算公式为：

$$V = ABh_3 + \frac{h_1 - h_3}{3}\left[AB + \sqrt{ABa_1b_1} + a_1b_1\right] + a_1b_1(h - h_1) - V_{杯} \quad (\text{m}^3)(7\text{-}29)$$

杯口净空体积也可用棱台公式计算。

式中各符号含义见图 7-40。图中 a、b 为杯口上口尺寸。

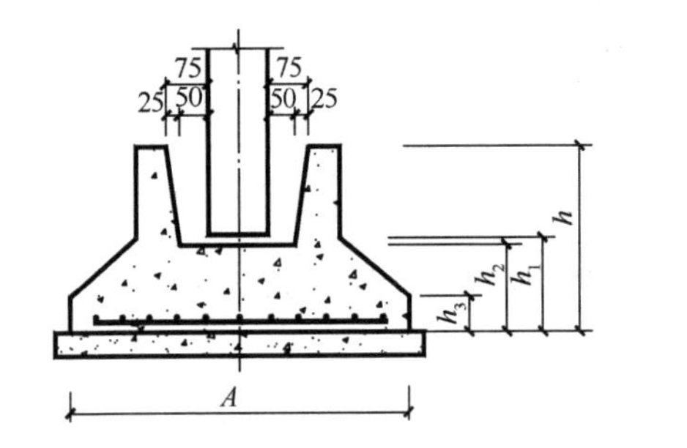

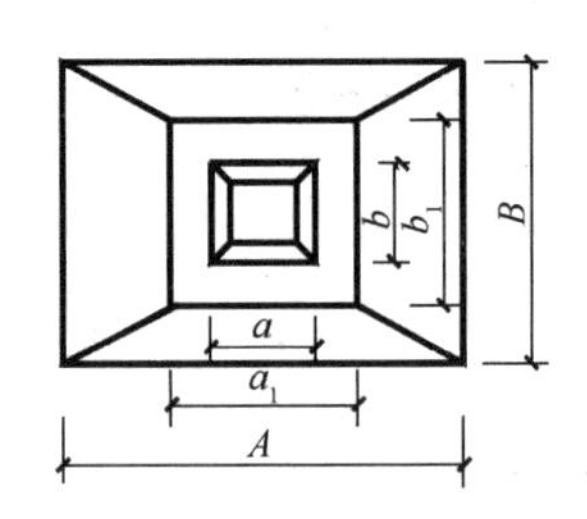

图 7-40 杯形基础

【例 7-15】 某建筑柱断面尺寸为 400mm×600mm，杯形基础尺寸如图 7-41 所示，求杯形基础工程量。

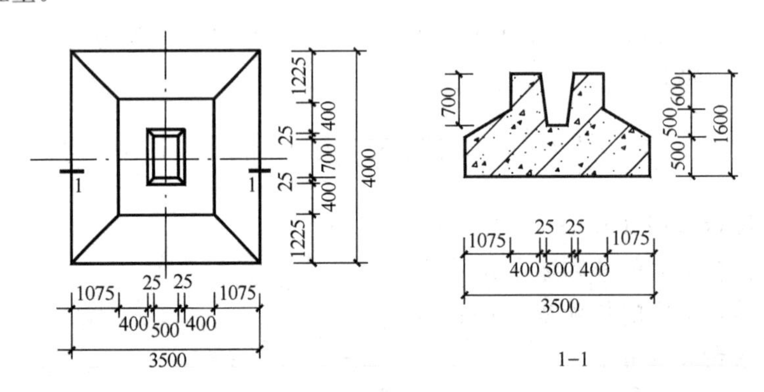

图 7-41 杯形基础体积计算示意图

【解】 将杯形基础体积分为四部分分别计算：

（1）下部矩形体积 V_1

$$V_1 = 3.50 \times 4.00 \times 0.50 = 7.00\text{m}^3$$

（2）中部棱台体积 V_2

棱台下底长和宽分别为 3.5m 和 4m，棱台上底长和宽分别为：

$$3.50 - 1.075 \times 2 = 1.35\text{m}$$

$$4.00 - 1.225 \times 2 = 1.55\text{m}$$

棱台高 0.50m，

$$V_2=\frac{0.50}{3}(3.50\times4.00+\sqrt{3.50\times4.00\times1.35\times1.55}+1.35\times1.55)=3.58\text{m}^3$$

（3）上部矩形体积 V_3

$$V_3=1.35\times1.55\times0.6=1.26\text{m}^3$$

（4）杯口净空体积 V_4

$$V_4=\frac{0.7}{3}\times(0.50\times0.70+\sqrt{0.50\times0.70\times0.55\times0.75}+0.55\times0.75)=0.27\text{m}^3$$

（5）杯形基础体积 V

$$V=V_1+V_2+V_3-V_4$$
$$=7.00+3.58+1.26-0.27=11.57\text{m}^3$$

3. 满堂基础

当带形基础和独立基础不能满足设计强度要求时，往往采用大面积的基础联体，这种基础称为满堂基础。

满堂基础分无梁式（也称有板式）满堂基础和有梁式（也称梁板式或片筏式）满堂基础如图 7-42 所示。

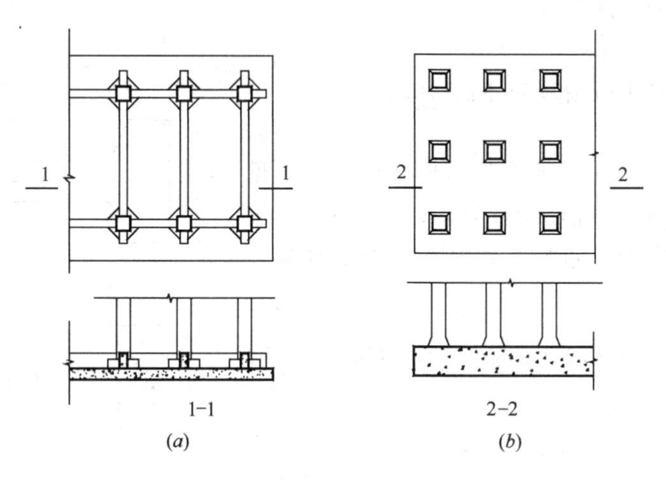

图 7-42 满堂基础

（a）有梁式；（b）无梁式

（1）有梁式满堂基础的梁板体积合并计算，基础体积为：

$$V=L\times B\times d+\Sigma S\times l\quad(\text{m}^3)\tag{7-30}$$

式中 L——基础底板长（m）；

B——基础底板宽（m）；

d——基础底板厚（m）；

S——梁断面面积（m^2）；

l——梁长（m）。

（2）无梁式满堂基础，其倒转的柱头（或柱帽）应列入基础计算，基础体积为：

$$V = L \times B \times d + \Sigma V_{柱帽} \quad (m^3) \tag{7-31}$$

式中 $V_{柱帽}$ ——柱帽体积，其他符号含义同式（7-30）。

（3）箱式满堂基础中柱、梁、墙、板可按现浇混凝土柱、现浇混凝土梁、现浇混凝土墙、现浇混凝土板中的相关项目分别编码列项，箱式满堂基础底板按现浇混凝土基础中满堂基础项目列项。

7.5.3 现浇混凝土柱

现浇混凝土柱是现场支模、就地浇捣的钢筋混凝土柱，包括矩形柱、构造柱、异形柱。

（1）工作内容：模板及支架（撑）制作、安装、拆除、堆放、运输及清理模内杂物、刷隔离剂等，混凝土制作、运输、浇筑、振捣、养护。

（2）项目特征：混凝土种类、混凝土强度等级。异形柱还应描述柱形状。

（3）计算规则：按设计图示尺寸以体积（m^3）计算。

柱体积工程量计算公式如下：

$$V = S \times h \pm V' \quad (m^3) \tag{7-32}$$

式中 S ——柱断面面积（m^2）；

h ——柱高（m）；

V' ——按规定应增减的体积（m^3）。

1. 柱断面

柱断面按图示尺寸的平面几何形状计算，常见的几何断面有矩形、圆形、圆环形（空心柱）和工形柱，其中工形柱断面如图 7-43 所示，断面计算公式为：

$$S = a(e - 2d - c) + b(2d + c) \quad (m^2) \tag{7-33}$$

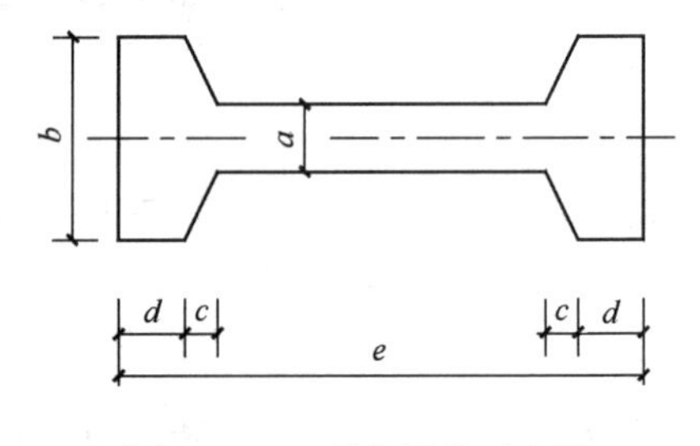

图 7-43 工形柱计算示意图

式中含义见图 7-43。

2. 柱高

（1）有梁板的柱高，应自柱基上表面（或楼板上表面）至上一层楼板上表面之间的高度计算（图 7-44a）。

（2）无梁板的柱高，应自柱基上表面（或楼板上表面）至柱帽下表面之间的高度计算（图 7-44b）。

（3）框架柱的柱高，应自柱基上表面至柱顶高度计算（图 7-44c）。

（4）构造柱按全高计算，嵌接墙体部分（马牙槎）并入柱身体积（图 7-44d）。

3. 其他

（1）同一柱有几个不同断面时，工程量应按断面分别计算体积后相加。

（2）依附柱上的牛腿和升板的柱帽，并入柱身体积计算。

按规定，柱上牛腿与柱的分界以下柱柱边为分界线，如图 7-45 虚线所示，牛腿体积计算公式为：

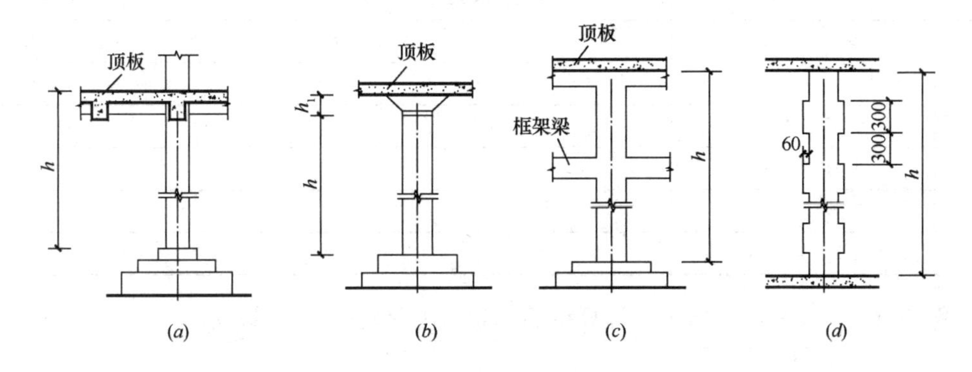

图 7-44 柱高示意图

(*a*) 有梁板的柱高；(*b*) 无梁板的柱高；(*c*) 框架柱的柱高；(*d*) 构造柱的柱高

$$V_t = \left(h - \frac{1}{2}c\tan\alpha\right) \times c \times b \qquad (7\text{-}34)$$

式中符号含义见图 7-45。

(3) 构造柱与墙体嵌接部分（马牙槎）并入柱身体积计算。构造柱的平面形式有四种，如图 7-46 所示。

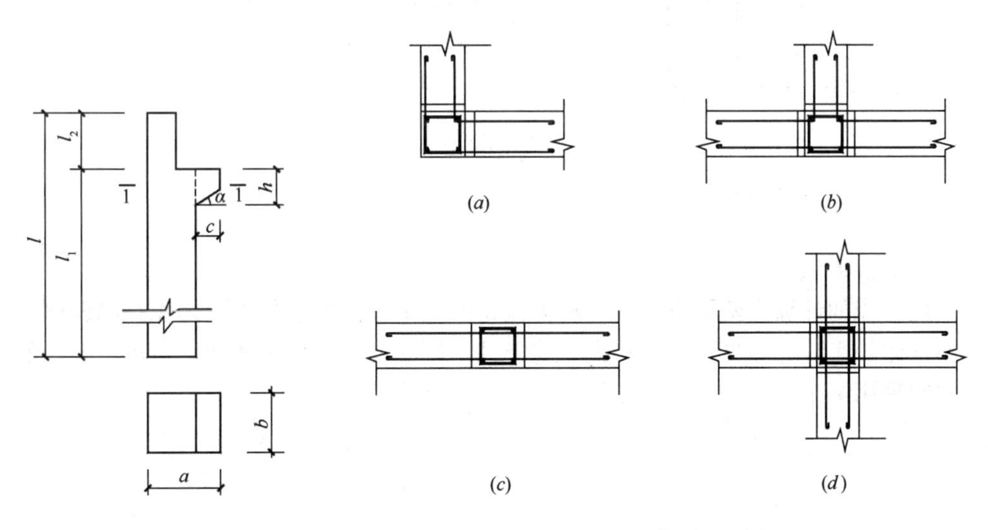

图 7-45 牛腿计算示意图

图 7-46 构造柱形式

构造柱的马牙槎间净距为 300mm，宽为 60mm（图 7-44*d*），为便于计算，马牙咬接宽度按柱全高平均考虑为 1/2×60mm=30mm。按图 7-46，构造柱断面面积可记为：

$$F = a \times b + 0.03(n_1 a + n_2 b) \quad (\mathrm{m}^2) \qquad (7\text{-}35)$$

式中 a、b——构造柱两个方向的尺寸（m）；

n_1、n_2——构造柱上下、左右的咬接边数。

公式 7-35 中构造柱的咬接边数见表 7-15。

构造柱咬边数 表 7-15

构造柱形式	咬接边数（个）	
	n_1	n_2
一形	0	2
T形	1	2
L形	1	1
十形	2	2

【例 7-16】 如图 7-47 所示，计算钢筋混凝土工形柱的工程量。

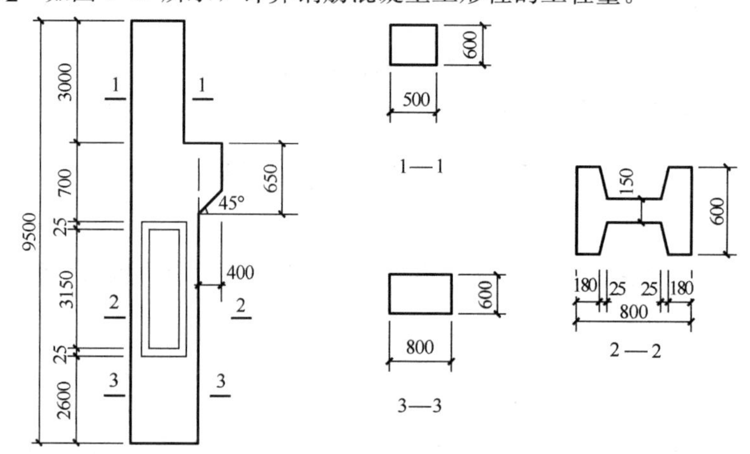

图 7-47 钢筋混凝土工形柱

【解】 （1）上柱体积 V_1

$$V_1 = 0.50 \times 0.60 \times 3.0 = 0.90\ \mathrm{m}^3$$

（2）下柱体积 V_2

下柱体积的计算有两种方法，一种方法是按照下柱部分的外形虚体积扣除两侧工形断面的凹槽体积来计算，另一种方法是先将下柱不同断面分段计算体积，再求出下柱的总体积。本题采用第 2 种方法计算。根据式（7-33），有：

$$V_2 = 0.80 \times 0.60 \times (2.60 + 0.70) + [0.15 \times (0.80 - 2 \times 0.18 - 0.025) + 0.60(2 \times 0.18 + 0.025)] \times (3.15 + 2 \times 0.025)$$

$$= 1.584 + 0.938 = 2.52\mathrm{m}^3$$

（3）柱上牛腿体积 V_3

$$V_3 = 0.40 \times 0.60 \times \left(0.65 - \frac{1}{2} \times 0.40 \times \tan 45^\circ\right) = 0.11\mathrm{m}^3$$

（4）工字形柱总体积 V

$$V = 0.90 + 2.52 + 0.11 = 3.53\mathrm{m}^3$$

7.5.4 现浇混凝土梁

现浇梁包括基础梁、矩形梁、异形梁、圈梁、过梁、弧形梁与拱形梁。

（1）工作内容：模板及支架（撑）制作、安装、拆除、堆放、运输及清理模内杂物、刷隔离剂等，混凝土制作、运输、浇筑、振捣、养护。

（2）项目特征：混凝土种类，混凝土强度等级。

（3）计算规则：按设计图示尺寸以体积（m^3）计算。伸入墙内的梁头、梁垫并入梁体积内。计算公式为：

$$V=L\times h\times b+V' \quad (m^3) \tag{7-36}$$

式中 V——梁体积（m^3）；

L——梁长（m）；

h——梁高（m）；

b——梁宽（m）；

V'——应并入的体积（如伸入墙内的梁头、梁垫）。

1. 梁长

（1）梁与柱连接时，梁长算至柱侧面，如图 7-48（*a*）所示。

（2）次梁与主梁结合时，次梁算至主梁的侧面，如图 7-48（*b*）所示。

（3）梁与墙连接时，伸入墙内的梁头应算在梁的长度内。

（4）外墙上的圈梁按外墙中心线计算，内墙上的圈梁按内墙净长线计算，圈梁与构造柱（柱）连接时，圈梁长度算至柱侧面。

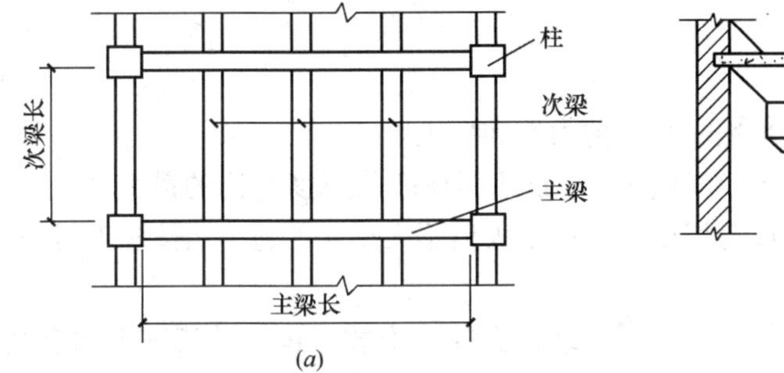

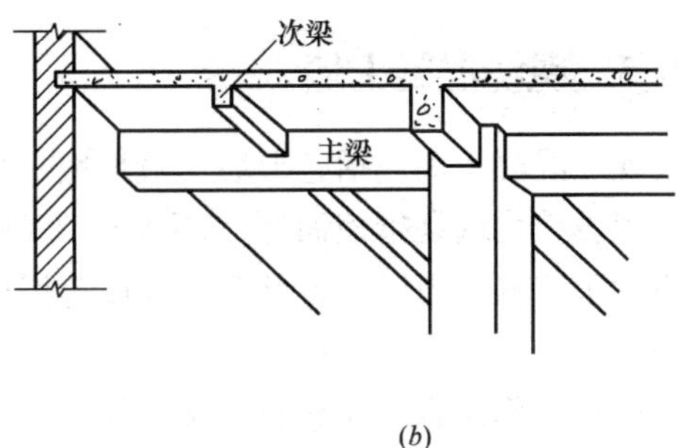

图 7-48 主梁、次梁、柱相交

2. 梁高

梁高指梁底至梁顶面的距离。

【例 7-17】 某建筑物共两层，如图 7-49 所示，每层砖墙均设置 C20 钢筋混凝土圈梁（共 3 层），内外墙圈梁断面如图所示。建筑物的过梁用圈梁代替。试计算该建筑物钢筋混凝土圈梁工程量。

【解】（1）圈梁长度计算

①、⑥轴为偏心轴，中心线与轴线不重合，要将轴线移到中心线再算，有

$$L_{外}=(18+0.12+13.1)\times 2\times 3=187.32\text{m}$$

$$L_{内}=[(13.1-0.36)+(3\times 4-0.24)\times 2+(5.5-0.12-0.18)\times 6]\times 3=202.38\text{m}$$

（2）圈梁断面面积计算

外墙 $S_1=0.365\times 0.18=0.0657\text{m}^2$

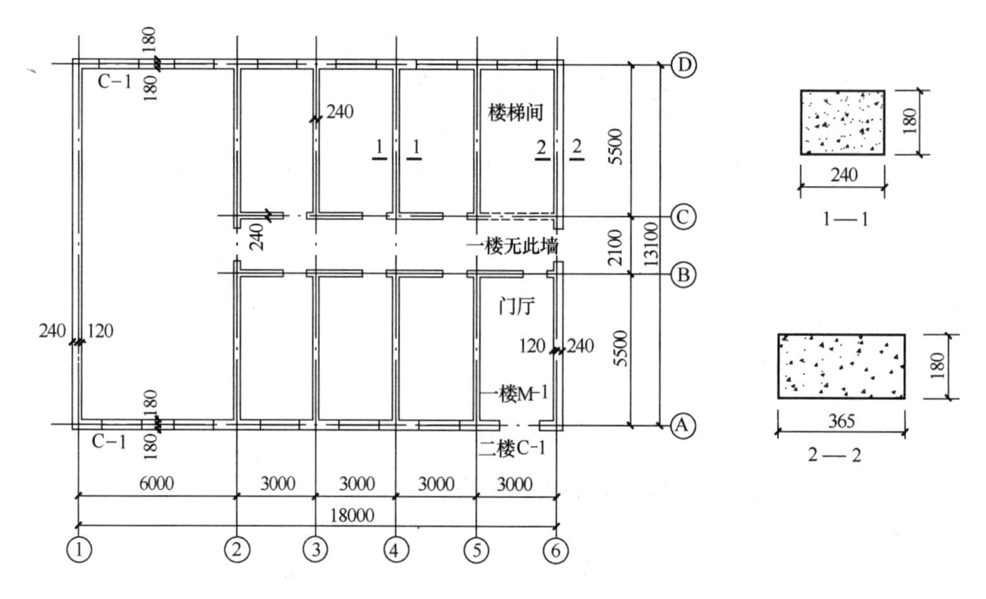

图 7-49 圈梁体积计算示意

内墙 $S_2=0.24\times0.18=0.0432\text{m}^2$

(3) 圈梁体积

$$V=187.32\times0.0657+202.38\times0.0432=21.05\text{m}^3$$

7.5.5 现浇混凝土墙

现浇混凝土墙包括直形墙、弧形墙、短肢剪力墙和挡土墙。

短肢剪力墙是指截面厚度不大于300mm、各肢截面高度与厚度之比的最大值大于4但不大于8的剪力墙；各肢截面高度与厚度之比的最大值不大于4的剪力墙按柱项目编码列项。

(1) 工作内容：模板及支架（撑）制作、安装、拆除、堆放、运输及清理模内杂物、刷隔离剂等，混凝土制作、运输、浇筑、振捣、养护。

(2) 项目特征：混凝土种类，混凝土强度等级。

(3) 计算规则：按设计图示尺寸以体积（m^3）计算。扣除门窗洞口及单个面积>0.3m^2的孔洞所占体积，墙垛及突出墙面部分并入墙体体积内计算。直形墙项目也适用于电梯井。

7.5.6 现浇混凝土板

钢筋混凝土板是房屋的水平承重构件。它除了承受自重以外，主要还承受楼板上的各种使用荷载。并将荷载传递到墙、柱、砖垛及基础上去。同时还起着建筑楼层的分隔作用。

现浇钢筋混凝土板可大致分为四类：

第一类板包括有梁板、无梁板、平板、拱板、薄壳板、栏板。

第二类板包括天沟（檐沟）、挑檐板。

第三类板包括雨篷、悬挑板、阳台板。

第四类板包括空心板、其他板。

有梁板是指梁（包括主、次梁，圈梁除外）与板构成一体，如图 7-50（*a*）所示。无梁板指不带梁，直接由柱支撑的板，如图 7-50（*b*）所示。平板是指板间无柱，又非现浇梁结构，周边直接置于墙或预制钢筋混凝土梁上的板。

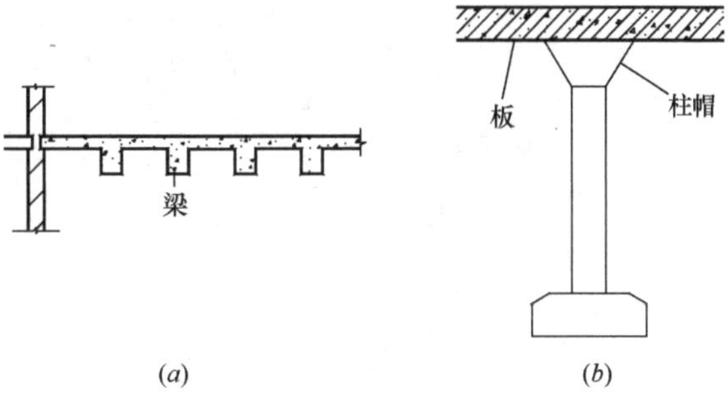

图 7-50 现浇板
（*a*）有梁板；（*b*）无梁板

1. 第一类板的工程量计算

（1）工作内容：模板及支架（撑）制作、安装、拆除、堆放、运输及清理模内杂物、刷隔离剂等，混凝土制作、运输、浇筑、振捣、养护。

（2）项目特征：混凝土种类，混凝土强度等级。

（3）计算规则：按设计图示尺寸以体积（m^3）计算。不扣除单个面积≤0.3m^2的柱、垛以及孔洞所占体积，压形钢板混凝土楼板应扣除构件内压形钢板所占体积。

1）有梁板（包括主、次梁与板）按梁、板体积之和计算；

2）无梁板按板和柱帽体积之和计算；

3）薄壳板的肋、基梁并入薄壳体积内计算；

4）平板、栏板、拱板按图示尺寸以体积计算；

5）各类板伸入墙内的板头体积并入板体积内计算。

【例 7-18】 计算图 7-51 中有梁板的工程量。

【解】（1）板体积

在 $(1\rightarrow2)_{D\rightarrow B}$范围内，由剖面 1—1、4—4，可知板厚 0.12m。

$$V_1=[(2.84-0.24)\times(2.16+0.24)+0.12\times(0.12+0.12+0.58)]\times0.12=0.76m^3$$

其他部分，由剖面 2-2、3-3，可知板厚 0.10m。

$$V_2=[3.44\times(0.6+0.24)+(3.44-0.12)\times0.96+(0.27+0.45-0.12)\times(0.12+0.12+0.58)]\times0.1=0.66m^3$$

板四周小边：

$$V_3=0.06\times0.06\times(0.12+0.60+3.44+0.72+0.2+0.3\times2+0.28+0.24+0.58+0.27+0.45-0.12)=0.03m^3$$

（2）XL-1 梁体积 $V_4=2.84\times0.40\times0.24=0.27m^3$

梁板体积合计 $V=0.76+0.66+0.03+0.27=1.72m^3$

2. 第二类板的工程量计算

（1）工作内容：同第一类板。

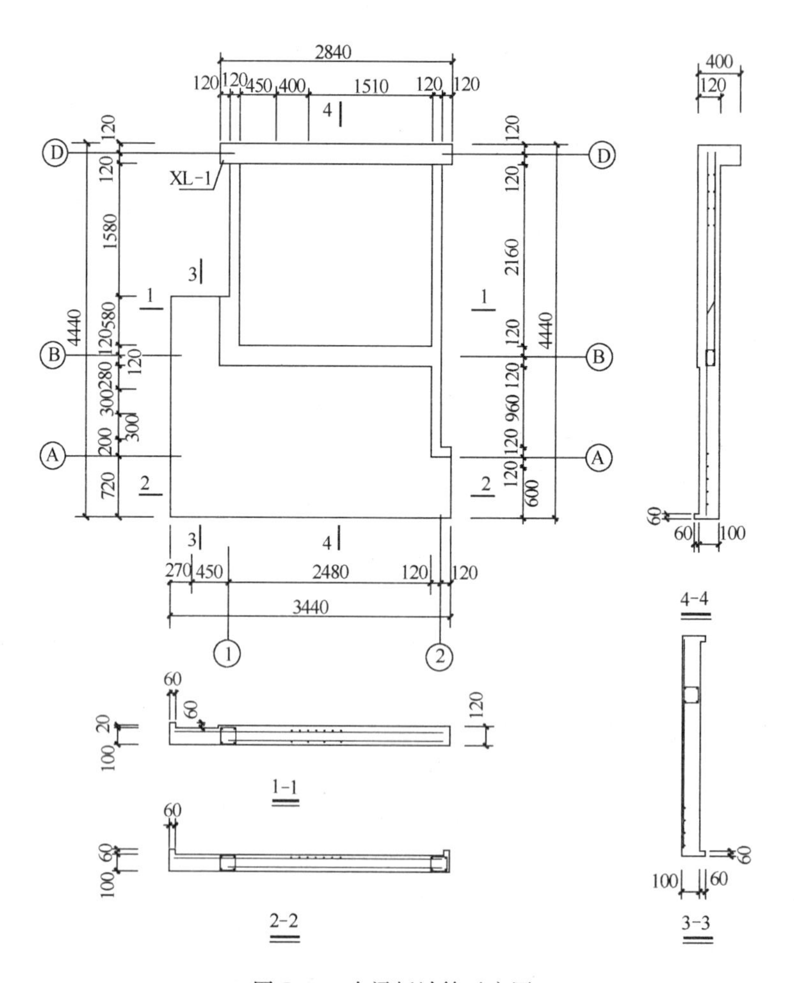

图 7-51 有梁板计算示意图

（2）项目特征：同第一类板。

（3）计算规则：按设计图示尺寸以体积（m^3）计算。

现浇天沟（檐沟）、挑檐板与板（包括屋面板、楼板）连接时，以外墙外皮为分界线，如图 7-52（*a*）、（*b*）所示；与梁、圈梁连接时，以梁、圈梁外皮为分界线，如图 7-52（*c*）、（*d*）所示。

3. 第三类板的工程量计算

（1）工作内容：同第一类板。

（2）项目特征：同第一类板。

（3）计算规则：按设计图示尺寸以墙外部分体积（m^3）计算。伸出墙外的牛腿和雨篷反挑檐的体积并入板的体积内，如图 7-53、图 7-54 所示。

4. 第四类板的工程量计算

（1）工作内容：同第一类板。

（2）项目特征：同第一类板。

（3）计算规则：空心板与其他板均按设计图示尺寸以体积（m^3）计算。空心板（GBF 高强度薄壁蜂巢芯板等）应扣除空心部分体积。

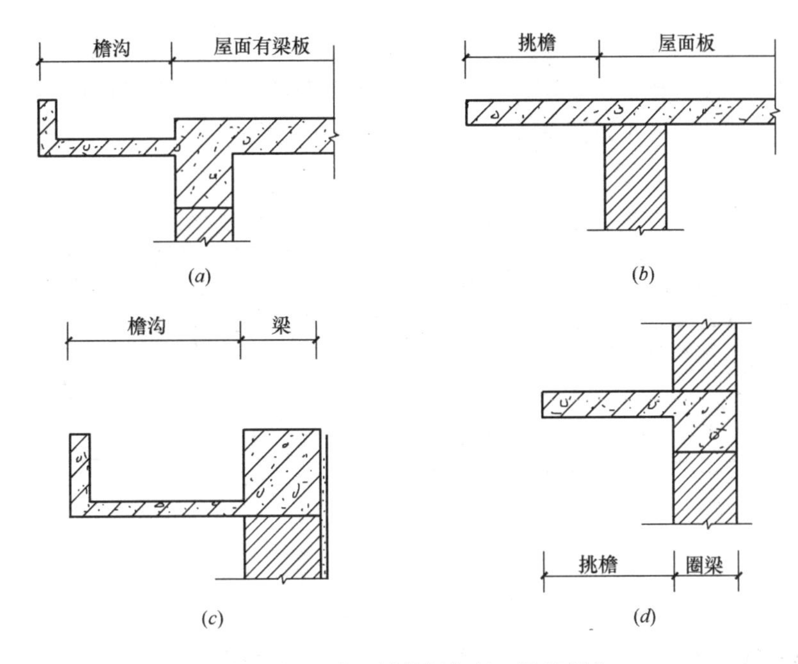

图 7-52　天沟、挑檐板与板、梁的划分

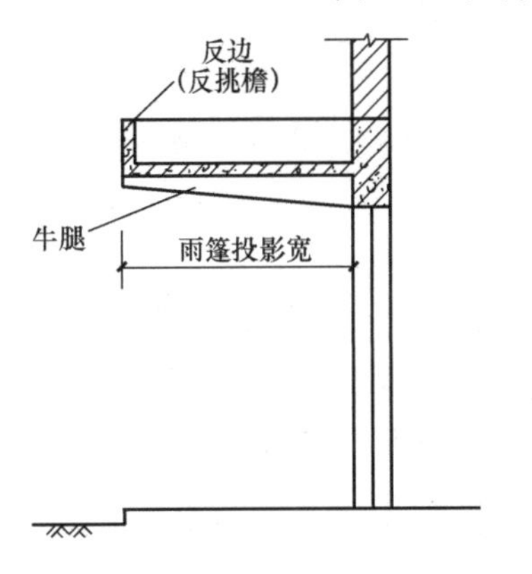

图 7-53　带反边的雨篷示意图

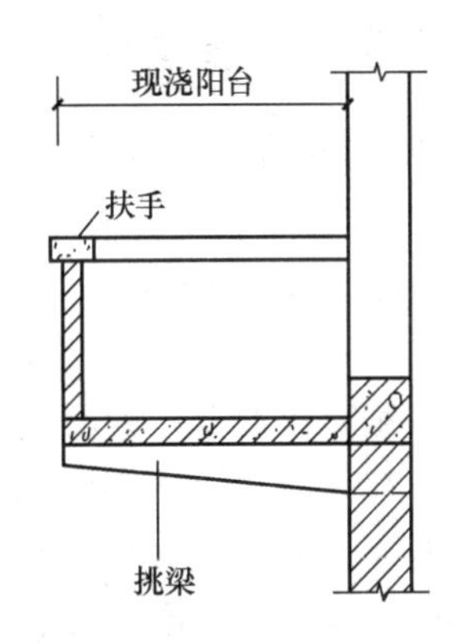

图 7-54　有现浇挑梁的阳台示意图

7.5.7　现浇混凝土楼梯

现浇混凝土楼梯包括直形和弧形楼梯。

(1) 工作内容：模板及支架（撑）制作、安装、拆除、堆放、运输及清理模内杂物、刷隔离剂等，混凝土制作、运输、浇筑、振捣、养护。

(2) 项目特征：混凝土种类，混凝土强度等级。

(3) 计算规则：可按下述任一计算方法计算。

1）按设计图示尺寸以水平投影面积（m^2）计算，不扣除宽度≤500mm 的楼梯井，伸入墙内部分不计算。

2）按设计图示尺寸以体积（m^3）计算。

整体楼梯（包括直形楼梯和弧形楼梯）水平投影面积包括休息平台、平台梁、斜梁和楼梯的连接梁。当整体楼梯与现浇楼板无梯梁连接时，以楼梯的最后一个踏步边缘加

300mm 为界。

【例 7-19】 某住宅楼，共 7 层，4 个单元，楼梯为 C20 现浇钢筋混凝土整体楼梯，并有上屋面的楼梯。平面尺寸如图 7-55 所示，求楼梯的工程量。

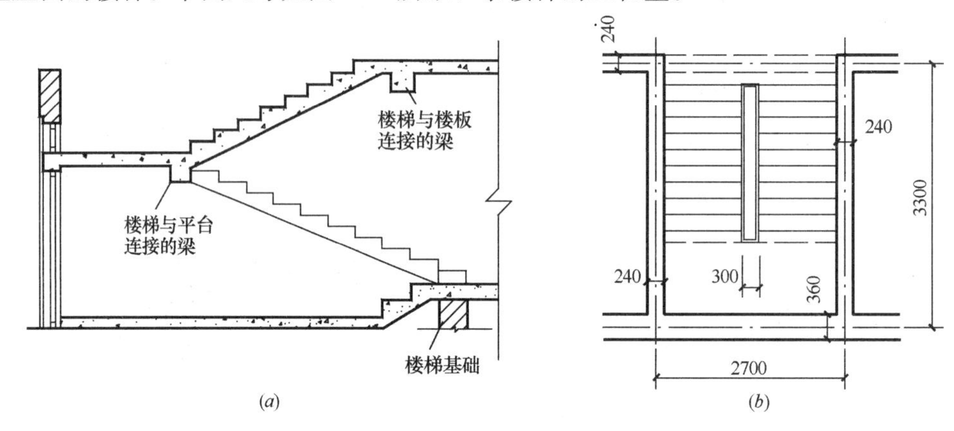

图 7-55 楼梯示意图

【解】 $S=(3.3-0.18+0.12)\times(2.7-0.24)\times7\times4=223.17\text{m}^2$

7.5.8 现浇混凝土其他构件

现浇混凝土其他构件主要包括散水、坡道，室外地坪，电缆沟、地沟，台阶，扶手、压顶和其他构件。

1. 散水、坡道、室外地坪

(1) 工作内容：地基夯实，铺设垫层，模板及支撑制作、安装、拆除、堆放、运输及清理模内杂物、刷隔离剂等，混凝土制作、运输、浇筑、振捣、养护，变形缝填塞。

(2) 项目特征：散水、坡道应描述垫层材料种类、厚度，面层厚度，混凝土种类，混凝土强度等级及变形缝填塞材料种类。

室外地坪应描述地坪厚度及混凝土强度等级。

(3) 计算规则：按设计图示尺寸以水平投影面积（m^2）计算。不扣除单个≤0.3m^2的孔洞所占面积。

2. 电缆沟、地沟

(1) 工作内容：挖填、运土石方，铺设垫层，模板及支撑制作、安装、拆除、堆放、运输及清理模内杂物、刷隔离剂等，混凝土制作、运输、浇筑、振捣、养护，刷防护材料。

(2) 项目特征：土壤类别，沟截面净空尺寸，垫层材料种类、厚度，混凝土种类，混凝土强度等级，防护材料种类。

(3) 计算规则：按设计图示尺寸以中心线长度（m）计算。

3. 台阶

(1) 工作内容：模板及支撑制作、安装、拆除、堆放、运输及清理模内杂物、刷隔离剂等，混凝土制作、运输、浇筑、振捣、养护。

(2) 项目特征：踏步高、宽，混凝土种类，混凝土强度等级。

（3）计算规则：可按设计图示尺寸水平投影面积（m^2）计算或按设计图示尺寸以体积（m^3）计算。

4. 扶手、压顶

（1）工作内容：模板及支架（撑）制作、安装、拆除、堆放、运输及清理模内杂物、刷隔离剂等，混凝土制作、运输、浇筑、振捣、养护。

（2）项目特征：断面尺寸，混凝土种类及混凝土强度等级。

（3）计算规则：可按设计图示尺寸的中心线延长米（m）计算或按设计图示尺寸以体积（m^3）计算。

5. 其他构件

其他构件包括小型池槽、垫块、门框等项目。

（1）工作内容：模板及支架（撑）制作、安装、拆除、堆放、运输及清理模内杂物、刷隔离剂等，混凝土制作、运输、浇筑、振捣、养护。

（2）项目特征：构件的类型，构件规格，部位，混凝土种类及混凝土强度等级。

（3）计算规则：按设计图示尺寸以体积（m^3）计算。

7.5.9 后浇带

在建筑工程施工过程中，为了防止现浇钢筋混凝土结构由于温度、收缩不均等原因可能产生的有害裂缝，按照设计或施工规范要求，在基础底板、墙、梁的相应位置留设临时施工缝，将结构划分为若干部分，让构件内部收缩完毕，再浇捣在施工缝之上的混凝土带称之为后浇带。

（1）工作内容：模板及支架（撑）制作、安装、拆除、堆放、运输及清理模内杂物、刷隔离剂等，混凝土制作、运输、浇筑、振捣、养护及混凝土交接面、钢筋等的清理。

（2）项目特征：混凝土种类，混凝土强度等级。

（3）计算规则：按设计图示尺寸以体积（m^3）计算。

7.5.10 预制混凝土构件

预制混凝土构件主要包括预制的混凝土柱、梁、板、楼梯及其他预制构件等。

1. 预制混凝土柱、梁

（1）工作内容：模板制作、安装、拆除、堆放、运输及清理模内杂物、刷隔离剂等，混凝土制作、运输、浇筑、振捣、养护，构件运输、安装，砂浆制作、运输，接头灌缝、养护。

（2）项目特征：图代号，单件体积，安装高度，混凝土强度等级，砂浆（细石混凝土）强度等级、配合比。

（3）计算规则：按设计图示尺寸以体积（m^3）计算或按设计图示尺寸以数量（根）计算，以“根”计量，项目特征须描述单件体积。

2. 预制混凝土板

预制混凝土板包括平板、空心板、槽形板、带肋板、大型板等项目。

（1）工作内容：模板制作、安装、拆除、堆放、运输及清理模内杂物、刷隔离剂等，混凝土制作、运输、浇筑、振捣、养护，构件运输、安装，砂浆制作、运输，接头灌缝、养护。

(2) 项目特征：图代号，单件体积，安装高度，混凝土强度等级，砂浆（细石混凝土）强度等级、配合比。

(3) 计算规则：可按下述任一种计算方法计算。

1) 设计图示尺寸以体积（m^3）计算。

平板、空心板、槽形板、带肋板及大型板不扣除单个面积≤300mm×300mm 的孔洞所占体积，扣除空心板孔洞体积。

2) 按设计图示尺寸以数量（块）计算。

3. 预制混凝土楼梯

(1) 工作内容：模板制作、安装、拆除、堆放、运输及清理模内杂物、刷隔离剂等，混凝土制作、运输、浇筑、振捣、养护，构件运输、安装，砂浆制作、运输，接头灌缝、养护。

(2) 项目特征：楼梯类型，单件体积，混凝土强度等级，砂浆（细石混凝土）强度等级。

(3) 计算规则：可按下述任一种计算方法计算。

1) 按设计图示尺寸以体积（m^3）计算，扣除空心踏步板孔洞体积。

2) 按设计图示数量（段）计算，此时项目特征须描述单件体积。

4. 其他构件

其他构件包括预制钢筋混凝土小型池槽、压顶、扶手、垫块、隔热板、花格等。

(1) 工作内容：同预制混凝土楼梯。

(2) 项目特征：单件体积、构件的类型、混凝土强度等级、砂浆强度等级。

(3) 计算规则：可按下述任一种计算方法计算。

1) 按设计图示尺寸以体积（m^3）计算。不扣除单个面积≤300mm×300mm 的孔洞所占体积。

2) 按设计图示尺寸以体积（m^2）计算。不扣除单个面积≤300mm×300mm 的孔洞所占体积。

3) 按设计图示尺寸以数量（根、块、套）计算。

7.5.11 钢筋工程

现行规范中，按不同的工作内容，将钢筋工程分为五大类十个项目，如现浇混凝土钢筋、预制构件钢筋、先张法预应力钢筋等内容。

(1) 工作内容：不同项目内容不同，详见规范。一般包括钢筋（钢筋网、钢筋笼、钢丝、钢绞线）制作、运输，安装等。

(2) 项目特征：不同项目的项目特征不同，详见规范。至少包括钢筋种类、规格及必需的锚具等。

(3) 计算规则：按设计图示钢筋（网）长度（面积）乘单位理论质量（t）计算。根据钢筋种类及锚具类型的不同，钢筋的长度需要作相应的增减，详见计量规范。

实际工作中，钢筋的计算有两种方法，一是根据钢筋工程量的计算规则，按图示尺寸计算钢筋质量，作为工程结算的依据；二是根据定额中构件钢筋含量表，粗算出钢筋用量，作为清单与概预算依据，结算时按实调整。此处重点介绍第一种计算方法。

1. 钢筋的长度计算

(1) 通长钢筋长度计算

通长钢筋一般指钢筋两端不做弯钩的情况，长度计算公式为：

$$l = l_j - l_b \quad (\mathrm{m}) \tag{7-37}$$

式中 l——钢筋长度（m）；

l_j——构件的结构长度（m）；

l_b——钢筋保护层厚度（m）。

钢筋保护层厚度是为了保护钢筋不受大气的侵蚀生锈，在钢筋周围留有混凝土保护层。保护层厚度依构件形式不同而不同，如表 7-16 所示。

钢筋混凝土保护层厚度（mm） **表 7-16**

环境与条件	构件名称	混凝土强度等级		
		低于 C25	C25 及 C30	高于 C30
室内正常环境	板、墙、壳	15		
	梁和柱	25		
露天或室内高湿度环境	板、墙、壳	35	25	15
	梁和柱	45	35	25
有垫层	基础	35		
无垫层		70		

(2) 有弯钩的钢筋长度计算

钢筋的弯钩形式可分为 3 种：半圆弯钩（180°）、直弯钩（90°）和斜弯钩（135°或 45°），见图 7-56。半圆弯钩是最常用的一种弯钩，直弯钩只用在柱纵向钢筋的底部，斜弯钩只用在直径较小的钢筋中。

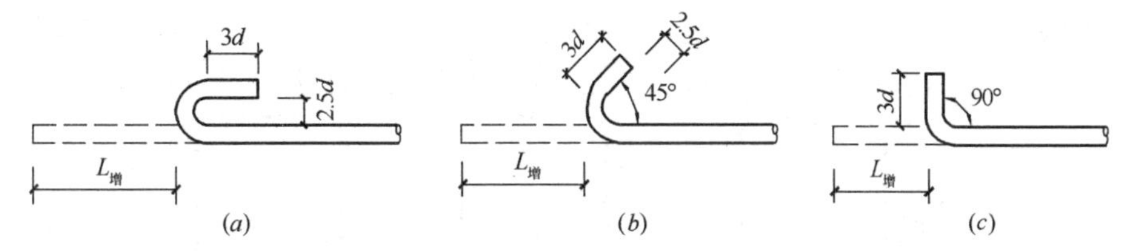

图 7-56 钢筋的弯钩形式

(a) 半圆弯钩；(b) 斜弯钩；(c) 直弯钩

一般情况下，弯钩的增加长度如表 7-17 所示。

有弯钩的钢筋长度计算公式如下：

$$l = l_j - l_b + \Sigma l_{增} \quad (\mathrm{m}) \tag{7-38}$$

式中 $l_{增}$——钢筋单个弯钩增加长度（m），其他符号含义同（7-37）式。

钢筋弯钩增加长度 **表 7-17**

弯钩角度		180°	90°	135°
增加长度	HPB300 级钢筋	6.25d	3.50d	4.87d
	HRB335 级钢筋		x+0.90d	x+2.90d
	HRB400 级钢筋		x+1.20d	x+3.60d

注：表中 x 为钢筋平直部分，图 7-56 中所示的 $3d$ 为 HPB300 级钢筋平直部分长度，HRB335、HRB400 级钢筋的平直部分长度 x 由设计决定。

（3）弯起钢筋长度计算

常用弯起钢筋的弯起角度有30°、45°、60°三种，如图7-57所示，弯起钢筋中间部分弯折处的弯曲直径$D \geqslant 5d$，h为减去保护层的弯起钢筋净高，（$s-l_0$）为弯起部分增加长度。弯起钢筋斜长增加长度及各参数间的关系见表7-18。

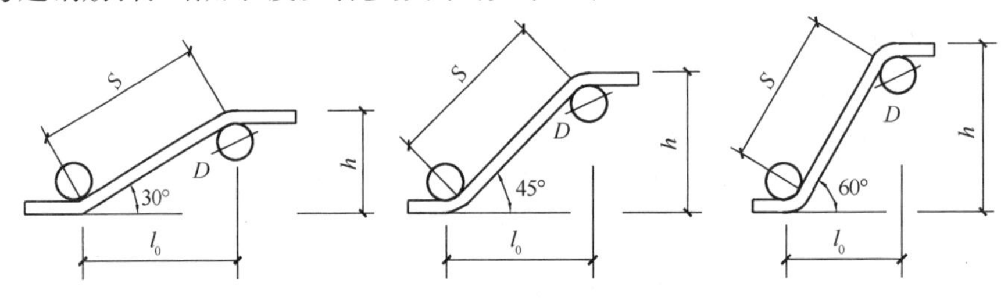

图7-57 弯起钢筋示意图

弯起钢筋斜长增加长度 **表7-18**

弯起角度	$\alpha=30°$	$\alpha=45°$	$\alpha=60°$
斜边长度 s	2.000 h	1.414 h	1.155 h
底边长度 l_0	1.732 h	1.000 h	0.577 h
增加长度（$s-l_0$）	0.268 h	0.414 h	0.578 h

对有两个弯起部分且两头都有弯钩的钢筋，长度计算公式为

$$l=l_j-l_b+2\times[(s-l_0)+l_{增}] \quad (\mathrm{m}) \tag{7-39}$$

式中符号含义如前所示。

（4）箍筋长度计算

梁柱箍筋弯钩的弯曲直径应大于受力钢筋的直径，且不小于箍筋直径的2.5倍。对于有抗震设防要求或有抗扭要求的结构，箍筋应设135°弯钩，无特殊要求时的非抗震设计结构，可按图7-58中的（b）、（c）形式选用。箍筋弯钩增加长度见表7-19。

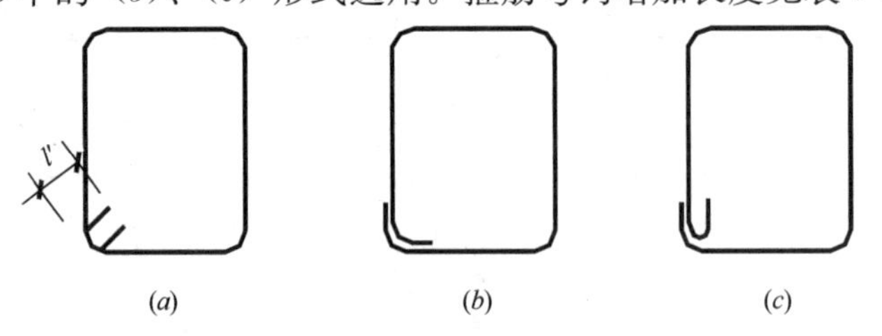

图7-58 箍筋示意图

（a）135°；（b）90°；（c）180°

箍筋弯钩增加长度（mm） **表7-19**

弯钩形式		90°	135°	180°
弯钩增加值	$l'=5d$	5.50d	6.87d	8.25d
	$l'=10d$	10.50d	11.87d	13.25d

注：l'为弯钩的平直段长度。若设计对弯钩增加长度有规定，按规定执行。设计对弯钩增加长度无规定，抗震结构应$l'\geqslant 10d$，抗扭结构$l\geqslant 5d$或50，其他情况$l'\geqslant 5d$。

每支箍筋长度计算公式为

$$l=2(A+B)+2l_{增} \quad (\mathrm{m}) \tag{7-40}$$

式中　A、B——箍筋的宽和高（m）。

箍筋长度的另一种计算方法为：

$$l = 2(A' + B') + \Delta l \quad (m) \tag{7-41}$$

式中　A'、B'——混凝土构件的宽和高（m）；

Δl——箍筋增减值，见表 7-20。

箍筋长度增减值　　**表 7-20**

形　　状		箍筋增减值
抗震结构	图 6-49（*a*）	$\Delta l=23.8d-8l_b$
一般结构	图 6-49（*b*）	$\Delta l=11d-8l_b$
	图 6-49（*c*）	$\Delta l=13.75d-8l_b$

2. 钢筋根数的计算

在钢筋图中，除箍筋外，钢筋根数一般都已标注在钢筋图中，只需认真统计，就能准确的确定出每种钢筋的根数。但对箍筋，钢筋图中一般都是给出箍筋的布置间距，根数计算公式如下：

$$n = \frac{l_j - l_b}{a} + 1 \tag{7-42}$$

式中　n——箍筋根数；

l_j——构件结构长度（mm）；

l_b——钢筋保护层厚度（mm）；

a——箍筋间距（mm）。

3. 钢筋重量计算

钢筋工程量最终是以质量（t）表示的，但在计算中，一般先计算出公斤（kg）数，汇总后，再换算成吨（t）。对钢筋工程中的圆钢，计算公式如下：

$$W = 0.00167 \sum n_i l_i d_i^2 \tag{7-43}$$

式中　W——构件钢筋总重量（kg）；

n_i——i 钢筋的根数（根）；

l_i——i 钢筋的长度（m）；

d_i——i 钢筋的直径（mm）。

【例 7-20】 某室内正常环境下使用的 C25 板的配筋图如图 7-59 所示，试计算该板钢

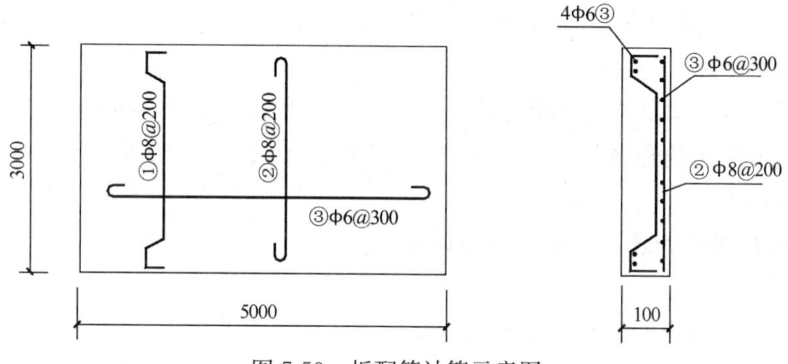

图 7-59　板配筋计算示意图

筋的图算工程量。

【解】 根据表7-16，查得钢筋保护层厚度为15mm。

（1）①号元宝筋：

$$n_1 = \frac{(5.00 - 2 \times 0.015)}{0.2} + 1 = 26 \text{ 根}$$

$$l_1 = (3.00 - 2 \times 0.015) + [0.414 \times (0.1 - 2 \times 0.015)] \times 2 + 2 \times (0.1 - 2 \times 0.015)$$
$$= 3.17\text{m}$$

$$W_1 = 26 \times 3.17 \times 0.00617 \times 8^2 = 32.54\text{kg}$$

（2）②号两头带180°弯钩的钢筋：

$$n_2 = 25 \text{ 根}$$

$$l_2 = (3.00 - 0.015 \times 2) + 6.25 \times 2 \times 0.008 = 3.07\text{m}$$

$$W_2 = 25 \times 3.07 \times 0.00617 \times 8^2 = 30.31\text{kg}$$

（3）③号两头带180°弯钩的钢筋：

$$n_3 = \left(\frac{3.00 - 0.015 \times 2}{0.3}\right) + 1 + 4 = 15 \text{ 根}$$

$$l_3 = (5.00 - 0.015 \times 2) + 2 \times 6.25 \times 0.006 = 5.045\text{m}$$

$$W_3 = 15 \times 5.045 \times 0.00617 \times 6^2 = 16.81\text{kg}$$

（4）钢筋总重量

$$W = 32.54 + 30.31 + 16.81 = 79.66\text{kg} = 0.080\text{t}$$

此外，钢筋工程的工程量还可以根据平法标注进行计算，详见相关参考书籍。

7.6 金属结构工程

7.6.1 金属结构工程概述

1. 金属结构概念

金属结构是指建筑物内用各种型钢、钢板和钢管等金属材料或半成品，以不同的连接方式加工制作、安装而形成的结构类型。

金属结构与钢筋混凝土结构、砌体结构相比，具有强度高、材质均匀、塑性韧性好、拆卸方便等优点，但耐腐蚀性和耐火性较差。在我国的工业与民用建筑中，金属结构多用于重型厂房、受动力荷载作用的厂房，大跨度建筑结构，高层和超高层建筑结构等。

2. 金属结构用材

建筑物各种构件对其构造和质量有一定的要求，使用的金属材料也不同。在建筑工程中，金属结构最常用的金属材料为普通碳素结构钢和低合金结构钢，形式有钢板、钢管、各类型钢和圆钢等。

3. 金属结构材料的表示方法与重量计算

（1）钢板

钢板按厚度可划分为厚板、中板和薄板。钢板通常用“—”后加“宽度×厚度×长度”表示，如—600×10×12000为600mm宽、10mm厚、12m长的钢板。为了简便起见，钢板也可只表示其厚度，如—10，表示厚度为10mm的钢板，宽度、长度按图示尺寸计算。

（2）钢管

按照生产工艺，钢管分为无缝钢管和焊接钢管两大类。钢管用“ϕ”后加“外径×壁厚”表示，如ϕ400×6为外径为400mm，壁厚为6mm的钢管。

（3）型钢

1）角钢

角钢有等边角钢（也称等肢角钢）和不等边角钢（也称不等肢角钢）两种，等边角钢的表示方法为“L”后加“边角宽×厚”，如L50×6表示边角宽50mm，厚度6mm的等边角钢。不等边角钢的表示方法为“∠”或后加“长边角宽×短边角宽×厚度”，如∠100×80×8为长边角宽100mm，短边角宽80mm，厚度8mm的不等边角钢。

2）槽钢

槽钢常用型号表示，型号数为槽钢的高度（cm）。型号20以上的还要附以字母a、b或c以区别腹板厚度，如［10表示高度为100mm的槽钢。

3）工字钢

普通工字钢的表示方法也是用型号数表示高度，如Ⅰ10表示高度为100mm的工字钢，型号20以上的也应附以字母a、b或c以区别腹板厚度。

4）圆钢

圆钢（钢筋）广泛使用在钢筋混凝土结构和金属结构中，其表示方法在钢筋混凝土结构工程中已介绍，此处不再重述。

（4）各类结构用钢重量计算

金属结构工程量是以金属材料的重量（t）表示的。在实际计算时，往往先计算出每种钢材的重量（kg），最后再换算成吨。常用建筑钢材的重量计算公式如表7-21所示。

钢材重量计算公式表 表7-21

名 称	单 位	计算公式(单位：mm)
圆钢	kg/m	0.00617×直径^2
方钢	kg/m	0.00785×边宽^2
六角钢	kg/m	0.0068×对边距^2
扁钢	kg/m	0.00785×边宽×厚
等边角钢	kg/m	0.00795×边厚×(2×边宽－边厚)
不等边角钢	kg/m	0.00795×边厚×(长边宽＋短边宽－边厚)
工字钢		
a型	kg/m	0.00785×腹厚×[高＋3.34×(腿宽－腹厚)]
b型	kg/m	0.00785×腹厚×[高＋2.65×(腿宽－腹厚)]
c型	kg/m	0.00785×腹厚×[高＋2.26×(腿宽－腹厚)]
槽钢		
a型	kg/m	0.00785×腹厚×[高＋3.26×(腿宽－腹厚)]
b型	kg/m	0.00785×腹厚×[高＋2.44×(腿宽－腹厚)]
c型	kg/m	0.00785×腹厚×[高＋2.24×(腿宽－腹厚)]
钢管	kg/m	0.2466×壁厚×(外径－壁厚)
钢板	kg/m^2	7.85×板厚

4. 相关规定

(1) 钢构件刷油漆处理方式一般有两种：购置成品价不含油漆，单独按油漆、涂料、裱糊工程中相关项目编码列项。购置成品价含油漆，按“补刷油漆”考虑。

(2) 金属结构中涉及现浇钢筋混凝土工程的项目，按混凝土和钢筋混凝土工程相关项目编码列项。

7.6.2 金属结构工程的工程量计算

金属结构工程主要包括钢网架、钢屋架、钢柱、钢梁、钢板楼板、钢构件、金属制品等项目。

1. 钢网架

(1) 工作内容：拼装，安装，探伤及补刷油漆。

(2) 项目特征：钢材品种、规格，网架节点形式、连接方式，网架跨度、安装高度，探伤要求，防火要求。

(3) 计算规则：按设计图示尺寸以质量（t）计算。不扣除孔眼的质量，焊条、铆钉等不另增加质量。

2. 钢屋架、钢托架、钢桁架、钢架桥

(1) 工作内容：拼装，安装，探伤及补刷油漆。

(2) 项目特征：钢材品种、规格，单榀质量，安装高度，螺栓种类，探伤要求，防火要求。钢屋架还应描述屋架跨度，钢架桥则应描述桥类型。

(3) 计算规则：按设计图示尺寸以质量（t）计算，不扣除孔眼的质量，也不增加焊条、铆钉、螺栓等质量。

钢屋架也可以按设计图示尺寸以数量（榀）计算，当以榀计算时，按标准图设计的应注明标准图代号，按非标准图设计的项目特征必须描述单榀屋架的质量。

3. 钢柱

钢柱包括实腹钢柱、空腹钢柱和钢管柱。

(1) 工作内容：拼装，安装，探伤及补刷油漆。

(2) 项目特征：钢材品种、规格，单根柱质量，螺栓种类，探伤要求，防火要求。

实腹钢柱和空腹钢柱还应描述柱类型。

(3) 计算规则：按设计图示尺寸以质量（t）计算。不扣除孔眼的质量，也不增加焊条、铆钉、螺栓等质量。

依附在实腹钢柱、空腹钢柱上的牛腿及悬臂梁等并入钢柱工程量内。

钢管柱上的节点板、加强环、内衬管、牛腿等也应并入钢管柱工程量内。

4. 钢梁

钢梁包括钢梁和钢吊车梁。

(1) 工作内容：拼装，安装，探伤及补刷油漆。

(2) 项目特征：钢材品种、规格，单根质量，螺栓种类，安装高度，探伤要求，防火要求。钢梁还应描述梁类型。

(3) 计算规则：按设计图示尺寸以质量（t）计算。不扣除孔眼的质量，也不增加焊条、铆钉、螺栓等质量，制动梁、制动板、制动桁架、车挡并入钢吊车梁工程量内。

5. 钢板楼板、墙板

（1）钢板楼板

1）工作内容：拼装，安装，探伤及补刷油漆。

2）项目特征：钢材品种、规格，钢板厚度，螺栓种类，防火要求。

3）计算规则：按设计图示尺寸以铺设水平投影面积（m^2）计算。不扣单个面积≤0.3m^2柱、垛及孔洞所占面积。

（2）钢板墙板

1）工作内容：同钢板楼板。

2）项目特征：钢材品种、规格，钢板厚度、复合板厚度，螺栓种类，复合板夹芯材料种类、层数、型号、规格，防火要求。

3）计算规则：按设计图示尺寸以铺挂展开面积（m^2）计算。不扣除单个面积≤0.3m^2的梁、孔洞所占面积，包角、包边、窗台泛水等不另加面积。

6. 钢构件

钢构件包括钢支撑、钢檩条、钢天窗架、钢挡风架、钢墙架、钢平台、钢走道、钢梯以及零星钢构件等项目。

（1）工作内容：拼装，安装，探伤及补刷油漆。

（2）项目特征：一般包括钢材品种、规格，螺栓种类，安装高度，防火要求等，详见计量规范。

（3）计算规则：按设计图示尺寸以质量（t）计算。不扣除孔眼的质量，也不增加焊条、铆钉、螺栓等质量。

7. 金属制品

金属制品包括成品空调金属百页护栏、成品栅栏、成品雨篷、金属网栏等。本节未涉及的金属制品相关内容详见计量规范。

（1）成品空调金属百页护栏

1）工作内容：安装、校正、预埋铁件及安螺栓。

2）项目特征：材料品种、规格及边框材质。

3）计算规则：按设计图示尺寸以框外围展开面积（m^2）计算。

（2）成品栅栏

1）工作内容：同成品空调金属百叶护栏，还包括安金属立柱。

2）项目特征：材料品种、规格，边框及立柱型钢品种、规格。

3）计算规则：按设计图示尺寸以框外围展开面积（m^2）计算。

（3）成品雨篷

1）工作内容：同成品空调金属百页护栏。

2）项目特征：材料品种、规格，雨篷宽度，晾衣杆品种、规格。

3）计算规则：可按设计图示接触边以米（m）计算或按设计图示尺寸以展开面积（m^2）计算。

当金属结构为不规则或多边形钢板，按设计图示实际面积乘以厚度以单位理论质量计算，金属构件的切边、切肢以及不规则及多边形钢板发生的损耗在综合单价中考虑，如图7-60所示。计算左图工程量时按照三角形面积乘以厚度表示，虚线部分的切肢、切边工程量损耗在综合单价中考虑。

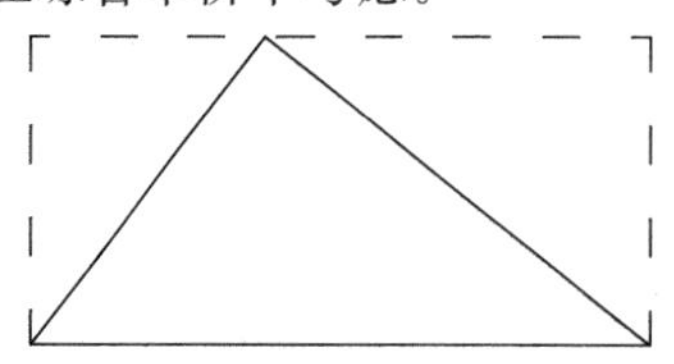

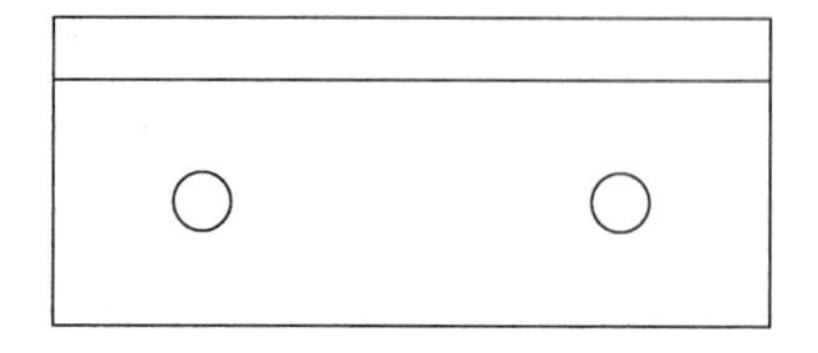

图 7-60 金属面积计算示意图

【例 7-21】 试计算图 7-61 上柱钢支撑的制作与安装工程量。

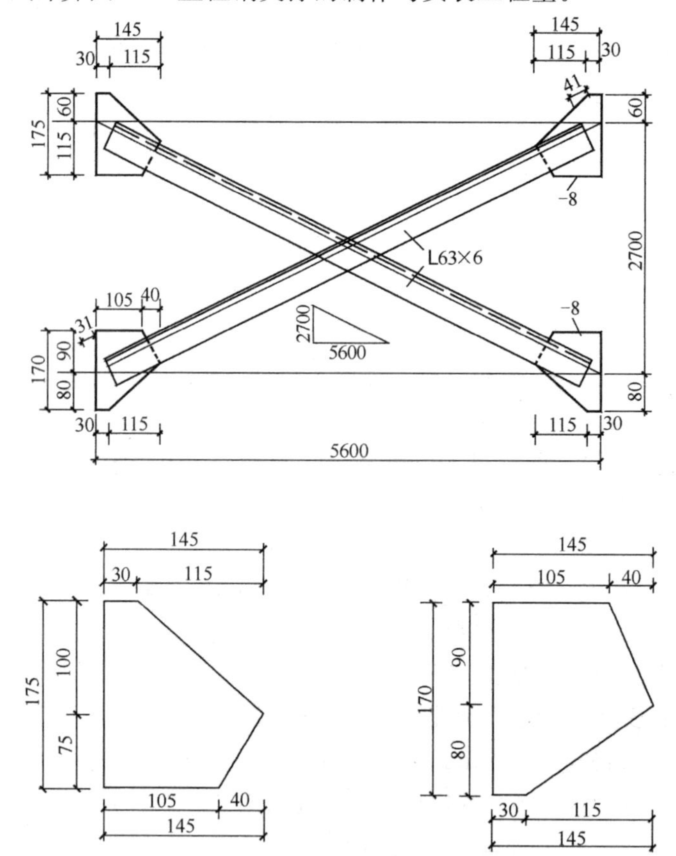

图 7-61 上柱钢支撑

【解】 上柱钢支撑由等边角钢和钢板构成。

等边角钢重量计算：

每米等边角钢重＝0.00795×边厚×（2×边宽－边厚）

＝0.00795×6×（2×63－6）＝5.72kg/m

等边角钢长＝斜边长－两端空位长

$=\sqrt{2.7^2+5.6^2}-0.041-0.031=6.145\text{m}$

两根角钢重＝5.72×2×6.145＝70.30kg

钢板重量计算：

每平方米钢板重＝7.85×钢板厚＝7.85×8＝62.8kg/m^2

钢板重$=(0.145\times0.175-\frac{1}{2}\times0.04\times0.075-\frac{1}{2}\times0.1\times0.115$

$+0.145\times0.170-\frac{1}{2}\times0.04\times0.09-\frac{1}{2}\times0.08\times0.115)\times2\times62.8$

$=4.57$kg

上柱钢支撑的制安工程量$=70.30+4.57=74.87$kg$=0.0749$t

7.7 木结构工程

木结构工程是指在工程中由木材或主要由木材承受荷载，通过各种金属连接件或榫卯手段进行连接和固定的结构。

现行工程量计量规范中，木结构工程包括木屋架、木构件和屋面木基层。

7.7.1 木屋架概述

木屋架由屋架和屋面木基层构成。屋架是承受屋面、屋面木基层及屋架自身等的全部荷载，并将其传递到墙或柱的构件；屋面木基层是指在屋面瓦与屋架之间的木檩条、椽子、屋面板和挂瓦条等，如图 7-62。

屋架以木屋架及钢木屋架的构造形式较多，其形式有三角形、梯形、拱形等。由于三角形屋架制作工艺简单，材料选择范围大，一般情况下常采用此结构形式。三角形屋架，俗称人字形屋架，如图 7-63 所示，它由上弦杆（人字木）、下弦杆和腹杆组成，腹杆又包括斜杆（斜撑），直杆（拉杆）两种杆件。为了节约木材和提高屋架的受力性能，钢木屋架应用较广。一般钢木屋架的上弦及斜杆采用木制，下弦及直杆采用钢材。

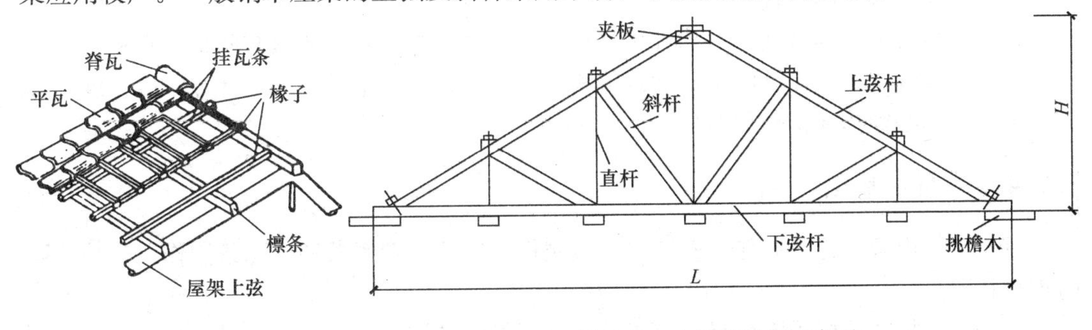

图 7-62　木屋架结构图

图 7-63　人字形屋架示意图

7.7.2 木屋架工程量的计算

1. 木屋架

(1) 工作内容：制作，运输，安装与刷防护材料。

(2) 项目特征：跨度，材料品种、规格，刨光要求，拉杆及夹板种类，防护材料种类。

(3) 计算规则：按设计图示数量（榀）计算，以榀计量时，若按标准图设计的应注明标准图代号，按非标准图设计的项目特征必须按上述项目特征要求予以描述。

当按设计图示的规格尺寸以体积（m^3）计算时，应分别计算木屋架各组成部分的木材用量。

2. 钢木屋架

（1）工作内容：同木屋架。

（2）项目特征：跨度，木材品种、规格，刨光要求，钢材品种、规格，防护材料种类。

（3）计算规则：按设计图示数量（榀）计算。

7.7.3 木构件

木构件包括木柱、木梁、木檩、木楼梯、其他木构件项目。

1. 木柱、木梁、木檩

（1）工作内容：制作，运输，安装，刷防护材料。

（2）项目特征：构件规格尺寸，木材种类，抛光要求，防护材料种类。

（3）计算规则：按设计图示尺寸以体积（m^3）计算，其中木檩也可以按设计图示尺寸以长度（m）计算。

2. 木楼梯

（1）工作内容：同木柱。

（2）项目特征：楼梯形式，木材种类，刨光要求，防护材料种类。

（3）计算规则：按设计图示尺寸以水平投影面积（m^2）计算，不扣除宽度≤300mm的楼梯井，伸入墙内部分不计算。

3. 其他木构件

（1）工作内容：同木柱。

（2）项目特征：构件名称，构件规格尺寸，木材种类，刨光要求与防护材料种类。

（3）计算规则：按设计图示尺寸以体积（m^3）计算或以长度（m）计算，以长度计算时，项目特征必须描述构件规格尺寸。

7.7.4 屋面木基层

（1）工作内容：椽子制作、安装，望板制作、安装，顺水条和挂瓦条制作、安装，刷防护材料。

（2）项目特征：椽子断面尺寸及椽距、望板材料种类、厚度，防护材料种类。

（3）计算规则：按设计图示尺寸以斜面积（m^2）计算，不扣除房上烟囱、风帽底座、风道、小气窗、斜沟等所占面积，也不增加小气窗的出檐部分。

【例 7-22】 某厂房的方木屋架如图 7-64 所示，斜杆与下弦通过垫木连接。试计算单榀方木屋架的工程量（已知斜杆长 1.677m）。

【解】 下弦杆体积＝$0.15\times0.18\times6.6=0.178m^3$

上弦杆体积＝$0.10\times0.12\times\sqrt{3^2+1.5^2}\times2=0.080m^3$

斜撑体积＝$0.06\times0.08\times1.677\times2=0.016m^3$

垫木体积＝$0.30\times0.10\times0.08=0.002m^3$

总体积＝$0.178+0.080+0.016+0.002=0.276m^3$

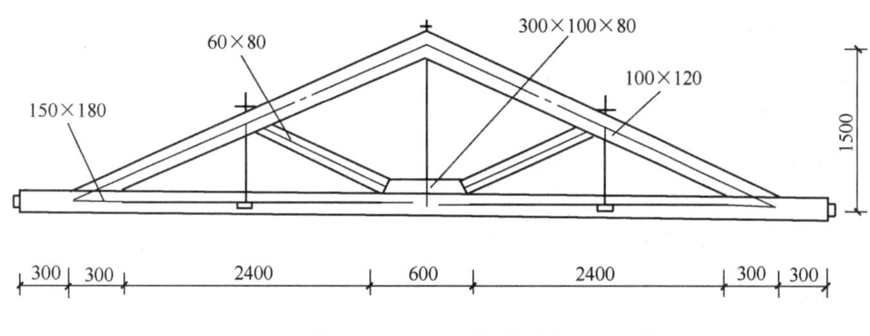

图 7-64　方木屋架示意图

7.8　门窗工程

7.8.1　门窗工程一般概述

门窗工程主要包括各类门窗、门窗套、窗台板、窗帘、窗帘盒、窗帘轨等内容。

在进行门窗工程量计算时，有以下几个应注意的问题：

（1）现行规范中，门窗（除个别门窗外）工程均为成品编制项目，若成品中已包含油漆，不再单独计算油漆，若不含油漆，应按油漆、涂料、裱糊工程相应项目编码列项。

（2）常见的门窗（个别厂库房大门除外）所包括的五金在现行规范中进行了说明，不需单列五金项目，也不必对其种类和规格进行项目特征描述。

7.8.2　木门

木门包括木质门、木质门带套、木质连窗门、木质防火门，木门框及门锁安装。

1. 木质门、木质门带套、木质连窗门、木质防火门

（1）工作内容：门安装，玻璃安装，五金安装。

（2）项目特征：门代号及洞口尺寸，镶嵌玻璃品种、厚度。

（3）计算规则：按设计图示洞口尺寸以面积（m^2）计算或按设计图示以数量（樘）计算。

2. 木门框

（1）工作内容：木门框制作、安装、运输、刷防护材料。

（2）项目特征：门代号及洞口尺寸，框截面尺寸，防护材料种类。

（3）计算规则：按设计图示以数量（樘）计算或按设计图示框的中心线以延长米（m）计算。

3. 门锁安装

（1）工作内容：安装。

（2）项目特征：锁品种，锁规格。

（3）计算规则：按设计图示以数量个（套）计算。

4. 相关说明

（1）木质门应区分镶板木门、企口板门、实木装饰门、胶合板门、夹板装饰门、木纱门等项目，分别编码列项。

(2) 木质门带套计量按洞口尺寸以面积 (m^2) 计算，不包括门套的面积，但门套应计算在综合单价中。

(3) 以樘计量，项目特征需描述洞口尺寸，以面积 (m^2) 计量，项目特征可不描述洞口尺寸。

(4) 单独制作安装木门框按木门框项目编码列项。

7.8.3 金属门

金属门包括金属（塑钢）门、彩板门、钢质防火门及防盗门。

1. 金属（塑钢）门与彩板门

(1) 工作内容：门安装，五金安装，玻璃安装。

(2) 项目特征：门代号及洞口尺寸，门框或扇外围尺寸，门框、扇材质，玻璃品种、厚度。彩板门不需描述门框、扇材质及玻璃品种、厚度。

(3) 计算规则：按设计图示以数量（樘）计算或按设计图示洞口尺寸以面积 (m^2) 计算。

2. 防盗门

(1) 工作内容：门安装，五金安装。

(2) 项目特征：门代号及洞口尺寸，门框或扇外围尺寸，门框、扇材质。

(3) 计算规则：同金属（塑钢）门。

3. 相关说明

(1) 金属门应区分金属平开门、金属推拉门、金属地弹门、全玻门（带金属扇框）、金属半玻门（带扇框）等项目，分别编码列项。

(2) 以樘计量，项目特征必须描述洞口尺寸，没有洞口尺寸必须描述门框或扇外围尺寸，以平方米计量，项目特征可不描述洞口尺寸及框、扇的外围尺寸。

(3) 以平方米计量，无设计图示洞口尺寸，按门框、扇外围以面积计算。

7.8.4 金属卷帘（闸）门

金属卷帘门包括金属卷（闸）门和防火卷帘（闸）门。

(1) 工作内容：门运输、安装，启动装置、活动小门、五金安装。

(2) 项目特征：门代号及洞口尺寸，门材质，启动装置品种、规格。

(3) 计算规则：同金属门。

7.8.5 厂库房大门、特种门

厂库房大门、特种门包括三类。第一类包括木板大门、钢木大门、全钢板大门及防护铁丝门；第二类指金属格栅门；第三类包括钢质花饰大门与特种门。

1. 木板大门、钢木大门、全钢板大门及防护铁丝门

(1) 工作内容：门（骨架）制作、运输，门、五金配件安装，刷防护材料。

(2) 项目特征：门代号及洞口尺寸，门框或扇外围尺寸，门框、扇材质，五金种类、规格，防护材料种类。

(3) 计算规则：按设计图示以数量（樘）计算或按设计图示洞口尺寸以面积 (m^2) 计算。

木板大门、钢木大门、全钢板大门按面积计量，应以设计图示洞口尺寸计算，防护铁丝门则应按设计门框或扇面积计算。

2. 金属格栅门

（1）工作内容：门安装，启动装置、五金配件安装。

（2）项目特征：门代号及洞口尺寸，门框或扇外围尺寸，门框、扇材质，启动装置的品种、规格。

（3）计算规则：按设计图示以数量（樘）计算或按设计图示洞口尺寸以面积（m^2）计算。

3. 钢质花饰大门与特种门

（1）工作内容：门安装，五金配件安装。

（2）项目特征：门代号及洞口尺寸，门框或扇外围尺寸，门框、扇材质。

（3）计算规则：按设计图示以数量（樘）计算或按设计图示洞口尺寸以面积（m^2）计算。

钢质花饰大门按面积计量，应以设计图示门框或扇面积计算，特种门则应按设计图示洞口尺寸面积计算。

4. 相关说明

（1）特种门应区分冷藏门、冷冻车间门、保温门、变电室门、隔声门、放射线门、人防门、金库门等项目，分别编码列项。

（2）以樘计量，项目特征必须描述洞口尺寸，没有洞口尺寸必须描述门框或扇外围尺寸；以平方米计量，项目特征可不描述洞口尺寸及框、扇的外围尺寸。

（3）以平方米计量，无设计图示洞口尺寸，按门框、扇外围以面积计算。

7.8.6 其他门

其他门包括电子感应门、旋转门、电子对讲门、电动伸缩门、全玻自由门等项目。计算规则按设计图示以数量（樘）计算或按设计图示洞口尺寸以面积（m^2）计算，工作内容与项目特征因项目名称不同而有差异，详见计量规范。

7.8.7 木窗

木窗主要包括木质窗、木飘（凸）窗、木纱窗和木橱窗等项目。

1. 木质窗

（1）工作内容：窗安装，五金、玻璃安装。

（2）项目特征：窗代号及洞口尺寸，玻璃品种、厚度。

（3）计算规则：按设计图示以数量（樘）计算或按设计图示洞口尺寸以面积（m^2）计算。

2. 木飘（凸）窗

（1）工作内容：同木质窗。

（2）项目特征：同木质窗。

（3）计算规则：按设计图示以数量（樘）计量或按设计图示尺寸以框外围展开面积（m^2）计算。

3. 木橱窗

（1）工作内容：窗制作、运输、安装，五金、玻璃安装，刷防护材料。

（2）项目特征：窗代号，框截面及外围展开面积，玻璃品种、厚度，防护材料种类。

（3）计算规则：同木飘（凸）窗。

4. 木纱窗

（1）工作内容：窗安装，五金安装。

（2）项目特征：窗代号及框的外围尺寸，窗纱材料品种、规格。

（3）计算规则：按设计图示以数量（樘）计算或按框的外围尺寸以面积（m^2）计算。

5. 相关说明

（1）木质窗应区分木百叶窗、木组合窗、木天窗、木固定窗、木装饰空花窗等项目，分别编码列项。

（2）以樘计量，项目特征必须描述洞口尺寸，没有洞口尺寸必须描述窗框外围尺寸；以平方米计量，项目特征可不描述洞口尺寸及框的外围尺寸。

（3）以平方米计量，无设计图示洞口尺寸，按窗框外围以面积计算。

（4）木橱窗、木飘（凸）窗以樘计量，项目特征必须描述框截面及外围展开面积。

【例 7-23】 木质单层玻璃窗洞口尺寸如图 7-65 所示，计算该窗工程量。

【解】 根据木窗计算规则，可将此窗分为上下两部分。

矩形部分工程量为：

$$S_1 = 1.00 \times 1.20 = 1.20\text{m}^2$$

半圆形部分工程量为：

$$S_2 = 0.50^2 \times 3.14 \times 0.50 = 0.39\text{m}^2$$

$$S = 1.20 + 0.39 = 1.59\text{m}^2$$

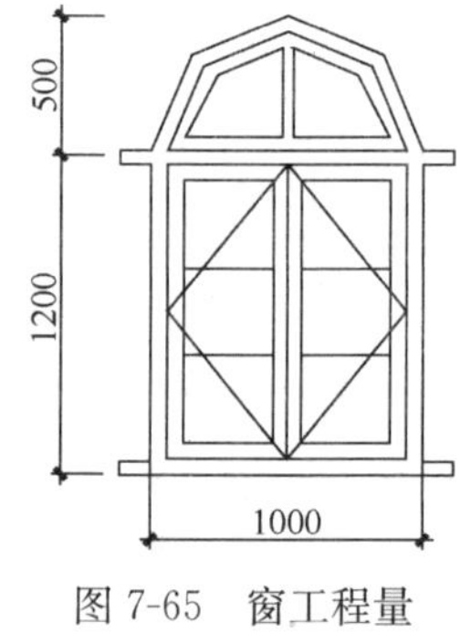

图 7-65 窗工程量计算示意图

7.8.8 金属窗

金属窗主要包括金属（塑钢、断桥）窗、金属防火窗、金属百叶窗、金属纱窗、金属（塑钢、断桥）橱窗等项目。

1. 金属（塑钢、断桥）窗

（1）工作内容：窗安装，五金、玻璃安装。

（2）项目特征：窗代号及洞口尺寸，框、扇材质，玻璃品种、厚度。

（3）计算规则：按设计图示以数量（樘）计算或按设计图示洞口尺寸以面积（m^2）计算。

2. 金属纱窗

（1）工作内容：窗安装，五金安装。

（2）项目特征：窗代号及框的外围尺寸，框材质，窗纱材料品种、规格。

（3）计算规则：按设计图示以数量（樘）计算或按框的外围尺寸以面积（m^2）计算。

3. 金属（塑钢、断桥）橱窗

（1）工作内容：窗制作、运输、安装，五金、玻璃安装，刷防护材料。

（2）项目特征：窗代号，框外围展开面积，框、扇材质，玻璃品种、厚度，防护材料种类。

(3) 计算规则：按设计图示以数量（樘）计算或按设计图示尺寸以框外围展开面积（m^2）计算。

4. 金属（塑钢、断桥）飘（凸）窗

(1) 工作内容：窗安装，五金、玻璃安装。

(2) 项目特征：窗代号，框外围展开面积，框、扇材质，玻璃品种、厚度。

(3) 计算规则：同金属（塑钢、断桥）橱窗。

5. 彩板窗、复合材料窗

(1) 工作内容：同金属（塑钢、断桥）飘（凸）窗。

(2) 项目特征：窗代号及洞口尺寸，框外围尺寸，框、扇材质，玻璃品种、厚度。

(3) 计算规则：按设计图示以数量（樘）计算或按设计图示洞口尺寸或框外围以面积（m^2）计算。

6. 相关说明

(1) 金属窗应区分金属组合窗、防盗窗等项目，分别编码列项。

(2) 以樘计量，项目特征必须描述洞口尺寸，没有洞口尺寸必须描述窗框外围尺寸；以平方米计量，项目特征可不描述洞口尺寸及框的外围尺寸。

(3) 以平方米计量，无设计图示洞口尺寸，按窗框外围以面积计算。

(4) 金属橱窗、飘（凸）窗以樘计量，项目特征必须描述框外围展开面积。

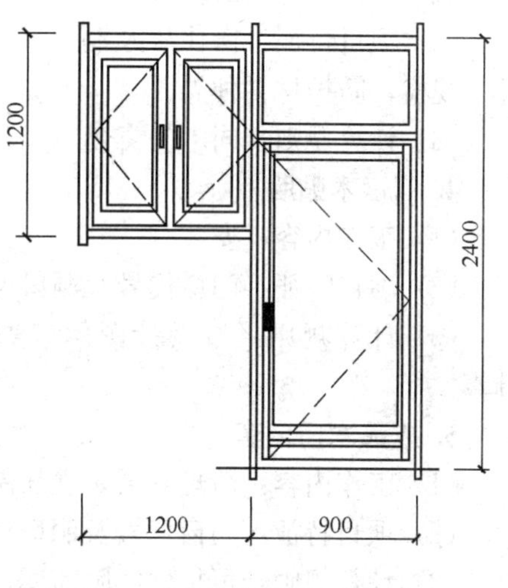

图 7-66 木质连窗门示意图

【例 7-24】 某建筑的木质连窗门的洞口尺寸如图 7-66 所示，求工程量。

【解】

木质门工程量：$S_1=0.9\times2.4=2.16m^2$

木质窗工程量：$S_2=1.2\times1.2=1.44m^2$

木质连窗门工程量$=2.16+1.44=3.60m^2$

7.8.9 门窗套

门窗套是设置在门窗洞口的两个立边垂直面，突出墙外形成边框或与墙平齐用于保护和装饰门框及窗框，由筒子板和贴脸组成，如图 7-67 所示。

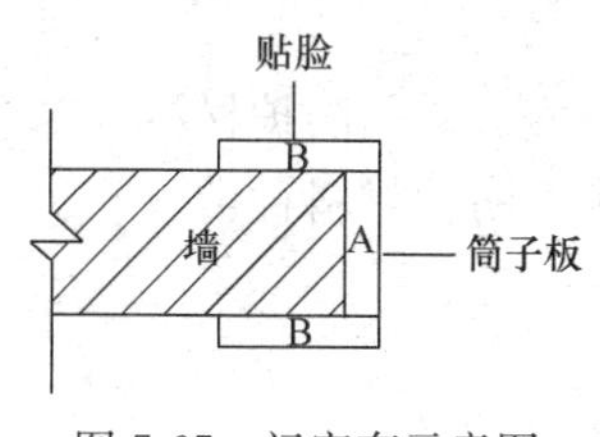

图 7-67 门窗套示意图

门窗套包括木门窗套、金属门窗套和石材门窗套。其中，木门窗套适用于单独门窗套的制作和安装。

1. 木门窗套

(1) 工作内容：清理基层，立筋制作、安装，基层板安装，面层铺贴，线条安装，刷防护材料。

(2) 项目特征：窗代号及洞口尺寸，门窗套展开宽度，基层材料种类，面层材料品种、规格，线条品种、规格，防护材料种类。

（3）计算规则：可根据实际需要，选择下列任一种方法计算。

1）按设计图示以数量（樘）计算；

2）按设计图示尺寸以展开面积（m^2）计算；

3）按设计图示中心尺寸以延长米（m）计算。

2. 木筒子板、饰面夹板筒子板

（1）工作内容：同木门窗套。

（2）项目特征：筒子板宽度，基层材料种类，面层材料品种、规格，线条品种、规格，防护材料种类。

（3）计算规则：同木门窗套。

3. 金属门窗套

（1）工作内容：清理基层，立筋制作、安装，基层板安装，面层铺贴，刷防护材料。

（2）项目特征：窗代号及洞口尺寸，门窗套展开宽度，基层材料种类，面层材料品种、规格，防护材料种类。

（3）计算规则：同木门窗套。

4. 门窗木贴脸

（1）工作内容：安装。

（2）项目特征：门窗代号及洞口尺寸，贴脸板宽度，防护材料种类。

（3）计算规则：按设计图示以数量（樘）计量或按设计图示尺寸以延长米（m）计算。

5. 成品木门窗套

（1）工作内容：清理基层，立筋制作、安装，板安装。

（2）项目特征：门窗代号及洞口尺寸，门窗套展开宽度，门窗套材料品种、规格。

（3）计算规则：可根据实际需要，选择下列任一种方法计算。

1）按设计图示以数量（樘）计算；

2）按设计图示尺寸以展开面积（m^2）计算；

3）按设计图示中心尺寸以延长米（m）计算。

6. 相关说明

（1）以樘计量，项目特征必须描述洞口尺寸、门窗套展开宽度。

（2）以平方米计量，项目特征可不描述洞口尺寸、门窗套展开宽度。

（3）以米计量，项目特征必须描述门窗套展开宽度、筒子板及贴脸宽度。

7.8.10 窗台板

1. 木窗台板、铝塑窗台板、金属窗台板

（1）工作内容：基层清理，基层制作、安装，窗台板制作、安装，刷防护材料。

（2）项目特征：基层材料种类，窗台面板材质、规格、颜色，防护材料种类。

（3）计算规则：按设计图示尺寸以展开面积（m^2）计算。

2. 石材窗台板

（1）工作内容：基层清理，抹找平层，窗台板制作、安装。

（2）项目特征：粘结层厚度、砂浆配合比，窗台板材质、规格、颜色。

（3）计算规则：同木质窗台板。

7.8.11 窗帘、窗帘盒、窗帘轨

1. 窗帘

（1）工作内容：制作、运输及安装。

（2）项目特征：窗帘材质，窗帘高度、宽度，窗帘层数，带幔要求。

（3）计算规则：按设计图示尺寸以成活后长度（m）计算或按图示尺寸以成活后展开面积（m^2）计算。

2. 窗帘盒

窗帘盒是隐蔽窗帘帘头的重要设施。根据材质的不同，分为木窗帘盒，饰面夹板、塑料窗帘盒及铝合金窗帘盒。

（1）工作内容：制作、运输、安装，刷防护材料。

（2）项目特征：窗帘盒材质、规格，防护材料种类。

（3）计算规则：按设计图示尺寸以长度（m）计算。

3. 窗帘轨

（1）工作内容：同窗帘盒。

（2）项目特征：窗帘轨材质、规格，轨的数量，防护材料种类。

（3）计算规则：同窗帘盒。

4. 相关说明

（1）窗帘若是双层，项目特征必须描述每层材质。

（2）窗帘以米计量，项目特征必须描述窗帘高度和宽。

7.9 屋面及防水工程

7.9.1 屋面及防水工程概述

屋面按结构形式划分，通常分为坡屋面和平屋面两种形式。屋面工程主要是指屋面结构层（屋面板）或屋面木基层以上的工作内容。

常见的坡屋面结构分两坡水和四坡水。根据所用材料又有青瓦屋面、平瓦屋面、石棉水泥瓦屋面、玻璃钢波形瓦屋面等，坡屋面一般有自动排水的功能。

平屋面按照屋面的防水做法不同可分为卷材防水屋面、刚性防水屋面、涂料防水屋面等。

7.9.2 屋面及防水工程的工程量计算

屋面及防水工程主要包括瓦、型材及其他屋面，屋面防水及其他，墙面防水、防潮，楼（地）面防水、防潮等。

1. 瓦、型材及其他屋面

瓦、型材及其他屋面主要包括瓦屋面、型材屋面、阳光板屋面、膜结构屋面等内容。

（1）瓦屋面

瓦屋面项目适合于小青瓦、平瓦、筒瓦、石棉水泥瓦、玻璃钢波形瓦等。木屋架瓦屋面结构示意图如图 7-68 所示。

瓦屋面的屋面坡度（倾斜度）的表示方法有多种：一种是用屋顶的高度与半跨之间的比表示（B/A）；另一种是用屋顶的高度与跨度之间的比表示（$B/2A$）；还有一种是以屋面的斜面与水平面的夹角（α）表示，见图 7-68。为计算方便，引入了延尺系数和隅延尺系数的概念。延尺系数主要用于计算坡屋面面积，隅延尺系数主要用于计算屋脊长度。各系数见表 7-22。

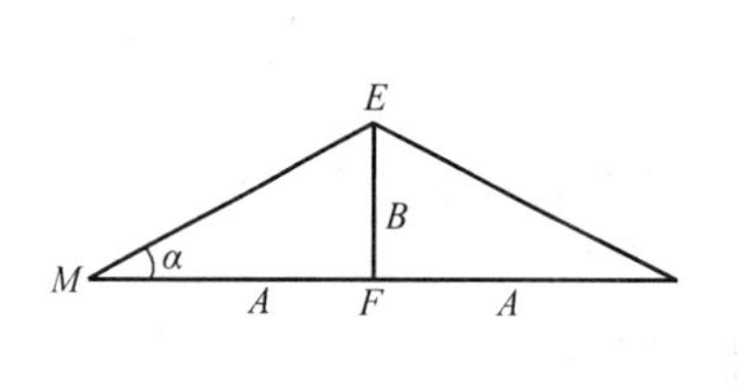

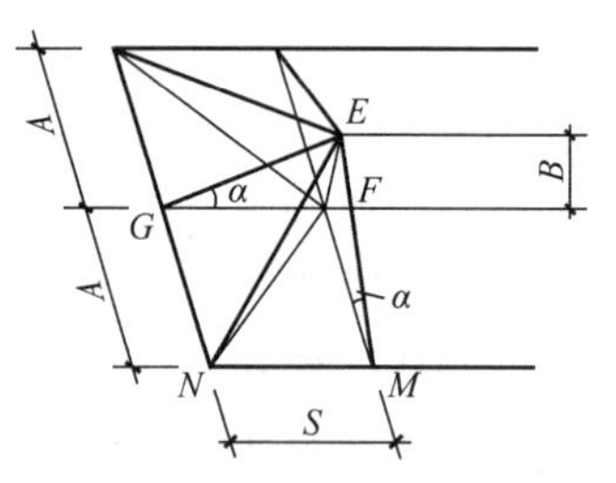

图 7-68 坡屋面示意图

屋面坡度系数表 **表 7-22**

坡度			延尺系数 C	隅延尺系数 D（S=A 时）	坡度			延尺系数 C	隅延尺系数 D（S=A 时）
B/A	B/2A	角度 α			B/A	B/2A	角度 α		
	1/2	45°	1.4142	1.7320	0.4	1/5	21°48′	1.0770	1.4697
0.75		36°52′	1.2500	1.6008	0.35		19°47′	1.0595	1.4569
0.70		35°	1.2207	1.5780	0.30		16°42′	1.0440	1.4457
0.666	1/3	33°40′	1.2015	1.5632	0.25	1/8	14°02′	1.0308	1.4362
0.65		33°01′	1.1927	1.5564	0.20	1/10	11°19′	1.0198	1.4283
0.6		30°58′	1.1662	1.5362	0.15		8°32′	1.0112	1.4222
0.577		30°	1.1545	1.5274	0.125	1/16	7°8′	1.0078	1.4197
0.55		28°49′	1.1413	1.5174	0.10	1/20	5°42′	1.0050	1.4178
0.50	1/4	26°34′	1.1180	1.5000	0.083	1/24	4°45′	1.0034	1.4166
0.45		24°14′	1.0966	1.4841	0.066	1/30	3°49′	1.002	1.4158

注：延尺系数又称屋面系数，隅延尺系数又称屋脊系数。

1）工作内容：砂浆制作、运输、摊铺、养护和安瓦、作瓦脊。

2）项目特征：瓦品种、规格及粘接层砂浆的配合比。

3）计算规则：按设计图示尺寸以斜面积（m^2）计算。不扣除房上烟囱、风帽底座、风道、小气窗、斜沟等所占面积，也不增加小气窗的出檐部分面积。

屋面斜面积的计算公式为：

$$F = F_t \times C \quad (m^2) \tag{7-44}$$

式中 F——屋面斜面积（m^2）；

F_t——坡屋面的水平投影面积（m^2）；

C——屋面坡度延尺系数。

【例 7-25】 有一带屋面小气窗的四坡水瓦屋面，如图 7-69 所示，试计算屋面工程量（$S=A$）。

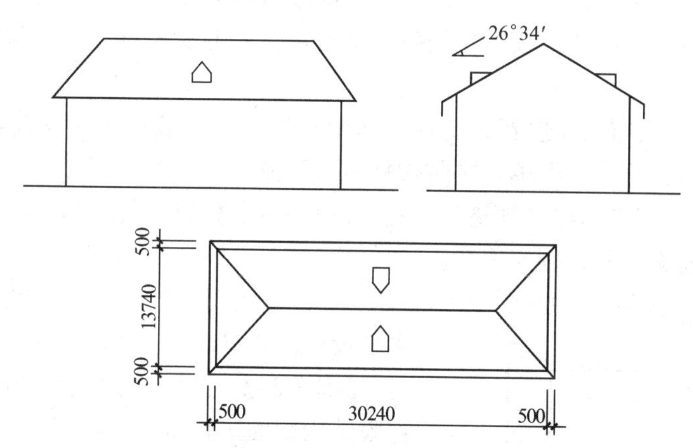

图 7-69　带屋面小气窗的四坡水瓦屋面示意图

【解】 根据屋面计算规则和公式（7-44），由表 7-22 查得 C 为 1.118，故

$$F=(30.24+2\times0.5)\times(13.74+2\times0.5)\times1.118=514.81\text{m}^2$$

（2）型材屋面

型材屋面项目适用于压型钢板、金属压型夹芯板、阳光板、玻璃钢板等。型材屋面所用的檩条材料价格应包括在报价中。

1）工作内容：檩条制作、运输、安装，屋面型材安装，接缝、嵌缝。

2）项目特征：型材品种、规格，金属檩条材料品种、规格，接缝、嵌缝材料种类。

3）计算规则：同瓦屋面。

（3）阳光板屋面

阳光板是一种空心透明的综合性能良好的新型装饰板材，具有高强度、透光、隔声、节能等特点。

1）工作内容：骨架制作、运输、安装、刷防护材料、油漆，阳光板安装，接缝、嵌缝。

2）项目特征：阳光板品种、规格，骨架材料品种、规格，接缝、嵌缝材料种类及油漆品种、刷漆遍数。

3）计算规则：按设计图示尺寸以斜面积（m^2）计算。不扣除屋面面积≤0.3m^2孔洞所占面积。

（4）玻璃钢屋面

玻璃钢即纤维强化塑料，一般指用玻璃纤维增强不饱和聚酯、环氧树脂与酚醛树脂基体，以玻璃纤维或其制品作增强材料的增强塑料装饰材料。

1）工作内容：骨架制作、运输、安装、刷防护材料、油漆，玻璃钢制作、安装，接缝、嵌缝。

2）项目特征：玻璃钢品种、规格，骨架材料品种、规格，玻璃钢固定方式，接缝、嵌缝材料种类及油漆品种、刷漆遍数。

3）计算规则：同阳光板屋面。

（5）膜结构屋面

膜结构又叫张拉膜结构，是以建筑织物，即膜材料为张拉主体，与支撑构件或拉索共同组成的结构体系，它以其新颖独特的建筑造型，良好的受力特点，成为大跨度空间结构的主要形式之一。

1）工作内容：膜布热压胶接；支柱（网架）制作、安装；膜布安装，穿钢丝绳、锚头锚固，锚固基座、挖土、回填，刷防护材料，油漆。

2）项目特征：膜布品种、规格，支柱（网架）钢材品种、规格，钢丝绳品种、规格，锚固基座做法，油漆品种、刷漆遍数。

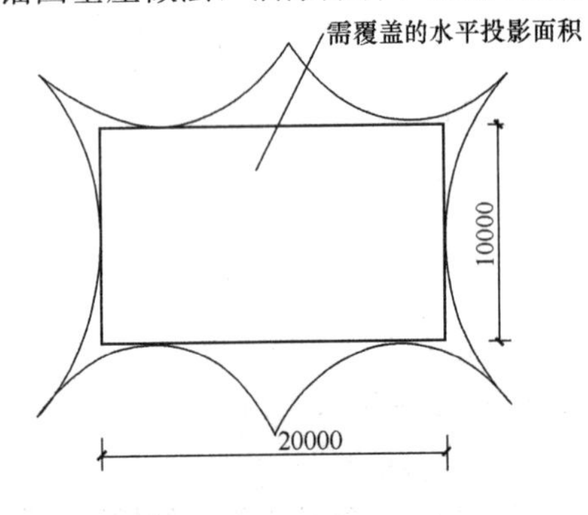

图 7-70　膜结构屋面计算示意图

3）计算规则：按设计图示尺寸以需要覆盖的水平投影面积（m^2）计算。

【例 7-26】 某膜结构屋面如图 7-70 所示，计算膜结构屋面工程量。

【解】 $F=20\times10=200m^2$

2. 屋面防水及其他

屋面防水及其他工程主要包括屋面卷材防水，屋面涂膜防水，屋面刚性层，屋面排水管，屋面天沟、檐沟及屋面变形缝等。

（1）屋面卷材防水

1）工作内容：基层处理，刷底油，铺油毡卷材、接缝。

2）项目特征：卷材材料品种、规格、厚度，防水层数，防水层做法。

3）计算规则：按设计图示尺寸以面积（m^2）计算。

①斜屋顶（不包括平屋顶找坡）按斜面积计算，平屋顶按水平投影面积计算。

②不扣除房上烟囱、风帽底座、风道、屋面小气窗和斜沟所占面积。

③屋面的女儿墙、伸缩缝和天窗等处的弯起部分，并入屋面工程量内。

（2）屋面涂膜防水

1）工作内容：基层处理，刷基层处理剂，铺布、喷涂防水层。

2）项目特征：防水膜品种，涂膜厚度、遍数，增强材料种类。

3）计算规则：同屋面卷材防水。

（3）屋面刚性层

1）工作内容：基层处理，混凝土制作、运输、铺筑、养护，钢筋制安。

2）项目特征：刚性层厚度，混凝土种类，混凝土强度等级，嵌缝材料种类，钢筋规格、型号。

3）计算规则：按设计图示尺寸以面积（m^2）计算。不扣除房上烟囱、风帽底座、风道等所占面积。

（4）屋面排水管

1）工作内容：排水管及配件安装、固定，雨水斗、山墙出水口、雨水箅子安装，接缝、嵌缝，刷漆。

2）项目特征：排水管品种、规格，雨水斗、山墙出水口品种、规格，接缝、嵌缝材料种类，油漆品种、刷漆遍数。

3）计算规则：按设计图示尺寸以长度（m）计算。如设计未标注尺寸，以檐口至设计室外散水上表面垂直距离计算。

（5）屋面天沟、檐沟

1）工作内容：天沟材料铺设，天沟配件安装，接缝、嵌缝，刷防护材料。

2）项目特征：材料品种、规格，接缝、嵌缝材料种类。

3）计算规则：按设计图示尺寸以展开面积（m^2）计算。

（6）屋面变形缝

1）工作内容：清缝，填塞防水材料，止水带安装，盖缝制作、安装，刷防护材料。

2）项目特征：嵌缝材料种类，止水带材料种类，盖缝材料，防护材料种类。

3）计算规则：按设计图示尺寸以长度（m）计算。

【例 7-27】 某平面屋面尺寸如图 7-71 所示，檐沟宽 600mm，屋面及檐沟为二毡三油一砂防水层（上卷 250mm），计算屋面卷材防水及屋面檐沟防水工程量。

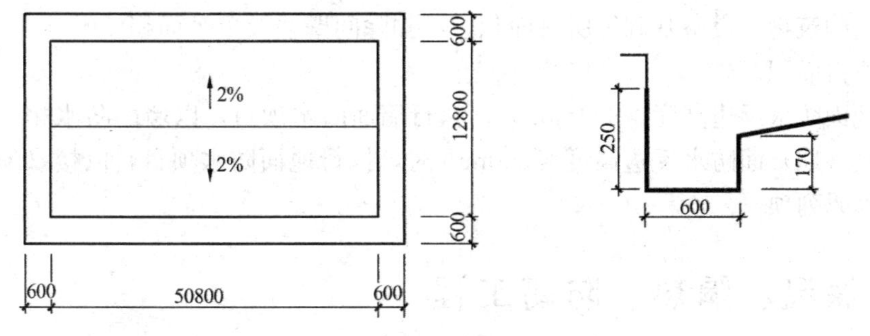

图 7-71 屋面工程量计算示意图

【解】（1）屋面卷材防水工程量：

$$F_1=50.8\times12.8=650.24\text{m}^2$$

（2）屋面檐沟防水工程量：

$$F_2=[50.8\times0.6\times2+(12.8+0.6\times2)\times0.6\times2]+[(12.8+1.2)\times2+(50.8+1.2)\times2]\times0.25+(50.8+12.8)\times2\times0.17=132.38\text{m}^2$$

3. 墙面防水、防潮

（1）墙面卷材防水

1）工作内容：基层处理，刷胶粘剂，铺防水卷材，接缝、嵌缝。

2）项目特征：卷材材料品种、规格、厚度，防水层数，防水层做法。

3）计算规则：按设计图示尺寸以面积（m^2）计算。

墙面防水搭接及附加层用量不另行计算，在综合单价中考虑。

（2）墙面涂膜防水

1）工作内容：基层处理，刷基层处理剂，铺布、喷涂防水层。

2）项目特征：防水膜品种，涂膜厚度、遍数，增强材料种类。

3）计算规则：同墙面卷材防水。

（3）墙面砂浆防水（防潮）

1）工作内容：基层处理，挂钢丝网片，设置分隔缝，砂浆制作、运输、摊铺、养护。

2）项目特征：防水层做法，砂浆厚度、配合比，钢丝网规格。

3）计算规则：同墙面卷材防水。

（4）墙面变形缝

1）工作内容：清缝，填塞防水材料，止水带安装，盖缝制作、安装，刷防护材料。

2）项目特征：嵌缝材料种类，止水带材料种类，盖缝材料，防护材料种类。

3）计算规则：按设计图示尺寸以长度（m）计算。

当墙面变形缝做双面时，其工程量乘系数2。

4. 楼（地）面防水、防潮

（1）工作内容：同相应的墙面防水、防潮，但楼（地）面砂浆防水（防潮）与墙面砂浆防水（防潮）相比，不描述挂钢丝网片和设计分隔缝。

（2）项目特征：同相应的墙面防水、防潮，还应描述反边高度，但楼（地）面砂浆防水（防潮）不描述钢丝网规格。

（3）计算规则：按设计图示尺寸以面积（m^2）计算。按主墙间净空面积计算。扣除凸出地面的构筑物、设备基础等所占面积，不扣除间壁墙及单个面积≤0.3m^2柱、垛、烟囱和孔洞所占面积。

当楼地面防水反边高度＞300mm时，执行墙面防水项目，以墙面防水相关项目编码列项。当楼（地）面防水反边高度≤300mm时，执行地面防水项目，以楼（地）面防水相关项目编码列项。

7.10 保温、隔热、防腐工程

7.10.1 保温、隔热、防腐工程基本内容

1. 保温隔热工程的基本内容

为了防止建筑物内部温度受外界温度的影响，使建筑物内部维持一定的温度而增加的材料层称保温隔热层。保温隔热工程一般适用于冷库、恒温恒湿车间的屋面、外墙和地面。

2. 防腐工程的基本内容

在建筑物的使用过程中，由于酸、碱、盐及有机溶剂等介质的作用，会使建筑材料产生不同程度的物理和化学变化，并发生腐蚀现象。

在建筑工程中，常见的防腐蚀工程包括水类防腐蚀工程、硫磺类防腐蚀工程、沥青类防腐蚀工程、树脂类防腐蚀工程、块料防腐蚀工程、聚氯乙烯防腐蚀工程、涂料防腐蚀工程等。根据不同的结构和材料，又可分为防腐隔离层，防腐整体面层和防腐块料面层三大类，常见的防腐结构形式见表7-23。

防腐工程一般适用于楼地面、平台、墙面、墙裙和地沟的防腐蚀隔离层和面层。

3. 相关说明

（1）保温隔热装饰面层，应按装饰工程中相关项目编码列项。

（2）池槽保温隔热应按其他保温隔热项目编码列项。

（3）防腐面层踢脚线应按楼地面装饰工程“踢脚线”项目编码列项。

常见的防腐结构形式 表 7-23

类别	防腐整体面层	防腐隔离层	防腐块料面层
防腐结构与材料	水玻璃类耐酸防腐整体面层、沥青类防腐蚀整体面层、钢屑水泥整体面层、硫磺类防腐蚀整体面层、重晶石类防腐整体面层、玻璃钢防腐蚀整体面层	沥青胶泥铺贴隔离层、沥青产品涂覆的隔离层	耐酸砖、天然石材、铸石制品

7.10.2 保温、隔热工程

保温、隔热工程包括保温隔热屋面，保温隔热天棚，保温隔热墙面，保温柱、梁，保温隔热楼地面和其他保温隔热。

1. 保温隔热屋面

（1）工作内容：基层清理，刷粘结材料，铺粘保温层，铺、刷（喷）防护材料。

（2）项目特征：保温隔热材料品种、规格、厚度，隔气层材料品种、厚度，粘结材料种类、做法，防护材料种类、做法。

（3）计算规则：按设计图示尺寸以面积（m^2）计算。扣除面积>0.3m^2的孔洞及占位面积。

2. 保温隔热天棚

（1）工作内容：同保温隔热屋面。

（2）项目特征：保温隔热面层材料品种、规格、性能，保温隔热材料品种、规格及厚度，粘结材料种类及做法，防护材料种类及做法。

（3）计算规则：按设计图示尺寸以面积（m^2）计算。扣除面积>0.3m^2上柱、垛、孔洞所占面积。柱帽保温隔热层及与天棚相连的梁按展开面积，并入保温隔热天棚工程量中。

【例 7-28】 某屋面尺寸如图 7-72 所示，该工程外墙保温做法：①基层表面清理；②刷界面砂浆 5mm；③刷 30mm 厚胶粉聚苯颗粒；④门窗边做保温宽度为 120mm。试计算保温墙面工程量。

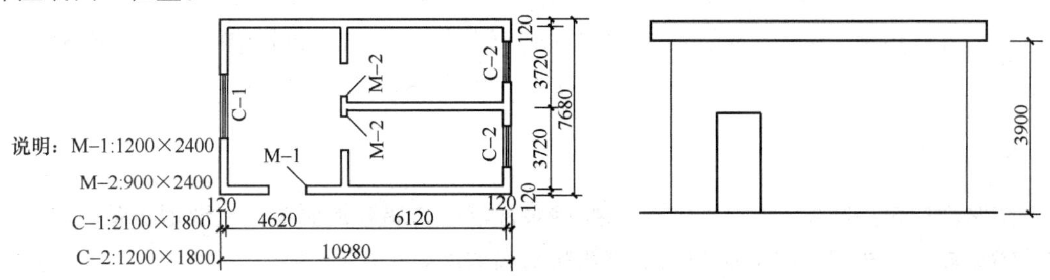

图 7-72 某建筑示意图

【解】 墙面：$S_1=(10.98+7.68)\times2\times3.90-(1.2\times2.4+2.1\times1.8+1.2\times1.8\times2)$

$=134.57(m^2)$

门窗侧边：$S_2=[(2.1+1.8)\times2+(1.2+1.8)\times4+(2.4\times2+1.2)]\times0.12=3.10(m^2)$

$$保温墙面工程量=134.57+3.10=137.67(m^2)$$

3. 保温隔热墙面

(1) 工作内容：基层清理，刷界面剂，安装龙骨，填贴保温材料，保温板安装，粘贴面层，铺设增强格网、抹抗裂、防水砂浆面层，嵌缝，铺、刷（喷）防护材料。

(2) 项目特征：保温隔热部位，保温隔热方式，踢脚线、勒脚线保温做法，龙骨材料品种、规格，保温隔热面层材料品种、规格、性能，保温隔热材料品种、规格及厚度，增强网及抗裂防水砂浆种类，粘结材料种类及做法，防护材料种类及做法。

(3) 计算规则：按设计图示尺寸以面积（m^2）计算。扣除门窗洞口以及面积$>0.3m^2$梁、孔洞所占面积；门窗洞口侧壁以及与墙相连的柱，并入保温墙体工程量内。

4. 保温柱、梁

保温柱、梁项目适用于不与墙、天棚相连的独立柱、梁。

(1) 工作内容：同保温隔热墙面。

(2) 项目特征：同保温隔热墙面。

(3) 计算规则：按设计图示尺寸以面积（m^2）计算。

1) 柱按设计图示柱断面保温层中心线展开长度乘保温层高度以面积计算，扣除面积$>0.3m^2$梁所占面积；

2) 梁按设计图示梁断面保温层中心线展开长度乘保温层长度以面积计算。

5. 保温隔热楼地面

(1) 工作内容：同保温隔热屋面。

(2) 项目特征：同保温隔热屋面，还应描述保温隔热部位。

(3) 计算规则：按设计图示尺寸以面积（m^2）计算。扣除面积$>0.3m^2$柱、垛、孔洞等所占面积。不增加门洞、空圈、暖气包槽、壁龛的开口部分面积。

6. 其他保温隔热

(1) 工作内容：同保温隔热墙面。

(2) 项目特征：保温隔热部位，保温隔热方式，隔气层材料品种、厚度，保温隔热面层材料品种、规格、性能，保温隔热材料品种、规格及厚度，粘结材料种类及做法，增强网及抗裂防水砂浆种类，防护材料种类及做法。

(3) 计算规则：按设计图示尺寸以展开面积（m^2）计算。扣除面积$>0.3m^2$孔洞及占位面积。

7.10.3 防腐面层

防腐面层包括防腐混凝土面层、防腐砂浆面层、防腐胶泥面层、玻璃钢防腐面层、聚氯乙烯板面层、块料防腐面层和池、槽块料防腐面层。

1. 防腐混凝土面层

(1) 工作内容：基层清理，基层刷稀胶泥，混凝土制作、运输、摊铺、养护。

(2) 项目特征：防腐部位，面层厚度，混凝土种类，胶泥种类，配合比。

(3) 计算规则：按设计图示尺寸以面积（m^2）计算。

1) 平面防腐：扣除凸出地面的构筑物、设备基础等以及面积$>0.3m^2$孔洞、柱、垛等所占面积，不增加门洞、空圈、暖气包槽、壁龛的开口部分面积。

2）立面防腐：扣除门窗洞口以及面积>0.3m^2孔洞、梁等所占面积，门、窗、洞口侧壁、垛突出部分按展开面积并入墙面积内。

2. 防腐砂浆面层

（1）工作内容：基层清理，基层刷稀胶泥，砂浆制作、运输、摊铺、养护。

（2）项目特征：防腐部位，面层厚度，砂浆、胶泥种类、配合比。

（3）计算规则：同防腐混凝土面层。

3. 块料防腐面层

（1）工作内容：基层清理，铺贴块料，胶泥调制、勾缝。

（2）项目特征：防腐部位，块料品种、规格，粘结材料种类，勾缝材料种类。

（3）计算规则：同防腐混凝土面层。

4. 池、槽块料防腐面层

（1）工作内容：同块料防腐面层。

（2）项目特征：防腐池、槽名称、代号，块料品种、规格，粘结材料种类，勾缝材料种类。

（3）按设计图示尺寸以展开面积（m^2）计算。

7.10.4　其他防腐

其他防腐包括隔离层、防腐涂料和砌筑沥青浸渍砖，详见计量规范条款。

【例 7-29】 如图 7-73 所示，酸池内贴耐酸瓷砖，求块料耐酸瓷砖的工程量（设瓷砖、结合层、找平层厚度合计为 80mm）。

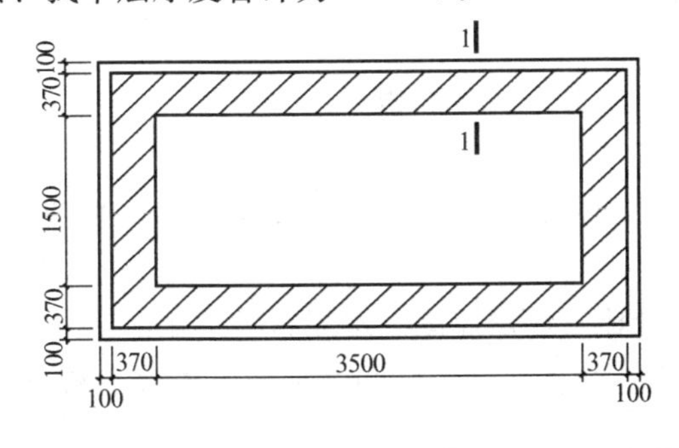

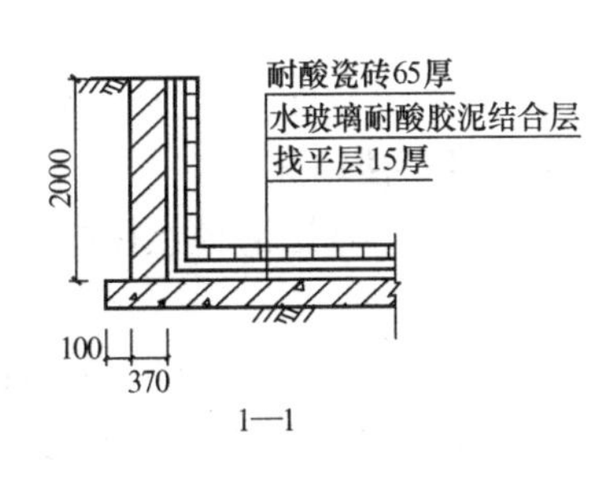

图 7-73　酸池结构示意图

【解】（1）池底板耐酸瓷砖工程量

$$S_1=3.5\times1.5=5.25m^2$$

（2）池壁耐酸瓷砖工程量

$$S_2=(3.5+1.5-2\times0.08)\times2\times(2-0.08)=18.59m^2$$

7.11　楼地面装饰工程

楼地面装饰主要包括对楼地面、楼梯、台阶、踢脚线及零星项目的装饰。楼地面做法自下而上一般有垫层、找平层、面层。

1. 垫层

垫层是把荷载传至地基或将楼面荷载传至结构层上的构造层，常见做法有混凝土垫层、灰土垫层、砂石垫层、碎（砾）石垫层等。

2. 找平层

找平层是在垫层或楼板上及隔声、保温层上，起平整、找坡或加强作用的构造层。常见做法有水泥砂浆找平层、细石混凝土找平层、沥青砂浆找平层等。

3. 面层

面层是直接承受各种物理和化学作用的地面或楼面的表层。地面面层按照结构类型，可分为整体面层、块料面层、橡塑面层、其他材料面层等。

有些地面还有保温层、防潮层，应按计量规范相应项目编码列项。

7.11.1 整体面层及找平层

整体面层是指大面积整体浇筑而成的现浇各类装饰地面，主要包括水泥砂浆楼地面、现浇水磨石楼地面、细石混凝土地面及平面砂浆找平层等。

1. 水泥砂浆楼地面

（1）工作内容：基层清理，抹找平层，抹面层，材料运输。

（2）项目特征：找平层厚度、砂浆配合比，素水泥浆遍数，面层厚度、砂浆配合比，面层做法要求。

（3）计算规则：按设计图示尺寸以面积（m^2）计算。

应扣除：凸出地面构筑物、设备基础、室内铁道、地沟等所占面积。

不扣除：间壁墙（墙厚≤120mm 的墙）及≤0.3m^2 柱、垛、附墙烟囱及孔洞所占面积。

不增加：门洞、空圈、暖气包槽、壁龛的开口部分面积。

2. 现浇水磨石楼地面

（1）工作内容：基层清理，抹找平层，面层铺设，嵌缝条安装，磨光、酸洗、打蜡，材料运输。

（2）项目特征：找平层厚度、砂浆配合比，面层厚度、水泥石子浆配合比，嵌条材料种类、规格，石子种类、规格、颜色，颜料种类、颜色，图案要求，磨光、酸洗、打蜡要求。

（3）计算规则：同水泥砂浆楼地面。

3. 细石混凝土楼地面

（1）工作内容：基层清理，抹找平层，面层铺设，材料运输。

（2）项目特征：找平层厚度、砂浆配合比，面层厚度、混凝土强度等级。

（3）计算规则：同水泥砂浆楼地面。

4. 平面砂浆找平层

平面砂浆找平层只适用于仅做找平层的平面抹灰。

（1）工作内容：基层清理，抹找平层及材料运输。

（2）项目特征：找平层厚度与砂浆配合比。

（3）计算规则：按设计图示尺寸以面积（m^2）计算。

7.11.2 块料面层

块料面层是指将块状材料用胶结料铺砌而成的块状地面，如大理石、花岗石、彩釉砖地面等，主要包括石材楼地面、碎石材楼地面和块料楼地面三大类。

（1）工作内容：基层清理、抹找平层，面层铺设、磨边，嵌缝，刷防护材料，酸洗、打蜡，材料运输。

（2）项目特征：找平层厚度、砂浆配合比，结合层厚度、砂浆配合比，面层材料品种、规格、颜色，嵌缝材料种类，防护层材料种类，酸洗、打蜡要求。

（3）计算规则：按设计图示尺寸以面积（m^2）计算。门洞、空圈、暖气包槽、壁龛的开口部分并入相应的工程量内。

7.11.3 橡塑面层

橡塑面层包括橡胶板楼地面、橡胶板卷材楼地面、塑料板楼地面和塑料卷材楼地面。

（1）工作内容：基层清理、面层铺贴，压缝条装钉，材料运输。

（2）项目特征：粘结层厚度、材料种类，面层材料品种、规格、颜色，压线条种类。

（3）计算规则：同块料面层。

橡树面层项目涉及找平层，均按平面砂浆找平层编码列项。

7.11.4 其他材料面层

其他材料面层包括地毯楼地面、复合地板（包括竹木复合、金属复合）及防静电活动地板。工作内容和项目特征因地板种类不同而异，详见计量规范，计算规则同块料面层。

【例 7-30】 如图 7-35（见第四节，砌筑工程）地面铺彩釉砖，试计算彩釉砖地面工程量。

【解】 彩釉砖地面工程量=墙体净面积+门洞空圈处面积−柱占地面积−砖垛占地面积

$$S=(12.48-0.36\times2)(5.7-0.12\times2)+(12.48-0.36\times2)(7.7-0.12\times2)$$
$$+2.1\times0.36+1.2\times0.36+1.5\times0.24-0.49\times0.49\times3-0.25\times0.49\times9$$
$$=151.66\text{m}^2$$

7.11.5 踢脚线

根据踢脚线的材料不同，可将其分为三类。第一类指水泥砂浆踢脚线，第二类包括石材及块料踢脚线，第三类包括塑料板、木质、金属和防静电踢脚线。

1. 第一类踢脚线

（1）工作内容：基层清理，底层和面层抹灰，材料运输。

（2）项目特征：踢脚线高度，底层厚度、砂浆配合比，面层厚度、砂浆配合比。

（3）计算规则：按设计图示长度乘以高度以面积（m^2）计算或按延长米（m）计算。

2. 第二类踢脚线

（1）工作内容：基层清理，底层抹灰，面层铺贴、磨边，擦缝，磨光、酸洗、打蜡，刷防护材料，材料运输。

（2）项目特征：踢脚线高度，粘贴层厚度、材料种类，面层材料品种、规格、颜色，防护材料种类。

（3）计算规则：同第一类踢脚线。

3. 第三类踢脚线

（1）工作内容：基层清理，基层铺贴，面层铺贴，材料运输。

（2）项目特征：主要包括踢脚线高度，面层材料品种、规格、颜色。

塑料板踢脚线还应描述粘结层厚度、材料种类；木质踢脚线、金属踢脚线和防静电踢脚线还应描述基层材料种类、规格。

（3）计算规则：同第一类踢脚线。

【例 7-31】 某建筑平面如图 7-74 所示，室内地面为普通水磨石面层，木质踢脚线，高 120mm。M-1 宽 1800mm，门两侧的贴脸各按 100mm 考虑。M-2 宽 900mm，门两侧的贴脸各按 50mm 考虑。试计算木质踢脚线的工程量。

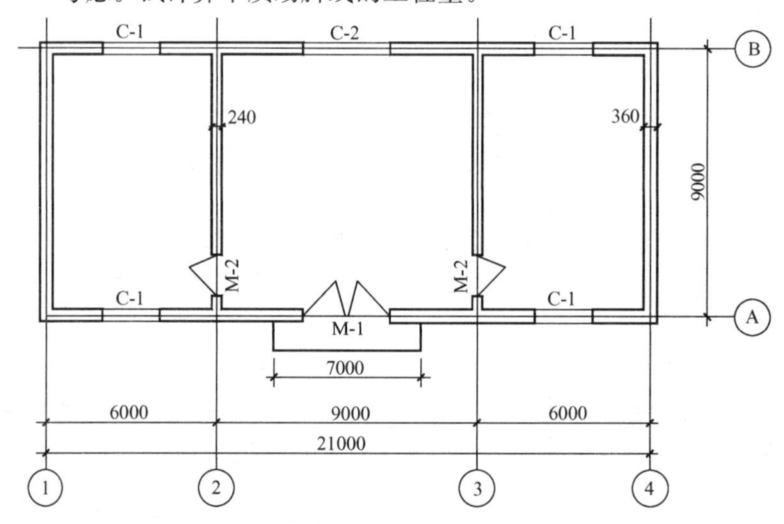

图 7-74　建筑平面示意图

【解】 $L=[(9-0.36+6-0.18-0.12)\times2-(0.9+2\times0.05)]\times2$

$+[(9-0.24+9-0.36)-(0.9+2\times0.05)]\times2-(1.8+2\times0.1)$

$=86.16\text{m}$

或：$S=86.16\times0.12=10.34\text{m}^2$

7.11.6 楼梯面层

楼梯面层主要包括石材、块料、拼碎块料、楼梯面层，水泥砂浆楼梯面层，现浇水磨石楼梯面层及其他楼梯面层（如地毯、木板、橡胶板、塑料板）等。

在计算楼梯面层时，在描述碎石材项目的面层材料特征时可不用描述规格、颜色。石材、块料与粘结材料的结合面刷防渗材料的种类在防护材料种类中描述。

1. 石材（块料、拼碎块料）楼梯面层

（1）工作内容：基层清理、抹找平层，面层铺贴、磨边，贴嵌防滑条，勾缝，刷防护材料，酸洗、打蜡，材料运输。

（2）项目特征：找平层厚度、砂浆配合比，粘结层厚度、材料种类，面层材料品种、规格、颜色，防滑条材料种类、规格，勾缝材料种类，防护材料种类，酸洗、打蜡要求。

（3）计算规则：按设计图示尺寸以楼梯（包括踏步、休息平台及≤500mm 的楼梯井）水平投影面积（m^2）计算。楼梯与楼地面相连时，算至梯口梁内侧边沿；无梯口梁者，算至最上一层踏步边沿加 300mm。

2. 水泥砂浆楼梯面层

（1）工作内容：基层清理、抹找平层，抹面层，抹防滑条，材料运输。

（2）项目特征：找平层厚度、砂浆配合比，面层厚度、砂浆配合比，防滑条材料种类、规格。

（3）计算规则：同石材楼梯面层。

3. 现浇水磨石楼梯面层

（1）工作内容：基层清理、抹找平层，抹面层，贴嵌防滑条，磨光、酸洗、打蜡，材料运输。

（2）项目特征：找平层厚度、砂浆配合比，面层厚度、水泥石子浆配合比，防滑条材料种类、规格，石子种类、规格、颜色，颜料种类、颜色，磨光、酸洗、打蜡要求。

（3）计算规则：同石材楼梯面层。

4. 木板楼梯面层

（1）工作内容：基层清理、基层铺贴，面层铺贴，刷防护材料，材料运输。

（2）项目特征：基层材料种类、规格，面层材料品种、规格、颜色，粘结材料种类，防护材料种类。

（3）计算规则：同石材楼梯面层。

地毯、木板、橡胶板、塑料板楼梯面层的工作内容及项目特征详见计量规范，计算规则同石材楼梯面层。

7.11.7 台阶装饰

台阶装饰主要包括石材、块料、拼碎块料、水泥砂浆、现浇水磨石及剁假石台阶面等。

1. 石材（块料、拼碎块料）台阶面

（1）工作内容：基层清理，抹找平层，面层铺贴，贴嵌防滑条，勾缝，刷防护材料，材料运输。

（2）项目特征：找平层厚度、砂浆配合比，粘结材料种类，面层材料品种、规格、颜色，勾缝材料种类，防滑条材料种类、规格，防护材料种类。

（3）计算规则：按设计图示尺寸以台阶（包括最上层踏步边沿加 300mm）水平投影面积（m^2）计算。

2. 水泥砂浆台阶面

（1）工作内容：基层清理，抹找平层，抹面层，抹防滑条，材料运输。

（2）项目特征：找平层厚度、砂浆配合比，面层厚度、砂浆配合比，防滑条材料种类。

（3）计算规则：同石材台阶面：

3. 现浇水磨石台阶面

(1) 工作内容：基层清理，抹找平层，抹面层，贴嵌防滑条，打磨、酸洗、打蜡，材料运输。

(2) 项目特征：找平层厚度、砂浆配合比，面层厚度、水泥石子浆配合比，防滑条材料种类、规格，石子种类、规格、颜色，颜料种类、颜色，磨光、酸洗、打蜡要求。

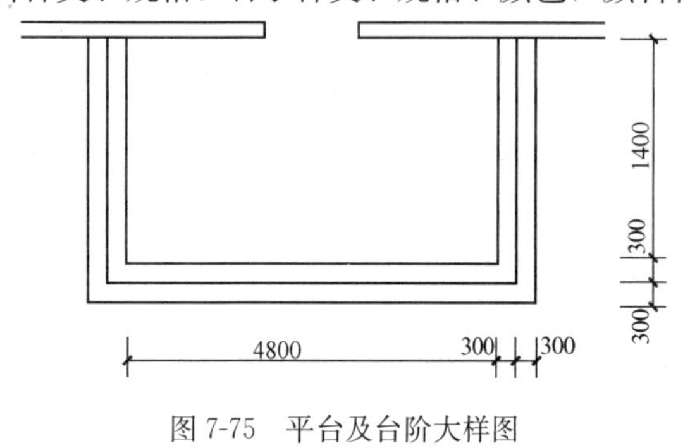

图 7-75 平台及台阶大样图

(3) 计算规则：同石材台阶面。

【例 7-32】 某建筑物大厅入口门前平台与台阶大样图如图 7-75 所示，试计算花岗石块料面层平台与花岗石台阶面层的工程量。

【解】 花岗石平台工程量＝(4.8－0.3×2)×(1.4－0.3)＝4.62m²

花岗石台阶面层工程量＝(4.8＋0.3×4)×(1.4＋0.3×2)－4.62＝7.38m²

7.11.8 零星装饰项目

零星装饰项目指楼梯、台阶牵边，侧边镶贴块料面层及≤0.5m²的少量分散的楼地面镶贴块料面层。主要包括石材（碎拼石材）、块料及水泥砂浆零星项目。

(1) 工作内容：不同项目工作内容略有差异，详见计量规范。主要包括清理基层，抹找平层，铺贴（抹）面层，表面处理及材料运输等。

(2) 项目特征：不同项目的项目特征略有差异，详见计量规范。主要包括工程部位，找平层厚度、砂浆配合比，面层材料品种及表面处理等。

(3) 计算规则：按设计图示尺寸以面积（m²）计算。

7.12 墙、柱面装饰与隔断、幕墙工程

7.12.1 墙面抹灰

墙面抹灰包括墙面一般抹灰、装饰抹灰，墙面勾缝及立面砂浆找平层。

1. 墙面一般抹灰、装饰抹灰

一般抹灰指墙面用石灰砂浆、水泥砂浆、混合砂浆、聚合物水泥砂浆、麻刀石灰浆、石膏灰浆等做的抹灰。

装饰抹灰指墙面用水刷石、斩假石（剁斧石、剁假石）、干粘石、假面砖等做的抹灰。

(1) 工作内容：基层清理，砂浆制作、运输，底层抹灰，抹面层，抹装饰面，勾分格缝。

(2) 项目特征：墙体类型，底层厚度、砂浆配合比，面层厚度、砂浆配合比，装饰面材料种类，分格缝宽度、材料种类。

(3) 计算规则：按设计图示尺寸以面积（m²）计算。

应扣除：墙裙、门窗洞口及单个＞0.3m²的孔洞面积；

不扣除：踢脚线、挂镜线和墙与构件交接处的面积；

不增加：门窗洞口和孔洞的侧壁及顶面面积；

合并内容：附墙柱、梁、垛、烟囱侧壁的面积。

1）外墙抹灰面积按外墙垂直投影面积计算，以外墙外边线为界，飘窗凸出外墙面增加的抹灰并入外墙工程量内。

2）外墙裙抹灰面积按其长度乘以高度计算。

3）内墙抹灰面积按主墙间的净长乘以高度计算：

①无墙裙的，高度按室内楼地面至天棚底面计算；

②有墙裙的，高度按墙裙顶至天棚底面计算；

③有吊顶天棚的内墙抹灰，高度算至天棚底，抹至吊顶以上部分在综合单价中考虑。

4）内墙裙抹灰面按内墙净长乘以高度计算。

2. 墙面勾缝

（1）工作内容：基层清理，砂浆制作、运输，勾缝。

（2）项目特征：勾缝类型，勾缝材料种类。

（3）计算规则：同墙面一般抹灰。

3. 立面砂浆找平层

立面砂浆找平层适用于仅做找平层的立面抹灰项目。

（1）工作内容：基层清理，砂浆制作、运输，抹灰找平。

（2）项目特征：基层类型，找平层砂浆厚度、配合比。

（3）计算规则：同墙面一般抹灰。

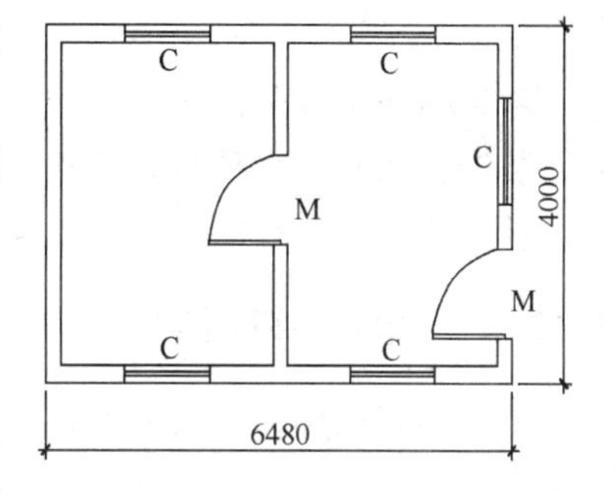

图 7-76　某建筑平面示意图

【例 7-33】 某建筑物平面示意图如图 7-76 所示。外墙檐口高 3.5m，外墙裙高 0.9m，采用墙面水刷石装饰，外墙裙以上为水泥砂浆抹灰。计算外墙面抹灰工程量（已知门尺寸为 1000mm × 2500mm，窗尺寸为 1200mm×1500mm，窗下边框距外墙裙顶部距离为 100mm）。

【解】（1）外墙面水泥砂浆工程量

$$S_1 = (6.48+4.00)\times 2\times(3.50-0.90) - 1.00\times(2.50-0.90) - 1.20\times 1.50\times 5 = 43.90\text{m}^2$$

（2）外墙裙水刷白石子工程量

$$S_2 = [(6.48+4.00)\times 2 - 1.00]\times 0.90 = 17.96\text{m}^2$$

7.12.2　柱（梁）面抹灰

柱（梁）面抹灰项目主要包括柱（梁）面抹灰、砂浆找平和柱面勾缝。

1. 柱（梁）面抹灰

柱（梁）面抹灰包括一般抹灰和装饰抹灰。抹面所用材料及种类同墙面抹灰。

（1）工作内容：基层清理，砂浆制作、运输，底层抹灰，抹面层，勾分格缝。

（2）项目特征：柱（梁）体类型，底层厚度、砂浆配合比，面层厚度、砂浆配合比，装饰面材料种类，分格缝宽度、材料种类。

（3）计算规则：柱面按设计图示尺寸柱断面周长乘高度以面积（m^2）计算，梁面按设计图示尺寸梁断面周长乘长度以面积（m^2）计算。

2. 柱（梁）面砂浆找平

（1）工作内容：基层清理，砂浆制作、运输，抹灰找平。

（2）项目特征：柱（梁）体类型，找平的砂浆厚度、配合比。

（3）计算规则：同柱（梁）面抹灰。

砂浆找平项目适用于仅做找平层的柱（梁）面抹灰

3. 柱面勾缝

（1）工作内容：基层清理，砂浆制作、运输，勾缝。

（2）项目特征：勾缝类型，勾缝材料种类。

（3）计算规则：按设计图示柱断面周长乘高度以面积（m^2）计算。

7.12.3 零星抹灰

零星抹灰项目适用于墙、柱（梁）$\leqslant 0.5m^2$的少量分散的抹灰，包括零星项目一般抹灰、装饰抹灰及零星项目砂浆找平。其工作内容、项目特征与对应墙面抹灰相似，详见规范。计算规则按设计图示尺寸以面积（m^2）计算。

7.12.4 墙面块料面层

墙面块料面层包括石材（拼碎石材）墙面（如大理石、花岗石），块料墙面（如面砖、预制水磨石等）和干挂石材钢骨架。施工工艺分别为：

（1）挂贴块料（如挂贴大理石板）是在墙的基层设置预埋件，再焊上钢筋网。然后将块料板上下钻孔，用铜丝或不锈钢挂件将块料板固定在钢筋网架上，再将留缝灌注水泥砂浆。

（2）粘贴块料（如粘贴大理石板）是用水泥砂浆或高强度胶粘剂把块料板粘贴于墙的基层上。该方法适用于危险性小的内墙面和墙裙。

（3）干挂块料（如干挂大理石）适用于大型的板材。主要方法是用预埋件或膨胀螺栓将不锈钢角钢与墙体连结牢固，然后用不锈钢安插件，把按设计要求打好孔的板材支承在不锈钢角钢上，挂满墙面。

不论采用哪种安装方式，工程量计算时，都要详细描述与组价相关的内容。

1. 石材（拼碎石材、块料）墙面

（1）工作内容：基层清理，砂浆制作、运输，粘结层铺贴，面层安装，嵌缝，刷防护材料，磨光、酸洗、打蜡。

（2）项目特征：墙体类型，安装方式，面层材料品种、规格、颜色，缝宽、嵌缝材料种类，防护材料种类，磨光、酸洗、打蜡要求。

（3）计算规则：按镶贴表面积（m^2）计算。

2. 干挂石材钢骨架

（1）工作内容：骨架制作、运输、安装，刷漆。

（2）项目特征：骨架种类、规格，防锈漆品种遍数。

（3）计算规则：按设计图示以质量（t）计算。

7.12.5 柱（梁）面镶贴块料

柱（梁）面镶贴块料的内容与墙面块料面层的内容及施工工艺基本相同。其中柱梁面干挂石材的钢骨架应按墙面的相应块料面层项目编码列项。

1. 石材（块料、碎拼块料）柱面

（1）工作内容：基层清理，砂浆制作、运输，粘结层铺贴，面层安装，嵌缝，刷防护材料，磨光、酸洗、打蜡。

（2）项目特征：柱截面类型、尺寸，安装方式，面层材料品种、规格、颜色，缝宽、嵌缝材料种类，防护材料种类，磨光、酸洗、打蜡要求。

（3）计算规则：按镶贴表面积（m^2）计算。

2. 石材、块料梁面

（1）工作内容：同石材柱面。

（2）项目特征：安装方式，面层材料品种、规格、颜色，缝宽、嵌缝材料种类，防护材料种类，磨光、酸洗、打蜡要求。

（3）计算规则：同石材柱面。

7.12.6 镶贴零星块料

镶贴零星块料指墙柱面≤$0.5m^2$的少量分散的镶贴块料面层。包括石材、块料、拼碎块料零星项目。相应的工作内容、项目特征与墙面块料面层相似，详见计量规范。计算规则同石材柱面。

7.12.7 墙饰面

墙饰面主要用来保护墙体和美化室内环境，主要包括墙面装饰板和装饰浮雕。

1. 墙面装饰板

（1）工作内容：基层清理，龙骨制作、运输、安装，钉隔离层，基层铺钉，面层铺贴。

（2）项目特征：龙骨材料种类、规格、中距，隔离层材料种类、规格，基层材料种类、规格，面层材料品种、规格、颜色，压条材料种类、规格。

（3）计算规则：按设计图示墙净长乘以净高以面积（m^2）计算。扣除门窗洞口及单个＞$0.3m^2$的孔洞所占面积。

2. 墙面装饰浮雕

（1）工作内容：基层清理，材料制作、运输，安装成型。

（2）项目特征：基层类型，浮雕材料种类，浮雕样式。

（3）计算规则：按设计图示尺寸以面积（m^2）计算。

【例 7-34】 某建筑物室内墙面如图 7-77 所示。试计算大理石墙裙和装饰板墙面的工程量。

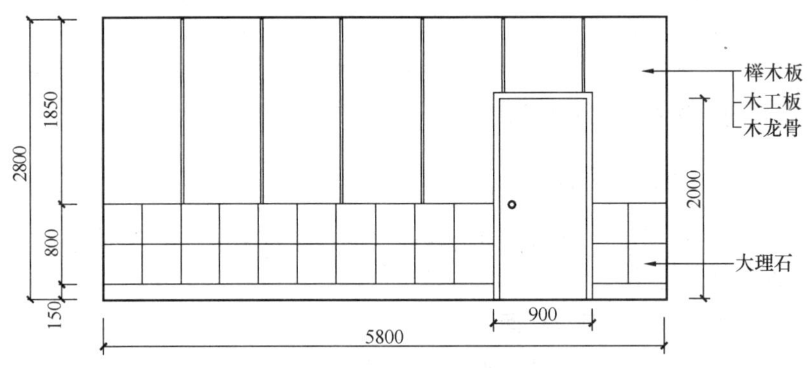

图 7-77 墙面装饰示意图

【解】 大理石墙裙工程量：$S_1=(5.8-0.9)\times0.8=3.92m^2$

榉木板面层的工程量：$S_2=5.8\times1.85-(2-0.15-0.8)\times0.9=9.79m^2$

7.12.8 柱（梁）饰面

柱（梁）饰面分为现场柱（梁）面装饰和成品装饰柱。

1. 柱（梁）面装饰

（1）工作内容：基层清理，龙骨制作、运输、安装，钉隔离层，基层铺钉，面层铺贴。

（2）项目特征：龙骨材料种类、规格、中距，隔离层材料种类、规格，基层材料种类、规格，面层材料品种、规格、颜色，压条材料种类、规格。

（3）计算规则：按设计图示饰面外围尺寸以面积（m^2）计算。柱帽、柱墩并入相应柱饰面工程量内。

2. 成品装饰柱

（1）工作内容：柱运输、固定、安装。

（2）项目特征：柱截面、高度尺寸，柱材质。

（3）计算规则：按设计数量（根）计算或按设计长度（m）计算。

7.12.9 幕墙工程

幕墙是由结构框架与镶嵌板材组成的悬挂在主体结构上，不承担主体结构载荷与作用，可以起到防风、遮雨、保温、隔热、防噪声等使用功能的建筑外围护结构。

1. 带骨架幕墙

带骨架幕墙是指将材料与骨架连结构成的墙体。带骨架幕墙分为隐框、半隐框和明框幕墙三大类。

（1）工作内容：骨架制作、运输、安装，面层安装，隔离带、框边封闭，嵌缝、塞口，清洗。

（2）项目特征：骨架材料种类、规格、中距，面层材料品种、规格、颜色，面层固定方式，隔离带、框边封闭材料品种、规格，嵌缝、塞口材料种类。

（3）计算规则：按设计图示框外围尺寸以面积（m^2）计算。与幕墙同种材质的窗所占面积不扣除。

2. 全玻（无框玻璃）幕墙

全玻（无框玻璃）幕墙指采用玻璃肋和玻璃面板构成的玻璃幕墙。全玻幕墙与带骨架幕墙的最大区别就在于骨架（肋）与面板同是玻璃。全玻幕墙的通透性比带骨架幕墙更强。

（1）工作内容：幕墙安装，嵌缝、塞口，清洗。

（2）项目特征：玻璃品种、规格、颜色，粘结塞口材料种类，固定方式。

（3）计算规则：按设计图示尺寸以面积（m^2）计算，带肋全玻幕墙按展开面积（m^2）计算。

幕墙钢骨架按墙面块料面层的干挂石材钢骨架编码列项。

7.12.10 隔断

隔断一般是用来分割建筑物内部空间以达到不同使用功能。根据材质不同，分为木隔断、金属隔断、玻璃隔断、塑料隔断等类型。

1. 木隔断

（1）工作内容：骨架及边框制作、运输、安装，隔板制作、运输、安装，嵌缝、塞口，装钉压条。

（2）项目特征：骨架、边框材料种类、规格，隔板材料品种、规格、颜色，嵌缝、塞口材料品种，压条材料种类。

（3）计算规则：按设计图示框外围尺寸以面积（m^2）计算。不扣除单个≤0.3m^2的孔洞所占面积；浴厕门的材质与隔断相同时，门的面积并入隔断面积内。

2. 金属隔断

（1）工作内容：同木隔断，但不包括装钉压条。

（2）项目特征：同木隔断，但不描述压条材料种类。

（3）计算规则：同木隔断。

3. 玻璃、塑料隔断

（1）工作内容：边框（及骨架）制作、运输、安装，隔板（玻璃）制作、运输、安装，嵌缝、塞口。

（2）项目特征：边框材料种类、规格，隔板（玻璃）材料品种、规格、颜色，嵌缝、塞口材料品种。

（3）计算规则：按设计图示框外围尺寸以面积（m^2）计算。不扣除单个≤0.3m^2的孔洞所占面积。

4. 成品隔断

（1）工作内容：隔断运输、安装，嵌缝塞口。

（2）项目特征：隔断材料品种、规格、颜色，配件品种、规格。

（3）计算规则：按设计图示框外围尺寸以面积（m^2）计算或按设计的数量（间）计量。

7.13 天棚工程

天棚工程是室内装饰工程中的一个重要组成部分。它不仅具有保温、隔热、隔声或吸声作用，也是电气、暖卫、通风空调等管线的隐蔽层。天棚工程包括天棚抹灰、吊顶，采光天棚及天棚其他装饰。

7.13.1 天棚抹灰

（1）工作内容：基层清理，底层抹灰，抹面层。

（2）项目特征：基层类型，抹灰厚度、材料种类，砂浆配合比。

（3）计算规则：按设计图示尺寸以水平投影面积（m^2）计算。板式楼梯底面抹灰按斜面积计算，锯齿形楼梯底板抹灰按展开面积计算。

天棚抹灰不扣除间壁墙、垛、柱、附墙烟囱、检查口和管道所占的面积，带梁天棚的梁两侧抹灰面积并入天棚抹灰工程量中。

7.13.2 天棚吊顶

天棚吊顶主要包括吊顶天棚、格栅吊顶、其他材料吊顶等。

1. 吊顶天棚

吊顶天棚一般由吊杆或吊筋、龙骨或格栅、面层三部分组成。

（1）工作内容：基层清理、吊杆安装，龙骨安装，基层板铺贴，面层铺贴，嵌缝，刷防护材料。

（2）项目特征：吊顶形式、吊杆规格、高度，龙骨材料种类、规格、中距，基层材料种类、规格，面层材料品种、规格，压条材料种类、规格，嵌缝材料种类，防护材料种类。

（3）计算规则：按设计图示尺寸以水平投影面积（m^2）计算。

1）不展开的面积：天棚面中的灯槽及跌级、锯齿形、吊挂式、藻井式天棚面积。

2）不扣除的面积：间壁墙、检查口、附墙烟囱、柱垛和管道所占面积。

3）应扣除的面积：单个$>0.3m^2$的孔洞、独立柱及与天棚相连的窗帘盒所占的面积。

2. 格栅吊顶

格栅吊顶是由单体构件组合而成的一种开敞式吊顶。

（1）工作内容：基层清理，安装龙骨，基层板铺贴，面层铺贴，刷防护材料。

（2）项目特征：龙骨材料种类、规格、中距，基层材料种类、规格，面层材料品种、规格，防护材料种类。

（3）计算规则：按设计图示尺寸以水平投影面积（m^2）计算。

3. 其他材料吊顶

在现代工程中，为了增加吊顶的美观，也会采用吊筒吊顶、藤条造型悬挂吊顶、织物软雕吊顶及装饰网架吊顶，工作内容与项目特征详见计量规范，计算规则同吊顶天棚。

7.13.3 采光天棚

采光天棚是为提高建筑物采光效果而设立的一种天棚，具有隔声、隔热、防尘、防风等功能。

（1）工作内容：清理基层，面层制安，嵌缝、塞口，清洗。

（2）项目特征：骨架类型，固定类型、固定材料品种、规格，面层材料品种、规格，嵌缝、塞口材料种类。

（3）计算规则：按框外围展开面积（m^2）计算。

【例 7-35】 如图 7-35（见 7.4，砌筑工程）某单层建筑物安装悬吊式顶棚，采用不上人 U 形轻钢龙骨及 600mm×600mm 的石膏板面层。小开间为一级吊顶，大开间为二级吊顶，详图见图 7-78。试计算其吊顶工程量。

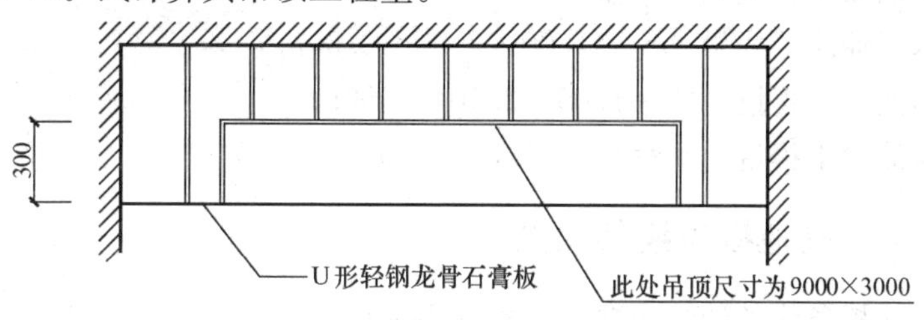

图 7-78 吊顶计算示意

【解】（1）小开间天棚吊顶工程量：

$$S_{小}=(12.48-0.36\times2)\times(5.7-0.12\times2)=64.21\text{m}^2$$

（2）大开间天棚吊顶工程量：

$$S_{大}=(12.48-0.36\times2)\times(5.7+2.0-0.12\times2)-0.49\times0.49\times3$$

$$=87.91\text{m}^2$$

$$S_{吊顶}=64.21+87.91=152.12\text{m}^2$$

7.14 油漆、涂料、裱糊工程

7.14.1 油漆、涂料、裱糊装饰工程的概述

涂料和油漆具有良好的装饰效果及保护被饰构件的功能。裱糊主要是各类墙壁纸的粘贴。

油漆、涂料、裱糊工程包括门、窗油漆，木扶手及其他板条、线条油漆，各种材质表面的油漆，喷刷、涂料，裱糊等。

7.14.2 门、窗油漆

门、窗油漆包括木门窗油漆及金属门窗油漆。木门窗和金属门窗油漆应按规范对不同类型的门窗项目分别编码列项。

（1）工作内容：基层清理，刮腻子，刷防护材料、油漆。金属面油漆还应包括除锈。

（2）项目特征：门窗类型，门窗代号及洞口尺寸，腻子种类，刮腻子遍数，防护材料种类，油漆品种、刷漆遍数。

(3) 计算规则：按设计图示数量（樘）计算或按设计图示洞口尺寸以面积（m^2）计算。

【例 7-36】 如图 7-76 所示，该建筑安装的为金属推拉窗，尺寸为 1200mm×1500mm，内墙门为单层木门，外墙门为金属推拉门，尺寸均为 1000mm×2500mm。试计算该建筑门窗油漆工程量。

【解】 单层木门油漆工程量 $n_1=1$ 樘

金属推拉门油漆工程量 $n_2=1$ 樘

金属推拉窗油漆工程量 $n_3=5$ 樘

或：单层木门油漆工程量 $S_1=1.00\times2.50=2.50m^2$

金属推拉门油漆工程量 $S_2=1.00\times2.50=2.50m^2$

金属推拉窗油漆工程量 $S_3=1.2\times1.5\times5=9.00m^2$

7.14.3 木扶手及其他板条线条油漆

木扶手及其他板条线条油漆主要包括木扶手油漆，窗帘盒油漆，挂衣板、挂镜线、单独木线、封檐板、顺水板油漆等项目，详见计量规范。其中木扶手应根据是否带托板分别编码列项，当木栏杆带扶手时，则木扶手油漆应包含在木栏杆油漆中，不再单独列项。

(1) 工作内容：基层清理，刮腻子，刷防护材料、油漆。

(2) 项目特征：断面尺寸，腻子种类，刮腻子遍数，防护材料种类，油漆品种、刷漆遍数。

(3) 计算规则：按设计图示尺寸以长度（m）计算。

7.14.4 木材面油漆

(1) 工作内容：基层清理，刮腻子，刷防护材料、油漆。

(2) 项目特征：腻子种类，刮腻子遍数，防护材料种类，油漆品种、刷漆遍数。

(3) 计算规则：根据不同项目，计算规则有差异，详见计量规范。

1) 木护墙、木墙裙，窗台板、筒子板、盖板、门窗套、踢脚线，清水板条天棚面等项目，按设计图示尺寸以面积（m^2）计算。

2) 木间壁、木隔断，木栅栏、木栏杆（带扶手）等项目，按设计图示尺寸以单面外围面积（m^2）计算。

3) 衣柜、壁柜，梁柱饰面，零星木装修等项目，按设计图示尺寸以油漆部分展开面积（m^2）计算。

4) 木地板油漆项目按设计图示尺寸以面积（m^2）计算。空洞、空圈、暖气包槽、壁龛的开口部分并入相应的工程量内。

7.14.5 金属面油漆

(1) 工作内容：基层清理，刮腻子，刷防护材料、油漆。

(2) 项目特征：构件名称，腻子种类，刮腻子要求，防护材料种类，油漆品种、刷漆遍数。

(3) 计算规则：按设计图示尺寸以质量（t）计算或按设计展开面积（m^2）计算。

7.14.6 抹灰面油漆

抹灰面油漆包括抹灰面、抹灰线条及满刮腻子油漆。

1. 抹灰面油漆

（1）工作内容：基层清理，刮腻子，刷防护材料、油漆。

（2）项目特征：基层类型，腻子种类，刮腻子遍数，防护材料种类，油漆品种、刷漆遍数，部位。

（3）计算规则：按设计图示尺寸以面积（m^2）计算。

2. 抹灰线条油漆

（1）工作内容：同抹灰面油漆。

（2）项目特征：线条宽度、道数，腻子种类，刮腻子遍数，防护材料种类，油漆品种、刷漆遍数。

（3）计算规则：按设计图示尺寸以长度（m）计算。

7.14.7 喷刷涂料

喷刷涂料包括墙面，天棚，空花格、栏杆，线条等（喷）刷涂料，金属构件刷防火涂料，木材构件等刷防火涂料项目。

1. 墙面、天棚喷刷涂料

（1）工作内容：基层清理，刮腻子，刷、喷涂料。

（2）项目特征：基层类型，喷刷涂料部位，腻子种类，刮腻子要求，涂料品种、喷刷遍数。

（3）计算规则：按设计图示尺寸以面积（m^2）计算。

2. 空花格、栏杆刷涂料

（1）工作内容：同墙面喷刷涂料。

（2）项目特征：腻子种类，刮腻子遍数，涂料品种、喷刷遍数。

（3）计算规则：按设计图示尺寸以单面外围面积（m^2）计算。

3. 金属构件、木材构件（喷）刷防火涂料

（1）工作内容：基层清理、刷防护（火）材料，金属构件还包括油漆。

（2）项目特征：喷刷防火涂料构件名称，防火等级要求，涂料品种、喷刷遍数。

（3）计算规则：按设计图示尺寸以面积（m^2）计算，金属构件刷防火涂料还可按图示尺寸以质量（t）计算。

7.14.8 裱糊

裱糊包括墙纸裱糊和织锦缎裱糊两类。

（1）工作内容：基层清理，刮腻子，面层铺粘，刷防护材料。

（2）项目特征：基层类型，裱糊部位，腻子种类，刮腻子遍数，粘结材料种类，防护材料种类，面层材料品种、规格、颜色。

（3）计算规则：按设计图示尺寸以面积（m^2）计算。

7.15 其他装饰工程

其他装饰工程主要包括柜类、货架，压条、装饰线，扶手、栏杆、栏板装饰，暖气罩，浴厕配件，雨篷、旗杆等项目，这部分内容繁多，详见计量规范。

7.15.1 压条、装饰线

根据材质不同，将压条、装饰线分为两类。第一类主要包括金属装饰线、木质装饰线、石材装饰线、镜面装饰线、铝塑装饰线及塑料装饰线等。第二类指 GRC 装饰线条。GRC 是指以耐碱玻璃纤维作增强材，硫铝酸盐低碱度水泥为胶结材并掺入适宜集料构成基材，通过喷射、立模浇铸、挤出、流浆等工艺而制成的新型无机复合材料。

1. 第一类压条、装饰线

(1) 工作内容：线条制作、安装，刷防护材料。

(2) 项目特征：基层类型，线条材料品种、规格、颜色，防护材料种类。

(3) 计算规则：按设计图示以长度（m）计算。

2. 第二类压条、装饰线

(1) 工作内容：线条制作、安装。

(2) 项目特征：基层类型，线条规格，线条安装部位，填充材料种类。

(3) 计算规则：按设计图示以长度（m）计算。

7.15.2 扶手、栏杆、栏板装饰

扶手、栏杆、栏板装饰包括金属（硬木、塑料）扶手、栏杆、栏板，GRC 栏杆、扶手，金属（硬木、塑料）靠墙扶手，玻璃栏板。

(1) 工作内容：制作，运输，安装，刷防护材料。

(2) 项目特征：材质不同，项目特征有差异。

1) 金属（硬木、塑料）扶手、栏杆、栏板应描述扶手材料种类、规格，栏杆材料种类、规格，栏板材料种类、规格、颜色，固定配件种类，防护材料种类。

2) GRC 栏杆、扶手应描述栏杆的规格，安装间距，扶手类型规格，填充材料种类。

3) 金属（硬木、塑料）靠墙扶手应描述扶手材料种类、规格，固定配件种类，防护材料种类。

4) 玻璃栏板应描述栏杆玻璃的种类、规格、颜色，固定方式，固定配件种类。

(3) 计算规则：按设计图示以扶手中心线长度（m）计算（包括弯头长度）。

7.16 拆除工程

7.16.1 拆除工程概述

随着人们对建筑物要求的提高，不少建筑物或构筑物面临维修加固或二次装修。本节拆除工程所涉及的内容，适用于房屋建筑工程，仿古建筑、构筑物、园林景观等项目维修、

加固或二次装修前的拆除，而不是指的房屋的整体拆除工程。由于专业特点不同，市政工程的拆除项目（如市政的路桥拆除等）及城市轨道交通工程的拆除项目，不在本节所述范围之内，应按相关专业计量规范的项目编码列项。

在拆除工程中，有以下应注意的共性问题：

（1）拆除项目的“工作内容”均为“拆（铲）除，控制扬尘，清理，建渣场内、外运输”，故本节在各项目中不再赘述。

（2）当拆（铲）除工程以长度（m）计量时，须描述拆（铲）除部位的截面尺寸或规格尺寸。

（3）对于只拆面层的项目，如构件表面的抹灰层、块料层、装饰面层，在项目特征中，不必描述基层（或龙骨）类型（或种类）；对于基层（或龙骨）和面层同时拆除的项目，在项目特征中，必须描述（基层或龙骨）类型（或种类）。

（4）拆除项目工作内容中含“建渣场内、外运输”，因此，综合单价中应含建渣场内、外运输。

7.16.2 砖砌体拆除

（1）项目特征：砌体名称，砌体材质，拆除高度，拆除砌体的截面尺寸，砌体表面的附着物种类。

（2）计算规则：按拆除的体积（m^3）计算或按拆除的长度（m）计算。

7.16.3 混凝土及钢筋混凝土构件拆除

混凝土及钢筋混凝土构件拆除包括混凝土构件的拆除及钢筋混凝土构件拆除两类。

（1）项目特征：构件名称，拆除构件的厚度或规格尺寸，构件表面的附着物种类。

（2）计算规则：根据实际要求，可以任选以下一种方法计量。

1）按拆除构件的混凝土体积（m^3）计算；

2）按拆除部位的面积（m^2）计算，同时应描述构件的厚度；

3）按拆除部位的延长米（m）计算。

7.16.4 木构件拆除

木构件拆除一般包括木梁、木柱、木楼梯、木屋架、承重木楼板等项目的拆除。

（1）项目特征：构件名称，拆除构件的厚度或规格尺寸，构件表面的附着物种类。

（2）计算规则：同混凝土及钢筋混凝土构件拆除。

7.16.5 抹灰层拆除

抹灰层拆除包括平面抹灰层、立面抹灰层和天棚抹灰面的拆除。单独拆除抹灰层时，应按抹灰层拆除项目编码列项。

（1）项目特征：拆除部位，抹灰层种类。

（2）计算规则：按拆除部位的面积（m^2）计算。

7.16.6 块料面层拆除

块料面层拆除包括平面块料拆除和立面块料拆除。

（1）项目特征：拆除的基层类型，饰面材料种类。

（2）计算规则：按拆除的面积（m^2）计算。

7.16.7 龙骨及饰面拆除

龙骨及饰面拆除包括楼地面、墙柱面和天棚面龙骨及饰面拆除。

（1）项目特征：拆除的基层类型，龙骨及饰面种类。

（2）计算规则：按拆除的面积（m^2）计算。

7.16.8 屋面拆除

屋面拆除包括刚性层拆除和防水层拆除。

（1）项目特征：刚性层拆除描述刚性层厚度；防水层拆除描述防水层种类。

（2）计算规则：按拆除部位的面积（m^2）计算。

7.16.9 铲除油漆涂料裱糊面

铲除油漆、涂料、裱糊面指铲除墙面、柱面、天棚及门窗等部位的油漆涂料裱糊面。

（1）项目特征：铲除部位名称，铲除部位的截面尺寸。

（2）计算规则：按铲除部位的面积（m^2）计算或按铲除部位的延长米（m）计算。

7.16.10 栏杆栏板、轻质隔断隔墙拆除

栏杆栏板、轻质隔断隔墙拆除包括栏杆、栏板拆除及轻质隔断隔墙拆除。

1. 栏杆、栏板拆除

（1）项目特征：栏杆（板）的高度，栏杆、栏板种类。

（2）计算规则：按拆除部位的面积（m^2）计算或按拆除部位的延长米（m）计算。以平方米计量时，不用描述栏杆（板）的高度。

2. 轻质隔断隔墙拆除

（1）项目特征：拆除隔墙的骨架种类，饰面类。

（2）计算规则：按拆除部位的面积（m^2）计算。

7.16.11 门窗拆除

门窗拆除分为木门窗拆除和金属门窗拆除。

（1）项目特征：室内高度（指室内楼地面至门窗的上边框高度），门窗洞口尺寸。

（2）计算规则：按拆除面积（m^2）计算或按拆除数量（樘）计算。以平方米计量，不用描述门窗的洞口尺寸。

7.16.12 金属构件拆除

金属构件拆除包括钢梁，钢柱，钢网架，钢支撑、钢墙架及其他金属构件拆除。

（1）项目特征：构件名称，拆除构件的规格尺寸。

（2）计算规则：

1）钢梁，钢柱、钢支撑、钢墙架及其他金属构件按拆除构件的质量（t）计算或按拆除延长米（m）计算。

2）钢网架拆除按拆除构件的质量（t）计算。

7.16.13 开孔（打洞）

开孔（打洞）项目主要是在页岩砖、空心砖或者钢筋混凝土等材料的墙面或者楼板上进行的施工操作。

（1）项目特征：部位，打洞部位材质，洞尺寸。

（2）计算规则：按数量（个）计算。

7.17 措施项目

7.17.1 措施项目的概述

如前所述，措施项目是指为完成工程项目施工，发生于该工程施工准备和施工过程中的技术、生活、安全、环境保护等方面的项目。主要包括脚手架工程，混凝土模板及支架（撑），垂直运输，超高施工增加，大型机械设备进出场及安拆，施工排水、降水，安全文明施工及其他措施项目。

7.17.2 脚手架工程

脚手架是为高空施工操作，堆放和运送材料而设置的架设工具或操作平台，定额一般规定，砌砖高度在1.35m以上、砌石高度在1m以上时，就可以搭设脚手架。主要有综合脚手架，外脚手架，里脚手架，悬空脚手架，挑脚手架，满堂脚手架，整体提升架和外装饰吊篮等形式。

1. 综合脚手架

综合脚手架系指一个单位工程在全部施工工程中常用的各种脚手架的总体。一般包括砌筑、浇筑、吊装、抹灰、油漆、涂料等所需的脚手架、运料斜道、上料平台、金属卷扬机架等。凡是能够按“建筑面积计算规则”计算建筑面积的建筑工程均按综合脚手架计算工程量，房屋加层、构筑物及附属工程除外。

编制清单项目时，列出综合脚手架项目，就不再列出单项脚手架项目。综合脚手架针对整个房屋建筑的建筑和装饰装修部分，不得重复列项。

（1）工作内容：场内、场外材料搬运，搭、拆脚手架、斜道、上料平台，安全网的铺设，选择附墙点与主体连接，测试电动装置、安全锁等，拆除脚手架后材料的堆放。

（2）项目特征：建筑结构形式，檐口高度。

檐口高度系指建筑物的滴水高度。平屋面从设计室外地坪算至屋面板底（图7-79），凸出屋面的楼梯出口间、电梯间、水箱间、眺望塔、排烟机房等不计算檐高（图7-80）。屋顶上的特殊构筑物（如葡萄架等）和女儿墙的高度也不计入檐口高度。

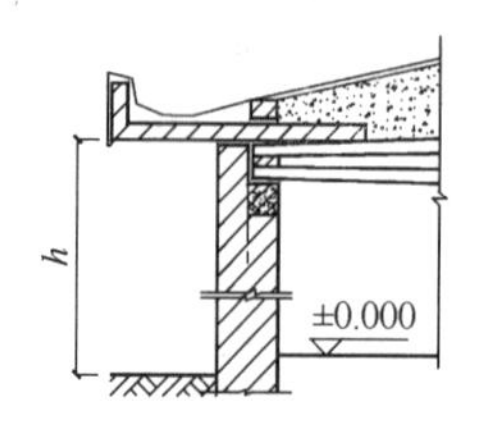

图 7-79 平屋面檐口高度

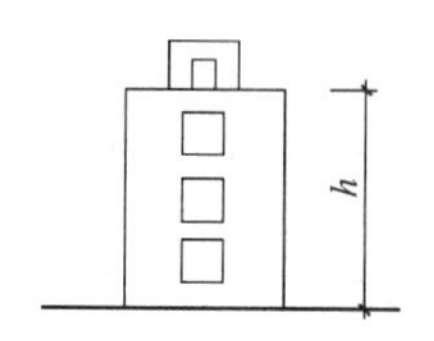

图 7-80 有凸出屋面建筑的檐口高度

（3）计算规则：按建筑面积以（m^2）计算。

同一建筑物有不同檐高时，按建筑物竖向切面分别列项，如要计算如图 7-81 所示的建筑物，则应将建筑物竖向切分为：①～②轴，檐口高度为 9.3m，②～③轴，檐口高度为 42.3m，③～④轴，檐口高度为 22.5m，再分别根据平面图计算出对应的建筑面积，从而获得该建筑物的综合脚手架的工程量。

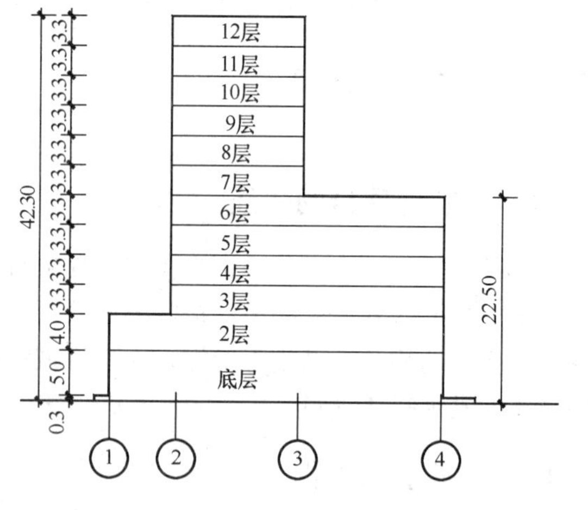

图 7-81 檐高不同的建筑物

【例 7-37】 某 7 层办公楼为钢筋混凝土空心板的屋面结构，室外地坪标高－0.3m，每层层高 3.30m，屋面板厚 120mm，建筑面积为 2296m^2，试计算综合脚手架工程量。

【解】 综合脚手架工程量＝建筑面积＝2296m^2

檐口高度＝（3.3×7）－0.12＋0.3＝23.28m

2. 单项脚手架

单项脚手架分为三类。第一类单项脚手架包括外脚手架、里脚手架、悬空脚手架、挑脚手架、满堂脚手架；第二类单项脚手架指整体提升架；第三类单项脚手架指外装饰吊篮。

（1）第一类单项脚手架

外脚手架是指沿建筑物外墙外围搭设的脚手架，搭设方式有单排脚手架和双排脚手架两种，主要用于外墙砌筑和外墙的外部装修。

里脚手架是指沿室内墙面搭设的脚手架，主要用于内墙砌筑、室内装修和框架外墙砌筑及围墙等。

悬空脚手架主要用于高度超过 3.6m、有屋架建筑物的屋面板底面油漆、抹灰、勾缝和屋架油漆等施工。

挑脚手架是指从建筑物内部通过窗洞口向外挑出的脚手架，主要用于挑檐等突出墙外部分的施工。

满堂脚手架是指在工作面内满设的脚手架，主要用于满堂基础和室内顶棚的安装、装饰等。

1）工作内容：场内、场外材料搬运，搭、拆脚手架、斜道、上料平台，安全网的铺设，拆除脚手架后的材料的堆放。

2）项目特征：搭设方式，搭设高度（悬空脚手架和挑脚手架为悬挑宽度），脚手架材质。

3）计算规则：

①里、外脚手架按所服务对象的垂直投影面积（m^2）计算。

②悬空脚手架，满堂脚手架均按搭设的水平投影面积（m^2）计算。

③挑脚手架按搭设长度乘以搭设层数以延长米（m）计算。

（2）第二类单项脚手架

整体提升架是近年来开发的新型脚手架体系。一般用于剪力墙、框架、筒仓或悬挑大阳台等结构中，沿建筑物外侧搭设不大于5倍层高的外脚手架，通过附着支撑附着在工程结构上，依靠自身的升降设备实现升降。整体提升架组合结构中已包括2m高的防护架体设施。

1）工作内容：场内、场外材料搬运，选择附墙点与主体连接，搭、拆脚手架、斜道、上料平台，安全网的铺设，测试电动装置、安全锁等，拆除脚手架后材料的堆放。

2）项目特征：搭设方式及启动装置，搭设高度。

3）计算规则：同外脚手架。

（3）第三类单项脚手架

外装饰吊篮是建筑物外沿装修、清洁、涂料等作业而设置的设备，一般用于高空作业。

1）工作内容：场内、场外材料搬运，吊篮的安装，测试电动装置、安全锁、平衡控制器等，吊篮的拆卸。

2）项目特征：升降方式及启动装置，搭设高度及吊篮型号。

3）计算规则：同外脚手架。

7.17.3 混凝土模板及支架（撑）

模板是使混凝土及钢筋混凝土具有结构构件所需要的形状与尺寸的模具，而支架（撑）则是混凝土及钢筋混凝土从浇注时至混凝土拆模止的承力结构。

混凝土工程用的模板一般有组合钢模板、复合木模板、木模板、定型钢模板、滑升模板、胎模和地砖模等。

根据现行计价规定，预制混凝土及钢筋混凝土构件按现场制作编制项目，工作内容中已包括模板制作等不再单列，对于现浇混凝土及钢筋混凝土实体工程项目，措施项目清单中应单独列出模板工作内容及工程量。

1. 混凝土基础、梁、板、柱和墙

基础：包括各种类型混凝土基础。

梁：包括基础梁，矩形梁，异形梁，圈梁，过梁，弧形、拱形梁。

板：包括有梁板，无梁板，平板，拱板，薄壳板，空心板，栏板，其他板。

柱：包括矩形柱，构造柱，异形柱。

墙：包括直形墙、弧形墙、短肢剪力墙、电梯井壁。

（1）工作内容：模板制作，模板安装、拆除、整理堆放及场内外运输，清理模板粘结物及模内杂物、刷隔离剂等。

(2) 项目特征：根据项目不同，分别描述其形状、类型、支撑高度等，详见计量规范。

(3) 计算规则：按模板与现浇混凝土构件的接触面积（m^2）计算。

1）原槽浇灌的混凝土基础不计算模板。

2）现浇钢筋混凝土墙、板单孔面积≤0.3m^2 的孔洞不予扣除，洞侧壁模板亦不增加；单孔面积＞0.3m^2 时应予扣除，洞侧壁模板面积并入墙、板工程量内计算。

3）现浇框架分别按梁、板、柱有关规定计算；附墙柱、暗梁、暗柱并入墙内工程量内计算。

4）柱、梁、墙、板相互连接的重叠部分，均不计算模板面积。

5）构造柱按图示外露部分计算模板面积。

【例 7-38】 某框架结构办公楼，独立基础如图 7-82 所示，垫层厚度 100mm，试计算该基础模板工程量。

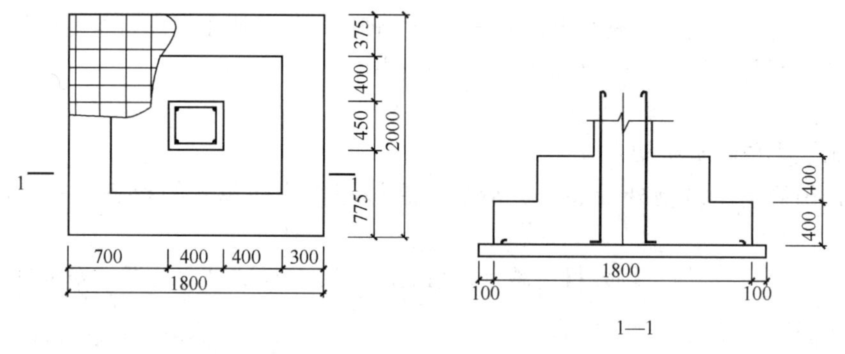

图 7-82 独立基础大样图

【解】 基础模板的工程量：

$$S_{独基}=(1.8+2.0)\times2\times0.4+(1.2+1.25)\times2\times0.4=5.0m^2$$

【例 7-39】 如图 7-83 所示是一块有梁板的平面图和剖面图，试计算该有梁板的模板工程量。

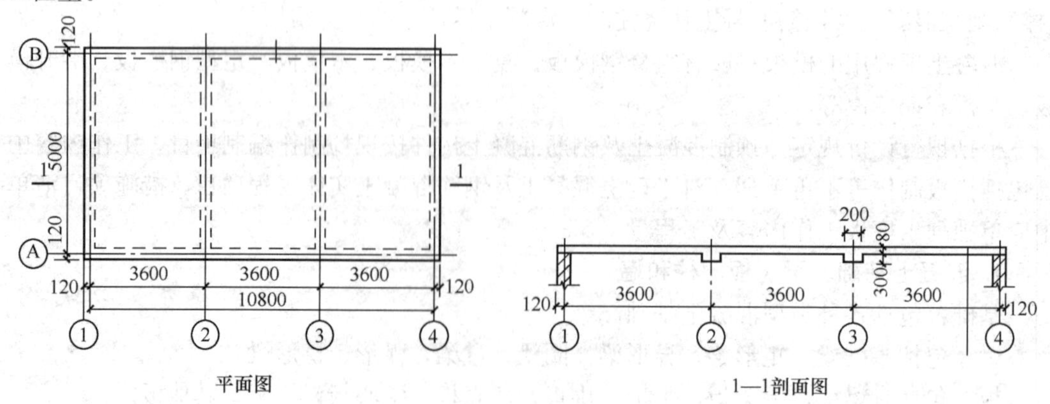

图 7-83 有梁板计算示意

【解】 有梁板的底模：$S_1=(10.8-0.24)\times(5-0.24)=50.26m^2$

梁侧模：$S_2=(5-0.24)\times0.3\times4=5.71m^2$

有梁板侧模：S_3＝（10.8＋0.24＋5＋0.24）×2×0.08＝2.60m^2

有梁板模板工程量：S＝50.26＋5.71＋2.60＝58.57m^2

2. 天沟、檐沟

（1）工作内容：同基础。

（2）项目特征：构件类型。

（3）计算规则：按模板与现浇混凝土构件的接触面积（m^2）计算。

3. 雨篷、悬挑板及阳台板

（1）工作内容：同基础。

（2）项目特征：构件类型，板厚度。

（3）计算规则：按图示外挑部分尺寸的水平投影面积（m^2）计算，挑出墙外的悬臂梁及板边不另计算。

4. 楼梯

（1）工作内容：同基础。

（2）项目特征：类型。

（3）计算规则：按楼梯（包括休息平台、平台梁、斜梁和楼层板的连接梁）的水平投影面积（m^2）计算，不扣除宽度≤500mm 的楼梯井所占面积，楼梯踏步、踏步板、平台梁等侧面模板不另计算，伸入墙内部分也不增加。

5. 台阶

（1）工作内容：同基础。

（2）项目特征：台阶踏步宽。

（3）计算规则：按图示台阶水平投影面积（m^2）计算，台阶端头两侧不另计算模板面积。架空式混凝土台阶，按现浇楼梯计算。

6. 扶手、散水、后浇带

（1）工作内容：同基础。

（2）项目特征：扶手应描述扶手断面尺寸，散水不需描述，后浇带应描述后浇带部位。

（3）计算规则：分别按模板与扶手、散水、后浇带的接触面积（m^2）计算。

7. 其他现浇构件

（1）工作内容：同基础。

（2）项目特征：构件类型。

（3）计算规则：按模板与现浇混凝土构件接触面积（m^2）计算。

7.17.4 垂直运输

垂直运输项目是指施工工程在合理工期内所需垂直运输机械。

（1）工作内容：垂直运输机械的固定装置、基础制作、安装，行走式垂直运输机械轨道的铺设、拆除、摊销。

（2）项目特征：建筑类型及结构形式，地下室建筑面积，建筑物檐口高度、层数。

（3）计算规则：按建筑面积（m^2）计算或按施工工期日历天数（天）计算。

7.17.5 超高施工增加

当单层建筑物檐口高度超过20m、多层建筑物超过6层（地下室不计入层数）时，均应计算建筑物超高施工增加。

（1）工作内容：建筑物超高引起的人工工效降低以及由于人工工效降低引起的机械降效，高层施工用水加压水泵的安装、拆除及工作台班，通信联络设备的使用及摊销。

（2）项目特征：建筑物建筑类型及结构形式，建筑物檐口高度、层数，单层建筑物檐口高度超过20m，多层建筑物超过6层部分的建筑面积。

（3）计算规则：按建筑物超高部分的建筑面积（m^2）计算。

当同一建筑物有不同檐高时，应分别编码列项，分别计算建筑物超高部分的建筑面积。

7.17.6 大型机械设备进出场及安拆

（1）工作内容：安拆费包括施工机械、设备在现场进行安装拆卸所需人工、材料、机械和试运转费用以及机械辅助设施的折旧、搭设、拆除等费用，进出场费包括施工机械、设备整体或分体自停放地点运至施工现场或由一施工地点运至另一施工地点所发生的运输、装卸、辅助材料等费用。

（2）项目特征：机械设备名称，机械设备规格型号。

（3）计算规则：按使用机械设备的数量（台次）来计算。

7.17.7 施工排水、降水

施工排水、降水是指为确保工程在正常条件下施工，采取的各种排水、降水措施。分为成井和排水、降水。

1. 成井

（1）工作内容：准备钻孔机械、埋设护筒、钻机就位；泥浆制作、固壁；成孔、出渣、清孔等，对接上、下井管（滤管），焊接，安放，下滤料，洗井，连接试抽等。

（2）项目特征：成井方式，地层情况，成井直径，井（滤）管类型、直径。

（3）计算规则：按设计图示尺寸以钻孔深度（m）计算。

2. 排水、降水

（1）工作内容：管道安装、拆除，场内搬运等，抽水、值班、降水设备维修等。

（2）项目特征：机械规格型号，降排水管规格。

（3）计算规则：按排、降水日历天数（昼夜）计算。

7.17.8 安全文明施工及其他措施项目

安全文明施工及其他措施项目包括安全文明施工，夜间施工，非夜间施工照明，二次搬运，冬雨期施工，地上、地下设施、建筑物的临时保护设施，已完工程及设备保护等内容，具体规定详见计量规范。

7.18 工程量清单工程量计算案例

【例 7-40】 某砖混结构门卫室平面图和剖面图如图 7-84 所示。

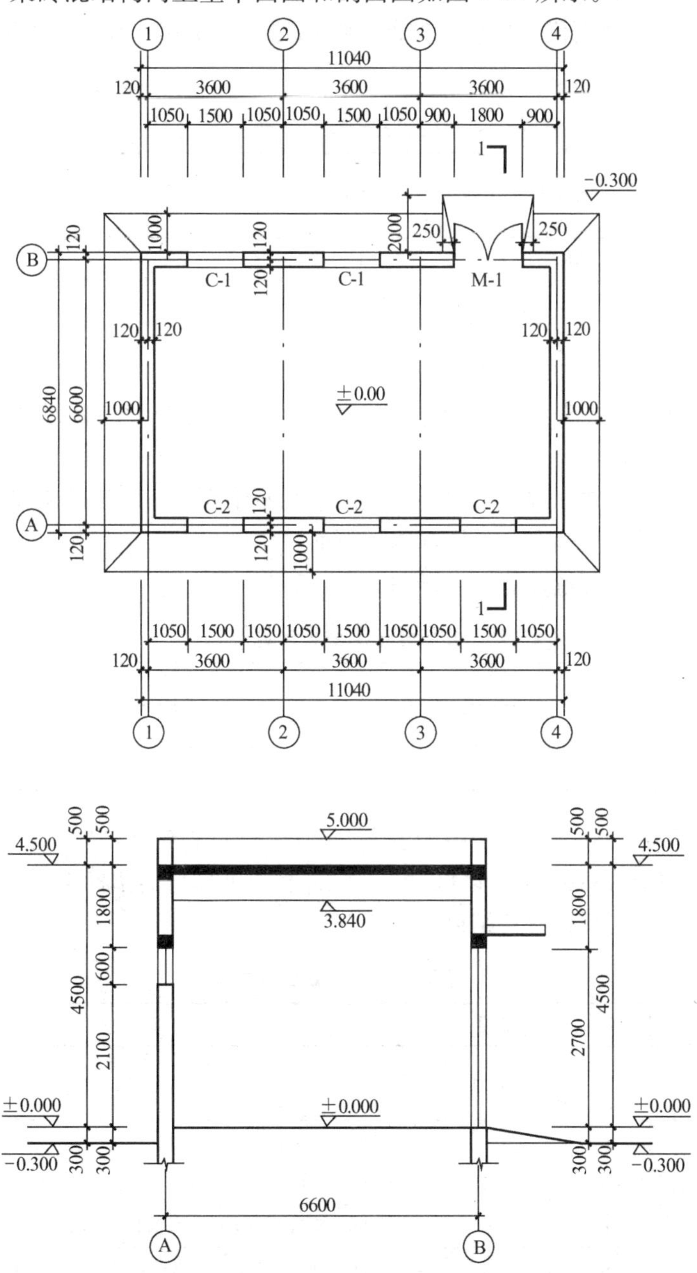

图 7-84 门卫室建筑示意图

1. 屋面结构为 120mm 厚现浇钢筋混凝土有梁板，板面结构标高 4.500m。②轴、③轴处有现浇钢筋混凝土矩形梁，梁截面尺寸 250mm × 660mm（660mm 中包括板厚 120mm）。

2. 女儿墙设有混凝土压顶，其厚 60mm。±0.000m 以上墙体采用 MU10 页岩标砖 M5 混合砂浆砌筑，嵌入墙身的构造柱、圈梁和过梁体积合计为 5.01m³。

3. 地面混凝土垫层 80mm 厚，水泥砂浆面层 20mm 厚，水泥砂浆踢脚 120mm 高。

4. 内墙面、顶棚面混合砂浆抹灰，白色乳胶漆刷白两遍。

5. 外砖墙为水刷豆石面（中砂）抹面。散水面层为 60mm 厚 C10 混凝土。

6. 门卫室门窗统计见表 7-24 。

门卫室门窗统计表　　表 7-24

类别	门窗编号	数量	洞口尺寸（mm）	
			宽	高
门	M-1	1	1800	2700
窗	C-1	2	1500	1800
	C-2	3	1500	600

该工程措施费为 320 元，规费为 2097 元，综合税率为 3.48%，不考虑其他项目费。

根据现行计量规范：

（1）计算砖外墙、地面混凝土垫层、地面水泥砂浆面层、水泥砂浆踢脚、散水、内墙乳胶漆刷白、顶棚乳胶漆刷白、外墙水刷豆石面（中砂）面层项目的工程量，将计算过程及结果填入分部分项工程量计算表 7-25 中。

分部分项工程量计算表　　表 7-25

序号	项目名称	单位	数量	计算过程

（2）设该工程分部分项工程费中人工费 9060 元，材料费 48320 元，施工机具使用费 3020 元，企业管理费 4832 元，利润 3020 元，计算所列项目的招标控制价。

【解】 分部分项工程量计算结果见表 7-26。

分部分项工程量计算表　　表 7-26

序号	项目名称	单位	数量	计 算 过 程
1	砖外墙	m³	33.14	[(10.8+6.6)×2×(5−0.06)−(1.8×2.7+1.5×1.8×2+1.5×0.6×3)]×0.24−5.01
2	地面混凝土垫层	m³	5.37	10.56×6.36×0.08
3	水泥砂浆面层	m²	67.16	10.56×6.36
4	水泥砂浆踢脚	m²	3.84	(10.56+6.36)×2×0.12−1.8×0.12
5	散水	m²	37.46	[(11.04+6.84)×2−(1.8+0.25×2)]×1.0+4×1.0×1.0
6	内墙乳胶漆刷白	m²	135.26	(10.56+6.36)×2×(4.5 − 0.12)−(1.8×2.7+1.5×1.8×2+1.5×0.6×3)
7	顶棚乳胶漆刷白	m²	80.90	10.56×6.36+6.36×0.54×2×2
8	外墙水刷石面层	m²	175.88	(11.04+6.84)×2×(5+0.3)−(1.8×2.7+1.5×1.8×2+1.5×0.6×3)−(1.8+0.25×2)×0.3

招标控制价计算表如表 7-27。

招标控制价计算表　　　　表 7-27

序号	汇总内容	计算公式	金额（元）
1	分部分项工程	人工费＋材料费＋施工机具使用费＋管理费＋利润	68252
2	措施项目	……	320
3	其他项目	暂列金额＋计日工＋总承包服务费	—
4	规费	……	2097
5	税金	（1＋2＋3＋4）×3.48％	2459
	招标控制价合计＝1＋2＋3＋4＋5	1＋2＋3＋4＋5	73128

习题

1. 如图 7-35（见 7.4 节）所示，地面做法为 C10 混凝土垫层 60mm 厚，水泥砂浆贴地砖 20mm，求室内回填土体积。

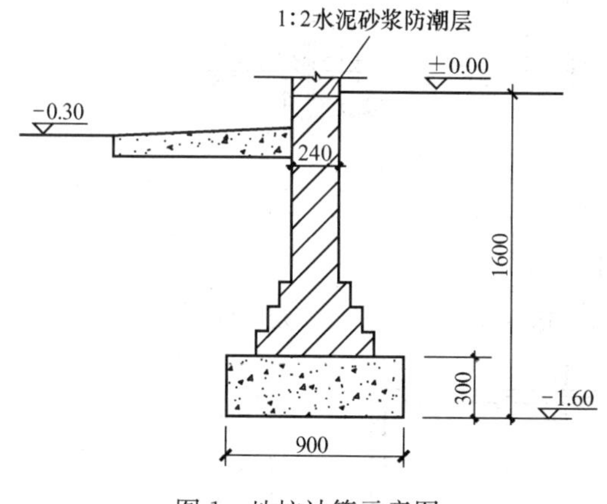

图 1　地坑计算示意图

2. 图 1 为某工程柱基大样图，混凝土垫层尺寸为 900mm×900mm×300mm，土质为二类土，试计算人工挖地坑的工程量（工作面每边各增加 300mm，垫层下表面放坡）。

3. 如图 7-35（见 7.4 节）所示，M-1 宽 2100，M-2 宽 1200，M-3 宽 1500。地面为厚 30mm 的整体豆石楼地面，踢脚线为 1∶1.5 水泥豆石浆（中砂）抹灰，高 120mm，试计算楼地面和踢脚线的工程量。

4. 某建筑室内梁的配筋图如图 2 所示，①号筋（Ⅱ级）为元宝筋，弯起角度为 45°，②号筋为通直钢筋，③号筋为两头带 180° 弯钩的钢筋，④号箍筋每根增加长度按 100mm 考虑，箍筋保护层厚度按 15mm 计，其他钢筋的保护层厚度为 25mm。试计算该梁钢筋的图示工程量。

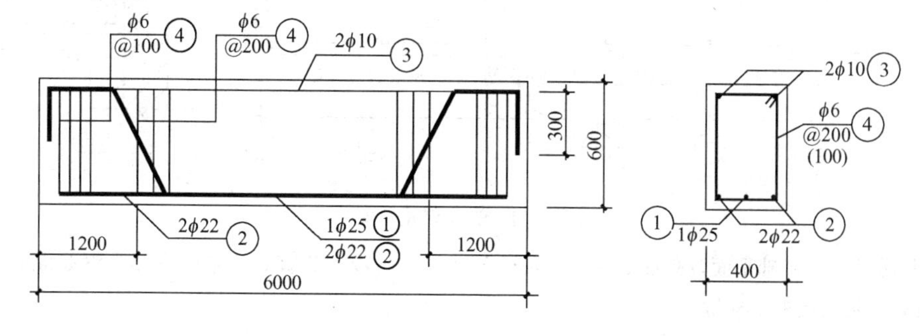

图 2　钢筋工程量计算示意图

5. 某建筑如图3所示，门窗个数及洞口尺寸见表7-28。试计算砖砌体工程量（女儿墙压顶厚50mm）。外墙内嵌入圈梁体积为5.19m³，内墙中的圈梁、过梁体积为1.45m³。圈梁断面尺寸360mm×240mm。

门窗表（m²） **表1**

序号	名称	编号	洞口尺寸（mm）	单位	数量	面积		所在砖墙部位面积	
						单位面积	合计	外墙	内墙
1	铝合金门	M-1	1750×2075	樘	1	3.63	3.63	3.63	
2	胶合板门	M-2	1000×2400	樘	2	2.40	4.80		4.80
3	铝合金窗	C-1	2050×1550	樘	4	3.18	12.72	12.72	
4	铝合金窗	C-2	2950×1550	樘	1	4.57	4.57	4.57	
							25.72	20.92	4.80

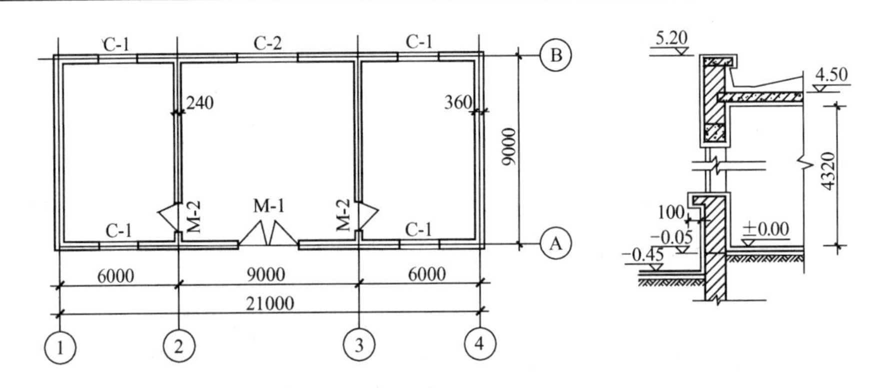

图3 砖墙计算示意图

6. 如图4所示，某仓库地面与内墙面（高800mm）抹防水砂浆（中砂）5层，计算防潮层工程量。

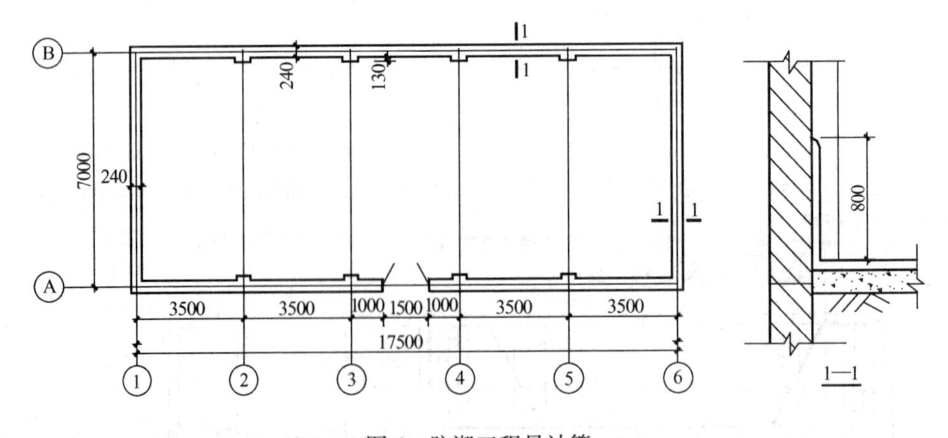

图4 防潮工程量计算

7. 某砖混结构基础平面及断面如图5所示，砖基础为一步大放脚，砖基础下部为钢筋混凝土基础。求钢筋混凝土基础模板工程量。

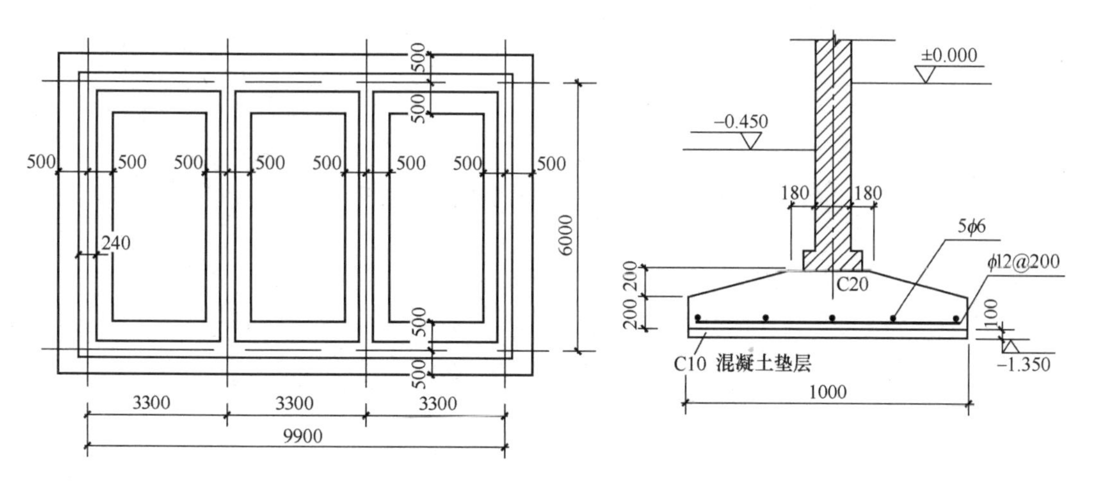

图 5　钢筋混凝土基础示意图

8 建筑工程预算工程量计算规则简介

《全国统一建筑工程预算工程量计算规则》GJD_{GZ}-101-95，（以下简称“预算规则”）是《房屋建筑与装饰工程工程量计算规范》GB 50854—2013（以下简称清单规则）的编制基础。随着我国建设领域的发展，工程造价管理体制的逐渐完善，采用工程量清单计价比采用施工图预算计价更具有优势，尽管如此，现行的《建设工程工程量清单计价规范》GB 50500—2013 中的总价合同仍允许发承包双方约定以施工图及其预算和有关条件进行合同价款的计算。本章扼要介绍了两种不同计量与计价方法在内容和作用上的区别与联系，并对两种计量方法中常见项目的工程量计算规则进行了对比分析。

8.1 预算规则与清单规则的区别与联系

8.1.1 两种规则在内容与形式上的区别与联系

如前所述，清单规则是以预算规则为基础编制的，因此，在项目划分、计量单位、工程量计算规则等方面，尽量保持了与预算规则衔接，从这点上讲，两者有一定的联系。但是，为了满足建设领域技术与计价的要求，清单规则对预算规则中不能满足工程量清单项目设置要求的部分进行了修改和调整，主要体现在以下几方面：

1. 内容上的调整

工程量清单中的绝大多数项目的工程内容是按实际完成一个综合实体项目所需的全部工程内容列项，并以主体工程的名称作为工程量清单项目的名称。其内容涵盖了主体工程项目及主体项目以外为完成该综合实体（清单项目）的其他工程项目的全部工程内容；而预算规则通常未对工程内容进行组合，组合的仅是单一工程内容的各个工序。

2. 计算口径的调整

清单规则按工程量净值计算，一般不包含相应措施项目工程量。预算规则按实际发生量计量，即包含了措施项目工程量。如平整场地，清单规则是按首层建筑面积计算工程量，而预算规则则要考虑搭设脚手架等措施项目的需要，按底面积的外围外边线每边向外放出 2m 后所围的面积计算工程量。

3. 计量单位的调整

清单规则项目的计量单位一般采用基本计量单位，如 m^2、m^3、m、kg、t 等，预算规则中的计量单位多为扩大计量单位，如 100m^2、10m^3、100m 等。

4. 人料机消耗量计量的调整

清单规则只计量工程实体性消耗的量，即以工程实体的净值为准；预算规则不仅要计算工程实体的净值，还要考虑按社会平均消耗水平规定的不可避免的损耗量。

5. 其他

按清单规则列项时，要考虑不同项目的项目特征、工作内容，进行列项与计价，而预算规则列项时不考虑项目的特性（或“个性”）。

8.1.2 两种规则在成本与造价管理中的作用与关系

预算工程量计算考虑了施工过程中技术措施增加的工程量，而清单工程量一般是按建筑物或构筑物的实体净量计算的，因此两者在数量上会有一定的差异。

施工企业在工程实施中完成的工程量是预算工程量，而对应的全部价格都应包括到工程量清单的报价中，因此预算计价与清单计价的作用与关系如图 8-1 所示。

工程造价管理人员必须掌握预算规则和清单规则，熟悉两者的作用与相互关系，才能有效地进行施工成本管理和工程造价管理。

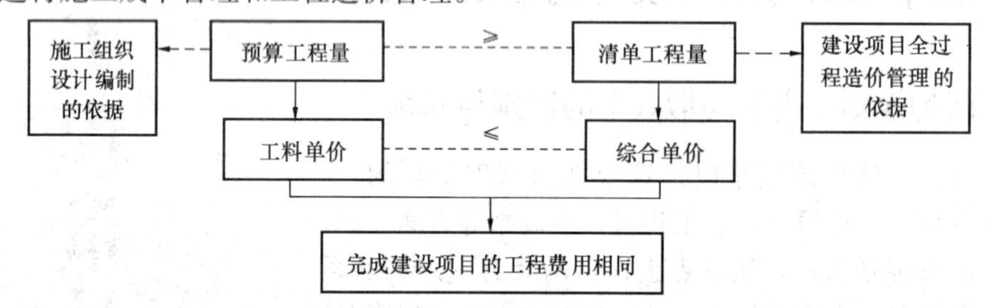

图 8-1 清单计价与预算计价的作用与关系

8.2 建筑工程预算工程量计算规则

本节根据《全国统一建筑工程预算工程量计算规则》（GJD_{GZ}-101-95），扼要介绍了与清单项目对应的主要项目的计算规则，未涉及的项目详见“预算规则”。

8.2.1 土石方工程

1. 平整场地

平整场地的预算规则较清单规则略复杂，工程量按建筑物（或构筑物）底面积的外围外边线每边向外放出 2m 后所围的面积计算。

（1）任意非封闭式形状的建筑物平整场地面积为：

$$F_{平} = S_{底} + 2L_{外} + 16 \ (m^2) \tag{8-1}$$

式中 $F_{平}$——平整场地面积（m^2）；

$S_{底}$——建筑物底层建筑面积（m^2）；

$L_{外}$——建筑物外墙外边线（m）。

（2）任意封闭式形状的建筑物平整场地面积为：

$$F_{平} = S_{底} + 2L_{外}(m^2) \quad (8\text{-}2)$$

式中符号含义同上。

【例 8-1】 如图 8-2 所示，计算各图的平整场地面积，图中尺寸线均为外墙外边线。

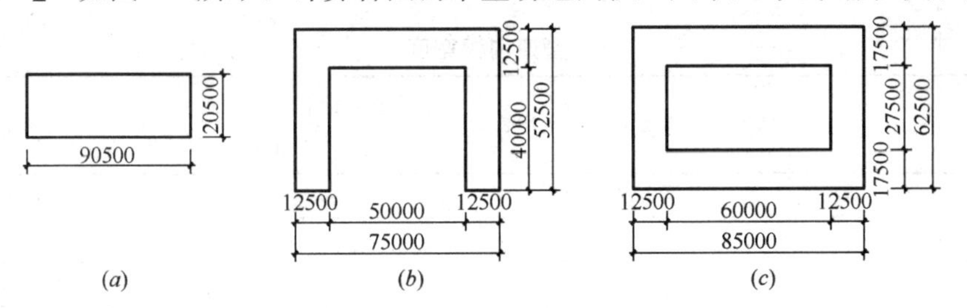

图 8-2 平整场地面积计算

(*a*) 矩形；(*b*) 凹形；(*c*) 封闭型

【解】 矩形：F_1 = 90.5×20.5+(90.5+20.5)×2×2+16=2315.25m^2

凹形：F_2 =(52.5×12.5×2+50×12.5)+[(75+52.5+40)×2]×2+16
=2623.5m^2

封闭型：F_3 =(85.0×62.5−60.0×27.5)+(62.5+85.0+27.5+60.0)×2×2
=4602.5m^2

2. 地槽、管道沟槽、地坑

（1）一般概念

土石方工程主要包括平整场地、挖地坑、挖地槽和普通挖土石方工程四个项目。其区别见表 8-1。

土方项目区别表 **表 8-1**

项　目	挖、填平均厚度（mm）	坑底面积（m^2）	槽底宽度（m）
平整场地	≤300		
地坑		≤20	
地槽			≤3
挖土石方	＞300	＞20	＞3

一般情况，挖土的长度 $L>3$ 倍挖土的宽度 b，且 $b<3$m（不包括工作面），称为地槽；坑底面积 $S<20m^2$，称为地坑；$b>3$m（不包括工作面），坑底面积 $S>20m^2$，按普通挖土石方处理。

（2）长度计算规定

1）管道沟槽长度按图示中心线长度计算；

2）外墙沟槽按外墙中心线长度计算；

3）内墙沟槽按内墙净长线长度计算。

（3）深度计算规定

挖土深度从设计室外标高至槽或坑底。

（4）管道宽度计算规定

管道宽度按设计规定计算，如设计无规定时，可按表 8-2 计算。

（5）地槽、管道沟槽、地坑工程量的计算

地槽、管道沟槽、地坑工程量的计算应考虑是否放坡、是否支挡土板、是否留工作面等情况，根据上述长、宽、高的计量规定，参见工程量清单计算规则中相应的公式计算。

管道沟槽宽度 **表 8-2**

管径（mm）	铸铁管、钢管、石棉水泥管	混凝土、钢筋混凝土、预应力混凝土管	陶土管
50～70	0.60	0.80	0.70
100～200	0.70	0.90	0.80
250～350	0.80	1.00	0.90
400～450	1.00	1.30	1.10
500～600	1.30	1.50	1.40
700～800	1.60	1.80	
900～1000	1.80	2.00	
1100～1200	2.00	2.30	
1300～1400	2.20	2.60	

【例 8-2】 按预算计算规则计算图 7-6 中的地槽挖方量，放坡系数与工作面宽度分别为 0.33 和 300mm。

【解】 由于人工挖土深度为 1.7m，放坡系数取 0.33；

外墙槽长：（25＋5）×2＝60m 内墙槽长：5－0.24＝4.76m

$$V=(b+2c+k\times h)\times h\times l$$

$$=(0.6+2\times0.3+0.33\times1.7)\times1.7\times64.76=193.87\ \text{m}^3$$

3. 回填土、运土

预算规则同清单规则。

8.2.2 桩基础工程

在预算规则中，桩基础工程由打桩、送桩、接桩构成。

1. 打桩

（1）预制钢筋混凝土桩

打预制钢筋混凝土桩工程量的计算方法，预算规则同清单规则相似，但计量单位仅有体积（m^3）一种。

（2）现场灌注桩

现场灌注桩的计量单位仅有体积（m^3）一种，计算规则按设计桩顶面标高至桩尖增加 0.25m 长度乘以设计截面面积，计算公式为：

$$V=(L+0.25)\times S\times n\ (\text{m}^3) \tag{8-3}$$

式中 V——灌注桩体积（m^3）；

L——桩长（m）；

S——灌注桩设计截面面积（m^2）；

n——灌注桩根数。

2. 送桩

在预算工程量计算中，送桩要单独列项计算。送桩工程量按桩截面面积乘以送桩长度（即打桩架底至桩顶面高度或自桩顶面至自然地坪面另加 0.5m）计算，如图 8-3 所示。计算公式为：

$$V = S \times (L + 0.5) \times n \ (m^3) \tag{8-4}$$

式中 V——送桩体积（m^3）；

S——桩设计截面面积（m^2）；

L——桩顶面至自然地坪标高（m）；

n——送桩根数。

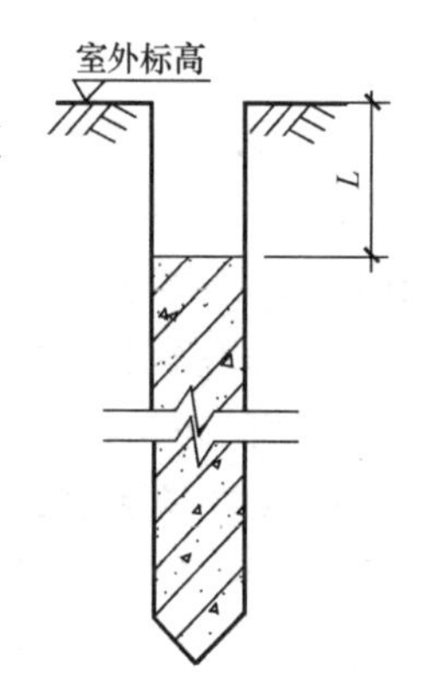

图 8-3 送桩示意图

3. 接桩

需单独列项计算，电焊接桩按设计接头，以个计算；

硫磺胶泥接桩按桩断面面积（m^2）计算。

8.2.3 脚手架工程

脚手架工程的预算规则比清单规则的计算方法复杂。

1. 脚手架工程量计算的一般规则

（1）建筑物外墙脚手架：凡设计室外地坪至檐口（女儿墙上表面）的砌筑高度在 15m 以下，按单排脚手架计算；砌筑高度在 15m 以上，或虽不足 15m，但外墙门窗及装饰面积超过外墙面积 60%以上，或采用竹制脚手架时，均应按双排脚手架计算。

（2）建筑物内墙脚手架：凡设计室内地坪至顶板下表面（或山墙高度 1/2 处）的砌筑高度在 3.6m 以下的，按里脚手架计算。砌筑高度超过 3.6m 时，按单排脚手架计算。

（3）石砌墙体脚手架砌筑高度超过 1.0m 以上时，按外脚手架计算。

（4）计算内外脚手架时，均不扣除门窗洞口、空圈洞口等所占的面积。

（5）同一建筑物具有不同的高度，应按不同高度分别计算工程量。

（6）现浇钢筋混凝土框架柱、梁按双排脚手架计算。

（7）围墙脚手架：凡室外自然地坪至围墙顶面在 3.6m 以下者，按里脚手架计算。砌筑高度超过 3.6m，按单排脚手架计算。

（8）室内顶棚装饰面距室内地坪在 3.6m 以上时，应计算满堂脚手架，计算满堂脚手架后，墙面装饰工程则不再计算脚手架。

（9）贮水（贮油）池、大型设备基础的脚手架，凡距地坪高度超过 1.2m 以上的，均按双排脚手架计算。

（10）整体满堂钢筋混凝土基础，凡其宽度超过 3m 以上时，按其底板面积计算满堂脚手架。

2. 砌筑脚手架工程量计算

（1）外墙脚手架按外墙外边线总长乘以外墙的砌筑高度以面积（m^2）计算。突出外墙宽度在 24cm 以内的墙垛、附墙烟囱等，不另计算脚手架。但突出外墙面宽度超过 24cm 时，按其图示尺寸以展开面积（m^2）计算，并入外墙脚手架的工程量内。

（2）里脚手架按装饰墙面的垂直投影面积（m^2）计算。

（3）独立柱按柱外围周长加 3.6m 乘砌筑高度以面积（m^2）计算，套用相应外脚手架定额。

3. 现浇钢筋混凝土框架脚手架工程量计算

（1）现浇钢筋混凝土柱，按柱图示周长另加 3.6m 乘以柱高以面积（m^2）计算，套用相应外脚手架定额。

（2）现浇钢筋混凝土梁、墙，按设计室内地坪或楼板上表面至楼板底之间的高度，乘以梁、墙的净长，以面积（m^2）计算，套用相应双排外脚手架定额。

4. 满堂脚手架工程量的计算

（1）满堂脚手架按室内净面积（m^2）计算。

（2）满堂脚手架的基本层：满堂脚手架高度从设计地坪至施工顶面，高度在 3.6～5.2m 时，按基本层计算。

（3）满堂脚手架的增加层：当设计高度超过 5.2m 时，每增加 1.2m，按增加 1 层计算，增加层的高度在 0.6m 以内时，舍去不计。

$$\text{满堂脚手架增加层} = \frac{\text{室内净高度} - 5.2(\text{m})}{1.2(\text{m})} \tag{8-5}$$

5. 其他脚手架工程量计算

（1）挑脚手架按搭设长度乘搭设层数以延长米（m）计算。

（2）悬空脚手架按搭设的水平投影面积（m^2）计算。

（3）水平、垂直防护架。水平防护架按脚手板实铺的水平投影面积（m^2）计算；垂直防护架按高度（从自然地坪至上层横杆）乘以实际搭设长度以面积（m^2）计算。

（4）建筑物垂直封闭工程按封闭面的垂直投影面积（m^2）计算。

【例 8-3】【例 6-1】所示办公楼的为 4 层砖混结构。檐口标高为 14.40m，层高 3.60m，楼板厚 0.12m，室内外高差 0.30m，试计算重新装修该建筑内外墙面应搭设的单项脚手架工程量。

【解】 办公楼的檐口高度为：14.40＋0.30＝14.70m

外脚手架按钢管单排脚手架计算。

室内净高为 3.60－0.12＝3.48m

内墙脚手架按里脚手架计算，也采用钢管脚手架。

（1）钢管单排外脚手架工程量

外墙外边线长度：[(38.50＋0.24)＋(8.00＋0.24)＋(1.8－0.24)]×2＝97.08m

外脚手架工程量＝(14.40＋0.30)×97.08＝1427.08m^2

（2）内墙钢管里脚手架工程量

内墙净长度：[(6.20－0.24)＋(3.50－0.24)] ×2×8＋[(8.00－0.24)＋(3.50－0.24)] ×2×2＋(6.20－0.24)×2＋(3.5－0.24)＝206.78m

内墙里脚手架工程量＝206.78×3.48×4＝2878.38m^2

8.2.4 砌筑工程

砌筑工程的预算规则与清单规则基本相似。主要差异为：

（1）砖内墙高度：有钢筋混凝土楼板隔层的砖内墙高度算至楼板底。

（2）三皮砖以上的腰线和挑檐等体积，并入墙身体积内计算。

8.2.5 混凝土及钢筋混凝土工程

混凝土及钢筋混凝土工程的预算规则与清单规则基本相似，主要差异为：

（1）现浇混凝土阳台板、雨篷（悬挑板）按图示伸出墙外的水平投影面积（m^2）计算，伸出墙外的牛腿不另计算。带反挑檐的雨篷按展开面积并入雨篷内计算。

（2）栏板以面积（m^2）计算，伸入墙内的栏板合并计算。

（3）现浇混凝土楼梯的计量单位仅有面积（m^2）一种。

（4）现浇钢筋混凝土模板工程量算在混凝土和钢筋混凝土工程内。

（5）预制混凝土基础、梁、板、柱、楼梯的制作工程量单位均按体积（m^3）计量，预制构件接头灌缝应单独列项以体积（m^3）计量，运输与安装工程量也要单独计算。

1）预制混凝土构件的运输

① 构件运输机械是综合考虑的，一般不得变动。

② 构件运输一般是根据构件的体积进行分类，分别计价。表 8-3 是某省预制混凝土构件运输的分类表。

预制混凝土构件运输分类表　　表 8-3

构件分类	构　件　名　称
Ⅰ类	各类屋架、薄腹梁、各类柱、山墙防风桁架、吊车梁、9m 以上的桩、梁、大型屋面板、空心板、槽形板等
Ⅱ类	9m 以内的桩、梁、基础梁、支架、大型屋面板、槽形板、肋形板、空心板、平板、楼梯段
Ⅲ类	墙架、天窗架、天窗挡风架（包括柱侧挡风板、遮阳板、挡雨板支架）、墙板、侧板、端壁板、天沟板、檩条、上下挡、各种支撑、预制门窗框、花格、预制水磨石窗台板、隔断板、池槽、楼梯踏步

③预制构件运输工程量按图算量计算后，再按定额规定乘相应损耗率作为实际运输工程量。但预制混凝土屋架、桁架、托架及长度在 9m 以上的梁、板、柱不计算损耗率。

④预制混凝土构件运输应考虑构件类别、运距等，综合计价。

⑤加气混凝土板（块）、硅酸盐块等以平方米计算的构件（如预制混凝土花格），应按各地定额规定折合为立方米（m^3）计算运输工程量。

2）预制混凝土构件安装工程量的说明及计算规则

①焊接形成的预制钢筋混凝土框架结构，其柱安装按框架柱计算，梁安装按框架梁计算；节点浇注成形的框架，按连接框架梁、柱计算。

②预制钢筋混凝土工字形柱、矩形柱、空腹柱、双肢柱、空心柱等，均按柱安装计算。

③组合屋架安装，以混凝土部分实体体积计算，钢杆件部分不另计算。

④预制钢筋混凝土多层柱安装，首层柱按柱安装计算，二层及二层以上按柱接柱计算。

表 8-4 为《全国统一建筑工程预算工程量计算规则》GJD_{GZ}-101-95 中预制钢筋混凝土构件制作、运输、安装的损耗率表。

预制钢筋混凝土构件制作、运输、安装的损耗率表　　表 8-4

名　称	制作废品率	运输堆放损耗	安装（打桩）损耗
各类预制构件	0.2%	0.8%	0.5%
预制钢筋混凝土桩	0.1%	0.4%	1.5%

8.2.6 门窗及木结构工程

1. 门窗工程

（1）预算工程量均以面积（m^2）为计量单位。

（2）与门窗工程密切相关的贴脸，在预算中执行木装修定额。

（3）卷闸门制作安装按门洞口高度加 600mm 再乘卷闸门实际宽度以面积（m^2）计算。电动装置以套计算，小门安装以个计算。

（4）彩板组角钢门窗附框安装按延长米（m）计算。

2. 木屋架与木基层工程

木屋架的预算规则比清单规则的计算方法复杂。

（1）计算规则

1）单独的挑檐木按矩形檩木计算。与圆木屋架相连接的挑檐木、支撑等如为方木时，应乘以系数 1.70 折合圆木，并入圆木屋架竣工木料内。

2）檩木按竣工木材以 m^3 计算，简支檩木长度按设计规定计算。如设计无规定者，按屋架或山墙中距增加 200mm 计算。如两端出山，檩条长度算至博风板；连续檩条的长度按设计长度计算，其接头长度按全部连续檩木总体积的 5%计算。檩条托木已计入相应的檩木制作安装项目中，不另计算。

3）屋面木基层工程量按斜面积（m^2）计算，天窗挑檐重叠部分按设计规定计算，屋面烟囱及斜沟部分所占面积不扣除。

4）封檐板按图示檐口外围长度计算，博风板按斜长计算长度，每个大刀头增加长度 500mm。

封檐板是坡屋顶侧墙檐口排水部位的一种构造做法，博风板又称顺风板，是山墙的封檐板，如图 8-4 所示。

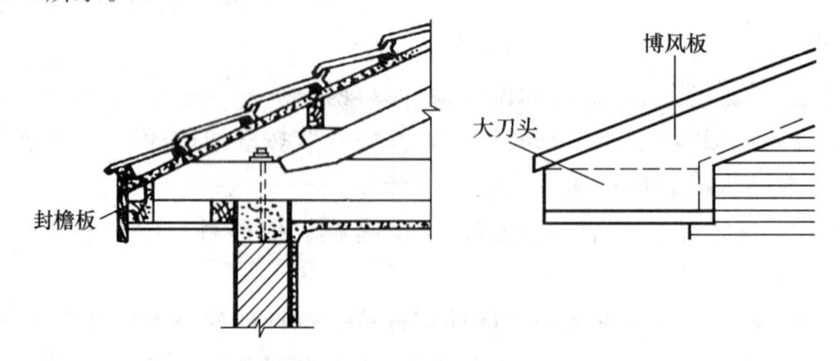

图 8-4　封檐板和博风板

（2）木屋架工程量的计算方法

1）檩条的工程量计算

①方木檩条

$$V = \sum a_i \times b_i \times l_i(\mathrm{m}^3)\ (i = 1,2,3\cdots\cdots) \tag{8-6}$$

式中 V——檩木的体积（m^3）；

a_i, b_i——第 i 根檩木的计算断面的双向尺寸（m）；

l_i——第 i 根檩木的计算长度（m），当设计有规定时按设计规定计算，如设计无规定，按轴线中距，每跨增加 0.2m。

②圆木檩条

$$V = \pi \sum \frac{d_{1i}^2 + d_{2i}^2}{8} \times l_i(\mathrm{m}^3)\ (i = 1,2,3\cdots\cdots) \tag{8-7}$$

式中 d_{1i}, d_{2i}——圆木大小头的直径（m）。

其他符号含义同上。

2）屋面木基层的工程量计算

$$F = l \times B \times C(\mathrm{m}^2) \tag{8-8}$$

式中 F——为木基层面板的面积（m^2）；

l, B——分别为屋面的投影长度和宽度（m）；

C——屋面的坡度系数（表 7-22）。

3）圆木体积计算

①杉圆木体积计算

$$V = \pi \frac{0.0001L}{4}[(0.025L + 1)D^2 + (0.37L + 1)D + 10(L - 3)]\ (\mathrm{m}^3) \tag{8-9}$$

式中 D——圆木小头的直径（cm）；

L——材长（m）。

注：①径级以 20mm 为增进单位，不足 20mm 时，凡满 10mm 的进位，不足 10mm 的舍去；②长度按 0.2m 进位。

②除杉木以外的其他树种的圆木体积计算

$$V = L \times 10^{-4}[0.003895L + 0.8982D^2 + (0.39L - 1.219)D - (0.5796L + 3.067)] \tag{8-10}$$

式中符号含义与单位同式（8-9）。

4）屋架的工程量计算

木屋架按图示尺寸的竣工木料以体积（m^3）计算。为了简化屋架中上弦杆、下弦杆、直杆和斜杆等杆件长度的计算，可按各杆件长度系数计算，其计算公式为：

$$杆件长度 = 跨度(L) \times 杆件长度系数 \tag{8-11}$$

根据屋架的坡度不同，杆件系数不同，实际工作中可查预算手册。表 8-5 给出了图 8-5 屋架形式构件长度的系数。

屋架构件长度系数表 **表 8-5**

杆件 / 坡度（α）	上弦杆	屋架高（中立杆）	边立杆高	斜撑长
26°34′	0.559	0.250	0.125	0.279
30°	0.577	0.289	0.144	0.289

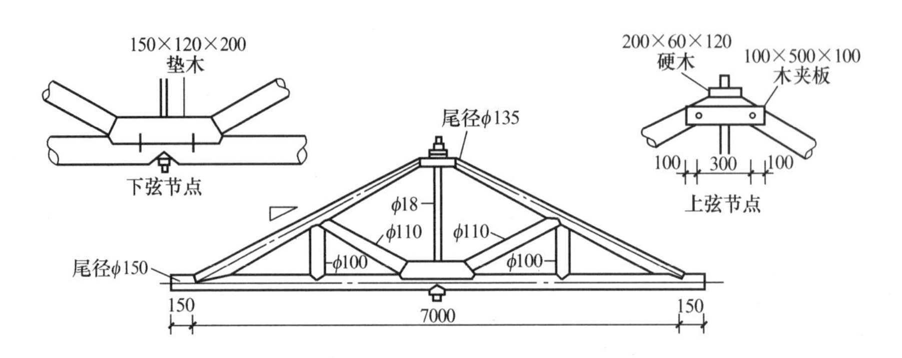

图 8-5 屋架计算示意图

【例 8-4】 某屋架如图 8-5 所示，屋架跨度 7m，坡度 26°34′，除中立杆为 ϕ18 的圆钢外，其余各杆件为杉圆木，上弦小头直径 135mm，下弦小头直径 150mm，边立杆小头直径 100mm，斜撑杆小头直径 110mm。试求单榀屋架木材体积。

【解】 下弦长 $L=7\text{m}$

上弦长 $S=0.559\times7=3.91\text{m}$

边立杆长 $h=0.125\times7=0.875\text{m}$

斜撑杆长 $c=0.279\times7=1.95\text{m}$

根据公式 8-8，各杆件的杉圆木体积为：

$$V_{下弦}=3.14\times\frac{0.0001\times7}{4}[(0.025\times7+1)\ 15^2+(0.37\times7+1)15+10(7-3)]$$
$$=0.197\text{m}^3$$

$$V_{上弦}=2\{3.14\times\frac{0.0001\times3.91}{4}[(0.025\times3.91+1)\ 13.5^2+(0.37\times3.91$$
$$+1)13.5+10(3.91-3)]\}$$
$$=0.149\text{m}^3$$

$$V_{边立杆}=2\{3.14\times\frac{0.0001\times0.875}{4}[(0.025\times0.875+1)\ 10^2$$
$$+(0.37\times0.875+1)10+10(0.875-3)]\}$$
$$=0.013\text{m}^3$$

$$V_{斜撑杆}=2\{3.14\times\frac{0.0001\times1.95}{4}[(0.025\times1.95+1)\ 11^2$$
$$+(0.37\times1.95+1)11+10(1.96-3)]\}$$
$$=0.041\text{m}^3$$

合计：$V_{圆木}=0.197+0.149+0.013+0.041=0.400\text{m}^3$

附属于屋架夹木、硬木、垫木已并入相应的屋架制作中，不另计算。

8.2.7 楼地面工程

预算中的楼地面工程内容在清单规则中分列在不同工程中。如地面垫层、混凝土散水、坡道、扶手、栏板、压顶列于清单规则中的混凝土与钢筋混凝土工程中，整体面层、块料面层、楼梯面层、台阶面层、踢脚线列于清单规则中的楼地面装饰工程中，明沟列于清单规则中的砌筑工程。而预算规则为：

（1）地面垫层按室内主墙间净空面积乘以设计厚度以体积（m^3）计算。应扣除凸出地面的构筑物、设备基础、室内铁道、地沟等所占体积，不扣除柱垛、间壁墙、附墙烟囱及面积在 0.3m^2 以内孔洞所占面积。

（2）整体面层、找平层均按主墙间净空面积（m^2）计算。楼梯面层、台阶面层按水平投影面积（m^2）计算。计算规则与清单规则相似。

（3）现浇踢脚板按延长米（m）计算，门洞、空圈长度不予扣除，门洞、空圈、垛、附墙烟囱等侧壁长度亦不增加。

（4）散水、防滑坡道按图示尺寸以面积（m^2）计算。

（5）栏杆、扶手包括弯头长度按延长米（m）计算。

（6）防滑条按楼梯踏步两端距离减 300mm 以延长米（m）计算。

（7）明沟按图示以延长米（m）计算。

8.2.8 屋面及防水工程

屋面及防水工程的预算规则分为屋面工程与防水排水工程两部分。

1. 屋面工程

（1）坡屋面工程量计算

1）屋面面积计算：与清单规则相似。

2）四坡水单根斜屋脊长度计算

$$L = A \times D\ (\mathrm{m}) \tag{8-12}$$

式中 L——四坡水单根屋脊长度（m）；

A——半个跨度宽（m）；

D——隅延尺系数。

【例 8-5】 如图 7-69 所示，试计算屋面工程量和屋脊长度（$S=A$）。

【解】 （1）屋面工程量。预算工程量同清单工程量，$F=514.81$（m^2）

（2）屋脊长度

1）正屋脊长度

$$L_1 = 30.24 + 2 \times 0.5 - (13.74 + 2 \times 0.5)$$

$$= 31.24 - 14.74 = 16.5(\mathrm{m})$$

2）斜屋脊总长

根据式（8-12），由表 7-22 查得 D 为 1.50，故：

$$L_2 = \frac{13.74 + 2 \times 0.5}{2} \times 1.5 \times 4 = 44.22\mathrm{m}$$

3）屋脊长度

$$L = 16.5 + 44.22 = 60.72\mathrm{m}$$

（3）平屋面工程量计算

1）找坡层、屋面保温层

屋面找坡层、保温层按图示水平投影面积乘以平均厚度，以体积（m^3）计算。平均厚度的计算如图 8-6 所示。

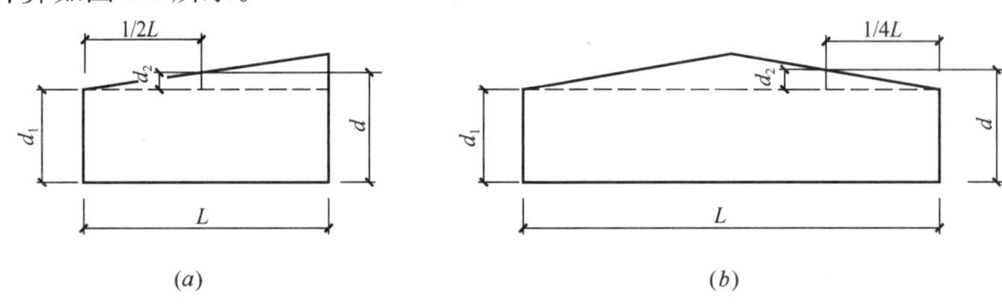

图 8-6 屋面找坡层平均厚度示意图

(*a*) 单坡屋面；(*b*) 双坡屋面

①单坡屋面平均厚度：

$$d = d_1 + d_2 \qquad \tan\alpha = d_2 \div L/2 \qquad d_2 = \tan\alpha \times L/2$$

令

$$\tan\alpha = i \qquad d_2 = i \times L/2$$

$$d = d_1 + \frac{i \times L}{2} \tag{8-13}$$

式中 i——坡度系数；

α——屋面倾斜角。

②双坡屋面平均厚度

$$d = d_1 + d_2 \qquad d_2 = \tan\alpha \times L/4 = i \times L/4$$

$$d = d_1 + \frac{i \times L}{4} \tag{8-14}$$

2）找平层

屋面找平层按水平投影面积以（m^2）计算，套用预算定额中楼地面工程中的相应定额。天沟、檐沟按图示尺寸展开面积（m^2）计算，套用天沟、檐沟的相应定额。

3）卷材屋面

卷材屋面也称柔性屋面，按实铺面积以（m^2）计算，不扣除房上烟囱、风帽底座、风道、斜沟、变形缝等所占面积，但屋面山墙、女儿墙、天窗、变形缝、天沟等弯起部分，以及天窗出檐与屋面重叠部分应按图示尺寸（如图纸无规定时，女儿墙和缝弯起高度可按 250mm，天窗可按 500mm）计算，并入屋面工程量内。

4）刚性防水屋面

刚性防水屋面是指在平屋顶屋面的结构层上，采用防水砂浆或细石混凝土加防裂钢丝网浇捣而成的屋面，工程量按实铺水平投影面积（m^2）计算。泛水和刚性屋面变形缝等弯起部分或加厚部分已包括在定额内。挑出墙外的出檐和屋面天沟，另按相应定额项目计算。

【例 8-6】 某屋面尺寸如图 7-71 所示，檐沟宽 600mm，其自下而上的做法是：100mm 厚加气混凝土保温层；钢筋混凝土板上干铺炉渣混凝土找坡，坡度系数 2%，最低处 70mm；20mm 厚 1∶2 水泥砂浆（特细砂）找平层；屋面及檐沟为二毡三油一砂防水层（上卷 250mm），求屋面及防水工程量。

【解】 （1）100mm 厚加气混凝土保温层

$$V = 50.8 \times 12.8 \times 0.1 = 65.02\text{m}^3$$

(2) 干铺炉渣混凝土找坡

$$F = 50.8 \times 12.8 = 650.24\text{m}^2$$

$$d = d_1 + i \times L \div 4 = 0.07 + 0.02 \times 12.8 \div 4 = 0.134\text{m}$$

$$V = 650.24 \times 0.134 = 87.13\text{m}^3$$

(3) 20mm 厚 1∶2 水泥砂浆（特细砂）找平层

砂浆抹至防水卷材同一高度以便铺毡。

屋面部分：同清单工程量　$S_1 = 650.24\text{m}^2$

檐沟部分：同清单工程量

$$S_2 = [50.8 \times 0.6 \times 2 + (12.8 + 0.6 \times 2) \times 0.6 \times 2] + [(12.8 + 1.2) \times 2 + (50.8 + 1.2) \times 2] \times 0.25 + (50.8 + 12.8) \times 2 \times 0.17 = 132.38\text{m}^2$$

(4) 二毡三油一砂防水层

同清单工程量

$$S_3 = 650.24 + 132.38 = 782.62\text{m}^2$$

2. 防水与排水工程

(1) 防水工程

1) 屋面的防水、防潮层的计算如前例，不再赘述。

2) 建筑物地面防水、防潮层的工程量按主墙间的净空面积（m^2）计算；扣除凸出地面的构筑物、设备基础等所占的面积；不扣除柱、垛、间壁墙及 0.3m^2 以内的孔洞所占的面积；与墙面连接处的高度在 500mm 以内者按展开面积计算，并入平面工程量内，超过 500mm 时，按立面防水层计算。

3) 墙面防潮层按图示尺寸以面积（m^2）计算，不扣除 0.3m^2 以内的孔洞所占的面积。

4) 墙基防水、防潮层，外墙按外墙中心线长度，内墙按内墙净长乘以宽度，以面积（m^2）计算。

5) 构筑物及建筑物地下室防水层，按实铺面积（m^2）计算，不扣除 0.3m^2 以内的孔洞所占的面积。平面与立面连接处防水层，其上卷高度超过 500mm 时，按立面防水层计算。

6) 地面、墙面和屋面的变形缝工程量以延长米（m）计算。变形缝若为内外双面填缝者，工程量按双倍计算。

(2) 排水工程

1) 屋面采用薄钢板排水，以图示尺寸按展开面积（m^2）计算，或按当地定额规定执行。

2) 铸铁、玻璃钢落水管以不同直径按图示尺寸以延长米（m）计算，雨水口、水斗、弯头、短管以个计算。

8.2.9 防腐、保温、隔热工程

防腐、保温、隔热工程预算规则与清单规则的异同点为：

(1) 防腐工程预算规则与清单规则相似。

(2) 保温、隔热工程的预算规则计量单位按体积（m^3）计算。

8.2.10 装饰工程

1. 各类抹灰

（1）内外墙、内外墙裙一般抹灰与装饰抹灰：预算与清单规则相似。

（2）墙面勾缝：预算与清单规则相似。

（3）窗台线、门窗套、挑檐、腰线、遮阳板等展开宽度在 300mm 以内者，按装饰线以延长米（m）计算，如展开宽度超过 300mm 以上时，按图示尺寸以展开面积（m^2）计算，套零星抹灰定额项目。

（4）栏板、栏杆（包括立柱、扶手或压顶等）抹灰按立面垂直投影面积（m^2）乘以系数 2.2 计算。

（5）阳台底面抹灰按水平投影面积（m^2）计算，并入相应天棚抹灰面积内。阳台如带悬臂梁者，其工程量乘以 1.30。

（6）雨篷底面或顶面抹灰分别按水平投影面积（m^2）计算，并入相应天棚抹灰面积内。雨篷顶面带反沿或反梁者，其工程量乘系数 1.2，底面带悬臂梁者，其工程量乘以系数 1.2。雨篷外边线按相应装饰或零星项目执行。

（7）天棚抹灰：两种计算规则相似。但预算涉及的项目较多，详见“预算规则”。

（8）独立柱：一般抹灰、装饰抹灰、镶贴块料，预算与清单规则相似。

2. 隔断与幕墙工程

（1）玻璃隔墙按上横档顶面至下横档顶面之间高度乘以宽度（两边立梃外边线之间）以面积（m^2）计算。

（2）浴厕木隔断，铝合金、轻钢隔断、幕墙，预算与清单规则相似。

（3）木隔墙、墙裙、护壁板，均按图示长度乘以高度按实铺面积（m^2）计算。

3. 喷涂、油漆、裱糊装饰工程

喷涂、油漆、裱糊装饰工程的预算规则比清单规则的计算方法复杂。

（1）楼地面、顶棚面、墙、柱、梁面、抹灰面的喷（刷）涂料、油漆工程量，均按楼地面、顶棚面、墙、柱、梁面装饰工程的相应工程量计算规则计算。

（2）木材面油漆与涂料工程量的计算

1）木门油漆项目按单层木门编制。其他如双层木门、单层全玻门等执行“单层木门油漆”定额，工程量按相应计算规则计算并乘规定的系数，常见的项目见表 8-6。

执行单层木门油漆定额的其他项目工程量系数表　　表 8-6

项目名称	系　数	工程量计算方法
单层木门	1.00	按单面洞口面积计算
双层木门（一板一纱）	1.36	
单层全玻门	0.83	
木百叶门	1.25	
厂库大门	1.10	

2）木窗油漆项目按单层木窗编制。其他如双层木窗、木百叶窗等执行“单层木窗油漆”定额，工程量按相应计算规则计算并乘规定的系数，常见的项目见表 8-7。

3）木扶手油漆项目按木扶手（不带托板）编制。其他木扶手如带托板、窗帘盒等执行“木扶手（不带托板）油漆”定额的其他项目，工程量按相应计算规则计算并乘规定的系数，常见的项目见表8-8。

执行单层木窗油漆定额的其他项目工程量系数表　　表8-7

项目名称	系　　数	工程量计算方法
单层玻璃窗	1.00	按单面洞口面积计算
双层（一玻一纱）窗	1.36	
三层（二玻一纱）窗	2.00	
木百叶门	1.50	

执行木扶手油漆定额的其他项目工程量系数表　　表8-8

项目名称	系　　数	工程量计算方法
木扶手（不带托板）	1.00	按延长米计算
木扶手（带托板）	2.60	
窗帘盒	2.04	
挂衣板、黑板框	0.52	
挂镜线、窗帘棍	0.35	

4）其他木材面的油漆执行“其他木材面油漆”定额，工程量按相应计算规则计算并乘规定的系数，常见的项目见表8-9。

执行其他木材面油漆定额的其他项目工程量系数表　　表8-9

项目名称	系　　数	工程量计算方法
木板、纤维板、胶合板	1.00	按长×宽计算
清水板条的顶棚、檐口	1.07	
木方格吊顶顶棚	1.20	
吸声板、墙面、顶棚面	0.87	
木护墙、墙裙	0.91	
屋面板（带檩条）	1.11	按斜长×宽计算
木间壁、木隔断	1.90	按单面外围面积计算
木栅栏、木栏杆（带扶手）	1.82	
木屋架	1.79	按跨度（长）×中高×1/2计算
衣柜、壁柜	0.91	按投影面积（不展开）计算
零星木装修	0.87	按展开面积计算

5）木地板油漆项目按木地板编制。其他如木踢脚线、木楼梯等执行“木地板油漆”定额，工程量按相应计算规则计算并乘规定的系数，常见的项目见表8-10。

执行木地板油漆定额的其他项目工程量系数表　　表8-10

项目名称	系　　数	工程量计算方法
木地板、木踢脚线	1.00	按长×宽面积计算
木楼梯（不包括底面）	2.30	按水平投影面积计算

（3）金属面油漆工程量的计算

1）钢门窗油漆项目按单层钢门窗编制。其他如双层钢门窗、钢百叶门、金属间壁墙执行“单层钢门窗油漆”定额的其他项目，工程量按相应计算规则计算并乘规定的系数。常见的项目见表8-11。

执行单层钢门窗油漆定额的其他项目工程量系数表　　表8-11

项目名称	系　数	工程量计算方法
单层钢门窗	1.00	按洞口面积计算
双层（一玻一纱）钢门窗	1.48	
钢百叶钢门	2.74	
满钢门或包铁皮门	1.63	
钢折叠门	2.30	
间壁	1.85	按长×宽计算
射线防护门	2.96	按框（扇）外围面积计算
厂库房平开、推拉门	1.70	
铁丝网大门	0.81	
平板屋面	0.74	按斜长×宽面积计算
排水、伸缩缝盖板	0.78	按展开面积计算

2）执行“其他金属面油漆”定额的其他项目，工程量按相应计算规则计算并乘规定的系数。如钢屋架、天窗架、钢柱、钢爬梯等。常见的项目见表8-12。

执行其他金属面油漆定额的其他项目工程量系数表　　表8-12

项目名称	系　数	工程量计算方法
钢屋架、天窗架、挡风	1.00	按重量（吨）计算
墙架（空腹式）	0.50	
轻型屋架	1.42	
钢柱、吊车梁等	0.63	
操作台、走台、制动梁	0.71	
钢爬梯	1.18	
零星铁件	1.32	

（4）抹灰面油漆与涂料工程量的计算

槽形板底、混凝土折板底、密肋板底、井字梁底油漆、涂料工程量按表8-13计算。

抹灰面工程量系数表　　表8-13

项目名称	系　数	工程量计算方法
槽形底板、混凝土折板	1.30	按长×宽面积计算
有梁板底	1.10	
密肋、井字梁板底	1.50	
混凝土平板式楼梯底	1.30	按水平投影面积计算

【例 8-7】 某单层建筑物（如图 7-35），室内墙、柱面刷乳胶漆。试计算墙、柱面乳胶漆工程量。考虑吊顶，乳胶漆涂刷高度按 3.3m 计算。

【解】 （一）乳胶漆墙面工程量

1. C-D_{1-5}室内乳胶漆墙面工程量

室内周长 $L_{内1}=(12.48-0.36\times2+5.7-0.12\times2)\times2+0.25\times8=36.44$ (m)

扣除面积 $S_{扣1}=S_{M-2}+S_{M-3}+S_{C-1}\times2+S_{C-2}\times4$

$=1.2\times2.7+1.5\times2.4+1.5\times1.8\times2+1.2\times1.8\times4=20.88\text{m}^2$

$S_{墙面1}=36.44\times3.3-20.88=99.37\text{m}^2$

2. A-C_{1-5}室内乳胶漆墙面工程量

室内周长 $L_{内2}=(12.48-0.36\times2+5.7+2.0-0.12\times2)\times2+0.25\times10=40.94\text{m}$

扣除面积 $S_{扣2}=S_{M-1}+S_{M-3}+S_{C-1}\times4+S_{C-2}\times3$

$=2.1\times2.4+1.5\times2.4+1.5\times1.8\times4+1.2\times1.8\times3=25.92\text{m}^2$

$S_{墙面2}=40.94\times3.3-25.92=109.18\text{m}^2$

乳胶漆墙面工程量合计：$S_{墙面}=S_{墙面1}+S_{墙面2}=99.37+109.18=208.55\text{m}^2$

（二）柱面乳胶漆工程量

单根柱周长$=0.49\times4=1.96\text{m}$

$S_{柱}=1.96\times3.3\times3=19.40\text{m}^2$

8.2.11 金属结构制作工程

金属结构工程预算规则与清单规则基本相同，只是预算规则中计算不规则或多边形钢板重量时，不扣除切边、切肢重量，均以其最大对角线乘最大宽度的矩形面积计算，而不是按图示尺寸计算。

习题

1. 图 1 为 240mm 墙厚的 7 层楼平顶房屋，计算平整场地面积。

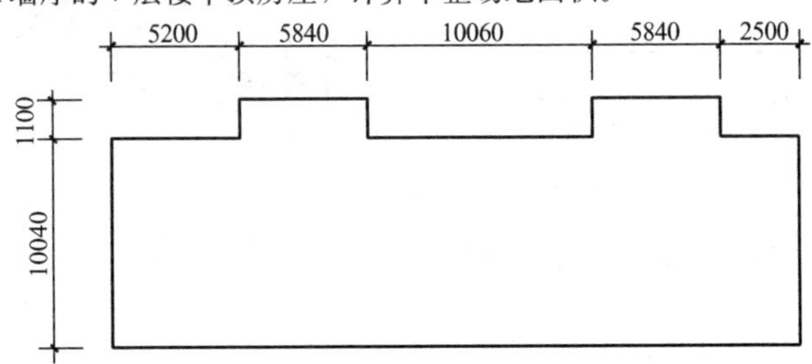

图 1 平整场地计算示意图

2. 试计算图 2 健身房满堂脚手架的工程量，已知墙厚 240mm。

3. 图 3 所示砖混建筑物，主楼 9 层，层高 3.5m，最上面有一楼梯间，高 2.8m。大厅为单层，层高 7m，门厅也为单层，层高 5.5m。室外地坪标高－0.6m。根据本地定额计算脚手架工程量。

4. 如图 4 所示，为四坡水屋面的水平投影图。屋面坡度为 1/4，求屋面面积及屋脊长度（设 S=A）。

5. 如第六章习题 1 所示建筑平面图，室外散水为 C10 混凝土，宽 800mm，厚 80mm。散水沿墙边及转角处设石油沥青玛𤧛脂伸缩缝。试计算散水和石油沥青玛𤧛脂伸缩缝工程量。

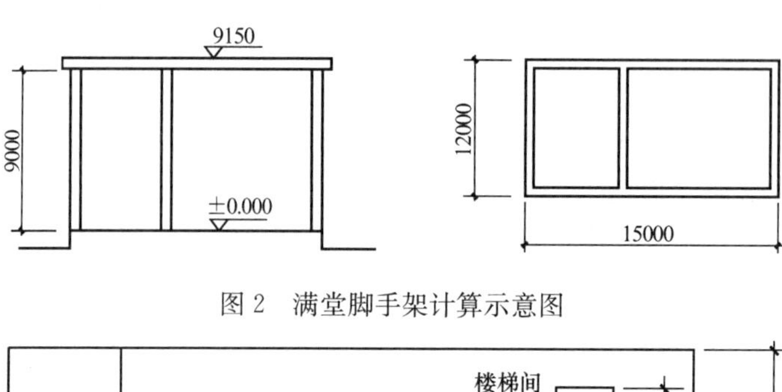

图 2 满堂脚手架计算示意图

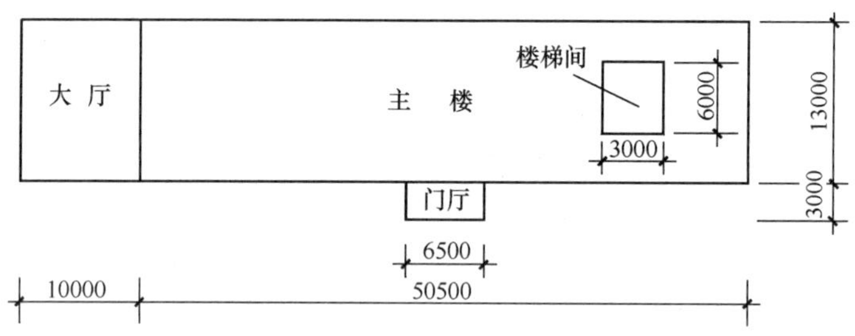

图 3 不同层高建筑物脚手架计算示意图

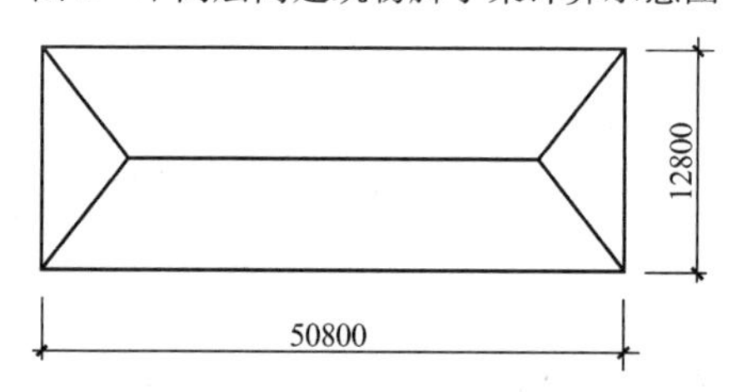

图 4 屋面面积与屋脊计算示意图

6. 如图 5 所示，计算刚性屋面工程量。

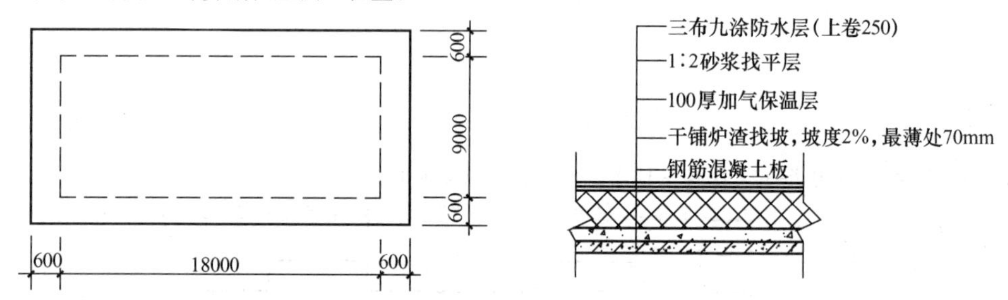

图 5 刚性屋面计算示意图

7. 如图 7-55 所示，楼梯为大理石面层。计算楼梯大理石面层工程量。

9 招标投标阶段的工程估价

本章依据《建设工程工程量清单计价规范》GB 50500—2013、中华人民共和国招标投标法实施条例（中华人民共和国国务院令第 613 号-2011）及《评标委员会和评标方法暂行规定》（国家计委等 7 部委 第 12 号令）等相关法律法规，介绍了招投标过程中招标人和投标人的工程估价实务，包括招标控制价的确定方法、投标价格的估算方法、投标人投标报价的策略、招标人对投标文件的评估等内容。

9.1 招标方的工程估价

工程招标是招标人选择工程承包商、确定工程合同价格的过程。招标人在组织工程招标的过程中，最重要的工作是编制招标文件和确定合同价格。为了合理确定合同价格，招标人可以确定某个价格作为评标的依据，并组织工程招标。

9.1.1 招标标底概述

1. 标底的概念

招标标底是招标人对拟建工程的期望价格，也是招标人用来衡量投标人投标报价的基准价格。广义上讲，标底包括标底价格、标底工期和标底质量等级；狭义上讲，标底专指标底价格。本节介绍的是狭义的招标标底，即标底价格。

按照国家建设行政主管部门的有关规定，招标标底由具有编制招标文件能力的招标人或其委托的具有相应资质的工程造价咨询机构、招标代理机构编制。

在工程招标中，标底不是招标的必备文件。招标人可以自行确定是否编制标底。如编制了标底，评标时要参考标底对投标人的投标报价进行评判；如未编制标底就招标，则称为无标底招标。

2. 标底的编制原则

（1）根据设计图纸及有关资料、招标文件，参照国家规定的技术规范、定额规范，确定工程量和编制标底。

（2）标底价格应由成本、利润、税金组成，一般应控制在批准的总概算（或修正概算）限额内。

（3）标底价格作为建设单位的期望价格，应力求与市场的实际变化相吻合，要有利于竞争和保证工程质量。要按照市场价格行情，客观、公正地确定标底价格。

（4）标底价格应考虑人工、材料、机械台班等价格变动因素，还应包括施工不可预见费、包干费用和措施费等。工程质量高于国家质量要求的，还应增加相应费用。

（5）一个工程只能编制一个标底。

（6）招标人设有标底的，标底在开标前必须保密。招标人或其委托的标底编制单位泄露标底的，要按招标投标法的有关规定处罚。

3. 标底的估算方法

标底估价方法的选择应满足招标文件的要求。若工程拟采用总价合同，标底的编制可以根据招标文件的要求，选择工料单价法或综合单价法；若采用单价合同，标底的编制应该采用综合单价法。

随着我国招标方式的变化，招标控制价以其优势逐渐取代标底进行工程招标。

9.1.2 招标控制价

招标控制价是招标人根据国家或省级、行业建设主管部门颁发的有关计价依据和办法，以及拟定的招标文件和招标工程量清单，结合工程具体情况编制的招标工程的最高投标限价。

1. 招标控制价的编制原则

现行计价规范规定，国有资金投资的建设工程招标，招标人必须编制招标控制价。招标控制价应由具有编制能力的招标人或受其委托具有相应资质的工程造价咨询人编制和复核。工程造价咨询人接受招标人委托编制招标控制价，不得再就同一工程接受投标人委托编制投标报价。

2. 招标控制价的编制依据

（1）现行《建设工程工程量清单计价规范》；

（2）国家或省级、行业建设主管部门颁发的计价定额和计价办法；

（3）建设工程设计文件及相关资料；

（4）拟定的招标文件及招标工程量清单；

（5）建设项目相关的标准、规范、技术资料；

（6）施工现场情况、工程特点及常规施工方案；

（7）工程造价管理机构发布的工程造价信息，无工程造价信息时，参照市场价；

（8）他的相关资料。

3. 招标控制价的编制

（1）分部分项工程费的确定

分部分项工程费由各分项工程的综合单价与对应的工程量（清单所列工程量）相乘后汇总而得。

综合单价应根据拟定的招标文件和招标工程量清单项目中的特征描述及有关要求确定，综合单价还应包括招标文件中划分的应由投标人承担的风险范围及其费用。工程量按国家有关行政主管部门颁布的不同专业的工程量计算规范确定。

如招标文件提供了暂估单价材料的，按暂估的单价计入综合单价。

(2) 措施项目费的确定

措施项目应按招标文件中提供的措施项目清单确定，措施项目采用分部分项工程综合单价形式进行计价的工程量，应按措施项目清单中的工程量确定综合单价；以“项”为单位的方式计价的，价格包括除规费、税金以外的全部费用。措施项目费中的安全文明施工费应当按照国家或省级、行业建设主管部门的规定标准计价。

(3) 其他项目费的确定

1) 暂列金额。应按招标工程量清单中列出的金额填写。

2) 暂估价。暂估价中的材料、工程设备单价、控制价应按招标工程量清单列出的单价计入综合单价。

3) 暂估价专业工程金额应按招标工程量清单中列出的金额填写。

4) 计日工。编制招标控制价时，对计日工中的人工单价和施工机械台班单价应按省级、行业建设主管部门或其授权的工程造价管理机构公布的单价计算；材料应按工程造价管理机构发布的工程造价信息中的材料单价计算，工程造价信息未发布材料单价的材料，其价格应按市场调查确定的单价计算。

5) 总承包服务费。编制招标控制价时，总承包服务费应按照省级或行业建设主管部门的规定计算，或参考相关规范计算。在现行计价规范条文中说明中，总承包服务费的参考值为：

①当招标人仅要求总包人对其发包的专业工程进行现场协调和统一管理、对竣工资料进行统一汇总整理等服务时，总包服务费按发包的专业工程估算造价的1.5%左右计算。

②当招标人要求总包人对其发包的专业工程既进行总承包管理和协调，又要求提供相应配合服务时，总承包服务费根据招标文件列出的配合服务内容，按发包的专业工程估算造价的3%～5%计算。

③招标人自行供应材料、设备的，按招标人供应材料、设备价值的1%计算。暂列金额、暂估价如招标工程量清单未列出金额或单价时，编制招标控制价时必须明确。

(4) 规费和税金的确定

规费和税金应按国家或省级、行业建设主管部门规定的标准计算。

9.1.3 招标控制价的应用

招标人应在招标文件中如实公布招标控制价，不得对所编制的招标控制价进行上浮或下调。为体现招标的公开、公平、公正性，防止招标人有意抬高或压低工程造价，给投标人以错误信息，招标人在招标文件中应公布招标控制价各组成部分的详细内容，不得只公布招标控制价总价，并应将招标控制价报工程所在地工程造价管理机构备查。

9.2 投标方的工程估价

工程投标是投标人通过投标竞争，获得工程承包权的一种方法。投标人在参与工程投标的过程中，最重要的工作是编制投标文件和确定投标报价。本节主要介绍投标价格的估算、报价的编制方法和报价的策略。

9.2.1 投标价的估算

1. 投标价概述

投标价是投标人投标时，响应招标文件要求所报出的对已标价工程量清单汇总后标明的总价。它是投标人对拟建工程的期望价格，其价格由成本、利润和税金及招标文件中划分的应由投标人承担的风险范围及其费用构成。

投标价格的高低，直接影响到投标人能否中标。因此，投标价估算的准确性，取决于对拟建工程的工程成本估算的准确性及利润控制的合理性。

2. 投标价格的编制依据

(1) 现行《建设工程工程量清单计价规范》;

(2) 国家或省级、行业建设主管部门颁发的计价办法;

(3) 企业定额，国家或省级、行业建设主管部门颁发的计价定额和计价办法;

(4) 招标文件、招标工程量清单及其补充通知、答疑纪要;

(5) 建设工程设计文件及相关资料;

(6) 施工现场情况、工程特点及投标时拟定的施工组织设计或施工方案;

(7) 与建设项目相关的标准、规范等技术资料;

(8) 市场价格信息或工程造价管理机构发布的工程造价信息;

(9) 其他的相关资料。

3. 投标价编制的基本原则

(1) 投标价应由投标人或受其委托具有相应资质的工程造价咨询人编制。

(2) 投标人应依据行业部门的相关规定自主确定投标报价。

(3) 执行工程量清单招标的，投标人必须按招标工程量清单填报价格。项目编码、项目名称、项目特征、计量单位、工程量必须与招标工程量清单一致。

(4) 投标人的投标报价不得低于工程成本。

(5) 投标人的投标报价高于招标控制价的应予废标。

4. 投标价的一般要求

投标人编制投标价格时，与编制施工图预算相似，但不同之处为:

(1) 当预算工程量与清单工程量的计算量有差异时，工程量应按清单量执行，但综合单价中应将预算工程量对应的工程成本包括在其中(称之为组价)。

(2) 投标价的估算采用企业自主报价的原则。投标价既要反映企业本身的实力、市场行情及投标策略，又不能低于工程成本价，而且应有足够的竞争力。

9.2.2 投标价的编制

投标人编制投标价格，可以采用工料单价法或综合单价法(详见第3章)。编制方法选用取决于招标文件规定的合同形式。当拟建工程采用总价合同形式时，投标人应按规定对整个工程涉及的工作内容做出总报价。当拟建工程采用单价合同形式时，投标人关键是正确估算出各分部分项工程项目的综合单价。

1. 工程量清单投标价的编制

(1) 分部分项工程和措施项目

1）分部分项工程和措施项目中的综合单价

①确定依据。投标人投标报价时应依据招标工程量清单项目的特征描述确定清单项目的综合单价。在招投标过程中，当出现招标工程量清单特征描述与设计图纸不符时，投标人应以招标工程量清单的项目特征描述为准，确定投标报价的综合单价。若在施工中施工图纸或设计变更导致项目特征与招标工程量清单项目特征描述不一致时，发承包双方应按实际施工的项目特征依据合同约定重新确定综合单价。

②材料、工程设备暂估价。招标工程量清单中提供了暂估单价的材料、工程设备，按暂估的单价进入综合单价。

③风险费用。招标文件中要求投标人承担的风险内容和范围，投标人应将其考虑到综合单价中。在施工过程中，当出现的风险内容及其范围（幅度）在招标文件规定的范围内时，合同价款不作调整。

2）措施项目中的总价项目的规定

由于各投标人拥有的施工装备、技术水平和采用的施工方法有所差异，招标人提出的措施项目清单是根据一般情况确定的，投标人投标时应根据自身编制的投标施工组织设计（或施工方案）确定措施项目，投标人根据投标施工组织设计（或施工方案）调整和确定的措施项目应通过评标委员会的评审。措施项目中的安全文明施工费应按照国家或省级、行业建设主管部门的规定计算，不作为竞争性费用。

（2）其他项目费

1）暂列金额应按照招标工程量清单中列出的金额填写，不得变动。

2）暂估价不得变动和更改。暂估价中的材料、工程设备必须按照暂估单价计入综合单价；专业工程暂估价必须按照招标工程量清单中列出的金额填写。

3）计日工应按照招标工程量清单列出的项目和估算的数量，自主确定综合单价并计算计日工金额。

4）总承包服务费应根据招标工程量列出的专业工程暂估价内容和供应材料、设备情况，按照招标人提出协调、配合与服务要求和施工现场管理需要自主确定。

（3）规费和税金

必须按国家或省级、行业建设主管部门的规定计算，不得作为竞争性费用。

2. 投标价编制注意要点

（1）招标工程量清单与计价表中列明的所有需要填写单价和合价的项目，投标人均应填写且只允许有一个报价。未填写单价和合价的项目，视为此项费用已包含在已标价工程量清单其他项目的单价和合价之中。当竣工结算时，此项目不得重新组价予以调整。

（2）投标总价应当与分部分项工程费、措施项目费、其他项目费和规费、税金的合计金额一致。即投标人在进行工程量清单招标的投标报价时，不能进行投标总价优惠（或降价、让利），投标人对投标报价的任何优惠（或降价、让利）均应反映在相应清单项目的综合单价中。

【例 9-1】 某多层砖混住宅条形基础工程的剖面如图 9-1。

（1）土类别为三类土，人工开挖，挖土深度 3m，沟槽长 39.28m。

（2）基础为砖大放脚带形基础，使用普通页岩标准砖，强度等级 MU10，M5 水泥砂浆砌筑，砖基础总长 40.56m。

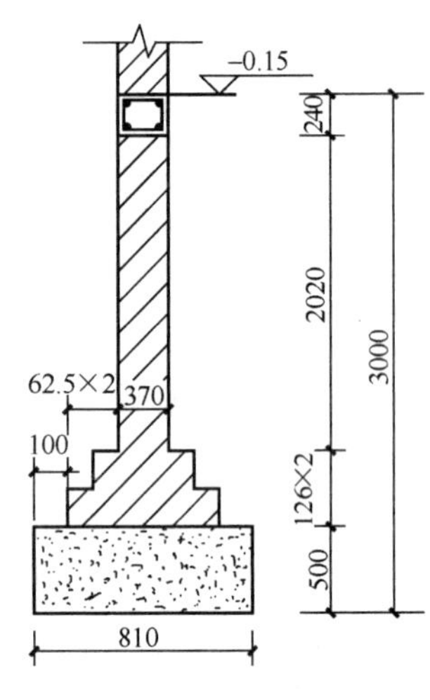

图 9-1 条形基础剖面图

(3) 3∶7 灰土垫层，垫层长度为 39.88m。

(4) 根据施工方案，工作面宽度各边 0.25m、放坡系数为 0.2。所挖土方除沟边堆土外，70%需运到临时堆场堆放，运距 50m，人工运输。

(5) 设已知回填土预算工程量 182.56m^3（其中室内回填土 5.23m^3）。

(6) 装载机自卸汽车运弃土 49.85m^3，运距 4km。

(7) 根据企业自主报价原则，管理费按人料机三项费用之和的 10%计取，利润按人料机三项费用之和的 5%计取，不考虑风险，工程量清单见表 9-1（工程所在地建设主管部门规定，挖沟槽因工作面和放坡增加的工程量不并入清单土方工程量中）。

投标企业应如何确定该条形基础工程分部分项工程的综合单价？该分部分项工程的投标价为多少？

分部分项工程和单价措施项目清单与计价表 **表 9-1**

工程名称：多层砖混住宅工程

序号	项目编码	项目名称	项目特征描述	计量单位	工程量	金额（元）		
						综合单价	合价	其中
								暂估价
1	010101003001	挖沟槽土方	土类别：三类土 挖土深度：3m 运距：50m	m^3	96.91			
2	010103001001	回填方	密实度要求：夯实	m^3	47.06			
3	010103002001	余方弃置	运距：4km	m^3	49.85			
4	010401001001	砖基础	砖品种、强度等级：页岩标砖、MU10 基础类型：带形基础 砂浆强度等级：M5 水泥砂浆	m^3	37.60			
5	010404001001	垫层	垫层材料种类、厚度：3∶7灰土、500mm 厚	m^3	16.15			
…	……							

【解】 （一）综合单价的确定

1. 按预算定额计算规则计算基础工程涉及的各项工程量。

(1) 沟槽土方工程量

预算规则中，沟槽长度即为砖基础长度，故：

$$V=(a+2c+kh)\times h\times l=(0.81+0.25\times 2+0.2\times 3)\times 3\times 40.56=232.41m^3$$

(2) 临时堆场堆土量

232.41×70%=162.69m^3，运距 50m，人工运输。

(3) 回填土工程量 182.56m^3（其中室内回填土 5.23m^3）。

(4) 装载机自卸汽车运弃土 49.85m^3，运距 4km。

2. 根据现行工程量计算规范，对招标人提供的清单工程量（表 9-1）进行复核。

（1）挖沟槽土方：$V_{沟槽}=0.81\times39.88\times3=96.91m^3$

（2）砖基础：$V_{砖基础}=[(3.00+0.15-0.5-0.24)\times0.365+0.126\times0.0625\times6]\times40.56=37.60m^3$

（3）垫层：$V_{垫层}=0.81\times0.5\times39.88=16.15m^3$

（4）回填方：

1）基础回填

$V_{基}=$ 挖基础土方 − 室外地坪下埋设的基础体积

$V_{基}=96.91-(37.60-0.365\times0.15\times40.56)-16.15-0.24\times0.365\times40.56$

$=41.83m^3$

2）室内回填：$V_{室内}=5.23m^3$

回填方合计：$V_{回填}=41.83+5.23=47.06m^3$

（5）余方弃置：$96.91-47.06=49.85m^3$

3. 分部分项工程综合单价报价时，应认真阅读招标文件，明确报价范围。报价涉及的各价格保留小数点位数依据招标文件要求，没有规定的按常规执行。一般除总价（或合价）有可能取整外，其他保留小数点后 2 位，小数点后第 3 位四舍五入。

4. 在计算综合单价时，根据施工企业定额、人料机市场价格及预算工程量与清单工程量的对比，折算综合单价（即组价）。

（1）测算分部分项工程所需人工工日、材料及机械台班的数量。该企业的企业定额见表 9-2。

施工企业定额 **表 9-2**

定额编号	项目名称	单位	数量
010101003-1-5	挖基础土方，深 4m 内，三类土	m^3	1
R01	综合工日	工日	0.296
010103002-1-1	人工运土，运距 50m 以内	m^3	1
R01	综合工日	工日	0.087
010103002-1-2	机械运土，运距 5km 以内	m^3	1
R01	综合工日	工日	0.065
J01	机动翻斗车	台班	0.161
010103001-1-3	土石方回填，机械夯实	m^3	1
R01	综合工日	工日	0.169
J01	蛙式打夯机	台班	0.029
010404001-1-6	垫层，3∶7 灰土，厚度 50cm 以内	m^3	1
R01	综合工日	工日	0.89
C01	白灰	t	0.164
C02	黏土	m^3	1.323
C03	水	m^3	0.202
J02	蛙式打夯机	台班	0.11
010401001-1-3	M5 水泥砂浆砌砖基础	m^3	1

续表

定额编号	项目名称	单位	数量
R01	综合工日	工日	1.218
C04	红砖	千块	0.512
C03	水	m^3	0.161
C05	水泥强度等级 32.5 级	t	0.054
C06	中砂	m^3	0.263
J03	灰浆搅拌机	台班	0.032
……	……	……	……

（2）市场调查和询价

该工程的市场劳务来源充足，价格平稳，采用市场价作为参考，按前三个月投标人使用人员的平均工资标准确定。

工程所在地为城市，工程所用材料供应充足，价格平稳，考虑工期较短，材料可在当地采购，以工程所在地建材市场前三个月的平均价格水平为依据，不考虑涨价系数。

该工程使用的施工机械为常用机械，投标人可以自行配备。施工机械台班按机械台班定额计算出台班单价，不考虑调整施工机械费。

经市场调查和询价得到该工程土石方和砖基础的综合工日单价、材料单价及施工机械台班单价，见表 9-3。

部分综合人材机预算价格 **表 9-3**

编　号	名　称	单　价	价格（元）
人　工			
R01	综合人工	工日	105.00
R02	普工	工日	100.00
R03	技工	工日	150.00
材料			
C01	白灰	t	300.00
C02	黏土	m^3	15.00
C03	水	m^3	4.30
C04	页岩标砖	千块	430.00
C05	水泥 32.5 级	t	428.00
C06	中砂	m^3	95.00
C07	卵石 4cm	m^3	76.00
机械			
J01	机动翻斗车	台班	154.00
J02	蛙式打夯机	台班	28.00
J03	灰浆搅拌机	台班	76.00
……	……		

（3）计算工程量清单项目的企业定额基价。按确定的定额含量及询价，对应计算出定额子目单位数量的人工费、材料费和机械费，见表 9-4。

某企业定额基价计算表 **表 9-4**

定额编号	项目名称	单位	数量	单价（元）	合价（元）	基价（元）
010101003-1-5	挖基础土方，深 4m 内，三类土	m^3	1			31.08
人工费	综合工日	工日	0.296	105.00	31.08	31.08
010103002-1-1	人工运土，运距 50m 以内	m^3	1			9.14
人工费	综合工日	工日	0.087	105	9.14	9.14
010103002-1-2	机械运土，运距 5km 以内	m^3	1			31.62
人工费	综合工日	工日	0.065	105.00	6.83	6.83
机械费	机动翻斗车	台班	0.161	154.00	24.79	24.79
010103001-1-3	土石方回填，机械夯实	m^3	1			18.56
人工费	综合工日	工日	0.169	105.00	17.75	17.75
机械费	蛙式打夯机	台班	0.029	28.00	0.81	0.81
010404001-1-6	3：7 灰土垫层，厚度 50cm 以内	m^3	1			166.45
人工费	综合工日	工日	0.89	105.00	93.45	93.45
材料费	白灰	t	0.164	300.00	49.20	69.92
	黏土	m^3	1.323	15.00	19.85	
	水	m^3	0.202	4.30	0.87	
机械费	蛙式打夯机	台班	0.11	28.00	3.08	3.08
010401001-1-3	M5 水泥砂浆砌砖基础	m^3	1			399.27
人工费	综合工日	工日	1.218	105.00	127.89	127.89
材料费	页岩标砖	千块	0.512	430.00	220.16	268.95
	水	m^3	0.161	4.30	0.69	
	水泥 32.5 级	t	0.054	428.00	23.11	
	中砂	m^3	0.263	95.00	24.99	
机械费	灰浆搅拌机	台班	0.032	76.00	2.43	2.43

（4）计算综合单价

工程量清单计价规范规定综合单价必须包括完成清单项目的全部费用，即施工方案等导致的增量费用应包含在综合单价内。由于工程量清单中的工程量不能变动，因此，在计算综合单价时，需要进行分摊与组价，即由预算工程量及预算单价计算出的总价应与清单工程量与综合单价计算出的总价相等。

各项目综合单价的分析见表 9-5～表 9-9。

综合单价分析表 **表 9-5**

工程名称：多层砖混住宅工程

项目编码		010101003001		项目名称		挖沟槽土方		计量单位		m^3	
清单综合单价组成明细											
定额编号	定额名称	定额单位	数量	单价				合价			
				人工费	材料费	机械费	管理费和利润	人工费	材料费	机械费	管理费和利润
010101003-1-5	挖基础土方	m^3	2.398	31.08			4.66	74.53			11.17
010103002-1-1	人工运土	m^3	1.679	9.14			1.37	15.35			2.30
人工单价		小计						89.88			13.47
105元/工日		未计价材料费									
清单项目综合单价								103.35			
材料费明细	主要材料名称、规格、型号					单位	数量	单价（元）	合价（元）	暂估单价（元）	暂估合价（元）
	其他材料费							—		—	
	材料费小计							—		—	

表 9-5 中，挖沟槽土方数据按以下方法计算：

挖基础土方数量＝预算量÷清单量＝232.41÷96.91＝2.398m^3

管理费和利润单价按人料机费用之和(本项目只有人工费)的百分比计算：

$$31.08\times(10\%+5\%)=4.66\text{ 元}/m^3$$

人工费合价：31.08×2.398＝74.53 元

管理费和利润合价：4.66×2.398＝11.17 元

挖沟槽土方综合单价＝89.88＋13.47＝103.35 元/m^3

人工运土方及表 9-6 至表 9-9 中的相关数据计算方法同上，不再赘述。

综合单价分析表 **表 9-6**

工程名称：多层砖混住宅工程

项目编码		010103001001		项目名称		回填方		计量单位		m^3	
清单综合单价组成明细											
定额编号	定额名称	定额单位	数量	单价				合价			
				人工费	材料费	机械费	管理费和利润	人工费	材料费	机械费	管理费和利润
010103002-1-3	土石方回填	m^3	3.879	17.75		0.81	2.78	68.85		3.14	10.78
人工单价		小计						68.85		3.14	10.78
105元/工日		未计价材料费									
清单项目综合单价								82.77			
材料费明细	主要材料名称、规格、型号					单位	数量	单价（元）	合价（元）	暂估单价（元）	暂估合价（元）
	其他材料费							—		—	
	材料费小计							—		—	

综合单价分析表 **表 9-7**

工程名称：多层砖混住宅工程

项目编码	010103002001			项目名称		余方弃置		计量单位		m³	
清单综合单价组成明细											
定额编号	定额名称	定额单位	数量	单价				合价			
				人工费	材料费	机械费	管理费和利润	人工费	材料费	机械费	管理费和利润
010103001-1-2	机械运土	m³	1.000	6.83		24.79	4.74	6.83		24.79	4.74
人工单价		小计						6.83		24.79	4.74
105元/工日		未计价材料费									
清单项目综合单价								36.36			
材料费明细	主要材料名称、规格、型号					单位	数量	单价（元）	合价（元）	暂估单价（元）	暂估合价（元）
	其他材料费							—		—	
	材料费小计							—		—	

综合单价分析表 **表 9-8**

工程名称：多层砖混住宅工程

项目编码	010401001001			项目名称		砖基础		计量单位		m³	
清单综合单价组成明细											
定额编号	定额名称	定额单位	数量	单价				合价			
				人工费	材料费	机械费	管理费和利润	人工费	材料费	机械费	管理费和利润
010301001-1-3	砖基础	m³	1.000	127.89	268.95	2.43	59.89	127.89	268.95	2.43	59.89
人工单价		小计						127.89	268.95	2.43	59.89
105元/工日		未计价材料费									
清单项目综合单价								459.16			
材料费明细	主要材料名称、规格、型号					单位	数量	单价（元）	合价（元）	暂估单价（元）	暂估合价（元）
	页岩标砖					千块	0.512	430.00	220.16		
	水					m³	0.161	4.30	0.69		
	水泥32.5级					t	0.054	428.00	23.11		
	中砂					m³	0.263	95.00	24.99		
	其他材料费							—		—	
	材料费小计							—		—	

综合单价分析表 表 9-9

工程名称：多层砖混住宅工程

项目编码	010404001001		项目名称		垫层			计量单位			m³
清单综合单价组成明细											
定额编号	定额名称	定额单位	数量	单价				合价			
				人工费	材料费	机械费	管理费和利润	人工费	材料费	机械费	管理费和利润
010301001-1-6	灰土垫层	1.000	m³	93.45	69.92	3.08	24.97	93.45	69.92	3.08	24.97
人工单价		小计						93.45	69.92	3.08	24.97
105元/工日		未计价材料费									
清单项目综合单价								191.42			
材料费明细	主要材料名称、规格、型号				单位	数量		单价（元）	合价（元）	暂估单价（元）	暂估合价（元）
	白灰				t	0.164		300.00	49.20		
	黏土				m³	1.323		15.00	19.85		
	水				m³	0.202		4.30	0.87		
	其他材料费							—		—	
	材料费小计							—		—	

（二）分部分项工程的投标价

多层砖混住宅工程基础部分的投标价构成见表 9-10。

分部分项工程和单价措施项目清单与计价表 表 9-10

工程名称：多层砖混住宅工程 第 页 共 页

序号	项目编码	项目名称	项目特征描述	计量单位	工程量	金额（元）		
						综合单价	合价	其中 暂估价
1	010101003001	挖沟槽土方	土类别：三类土 挖土深度：3m 弃土运距：4km	m³	96.91	103.35	10015.65	
2	010103001001	回填方	密实度要求：机械夯实	m³	47.06	82.77	3895.16	
3	010103002001	余方弃置	运距：4km	m³	49.85	36.36	1812.55	
4	010401001001	砖基础	砖品种、强度等级：普通页岩标准砖、MU10 基础类型：带形基础 砂浆强度等级：M5 水泥砂浆	m³	37.60	459.16	17264.42	
5	010404001001	垫层	垫层材料种类、厚度：3∶7灰土、500mm厚	m³	16.15	191.42	3091.43	
本页小计							36079.2	
合计							36079.2	

该分部分项工程的投标价为 36079.2 元。

9.2.3 投标报价的策略

投标人在投标报价时，不仅要充分考虑各种因素对投标报价的影响，而且可以恰当地运用投标报价的策略。投标报价时的策略很多，例如不平衡报价法，多方案报价法，先亏后盈法，增加建议方案法，突然降价法等。不同的投标报价策略，都有一定的适用范围，恰当地使用报价策略，会使投标人增加中标机会，减少工程风险、增加工程利润。但是各种报价策略也可能给投标人带来风险和损失。例如，过分的不平衡报价，其报价可能被认定为废标；采用低报价、高索赔的策略时，也可能因无法得到高额索赔而受损失。因此，一定要谨慎选择和采用投标报价策略。

1. 不平衡报价法

不平衡报价法是拟建工程采用单价合同形式时经常采用的投标报价策略。它是指一个工程项目的投标报价，在总价基本确定后，通过调整内部各个项目的报价，达到既不提高总价，又不影响中标，而且能在结算时得到最理想的经济效益的一种报价方法。常见的不平衡报价法见表 9-11。

常见的不平衡报价法 **表 9-11**

序号	信息类型	变动趋势	不平衡结果
1	资金收入的时间	早	单价高
		晚	单价低
2	工程量估算不准确	增加	单价高
		减少	单价低
3	报价图纸不明确	增加工程量	单价高
		减少工程量	单价低
4	暂定工程	自己承包的可能性高	单价高
		自己承包的可能性低	单价低
5	单价和包干混合制的项目	固定包干价格项目	单价高
		单价项目	单价低
6	单价组成分析表	人工和机械费	单价高
		材料费	单价低
7	报单价的项目	没有工程量	单价高
		有假定的工程量	单价适中
8	设备安装	特殊设备、材料	主材单价高
		常见设备、材料	主材单价低
9	分包项目	自己发包的	单价高
		业主指定分包的	单价低
10	另行发包项目	配合人工、机械费	单价高、工程量放大
		配合用材料	有意漏报

例如，某拟建工程分为前后连续的三部分进行施工，一次性报价，资料见表 9-12。投标人为了尽早得到工程价款收入，采用不平衡报价的策略。

不平衡报价（Ⅰ） 单位：万元 **表 9-12**

	工程 A	工程 B	工程 C	总价
投标估价	1480	6600	7200	15280
正式报价	1600	7200	6480	15280

根据工程经济学的原理，由于投标人的正式报价的现金流量与投标估价相比是前期大，后期小，因此正式报价的现金流量现值大于投标估价，对投标人来说是有利的。

又如，某工程招标文件中提供的工程量见表 9-13。投标人认为普通岩石开挖与坚硬岩石开挖的实际工程量可能正好相反，决定采用不平衡报价（偏差 10%）的策略。

不平衡报价（Ⅱ） **表 9-13**

分项工程名称	工程量	平衡报价	不平衡报价
普通岩石开挖	2000m^3	30 元/m^3	27 元/m^3
坚硬岩石开挖	1000m^3	60 元/m^3	66 元/m^3
合计	3000m^3	120000 元	120000 元

如果施工中的工程量变化与投标人的估计相同，则：

采用平衡报价：1000×30＋2000×60＝150000 元

采用不平衡报价：1000×27＋2000×66＝159000 元

多得工程价款：159000－150000＝9000 元

但是，如果实际工程量并没有发生变化，或者普通岩石开挖的工程量增加，坚硬岩石开挖的工程量减少，投标人不但不能多得工程价款，甚至会少得工程价款。因此，不平衡投标是有风险的，必须谨慎采用。

2. 多方案报价法

多方案报价法是承包人发现招标文件、工程说明书或合同条款不够明确，或条款不太公正，技术规范要求过于苛刻时，为争取达到修改工程说明书或合同的目的而采用的一种报价方法。当工程说明书或合同条款有不够明确之处时，承包人往往可能会承担较大的风险，为了减少风险就须提高单价，增加不可预见费，但这样做又会因报价过高而增加投标失败的可能性。运用多方案报价法，是要在充分估计投标风险的基础上，按多个投标方案进行报价，即在投标文件中报两个价，即按原工程说明书和合同条件报一个价，然后再提出如果工程说明书或合同条件可作某些改变时，可以按另一个较低的报价（需加以注释）。这样可使报价降低，吸引招标人。当然采用这种策略的前提是招标文件允许提交备选投标价。

3. 先亏后盈法

当承包商想占领某一新的市场或想在某一地区打开局面，可能会采用这种不惜代价、降低投标价格的手段，目的是以低价甚至亏本进行投标，只求中标。但采用这种方法的承包人，必须要有十分雄厚的实力，较好的资信条件，这样才能不断地扩大企业的市场份额。

其他投标策略详见相关参考书籍。

9.3 投标文件的评审

招标人应按照国家和部门的相关规定，对投标人提交的投标文件进行认真评审，以保证合理性地选择中标人。

9.3.1 评标的基本要求

1. 评标基本原则

（1）评标活动遵循公平、公正、科学、择优的原则。

（2）评标活动依法进行，任何单位和个人不得非法干预或者影响评标过程和结果。

（3）招标人应当采取必要措施，保证评标活动在严格保密的情况下进行。

（4）评标活动及其当事人应当依法接受相关部门的监督管理。

2. 评标委员会组成与相关规定

（1）评标委员会由招标人负责组建。评标委员会成员名单一般应于开标前确定。评标委员会成员名单在中标结果确定前应当保密。

（2）评标委员会由招标人或其委托的招标代理机构熟悉相关业务的代表，以及有关技术、经济等方面的专家组成，成员人数为五人以上单数，其中技术、经济等方面的专家不得少于成员总数的三分之二。

（3）一般项目，评标委员会的专家成员应当从评标专家库内相关专业的专家名单中以随机抽取方式确定；技术特别复杂、专业性要求特别高或者国家有特殊要求的招标项目，采取随机抽取方式确定的专家难以胜任的，可以由招标人直接确定。

（4）评标委员会成员应当依照规定的评标标准和方法，客观、公正地对投标文件提出评审意见。

3. 评标的准备工作

评标前，招标人或者其委托的招标代理机构应当向评标委员会提供评标所需的重要信息和数据。评标委员会成员应当编制供评标使用的相应表格，认真研究招标文件，熟悉招标的目标，招标项目的范围和性质，招标文件中规定的主要技术要求、标准和商务条款及招标文件规定的评标标准、评标方法和在评标过程中需考虑的相关因素等。

9.3.2 投标文件的评审

根据国家的现行法律法规，投标文件的评审分为初步评审和详细评审两个阶段。

1. 初步评审

初步评审包括标书形式评审、投标人资格评审、投标内容响应性评审和施工组织与项目管理机构评审等内容，并根据招标文件确定投标文件偏差性质，做出相应的处理。

（1）投标重大偏差

1）投标文件未经投标单位盖章和单位负责人签字；

2）投标联合体没有提交共同投标协议；

3）投标人不符合国家或者招标文件规定的资格条件；

4）同一投标人提交两个以上不同的投标文件或者投标报价，但招标文件要求提交备选投标的除外；

5）投标报价低于成本或者高于招标文件设定的最高投标限价；

6）投标文件没有对招标文件的实质性要求和条件做出响应；

7）投标人有串通投标、弄虚作假、行贿等违法行为。

投标文件有上述情形之一的即为投标文件出现重大偏差，视为未能对招标文件做出实质性响应，按废标处理。

（2）投标细微偏差

细微偏差是指投标文件在实质上响应招标文件要求，但在个别地方存在漏项或者提供了不完整的技术信息和数据等情况，并且补正这些遗漏或者不完整不会对其他投标人造成不公平的结果。细微偏差不影响投标文件的有效性。

评标委员会应当书面要求存在细微偏差的投标人在评标结束前予以补正。拒不补正的，在详细评审时可以对细微偏差作不利于该投标人的量化，量化标准应当在招标文件中规定。

（3）投标文件的澄清与说明

评标委员会可以书面方式要求投标人对投标文件中含义不明确、对同类问题表述不一致或者有明显文字和计算错误的内容作必要的澄清、说明或者补正。澄清、说明或者补正应以书面方式进行，并不得超出投标文件的范围或者改变投标文件的实质性内容。

1）金额与文字文本错误

投标文件中的大写金额和小写金额不一致的，以大写金额为准；总价金额与单价金额不一致的，以单价金额为准，但单价金额小数点有明显错误的除外；对不同文字文本投标文件的解释发生异议的，以母语（我国为中文）文本为准。

2）标价明显低于其他报价

评标委员会发现投标人的报价明显低于其他投标报价或者在设有标底时明显低于标底，使得其投标报价可能低于其个别成本的，应当要求该投标人作出书面说明并提供相关证明材料。投标人不能合理说明或者不能提供相关证明材料的，由评标委员会认定该投标人以低于成本报价竞标，其投标应作废标处理。

3）其他

投标人资格条件不符合国家有关规定和招标文件要求的，或者拒不按照要求对投标文件进行澄清、说明或者补正的，评标委员会可以否决其投标。

2. 标价的详细评审

详细评审是评标委员会对初步评审合格的投标文件，根据招标文件确定的评标标准和方法，对其技术部分和商务部分作进一步评审、比较。

详细评标方法主要包括经评审的最低投标价法和综合评估法。

（1）经评审的最低投标价法

采用经评审的最低投标价法，评标委员会应当根据招标文件中规定的评标价格调整方法，对所有能够满足招标文件的实质性要求的投标文件的投标报价以及投标文件的商务部分作必要的价格调整，并按照经评审的投标价由低到高的顺序推荐中标候选人。

由于中标人的投标应当符合招标文件规定的技术要求和标准，故采用经评审的最低投标价法的，评标委员会无需对投标文件的技术部分进行价格折算。

1）适用范围

经评审的最低投标价法一般适用于具有通用技术、性能标准或者招标人对其技术、性能没有特殊要求的招标项目。

2）评审方法

①首先对标价进行调整。调整的因素影响通常以一个折算价表示，对招标人有利的因素调整后折算价为负值，对招标人不利的因素调整后折算价为正值。调整方法按照招标文件中规的定量化因素与量化标准执行。量化因素一般包括工期提前、投标人的公信度、投标人同时投多个标段，且已有一个标段中标以及其他条件下的优惠，各量化因素的标准（通常是百分比或分值）由招标文件规定。

②将评审后的投标报价（评标价）由低到高对投标人排序，推荐中标候选人。

③经评审的最低投标价法完成详细评审后，评标委员会将拟定一份“标价比较表”，连同书面评标报告提交招标人。该表应标明投标人的投标报价、对商务偏差的价格调整和说明、经评审的最终投标价。

3）计算方法

不同项目、不同省份的经评审的最低投标价法的调整量化因素与量化标准略有不同，计算公式也有一定差异，如某省采用经评审的最低投标价法的评标价为：

$$\text{评标价} = \text{算数修正后的投标总价} \pm \text{折算价格} - \text{规费} - \text{安全文明施工费} \tag{9-1}$$

【例 9-2】 某项目采用经评审的最低投标价法，招标文件规定，在保证工程质量的前提下，报价工期比计划工期每提前一天，折算因素量化标准为合同总价的 0.5‰计算，投标人同时投本项目多个标段，且已有一个标段中标的，量化因素标准按合同总价按 2%的优惠。A 投标人算数修正后的投标总价为 939.51 万元，其中规费 21.63 万元，安全文明施工费 44.73 万元，投标工期比计划工期提前 8 天，且已有一个标段中标。则 A 投标人的评标价为：

评标价$=939.51\,(1-8\times0.5‰-2\%)-21.63-44.73=816.78$ 万元

(2) 综合评估法

综合评分法是指评标委员会对满足招标文件的实质性要求的投标文件，按照规定的评分标准进行打分，并按得分由高到低顺序推荐中标候选人的方法。

1）适用范围

不宜采用经评审的最低投标价法的招标项目，一般应当采取综合评估法进行评审。

2）评审方法

①衡量投标文件是否最大限度地满足招标文件中规定的各项评价标准，可以采取折算为货币的方法、打分的方法或者其他方法。需量化的因素及其权重应当在招标文件中明确规定。

②评标委员会对各个评审因素进行量化时，应当将量化指标建立在同一基础或者同一标准上，使各投标文件具有可比性。

③若综合评分相等，以投标报价低的优先，若投标报价相同时，由招标人自行确定。

④根据综合评估法完成评标后，评标委员会将拟定一份“综合评估比较表”，连同书面评标报告提交招标人。该表标明投标人的投标报价、所作的任何修正、对商务偏差的调

整、对技术偏差的调整、对各评审因素的评估以及对每一投标的最终评审结果。

3）计算方法

对技术部分和商务部分进行量化后，计算投标的综合评估分。

①偏差率计算。在评标过程中，应对各个投标文件按下式计算投标报价偏差率：

$$偏差率 = \frac{(投标人报价 - 评标基准价)}{评标基准价} \times 100\% \tag{9-2}$$

评价基准价在投标人须知前附表中明确，也可适当考虑投标人的投标报价确定。

②详细评审过程。评标委员会按分值构成与评分标准规定的量化因素和分值进行打分，并计算出各标书综合评估得分。

设：按规定的评审因素和标准对施工组织设计计算出的得分为A，对项目管理机构计算出的得分为B，对投标报价计算出的得分为C，对其他部分计算出的得分为D，则：

$$投标人得分 = A + B + C + D \tag{9-3}$$

评分分值计算保留小数点后两位，小数点后第三位“四舍五入”。由评委对各投标人的标书进行评分后加以比较，最后以总得分最高的投标人为中标候选人。

【例9-3】 某一般工业厂房项目采用公开招标，共有A、B、C、D、E五家投标人参加投标，各投标人报价情况见表9-14，投标人E对部分结构工程的报价见表9-15。经资格预审该五家投标人均满足招标人要求。

各投标人报价汇总表（单位：万元） **表9-14**

投标人	A	B	C	D	E
报价	37894.42	42986.45	52904.11	48883.84	46389.79

投标人E结构工程（部分）报价单 **表9-15**

序号	项目编码	项目名称	工程数量	单位	单价（元/单位）	合价（元）
15	略，下同	满堂基础C40	3300.00	m^3	470.2	1551660
16		矩形梁C30	45.00	m^3	400.9	18040.5
17		矩形梁C40	259.00	m^3	432.80	113095.2
18		楼板C40	1355.00	m^3	43.11	584140.5
19		直形楼梯	210.00	m^2	116.88	24544.8
91		预埋铁件	1.75	t		
101		钢筋（网、笼）制作、运输、安装	12.44	t	4600.21	57226.61

招标文件中规定：评标采用经评审的最低投标价法，技术标共计30分，商务标共计70分，以各投标人报价的算数平均数作为基准价，但最高（或最低）报价高于（或低于）次高（或次低）报价的10%者，在计算投标人报价平均数时不予考虑，其商务标得分按15分计。报价比基准价每下降1分，扣1分，最多扣10分；报价比基准价每增加1%，扣2分，扣分不保底。

在第一阶段，各评委对五家投标人技术标评分汇总表见表9-16。

各投标人技术标得分汇总表　　表 9-16

投标人	施工方案	总工期	工程质量	项目班子	企业信誉	合计
A	9.9	4.5	3.5	2.5	2.5	22.9
B	12.1	4.0	3.0	2.5	2.5	24.1
C	11.7	5.0	3.5	3.0	2.5	25.7
D	10.0	5.5	3.0	2.0	2.0	22.5
E	8.4	6.0	2.5	2.0	1.5	20.4

【问题】

1. 指出投标人 E 结构工程（部分）的报价单中不当之处，并说明应如何处理。

2. 根据招标文件中的评标标准和方法，通过列式计算的方式确定三名中标候选人，并排出顺序。

【解】 1. 投标人 E 的部分结构工程报价单中不妥之处有：

1）矩形梁 C40 的合价 113095.2 元数值错误，其单价合理，故应以单价为准，将其合价修改为 112095.2 元；

2）楼板 C40 的单价 43.11 元/m^3 显然不合理，参照矩形梁 C40 的单价 432.80 元/m^3 和楼板 C40 的合价 584140.5 元可以看出，该单价有明显的小数点错位，应以合价为准，将原单价修改为 431.1 元/m^3；

3）对预埋铁件未报价，这不影响其投标文件的有效性，也不必做特别的处理，可以认为投标人 E 已将预埋铁件的费用并入其他项目（如矩形柱和矩形梁）报价，今后工程款计算中将没有这一项目内容。

2. 因为（42986.45－37894.42）/42986.45＝11.84%＞10%

投标人 A 的报价（37894.42 万元）低于次低标价的 10%，在计算投标人报价平均数时不考虑 A 的报价，A 的商务标按 15 分计。

（52904.11－48883.84）/48883.84＝8.22%＜10%

则：基准价＝（42986.45＋52904.11＋48883.84＋46389.79）/4＝47791.05（万元）

各投标人的商务标得分见表 9-17。

商务标得分计算表　　表 9-17

投标人	报价（万元）	偏差率（%）	扣分	得分
A	37894.42			15.0
B	42986.45	(42986.45－47791.05)/47791.05×100＝－10.05	10.05×1＝10.05＞10	60
C	52904.11	(52904.11－47791.05)/47791.05×100＝10.70	10.70×2＝21.4	48.6
D	48883.84	(48883.84－47791.05)/47791.05×100＝2.29	2.29×2＝4.58	65.42
E	46389.79	(46389.79－47791.05)/47791.05×100＝－2.93	2.93×1＝2.93	67.07

各投标人的综合得分结果见表 9-18。

投标人的综合得分结果 表 9-18

投标人	技术标得分	商务标得分	综合得分
A	22.9	15.0	37.9
B	24.1	60	84.1
C	25.7	48.6	74.3
D	22.5	65.42	87.92
E	20.4	67.07	87.47

因此，三名中标候选人的顺序依次是 D、E、B 。

习题

一、单选题

1. 下列投标报价策略中，(　　)策略最易于使用在采用单价合同形式的工程投标中。

A. 多方案报价法　B. 先亏后盈法　C. 高索赔法　D. 不平衡报价法

2. 评标委员会的组成人员中，要求技术经济方面的专家不得少于成员总数的(　　)。

A. 1/2　B. 2/3　C. 1/3　D. 1/5

3. 投标文件中的大写金额和小写金额不一致的，应以(　　)为准。

A. 大写金额　B. 小写金额　C. 投标人确认金额　D. 招标人确认金额

4. 投标单位应按招标单位提供的工程量清单，分别填写单价和合价。在开标后发现有的分项没有填写单价或合价，则(　　)。

A. 允许投标单位补充填写

B. 视为废标

C. 认为此项费用已包括在其他项的单价和合价中

D. 允许投标人补充合价

5. 按照《建设工程工程量清单计价规范》规定，关于招标控制价，说法正确的是(　　)。

A. 必须委托具有相应资质的中介机构进行编制

B. 应依据招标文件和工程量清单来编制

C. 应采用工料单价计价

D. 应在开标前保密

二、多选题

1. 关于标底的编制，说法正确的是(　　)。

A. 标底价格由成本、利润和税金组成　B. 标底价格是招标人的期望价格

C. 标底价格是招标工程的最高投标限价　D. 一个工程只能编制一个标底

E. 有标底招标应在招标文件中公开其总价

2. 招标控制价编制依据有(　　)。

A. 施工企业定额　B. 施工现场情况、工程特点

C. 常规施工方案　D. 标前会议答疑纪要

E. 国家或省级、行业建设主管部门颁发的计价定额和计价办法

3. 投标时，出现下列情况时，应作为废标处理的是(　　)。

A. 投标联合体没有提交共同投标协议。

B. 标书中报价的大小写金额不一致

C. 标书中工期与招标文件有差异，但满足定额工期要求
D. 投标人的标书在个别地方存在漏项，但金额不大
E. 投标文件未经投标单位负责人签字
4. 下列关于招标与投标说法正确的有(　　)。
A. 招标控制价是招标人对拟建工程的期望价格
B. 投标报价是投标人对拟建工程的期望价格
C. 投标价在开标前是保密的
D. 招标控制价在开标前是保密的
E. 国有资金投资的建设工程，招标人必须编制招标控制价
5. 常用的标价评审方法有(　　)。
A. 报价最低法　　B. 经评审的最低投标价法
C. 评标估算法　　D. 概算指标法
E. 综合评估法

三、计算题

1. 某项目的招标人邀请了A、B、C三家技术实力和资信俱佳的投标人参与该项目投标(投标书中相关数据汇总表见表1)。招标文件规定，采用经评审的最低投标价法，但最低投标价低于次低投标价10%的报价将不予考虑，工期不得长于18个月，若投标工期短于18个月，在评标时按工期每提前1个月给招标人带来的收益为40万元考虑，将其从报价中扣减后折算成综合单价。计算各投标人的综合报价(不考虑资金的时间价值)。

报价参数汇总表　　**表1**

投标人	基础工程		上部结构工程		安装工程		安装工程与上部结构工程搭接时间(月)
	报价(万元)	工期(月)	报价(万元)	工期(月)	报价(万元)	工期(月)	
A	400	4	990	10	980	6	2
B	420	3	1090	9	970	6	2
C	430	3	1000	10	1080	5	3

2. 某工程采用公开招标方式，有A、B、C 、D、E五家投标人参加投标(标底和各投标人报价汇总见表2)。招标文件中规定采用综合评估法进行评标。商务标共计60分，以标底的50%与投标人报价算数平均数的50%之和为基准价，以基准价为满分(60分)，报价比基准价每下降1%，扣1分，最多扣10分；报价比基准价每增加1%，扣2分，扣分不保底。试计算各投标人商务标得分(保留两位小数)。

标底和各投标人报价汇总表　　**表2**

投标人	A	B	C	D	E	标底
报价	12656	13303	12098	12241	13125	12790

3. 某招标项目招标文件规定：技术标为40分，其中施工组织设计25分，项目管理机构10分，其他因素5分；商务标为60分，评标基准价为1025万元。商务标得分以报价比基准价每下降1%，扣1分，最多扣10分；报价比基准价每增加1%，扣2分，扣分不保底。投标人的投标报价是1000万元。采用综合评分法对该投标人的投标价进行评审，并计算该投标人的综合评分。评分因素、评分标准及得分值见表3。

综合评估法的评分因素和评分标准 **表3**

	分值构成	评分因素	评分标准	得分值
技术标	施工组织设计（25分）	内容完整性和编制水平	1	1
		施工方案与技术措施	12	11
		质量管理体系与措施	3	2.5
		安全管理体系与措施	3	3
		环境保护管理体系与措施	3	2.5
		工程进度计划与措施	2	2
		其他	1	1
		合计分值	25	23
	项目管理机构评分标准（10分）	项目经理任职资格与业绩	4	3
		技术负责人任职资格与业绩	4	4
		其他主要人员	2	1.5
		合计分值	10	8.5
	其他因素评分标准（5分）	类似工程业绩	5	4.5
商务标	投标报价评分标准（60分）	偏差率	—	−2.44
		商务标得分	60	57.56

10 合同价款的确定与工程结算

本章以中华人民共和国住房与城乡建设部与国家质量监督检验检疫总局发布的《建设工程工程量清单计价规范》GB 50500—2013、财政部与住房和城乡建设部印发的《建设工程价款结算暂行办法》(财建［2004］369号)为主要依据，介绍了建设工程合同价款的确定与调整，工程结算的相关规定与计算方法。

10.1 合同价款的确定

10.1.1 合同价款的类型

建筑工程合同一般分为总价合同、单价合同和成本加酬金合同三大类，由于成本加酬金合同主要适用于时间特别紧迫，来不及进行详细的计划和商谈的工程以及工程施工技术特别复杂的建设工程，因此本节着重介绍工程中应用最普遍的前两类合同及对应的合同价款。

1. 总价合同价款

总价合同是指支付给承包方的工程款项在承包合同中是一个规定的金额。其价款的高低是以设计图纸和工程说明书为依据，由承包方与发包方经过协商确定的。

总价合同中的合同价款一般固定不变，因此，总价合同对承包方具有一定风险。该合同类型一般适用于建设规模不大、技术难度较低、工期较短、施工图纸已审查批准的工程项目。

在实际工程中，为合理分摊风险，有时也采用“可调总价合同”形式，即在报价及签约时，按招标文件的要求和当时的物价计算合同总价，但在合同条款中增加调价条款，合同执行过程中如果出现通货膨胀，导致所用的工料成本大幅度增加，合同价款就可按约定的调价条款作相应调整。

2. 单价合同价款

单价合同是指承包方按发包方提供的工程量清单内的分部分项工程内容填报单价，并据此签订承包合同，而实际总价则是根据实际完成的工程量与合同单价通过计算确定，合同履行过程中无特殊情况，一般不得变更单价。

单价合同在执行过程中，工程量清单中的分部分项工程量允许有上下的浮动变化，但分部分项工程的合同单价不变，结算支付时以实际完成工程量为依据，因此，实际工程的价款可能大于原合同价款，也可能小于原合同价款。

同样，为了合理分摊风险，根据合同约定的条款，如在工程实施过程中工程成本价格发生了大幅度变化时，单价也可作适当调整，即可调价单价合同，具体操作方法见后续章节。

10.1.2 合同价款的确定方法

合同价款依据招标方式的不同，确定方法也略有差异。现行计价规范规定：

(1) 实行招标的工程合同价款应在中标通知书发出之日起30天内，由发承包双方依据招标文件和中标人的投标文件在书面合同中约定。

(2) 不实行招标的工程合同价款，应在发承包双方认可的工程价款基础上，由发承包双方在合同中约定。

10.2 合同价款的调整

引起合同价款变化的影响因素很多，大致分为工程变更类、物价变化类、法规变化类、工程索赔类及其他类。当合同价款发生变化，应进行合理的调整，确保合同价款的合理性。

10.2.1 工程变更的价格调整

由于施工条件变化和发包人要求变化等原因，往往会发生合同约定的工程材料性质和品种、建筑物结构形式、施工工艺和方法等的变动，导致工程变更的发生。

1. 已标价工程量清单项目或其工程数量的变更

因工程变更引起已标价工程量清单项目或其工程数量发生变化时，调整方法为：

(1) 已标价工程量清单中有适用于变更工程项目的，应采用该项目的单价；当工程变更导致该清单项目的工程数量发生变化，且工程量偏差超过15%时，单价的调整方法将在“工程量偏差”部分介绍。

(2) 已标价工程量清单中没有适用但有类似于变更工程项目的，可在合理范围内参照类似项目的单价。

(3) 已标价工程量清单中没有适用也没有类似于变更工程项目的，应由承包人根据变更工程资料、计量规则和计价办法、工程造价管理机构发布的信息价格和承包人报价浮动率提出变更工程项目的单价，并报发包人确认后调整。对招标工程，承包人报价浮动率按下式计算：

$$\text{承包人报价浮动率 } L=(1-\text{中标价}/\text{招标控制价})\times 100\% \tag{10-1}$$

根据报价浮动率计算的变更工程项目综合单价的方法为：

$$\text{变更工程项目综合单价}=(\text{人工费}+\text{材料费}+\text{施工机具使用费}+\text{管理费}+\text{利润})\times(1-L) \tag{10-2}$$

(4) 已标价工程量清单中没有适用也没有类似于变更工程项目，且工程造价管理机构发布的信息价格缺价的，应由承包人根据变更工程资料、计量规则、计价办法和通过市场调查等取得有合法依据的市场价格提出变更工程项目的单价，并应报发包人确认后调整。

【例 10-1】 某工程招标控制价为 9845629 元，中标人的投标报价为 9328810 元。施工过程中，发现工程量清单已标价项目中因清单漏项无 A 项目单价。工程造价管理机构发布的 A 项目的主材单价为 20 元/m^2。该项目所在地该项目的人工费为 3.78 元，其他材料费为 0.8 元，管理费和利润为 1.15 元，试估算该项目的变更综合单价。

【解】 承包人报价浮动率 L 为：(1－9328810/9845629) ×100％＝5.25％

估算的变更综合单价＝ (3.78＋20＋0.8＋1.15) × (1－5.25％) ＝24.38 元

2. 措施项目的变更

工程变更引起施工方案改变并使措施项目发生变化时，承包人提出调整措施项目费的，应将拟实施的方案提交发包人确认，并详细说明与原方案措施项目相比的变化情况。拟实施的方案经发承包双方确认后执行，按照下列规定调整措施项目费：

(1) 安全文明施工费应按照实际发生变化的措施项目计算。

(2) 采用单价计算的措施项目费，应按照实际发生变化的措施项目计价，方法同已标价工程量清单项目的变更的相关规定确定单价。

(3) 按总价（或系数）计算的措施项目费，按照实际发生变化的措施项目调整，但应考虑承包人报价浮动因素，即调整部分的金额为实际发生的金额乘以承包人报价浮动率计算。

如果承包人未将拟实施的方案提交给发包人确认，则应视为工程变更不引起措施项目费的调整或承包人放弃调整措施项目费的权利。

3. 发包人提出的变更

当发包人提出的工程变更因非承包人原因删减了合同中的某项原定工作或工程，致使承包人发生的费用或（和）得到的收益不能被包括在其他已支付或应支付的项目中，也未被包含在任何替代的工作或工程中时，承包人有权提出并应得到合理的费用及利润补偿。

10.2.2 工程量偏差的价格调整

施工过程中，由于不同原因可能导致实际工程量与工程量清单工程量出现偏差。当工程量增加太多，按原综合单价计价，对发包人不公平；而工程量减少太多，按原综合单价计价，对承包人不公平，因此要视不同情况对投标的综合单价进行调整。

1. 分部分项工程量价款的调整

(1) 价款调减。当实际工程量增加偏差超过 15％时，增加部分的工程量的综合单价应予调低，调整方法为：

当 $Q_1 > 1.15Q_0$

$$S = 1.15Q_0 \times P_0 + (Q_1 - 1.15Q_0) \times P_1 \qquad (10\text{-}3)$$

式中 S——调整后的某一分部分项工程费结算价；

Q_0——招标工程量清单中列出的工程量；

Q_1——最终完成的工程量；

P_0——承包人在工程量清单中填报的综合单价（投标综合单价）；

P_1——按照最终完成工程量重新调整后的综合单价。

（2）价款调增。当实际工程量减少偏差超过15%时，工程量的综合单价应予调高，调整方法为：

当 $Q_1 < 0.85Q_0$

$$S = Q_1 \times P_1 \tag{10-4}$$

P_1 确定的方法一是发承包双方协商确定，二是将投标综合单价与招标控制价综合单价进行比较分析后确定。

采用第二种方法时，除清单工程量与实际工程量变化偏差应超过15%外，还应满足偏差项目的投标综合单价与招标控制价的综合单价偏差也超过15%才能进行调价。工程量偏差项目综合单价的调整根据投标综合单价的高低又可分两种情况。

1）投标综合单价（P_0）< 招标控制价综合单价（P_2）

①当 $P_2 \times (1-L) \times (1-15\%) \leqslant P_0 < P_2$ （10-5）

合同单价不调整。

②当：$P_0 < P_2 \times (1-L) \times (1-15\%)$

$$P_1 = P_2 \times (1-L) \times (1-15\%) \tag{10-6}$$

式中　L——承包人报价浮动率，按（10-1）式计算。

2）投标综合单价（P_0）> 招标控制价综合单价（P_2）

①当：$P_2 < P_0 \leqslant P_2 \times (1+15\%)$ （10-7）

合同单价不调整。

②当：$P_0 > P_2 \times (1+15\%)$

$$P_1 = P_2 \times (1+15\%) \tag{10-8}$$

【例10-2】 某工程项目混凝土构件的招标工程量清单数量为1520m^3，施工中由于设计变更，工程量数量调增为1824m^3，该项目招标控制价的综合单价为350元，投标报价的综合单价为406元，求混凝土构件的结算价格。

【解】 工程量变化偏差=（1824－1520）/1520=20%>15% 满足 $Q_1 > 1.15Q_0$

投标综合单价与招标控制价综合单价的偏差=（406－350）/350=16%>15%

符合调价条件。因：P_0=406元，P_2=350元，$P_0 > P_2$

$P_2 \times (1+15\%) = 350 \times 1.15 = 402.50$ 元，$P_0 > P_2 \times (1+15\%)$

依式（10-8）P_1= 402.50元，按（10-3），混凝土构件的结算价格为：

$S = 1.15Q_0 \times P_0 + (Q_1 - 1.15Q_0) \times P_1$

$= 1.15 \times 1520 \times 406 + (1824 - 1.15 \times 1520) \times 402.50 = 740278$ 元

【例10-3】 某工程项目挖沟槽土方量的招标工程量清单数量为152m^3，施工中由于设计变更调减为121m^3。已知该工程投标报价下浮率为6%，该项目招标控制价为121元/m^3元，投标报价为100元/m^3，求挖沟槽土方的结算价格。

【解】 工程量变化偏差=（121－152）/152=－20% 满足 $Q_1 < 0.85Q_0$

投标综合单价与招标控制价综合单价的偏差=（100－121）/121=－17.36%

偏差幅度>15%，符合调价条件。因：P_0=100元，P_2=121元，$P_0 < P_2$

$P_2 \times (1-L) \times (1-15\%) = 121 \times (1-6\%) \times (1-15\%) = 96.68$ 元

依（10-5），合同单价不调整，即 $P_1 = P_0$。挖沟槽土方量的结算价格为：

$$S = Q_1 \times P_1 = 121 \times 100 = 12100 \text{ 元}$$

2. 措施项目价款的调整

当工程量变化导致分部分项工程量价款的调整，且该变化引起相关措施项目相应发生变化时，按系数或单一总价方式计价的，工程量增加的措施项目费调增，工程量减少的措施项目费调减。

10.2.3 物价变化的价格调整

合同履行期间，因人工、材料、工程设备、机械台班价格波动影响合同价款时，应根据合同约定，对合同价款进行调整。

1. 价格指数调值法（调值公式法）

因人工、材料、工程设备，机械台班价格波动影响合同价格时，应根据投标函附录中承包人提供的主要材料和工程设备一览表中的变值权重、基本价格指数、现行价格指数等约定数据，按以下公式计算差额并调整合同价格：

$$\Delta P = P_0\left[A + (B_1 \times \frac{F_{t1}}{F_{01}} + B_2 \times \frac{F_{t2}}{F_{02}} + B_3 \times \frac{F_{t3}}{F_{03}} + \cdots\cdots + B_n \times \frac{F_{tn}}{F_{0n}}) - 1\right] \quad (10\text{-}9)$$

式中 ΔP——需调整的价格差额；

P_0——约定的付款证书中承包人应得到的已完成工程量的金额。此项金额应不包括价格调整、不计质量保证金扣留和支付、预付款的支付和扣回。约定的变更及其他金额已按现行价格计价的，也不计在内；

A——定值权重（即不调部分的权重）；

B_1；B_2；B_3……B_n——各可调因子的变值权重（即可调部分的权重），为各可调因子在投标函投标总报价中所占的比例；

F_{t1}；F_{t2}；F_{t3}……F_{tn}——各可调因子的现行价格指数，指约定的付款证书相关周期最后一天的前42天的各可调因子的价格指数；

F_{01}；F_{02}；F_{03}……F_{0n}——各可调因子的基本价格指数，指基准日期的各可调因子的价格指数。

以上价格调整公式中的各可调因子、定值和变值权重，以及基本价格指数及其来源在投标函附录价格指数和权重表中约定。价格指数应首先采用有关部门提供的价格指数，缺乏上述价格指数时，可采用有关部门提供的价格代替。

【例 10-4】 某工程约定采用价格指数法调整合同价，具体约定见表10-1数据，本期完成合同价款为1584629.37元，其中：已按现行价格计算的计日工价款5600元，发承包双方确认应增加的索赔金额2135.87元，求应调整的合同价款差额。

承包人提供材料和工程设备一览表 **表 10-1**

（适用于价格指数调整法）

工程名称：××工程　　标段：　　第1页共1页

序号	名称、规格、型号	变值权重 B	基本价格指数 F_0	现行价格指数 F_t	备　注
1	人工费	0.18	110%	121%	
2	钢材	0.11	4000元/t	4320元/t	

续表

序号	名称、规格、型号	变值权重 B	基本价格指数 F_0	现行价格指数 F_t	备注
3	预拌混凝土 C30	0.16	340 元/m^3	357 元/m^3	
4	页岩砖	0.05	300 元/千匹	318 元/千匹	
5	机械费	0.08	100%	100%	
	定值权重 A	0.42			
	合 计	1			

【解】 本期完成合同价款应扣除已按现行价格计算的计日工价款和确认的索赔金额。

1584629.37－5600－2135.87＝1576893.50 元

应调整的合同价款差额：

$$\Delta P = 1576893.50[0.42+(0.18\times121/110+0.11\times4320/4000+0.16\times357/340+0.05\times318/300+0.08\times100/100)-1]$$

$$=1576893.50[0.42+(0.18\times1.1+0.11\times1.08+0.16\times1.05+0.05\times1.06+0.08\times1)-1]$$

$$=1576893.50[0.42+(0.198+0.1188+0.168+0.053+0.08)-1]$$

$$=1576893.50\times0.0378$$

$$=59606.57$$

本期应增加合同价款 59606.57 元。

采用价格指数调值法进行价格调整时，现行计价规范做了以下规定：

(1) 在计算调整差额时无现行价格指数可利用的，可暂用上一次价格指数计算，并在以后的付款中再按实际价格指数进行调整。

(2) 约定的变更导致原定合同中的权重不合理时，由承包人和发包人协商后进行调整。

(3) 由于承包人原因未在约定的工期内竣工的，对原约定竣工日期后继续施工的工程，在使用本公式时，应采用原约定竣工日期与实际竣工日期的两个价格指数中较低的一个作为现行价格指数。

(4) 若可调因子包括了人工费，则不再对人工费的变化进行单项调整。

2. 造价信息差额调整法

施工期内，因人工、材料和工程设备、施工机械台班价格波动影响合同价格时，人工、机械使用费按照国家或省、自治区、直辖市建设行政管理部门、行业建设管理部门或其授权的工程造价管理机构发布的人工成本信息、机械台班单价或机械使用费系数进行调整；需要进行价格调整的材料，其单价和采购数应由发包人复核，发包人确认需调整的材料单价及数量，作为调整合同价款差额的依据。

(1) 人工单价已发生变化且未在调值公式对应表格列项的，发承包双方应按省级或行业建设主管部门或其授权的工程造价管理机构发布的人工成本文件调整合同价款。

(2) 采用材料、工程设备价格变化，按照发包人提供的“承包人提供主要材料和工程设备一览表”，由发承包双方约定的风险范围按下列规定调整合同价款：

1）承包人投标报价中材料单价低于基准单价：施工期间材料单价涨幅以基准单价为基础，超过合同约定的风险幅度值，或材料单价跌幅以投标报价为基础，超过合同约定的风险幅度值时，其超过部分按实调整。

2）承包人投标报价中材料单价高于基准单价：施工期间材料单价跌幅以基准单价为基础，超过合同约定的风险幅度值，或材料单价涨幅以投标报价为基础，超过合同约定的风险幅度值时，其超过部分按实调整。

3）承包人投标报价中材料单价等于基准单价：施工期间材料单价涨、跌幅以基准单价为基础，超过合同约定的风险幅度值时，其超过部分按实调整。

4）承包人应在采购材料前将采购数量和新的材料单价报送发包人核对，确认用于本合同工程时，发包人应确认采购材料的数量和单价。发包人在收到承包人报送的确认资料后3个工作日不予答复的视为已经认可，作为调整合同价款的依据。如果承包人未报经发包人核对即自行采购材料，再报发包人确认调整合同价款的，如发包人不同意，则不作调整。

（3）施工机械台班单价或施工机械使用费发生变化超过省级或行业建设主管部门或其授权的工程造价管理机构规定的范围时，按其规定调整合同价款。

【例10-5】 某工程在施工期间，省工程造价管理机构发布了人工费调增10%的文件，该工程在文件适用期间完成合同价款1576893.50元，其中：人工费283840.83元，与定额人工费持平，本期人工费应否调增，调增多少？

【解】 可调增，调增金额为：283840.83×10%＝28384.08（元）

【例10-6】 某工程合同中发承包人约定，若材料单价发生变化时，以基准单价为基础，风险系数变化幅度超过5%即可按规定调价。该工程采用的预拌混凝土由承包人提供，所需品种见表10-2。在采购预拌混凝土时，其单价分别为C20：327元/m^3，C25：335元/m^3；C30：345元/m^3。如何对不同强度等级的预拌混凝土单价进行调整？

承包人提供主要材料和工程设备一览表 **表10-2**

（适用造价信息差额调整法）

工程名称：××中学教学楼工程　　标段：　　第1页共1页

序号	名称、规格、型号	单位	数量	风险系数（%）	基准单价（元）	投标单价（元）	发承包人确认单价（元）	备注
1	预拌混凝土C20	m^3	25	≤5	310	308		
2	预拌混凝土C25	m^3	560	≤5	323	325		
3	预拌混凝土C30	m^3	3120	≤5	340	340		

【解】 （1）C20的投标报价低于基准单价，单价涨幅为：

$$(327-310)\div310=5.48\%$$

已超过约定的风险系数，应予调整，调整后价格为：

$$308+310\times0.48\%=308+1.495=309.49\text{元}$$

（2）C25的投标报价中材料单价高于基准单价，单价涨幅为：

(335－325) ÷325＝3.08%

未超过约定的风险系数，不予调整，价格仍为325元。

(3) C30的投标报价等于基准单价，单价涨幅为：

(345—340) ÷340＝1.47%

未超过约定的风险系数，不予调整，价格仍为340元。

10.2.4 其他因素的价格调整

1. 法律法规变化

招标工程以投标截止日前28天、非招标工程以合同签订前28天为基准日，其后因国家的法律、法规、规章和政策发生变化引起工程造价增减变化的，发承包双方应按照省级或行业建设主管部门或其授权的工程造价管理机构据此发布的规定调整合同价款。

因承包人原因导致工期延误的，按不利于承包人的原则调整合同价款。

2. 项目特征不符

项目特征是区分清单项目的依据，也是确定综合单价的前提及履行合同义务的基础。因此，如果工程量清单项目特征的描述不清甚至漏项、错误，将导致合同价款的变化。

现行计价规范规定，若在合同履行期间出现设计图纸（含设计变更）与招标工程量清单任一项目的特征描述不符，且该变化引起该项目工程造价增减变化的，应按照实际施工的项目特征，结合计价规范的规定重新确定相应工程量清单项目的综合单价，并调整合同价款。

3. 工程量清单缺项

由于设计变更、施工条件改变或工程量清单编制错误导致的工程量清单缺项，按以下规定进行合同价款的调整。

(1) 由于招标工程量清单中缺项，新增分部分项工程清单项目的，应按已标价工程量清单项目的变更规定调整合同价款。

(2) 新增分部分项工程清单项目后，引起措施项目发生变化的，应按措施项目的变更规定，在承包人提交的实施方案被发包人批准后调整合同价款。

(3) 由于招标工程量清单中措施项目缺项，承包人应将新增措施项目实施方案提交发包人批准后，按照上述(1)、(2)条的规定调整合同价款。

4. 计日工

现行计价规范规定，采用计日工计价的任何一项变更工作，在该项变更的实施过程中，承包人应按合同约定提交规定的报表和有关凭证送发包人复核。

任一计日工项目持续进行时，承包人应在该项工作实施结束后的规定时间，向发包人提交有计日工记录汇总的现场签证报告。发包人在收到承包人提交现场签证报告后按规定时间书面通知承包人，作为计日工计价和支付的依据。发包人逾期未确认也未提出修改意见的，应视为承包人提交的现场签证报告已被发包人认可。

任一计日工项目实施结束后，承包人应按照确认的计日工现场签证报告核实该类项目的工程数量，并应根据核实的工程数量和承包人已标价工程量清单中的计日工单价计算，提出应付价款；已标价工程量清单中没有该类计日工单价的，由发承包双方按工程变更的规定商定计日工单价计算。

每个支付期末，承包人应按进度款支付的相关规定，向发包人提交本期间所有计日工记录的签证汇总表，并应说明本期间自己认为有权得到的计日工金额，调整合同价款，列入进度款支付。

5. 暂估价

发包人在招标工程量清单中给定暂估价的材料、工程设备属于依法必须招标的，应由发承包双方以招标的方式选择供应商，确定价格，并应以此为依据取代暂估价，调整合同价。

发包人在招标工程量清单中给定暂估价的材料、工程设备不属于依法必须招标的，应由承包人按照合同约定采购，经发包人确认单价后取代暂估价，调整合同价款。

暂估材料或工程设备的单价确定后，在综合单价中只应取代原暂估单价，不应再在综合单价中涉及企业管理费或利润等其他费用的变动。

6. 不可抗力

不可抗力一般是指不能预见、不可避免并不能克服的客观情况。

(1) 因不可抗力事件导致的人员伤亡、财产损失及其费用增加，发承包双方应按下列原则分别承担并调整合同价款和工期：

1) 合同工程本身的损害、因工程损害导致第三方人员伤亡和财产损失以及运至施工场地用于施工的材料和待安装的设备的损害，应由发包人承担；

2) 发包人、承包人人员伤亡应由其所在单位负责，并应承担相应费用；

3) 承包人的施工机械设备损坏及停工损失，应由承包人承担；

4) 停工期间，承包人应发包人要求留在施工场地的必要的管理人员及保卫人员的费用应由发包人承担；

5) 工程所需清理、修复费用，应由发包人承担。

(2) 不可抗力解除后复工的，若不能按期竣工，应合理延长工期。发包人要求赶工的，赶工费用应由发包人承担。

(3) 因不可抗力解除合同的，将在合同解除的价款结算与支付部分介绍。

7. 提前竣工（赶工补偿）

提前竣工是指实际工期小于工期定额给出的工期。一般规定，压缩的工期天数不得超过定额工期的20%，超过者，应在招标文件中明示增加赶工费用。发包人要求合同工程提前竣工的，应征得承包人同意后与承包人商定采取加快工程进度的措施，并应修订合同工程进度计划。发包人应承担承包人由此增加的提前竣工（赶工补偿）费用。

发承包双方应在合同中约定提前竣工每日历天应补偿额度，此项费用应作为增加合同价款列入竣工结算文件中，应与结算款一并支付。赶工费用主要包括：

(1) 人工费的增加，例如新增加投入人工的报酬，不经济使用人工的补贴等；

(2) 材料费的增加，例如可能造成不经济使用材料而损耗过大，材料提前交货可能增加的费用、材料运输费的增加等；

(3) 机械费的增加，例如可能增加机械设备投入，不经济的使用机械等。

8. 误期赔偿

承包人未按照合同约定施工，导致实际进度迟于计划进度的，承包人应加快进度，实现合同工期。

发承包双方应在合同中约定误期赔偿费，并应明确每日历天应赔额度。误期赔偿费应列入竣工结算文件中，并应在结算款中扣除。

在工程竣工之前，合同工程内的某单项（位）工程已通过了竣工验收，且该单项（位）工程接收证书中表明的竣工日期并未延误，而是合同工程的其他部分产生了工期延误时，误期赔偿费应按照已颁发工程接收证书的单项（位）工程造价占合同价款的比例幅度予以扣减。

9. 工程索赔

根据索赔的目的，工程索赔可为工期索赔和费用索赔。

根据索赔的对象，工程索赔可分为索赔和反索赔。通常把承包商向业主为了取得经济补偿或工期延长的要求，称为索赔。把业主向承包商提出的因承包商违约而导致业主经济损失的补偿要求，称为反索赔。

索赔要成功，应有正当的索赔理由、有效的索赔证据及在合同约定的时间内提出。

索赔费用的组成同工程款的计价内容相似，详见第3章。

当承包人按规定程序提出索赔并接受发包人的索赔处理结果的，索赔款项应作为增加合同价款，在当期进度款中进行支付；承包人不接受索赔处理结果的，应按合同约定的争议解决方式办理。发承包双方在按合同约定办理了竣工结算后，应被认为承包人已无权再提出竣工结算前所发生的任何索赔。承包人在提交的最终结清申请中，只限于提出竣工结算后的索赔，提出索赔的期限应自发承包双方最终结清时终止。

当发包人按规定程序提出索赔并得到承包人同意的回应时，承包人应付给发包人的索赔金额可从拟支付给承包人的合同价款中扣除，或由承包人以其他方式支付给发包人。

10. 现场签证

由于施工生产的特殊性，在施工过程中往往会出现一些与合同工程或合同约定不一致或未约定的事项，这时就需要发承包双方用书面形式记录下来，形成现场签证。

现场签证的工作如已有相应的计日工单价，现场签证中应列明完成该类项目所需的人工、材料、工程设备和施工机械台班的数量。

如现场签证的工作没有相应的计日工单价，应在现场签证报告中列明完成该签证工作所需的人工、材料设备和施工机械台班的数量及单价。

合同工程发生现场签证事项，未经发包人签证确认，承包人便擅自施工的，除非征得发包人书面同意，否则发生的费用应由承包人承担。

现场签证工作完成后的7天内，承包人应按照现场签证内容计算价款，报送发包人确认后，作为增加合同价款，与进度款同期支付。

在施工过程中，当发现合同工程内容因场地条件、地质水文、发包人要求等不一致时，承包人应提供所需的相关资料，并提交发包人签证认可，作为合同价款调整的依据。

11. 暂列金额

已签约合同价中的暂列金额应由发包人掌握使用。暂列金额虽然列入合同价款，但并不属于承包人所有，也不必然发生。只有按照合同约定实际发生后，才能成为承包人的应得金额，纳入工程合同结算价款中。

【例10-7】 某建设单位和施工单位签订了施工合同，合同中约定建筑材料由建设单位提供，由于非施工单位原因造成的停工，机械补偿费为200元/台班，人工补偿费为50

元/工日；施工过程中发生如下事件：

事件1：由于建设单位要求对A工作的施工图纸进行修改，致使A工作停工3天（每停工一天影响30工日，10台班），A工作在关键线路上。

事件2：由于机械租赁单位调度原因，施工机械未能按时进场，使B工作的施工暂停5天（每停一天影响40工日，10台班）。

事件3：由于建设单位负责供应的材料未能按计划到场，C工作停工6天（每停一天影响20工日，5台班），但C工作有5天总时差。

事件4：由于异常恶劣气候导致工程停工2天，人员窝工65工日，机械窝工3个台班。因恶劣气候导致承包人对在建工程进行修复，发生费用25000元。

施工单位就上述事件按正常的程序向项目监理机构提出了延长工期和补偿停损失的要求。逐项说明上述事件中项目监理机构是否应批准施工单位提出的索赔，说明理由并给出应批准的延长工期天数和补偿停工损失的费用（写出计算过程）。

【解】 （1）应批准施工单位提出的要求。因A工作停工属建设单位原因。由于A工作处于关键线路上，应批准工期延长3天。

应补偿停工损失＝3天×30工日×50元/工日＋3天×10台班×200元/台班＝10500元

（2）不应批准施工单位提出的要求。应B工作停工属施工单位原因。

（3）应批准施工单位提出的要求。因C工作停工属建设单位原因。

C工作停工6天，但C工作有5天总时差，停工使总工期延长1天，应批准工期延长1天。

应补偿停工损失＝6天×20工日×50元/工日＋6天×5台班×200元/台班＝12000元

（4）不应批准施工单位提出的人员与机械窝工的要求，因不可抗力事件导致承包人的损失应由承包人承担。但应批准施工单位提出顺延工期2天，修复费用25000元的要求。

合计延长工期天数3＋1＋2＝6天

补偿费用10500＋12000＋25000＝47500元

10.3 建设工程结算

10.3.1 工程价款的主要结算方式

我国目前工程价款的主要结算方式主要分为以下两类：

（1）按月结算与支付。即实行按月支付进度款，竣工后结算的办法。合同工期在两个年度以上的工程，在年终进行工程盘点，办理年度结算。

（2）分段结算与支付。即当年开工、当年不能竣工的工程按照工程形象进度，划分不同阶段，支付工程进度款。

当采用分段结算方式时，应在合同中约定具体的工程分段划分，付款周期应与计量周期一致。

10.3.2 工程计量

正确的计量是发包人与承包人结算的前提和依据。不论何种计价方式，其工程量必须按现行国家计量规范规定的工程量计算规则计算。

1. 工程计量的原则

（1）只有质量达到合同标准的已完工程量才能予以计量；

（2）应按合同文件规定的方法、范围、内容和单位计量；

（3）因承包人原因造成的超出合同工程范围或返工的工程量不予计量。

2. 工程计量方法

（1）单价合同的计量方法

发承包双方对合同工程进行工程结算的工程量应按照经发承包双方认可的实际完成工程量确定，而非招标工程量清单所列的工程量。施工中进行工程计量，当发现招标工程量清单中出现缺项、工程量偏差，或因工程变更引起工程量增减时，应按承包人在履行合同义务中完成的工程量计算。

（2）总价合同的计量方法

采用工程量清单方式招标形成的总价合同，其工程计量方法同单价合同的计量，采用经审定批准的施工图纸及其预算方式发包形成的总价合同，除按照工程变更规定的工程量增减外，总价合同各项目的工程量应为承包人用于结算的最终工程量。

总价合同约定的项目计量应以合同工程经审定批准的施工图纸为依据，发承包双方应在合同中约定工程计量的形象目标或时间节点进行计量。

计量程序规定详见现行工程计价规范。

10.3.3 预付款与合同价款的期中支付

1. 工程预付款

工程预付款是建设工程施工合同订立后由发包人按照合同约定，在正式开工前预先支付给承包人的工程款。它是施工准备和所需要材料、结构件等流动资金的主要来源。发包人应按照合同约定支付工程预付款。支付的工程预付款，按照合同约定在工程进度款中抵扣。当合同对工程预付款的支付没有约定时，按现行计价规范的规定办理。

（1）工程预付款的支付额度

预付款的总金额，分期拨付次数，每次付款金额、付款时间等应根据工程规模、工期长短等具体情况，在合同中约定。包工包料工程的预付款的支付比例不得低于签约合同价（扣除暂列金额）的10%，不宜高于签约合同价（扣除暂列金额）的30%。

（2）工程预付款的支付时间

承包人应在签订合同或向发包人提供与预付款等额的预付款保函后向发包人提交预付款支付申请。

发包人应在收到支付申请的7天内进行核实，向承包人发出预付款支付证书，并在签发支付证书后的7天内向承包人支付预付款。

发包人没有按合同约定按时支付预付款的，承包人可催告发包人支付；发包人在预付款期满后的7天内仍未支付的，承包人可在付款期满后的第8天起暂停施工。发包人应承担由此增加的费用和延误的工期，并应向承包人支付合理利润。

（3）工程预付款的扣回

预付款应从每一个支付期应支付给承包人的工程进度款中扣回，直到扣回的金额达到合同约定的预付款金额为止。通常由发包人从支付的工程进度款中按约定的比例逐渐扣回，并约定承包人完成签约合同价款的比例在20%～30%时，开始从进度款中按一定比例扣还。

承包人的预付款保函的担保金额根据预付款扣回的数额相应递减，但在预付款全部扣回之前一直保持有效。发包人应在预付款扣完后的14天内将预付款保函退还给承包人。

2. 安全文明施工费

（1）安全文明施工费的支付时间与额度

发包人应在工程开工后的28天内预付不低于当年施工进度计划的安全文明施工费总额的60%，其余部分应按照提前安排的原则进行分解，并应与进度款同期支付。

发包人没有按时支付安全文明施工费的，承包人可催告发包人支付；发包人在付款期满后的7天内仍未支付的，若发生安全事故，发包人应承担相应责任。

（2）安全文明施工费的监管

承包人对安全文明施工费应专款专用，在财务账目中应单独列项备查，不得挪作他用，否则发包人有权要求其限期改正；逾期未改正的，造成的损失和延误的工期应由承包人承担。

3. 进度款

（1）进度款的支付原则

发承包双方应按照合同约定的时间、程序和方法，根据工程计量结果，办理期中价款结算，支付进度款。

（2）进度款的支付周期

进度款支付周期应与合同约定的工程计量周期一致。可以按月结算与支付，也可以分段结算与支付。

（3）进度款的支付比例

进度款的支付比例按照合同约定，按期中结算价款总额计，不低于60%，不高于90%

进度款的计算。

（4）进度款支付金额的确定

1）已标价工程量清单中的单价项目，承包人应按工程计量确认的工程量与综合单价计算；综合单价发生调整的，以发承包双方确认调整的综合单价计算进度款。

2）已标价工程量清单中的总价项目和经审定批准的施工图纸及其预算方式发包形成的总价合同，承包人应按合同中约定的进度款支付分解，分别列入进度款支付申请中的安全文明施工费和本周期应支付的总价项目的金额。

已标价工程量清单中的总价项目进度款支付分解方法由以下方法中任意选择：

①将各个总价项目的总金额按合同约定的计量周期平均支付；

②按照各个总价项目的总金额占签约合同价的百分比，以及各个计量支付周期内所完成的单价项目的总金额，以百分比方式均摊支付；

③按照各个总价项目组成的性质（如时间、与单价项目的关联性等）分解到形象进度计划或计量周期中，与单价项目一起支付。

3）经审定批准的施工图纸及其预算方式发包形成的总价合同，除由于工程变更形成的工程量增减予以调整外，工程量不予调整。因此，总价合同的进度款支付应按照计量周期进行支付分解，以便进度款有序支付。

4）发包人提供的甲供材料金额，应按照发包人签约提供的单价和数量从进度款支付中扣除，列入本周期应扣减的金额中。

5）承包人现场签证和得到发包人确认的索赔金额应列入本周期应增加的金额中。

（5）进度款支付程序

承包人应在每个计量周期到期后的7天内向发包人提交已完工程进度款支付申请。支付申请应包括下列内容：

1）累计已完成的合同价款；

2）累计已实际支付的合同价款；

3）本周期合计完成的合同价款：

①本周期已完成单价项目的金额；

②本周期应支付的总价项目的金额；

③本周期已完成的计日工价款；

④本周期应支付的安全文明施工费；

⑤本周期应增加的金额。

4）本周期合计应扣减的金额：

①本周期应扣回的预付款；

②本周期应扣减的金额（不包括质量保证金）。

发包人应在收到承包人进度款支付申请后的14天内，根据计量结果和合同约定对申请内容予以核实，确认后向承包人出具进度款支付证书。若发承包双方对部分清单项目的计量结果出现争议，发包人应对无争议部分的工程计量结果向承包人出具进度款支付证书。

发包人应在签发进度款支付证书后的14天内，按照支付证书列明的金额向承包人支付进度款。若发包人逾期未签发进度款支付证书，则视为承包人提交的进度款支付申请已被发包人认可，承包人可向发包人发出催告付款的通知。发包人应在收到通知后的14天内，按照承包人支付申请的金额向承包人支付进度款。

发包人未按照上述规定支付进度款的，承包人可催告发包人支付，并有权获得延迟支付的利息；发包人在付款期满后的7天内仍未支付的，承包人可在付款期满后的第8天起暂停施工。发包人应承担由此增加的费用和延误的工期，向承包人支付合理利润，并应承担违约责任。

发包人发现已签发的任何支付证书有错、漏或重复的数额，有权予以修正，承包人也有权提出修正申请。经发承包双方复核同意修正的，应在本次到期的进度款中支付或扣除。

10.3.4 竣工结算与支付

工程竣工结算是指工程项目完工并经竣工验收合格后，发承包双方按照合同的约定，对所完成的工程项目进行的价款计算、调整和确认。

1. 竣工结算的一般规定

工程完工后，发承包双方必须按规定的竣工结算的程序，在合同约定的时间内办理工程竣工结算。工程竣工结算应由承包人或受其委托具有相应资质的工程造价咨询人编制，并应由发包人或受其委托具有相应资质的工程造价咨询人核对。

当发承包双方或一方对工程造价咨询人出具的竣工结算文件有异议时，可向工程造价管理机构投诉，申请对其进行执业质量鉴定。工程造价管理机构对投诉的竣工结算文件，应当组织专家对投诉的竣工结算文件进行质量鉴定，并作出鉴定意见。

竣工结算完毕，发包人应将竣工结算文件报工程所在地或有该工程管辖权的行业管理部门的工程造价管理机构备案，竣工结算文件应作为工程竣工验收备案、交付使用的必备文件。

2. 竣工结算编制与复核

竣工结算应按现行计价规范规定的依据进行编制与复核。

（1）竣工结算量、价的编制与复核

1）分部分项工程和措施项目中的单价项目应依据发承包双方确认的工程量与已标价工程量清单的综合单价计算；发生调整的，应以发承包双方确认调整的综合单价计算。

2）措施项目中的总价项目应依据已标价工程量清单的项目和金额计算；发生调整的，应以发承包双方确认调整的金额计算，其中安全文明施工费必须按国家或省级、行业建设主管部门的规定计算，不得作为竞争性费用。施工过程中，国家或省级、行业建设主管部门对安全文明施工费进行了调整的，措施项目费中的安全文明施工费也应作相应调整。

3）其他项目的计价：

①计日工的费用应按发包人实际签证确认的数量和相应项目综合单价计算。

②暂估价应按本章第 2 节的规定计算。

③总承包服务费应依据已标价工程量清单的金额计算；发生调整的，应以发承包双方确认调整的金额计算；

④索赔费用应依据发承包双方确认的索赔事项和金额计算；

⑤现场签证费用应依据发承包双方签证资料确认的金额计算；

⑥暂列金额减去合同价款调整（包括索赔、现场签证）金额计算，如有余额归发包人。

4）规费和税金必须按国家或省级、行业建设主管部门的规定计算，不得作为竞争性费用。规费中的工程排污费应按工程所在地环境保护部门规定的标准缴纳后按实列入。

（2）竣工结算价款的计算

竣工结算与合同工程实施过程中的工程计量及其价款结算、进度款支付、合同价款调整等具有内在联系，除有争议的外，均应直接进入竣工结算，其计算公式为：

$$工程竣工结算价款=工程进度款+工程竣工结算余款 \quad (10\text{-}10)$$

3. 竣工结算款支付

竣工结算款支付申请的内容包括竣工结算合同价款总额、累计已实际支付的合同价款、应预留的质量保证金和实际应支付的竣工结算款金额。

竣工结算支付程序如下：

（1）发包人应在收到承包人提交竣工结算款支付申请后7天内予以核实，向承包人签发竣工结算支付证书。

（2）发包人签发竣工结算支付证书后的14天内，应按照竣工结算支付证书列明的金额向承包人支付结算款。

（3）发包人在收到承包人提交的竣工结算款支付申请后7天内不予核实，不向承包人签发竣工结算支付证书的，应视为承包人的竣工结算款支付申请已被发包人认可；发包人应在收到承包人提交的竣工结算款支付申请7天后的14天内，按照承包人提交的竣工结算款支付申请列明的金额向承包人支付结算款。

（4）发包人未按规定支付竣工结算款的，承包人可催告发包人支付，并有权获得延迟支付的利息。发包人在竣工结算支付证书签发后或在收到承包人提交的竣工结算款支付申请7天后的56天内仍未支付的，除法律另有规定外，承包人可与发包人协商将该工程折价，也可直接向人民法院申请将该工程依法拍卖。承包人就该工程折价或拍卖的价款优先受偿。

4. 质量保证金

质量保证金用于承包人按照合同约定履行属于自身责任的工程缺陷修复义务，为发包人有效监督承包人完成缺陷修复提供资金保证。

发包人应按照合同约定的质量保证金比例从结算款中预留质量保证金，质量保证金一般按工程价款结算总额5%左右的比例预留。但我国现行计价规范规定，进度款支付比例最高不超过90%，实质上已将质量保证金预留了，这既可以减少财务结算工作量，又使得竣工结算时对质量保证金数额的扣留变得非常方便。

承包人未按照合同约定履行属于自身责任的工程缺陷修复义务的，发包人有权从质量保证金中扣除用于缺陷修复的各项支出。经查验，工程缺陷属于发包人原因造成的，应由发包人承担查验和缺陷修复的费用。

在合同约定的缺陷责任期终止后，发包人应按照相关的规定，将剩余的质量保证金返还给承包人。

5. 最终结清

缺陷责任期终止后，承包人应按照合同约定向发包人提交最终结清支付申请。发包人对最终结清支付申请有异议的，有权要求承包人进行修正和提供补充资料，承包人修正后，应再次向发包人提交修正后的最终结清支付申请。

发包人应在收到最终结清支付申请后的14天内予以核实，并应向承包人签发最终结清支付证书，并在之后的14天内，按照最终结清支付证书列明的金额向承包人支付最终结清款。发包人未在规定的时间内核实，又未提出具体意见的，应视为承包人提交的最终结清支付申请已被发包人认可。发包人未按期最终结算支付的，承包人可以催告发包人支付，并有权获得延迟支付的利息。

最终结清时，承包人被预留的质量保证金不足以抵减发包人工程缺陷修复费用的，承包人应承担不足部分的赔偿责任。承包人对发包人支付的最终结算款有异议的，应按照合同约定的争议解决方式处理。

10.3.5 合同解除的价款结算与支付

合同解除是合同非常态的终止，鉴于建设工程施工合同的特性，为了防止社会资源浪费，法律不赋予发承包人享有任意单方解除权。建设工程合同的解除类别不同，合同解除的价款结算与支付也不同。

1. 发承包双方协商一致同意解除合同的

发承包双方协商一致解除合同的，应按照达成的协议办理结算和支付合同价款。

2. 由于不可抗力致使合同无法履行解除合同的

由于不可抗力致使合同无法履行解除合同的，发包人应向承包人支付合同解除之日前已完成工程但尚未支付的合同价款，此外，还应支付下列金额：

（1）发包人要求承包人压缩的工期天数超过规定天数所增加的赶工费用；

（2）已实施或部分实施的措施项目应付价款；

（3）承包人为合同工程合理订购且已交付的材料和工程设备货款；

（4）承包人撤离现场所需的合理费用，包括员工遣送费和临时工程拆除、施工设备运离现场的费用；

（5）承包人为完成合同工程而预期开支的任何合理费用，且该项费用未包括在其他各项支付之内；

发承包双方办理结算合同价款时，应扣除合同解除之日前发包人应向承包人收回的价款。当发包人应扣除的金额超过了应支付的金额，承包人应在合同解除后的56天内将其差额退还给发包人。

3. 因承包人违约解除合同的

由于承包人违约解除合同，价款结算与支付的原则是：

（1）发包人应暂停向承包人支付任何价款。

（2）发包人应在合同解除后28天内核实合同解除时承包人已完成的全部工程合同价款以及按施工进度计划已运至现场的材料和工程设备货款，按合同约定核算承包人应支付的违约金以及造成损失的索赔金额，并将结果通知承包人。

（3）发承包双方应在28天内予以确认或提出意见，并办理结算合同价款。如果发包人应扣除的金额超过了应支付的金额，承包人应在合同解除后的56天内将其差额退还给发包人。

（4）发承包双方不能就解除合同后的结算达成一致的，按照合同约定的争议解决方式处理。

4. 因发包人违约解除合同的

由于发包人违约解除合同，价款结算与支付的原则是：

（1）发包人除应按照“由于不可抗力致使合同无法履行解除合同”的规定向承包人支付各项价款外，还应按合同约定核算发包人应支付的违约金以及给承包人造成损失或损害的索赔金额费用。该笔费用由承包人提出，发包人核实后与承包人协商确定后的7天内向承包人签发支付证书。

（2）发承包双方协商不能达成一致的，按照合同约定的争议解决方式处理。

10.3.6 合同价款争议的解决

由于建设工程具有施工周期长、不确定因素多等特点，在施工合同履行过程中往往会出现争议。争议的解决途径一般为协商和解、请第三方调解及仲裁或诉讼三类。详见相关书籍与规范规定，此处不再赘述。

【例 10-8】 某工程项目由 A、B、C、D 四个分项工程组成，采用工程量清单招标确定中标人，合同工期 5 个月。承包费用部分数据见表 10-3。

承包费用部分数据表 **表 10-3**

分项工程名称	计量单位	数量	综合单价
A	m^3	5000	50 元/m^3
B	m^3	750	400 元/m^3
C	t	100	5000 元/t
D	m^2	1500	350 元/m^2
措施项目费用	110000 元		
其中：通用措施项目费用	60000 元		
专业措施项目费用	50000 元		
暂列金额	100000 元		

合同中有关费用支付条款如下：

1. 开工前发包方向承包方支付合同价（扣除措施费和暂列金额）的 15%作为材料预付款。预付款从工程开工后的第 2 个月开始分 3 个月均摊抵扣。

2. 工程进度款按月结算，发包方按每次承包方应得工程款的 90%支付。

3. 通用措施项目工程款在开工前和材料预付款同时支付；专业措施项目在开工后第 1 个月末支付。

4. 分项工程累计实际完成工程量超过（或减少）计划完成工程量的 10%时，该分项工程超出部分的工程量的综合单价调整系数为 0.95（或 1.05）。

5. 承包商报价管理费率取 10%（以人工费、材料费、机械费之和为基数），利润率取 7%（以人工费、材料费、机械费和管理费之和为基数）。

6. 规费费率 3%（以分部分项工程费、措施项目费、其他项目费之和为基数），税金率 3.48%。

7. 竣工结算时，业主按总造价的 5%扣留质量保证金。

各月计划和实际完成工程量见表 10-4。

各月计划和完成工程量 **表 10-4**

分项工程名称 \ 进度 \ 月度		第 1 月	第 2 月	第 3 月	第 4 月	第 5 月
A（m^3）	计划	2500	2500			
	实际	2800	2500			

续表

分项工程名称 \ 进度 \ 月度		第1月	第2月	第3月	第4月	第5月
B (m^3)	计划		375	375		
	实际		400	450		
C (t)	计划			50	50	
	实际			50	60	
D (m^2)	计划				750	750
	实际				750	750

施工过程中，4月份发生了如下事件：

1. 业主确认某项临时工程计日工50工日，综合单价60元/工日；所需某种材料$120m^2$，综合单价100元/m^2；

2. 由于设计变更，经业主确认的人工费、材料费、机械费共计30000元。

根据上述条件，求：

(1) 工程合同价为多少元?

(2) 材料预付款、开工前业主应拨付的措施项目工程款为多少元?

(3) 前1～4个月每月业主应拨付的工程进度款各为多少元?

(4) 第5个月底办理竣工结算，工程实际总造价和竣工结算款为多少元?

各项支付金额取整。

【解】 (1) 工程合同价＝Σ计价项目费用×（1＋规费费率）×（1＋税金率）

分部分项工程费用：5000×50＋750×400＋100×5000＋1500×350＝1575000元

措施项目费：110000元

暂列金额：100000元

工程合同价： (1575000＋110000＋100000)×(1＋3%)×(1＋3.48%)
＝1902531.54元

(2) 材料预付款＝Σ分部分项工程项目费用×（1＋规费费率）×（1＋税金率）×预付比例
＝1575000×（1＋3%）×（1＋3.48%）×15%
＝251805.65元

按合同约定，措施项目中的通用措施项目费用在开工前提前支付，由于措施项目工程款属于合同价款的组成部分，故应按其90%拨付。

应拨付的措施项目工程款＝60000×（1＋3%）×（1＋3.48%）×90%＝57555.58元

(3) 前1～4个月每月业主应拨付的工程进度款

① 第1个月：承包商完成工程款

(2800×50＋50000)×（1＋3%）×（1＋3.48%）＝202510.36元

第 1 月业主应拨付的工程款为：202510.36×90%＝182259.32 元

② 第 2 个月：A 分项工程累计完成工程量：2800＋2500＝5300m^3

(5300－5000) ÷5000＝6%＜10%，A 分项工程合同单价不调整。

第 2 个月承包商完成工程款

(2500×50＋400×400) × (1＋3%) × (1＋3.48%) ＝303765.54 元

第 2 月业主应拨付的工程款为：303765.54×90%－251805.65÷3＝189453.77 元

③第 3 个月：B 分项工程累计完成工程量：400＋450＝850m^3

(850－750) ÷750＝13.33%＞10%

超过 10%部分的工程量：850－750× (1＋10%) ＝25m^3

超过部分的工程量结算综合单价：400 元/m^3×0.95＝380 元/m^3

B 分项工程款：［25×380＋ (450－25) ×400］× (1＋3%) × (1＋3.48%) ＝191319.00 元

C 分项工程款：50×5000× (1＋3%) × (1＋3.48%) ＝266461.00 元

承包商完成工程款：191319＋266461＝457780 元

第 3 个月业主应拨付的工程款：457780×90%－251805.65÷3＝328066.78 元

④第 4 个月：C 分项工程累计完成工程量：50＋60＝110 (t)， (110－100) ÷100 ＝10%

承包商完成分项工程款：(60×5000＋750×350) × (1＋3%) × (1＋3.48%) ＝599537.25 元

计日工费用：(50×60＋120×100) × (1＋3%) × (1＋3.48%) ＝15987.66 元

变更款：30000 × (1 ＋ 10%) × (1 ＋ 7%) × (1 ＋ 3%) × (1 ＋ 3.48%) ＝37634.95 元

第 4 个月承包商完成工程款：599537.25＋15987.66＋37634.95＝653159.86 元

第 4 个月业主应拨付的工程款为：653159.86×90%－251805.65÷3＝503908.66 元

(4) 工程实际总造价和竣工结算款

① 第 5 个月承包商完成工程款

350×750× (1＋3%) × (1＋3.48%) ＝279784.05 元

② 工程实际总造价＝合同价＋合同调整额

＝通用措施项目合同价＋各月完成工程款累计（含专用措施项目合同价及各类调价）

＝60000× (1＋3%) × (1＋3.48%) ＋ (202510.36＋303765.54＋457780＋653159.86＋279784.05)

＝63950.64＋1896999.81＝1960950.45 元

竣工结算款＝实际总造价×(1－质保金比例) －已付材料预付款－已付通用措施项目款－前 4 个月已付工程款(含预付款及调价)

＝1960950.45×(1－5%)－(251805.65＋57555.58＋182259.32＋189453.77＋328066.78＋503908.66)

＝1862902.93－1513049.76＝349853.17 元

习 题

一、计算题

1. 某挖土方项目，工程量清单量为1260m^3，承包商报的综合单价为8元/m^3，合同约定，当工程量增减偏差超过15%时，增（减）部分单价按原单价的0.9（1.1）计算。施工过程中，由于设计变更，土方实际工程量为1412m^3，试计算挖土方项目的工程结算价。

2. 某分项工程招标工程量清单数量为760m^3，施工中由于设计变更，工程量数量调增为900m^3，该项目招标控制价的综合单价为35元，投标报价的综合单价为41元，求该分项工程的结算价格。

3. 2013年6月实际完成的某工程合同价款为300万元，调值公式中的固定系数为0.2，可调值的相关成本要素中木材费价格指数上涨50%，钢材价格指数上涨20%，水泥价格指数上涨10%外，其他都未发生变化。木材费占合同调值部分的15%，钢材费占合同调值部分的40%，水泥费占合同调值部分13%，计算2013年6月应调整的合同价差额为多少万元。

二、案例题

【背景】 某工程量清单招标项目，发包人与承包人签订了工程承包合同，工期4个月。部分工程价款条款如下：

（1）分部分项工程清单中含有两个混凝土分项工程，工程量分别为甲项2300m^3，乙项3200m^3，清单报价中甲项综合单价为180元/m^3，乙项综合单价为160元/m^3。当某一分项工程实际工程量比清单工程量增加（或减少）10%以上时，应进行调价，调价系数为0.9（或1.08）。

（2）措施项目清单中含有5个项目，总费用18万元。其中，甲分项工程模板及其支撑措施费2万元、乙分项工程模板及其支撑措施费3万元，结算时，工程模板及其支撑措施费按相应分项工程量变化比例调整，其余措施费用结算时不调整。

（3）其他项目清单中仅含专业工程暂估价一项，费用为20万元。实际施工时经核定确认的费用为17万元。

（4）施工过程中发生计日工费用2.6万元。

（5）规费费率6.86%；综合税率3.41%。

有关付款条款如下：

①材料预付款为分项工程合同价的20%，于开工之日10天之前支付，在最后两个月平均扣除；

②措施项目费于开工前和开工后第2月末分两次平均支付；

③业主按每次承包商应得工程款的90%支付；

④专业工程费用、计日工费用在最后1个月按实结算，支付方法同工程款；

⑤工程竣工验收通过后进行结算，并按实际总造价的5%扣留工程质量保证金。

承包商每月实际完成并经签证确认的混凝土分项工程量如下表所示。

混凝土分项每月实际完成工程量表 单位：m^3

分项工程＼月份	1	2	3	4	累计
甲	500	800	800	600	2700
乙	700	900	800	400	2800

【问题】

1. 该工程预计合同总价为多少？材料预付款是多少？首次支付措施项目费是多少？
2. 每月分项工程量价款是多少？业主每月应向承包商支付工程款是多少？
3. 混凝土分项工程量总价款是多少？竣工结算前，业主累计已向承包商支付的工程款是多少？
4. 实际工程总造价是多少？竣工结算款为多少？

11 工程估价软件简介

随着建设领域科学技术的发展，工程项目的规模越来越大，涉及的技术越来越复杂，这使得工程估价的难度也变得越来越大。传统的工程估价信息处理的方法和手段已经无法满足新形势的要求，计算机辅助工程估价系统便孕育而生。运用计算机辅助系统进行工程估价，具有数据管理维护方便快捷；计算调整及时方便；成果分析报告快速准确；能够对工程造价进行动态控制与调整等特点。

本章从工程量计量、工程量计价和成本控制等三方面，简要地介绍了国内相关软件及应用现状。

11.1 工程量计量软件及应用

11.1.1 国内常用工程量计量软件介绍

常见的算量软件有上海鲁班软件有限公司的算量软件，PKPM 公司的算量软件，清华斯维尔软件科技有限公司的算量软件及广联达公司算量软件等。不同公司的算量软件各有所长，本节主要以鲁班三维工程量计量软件为例介绍其主要应用功能。

11.1.2 工程计量软件的主要功能

鲁班三维工程量计算软件的工作流程如图 11-1 所示。

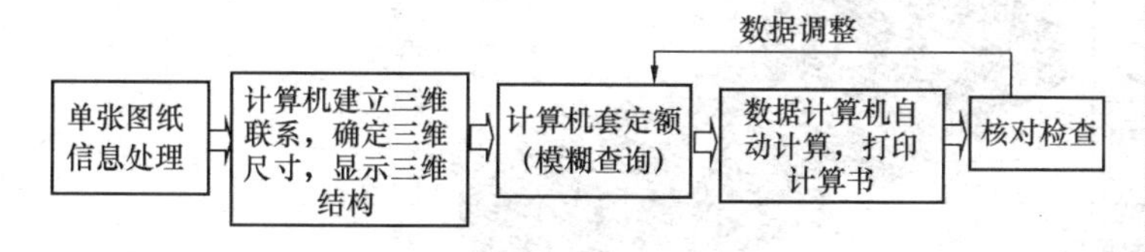

图 11-1 鲁班土建软件工程量计算流程

该软件具有较为强大的算量功能，可以快速准确地完成土建、装饰、安装工程的计量，其主要功能体现在以下几方面。

1. 一图多算，满足工程中的不同要求

该软件内置了现行的工程量计量规范和全国各地定额的计算规则，因而用户可以根据需求，选择不同的计算规则计算工程量，满足编制施工组织设计与进行工程造价全过程管理的需要。

2. 利用CAD转化功能，大大提高算量速度

该软件可将二维图纸通过CAD转化，快速建模，不仅节省了人工输入数据的时间，也避免了输入错误引起的结果误差。同时，对于图纸中一些表格类型的数据也能直接转化到软件中，生成对应的构件属性。算量模型建成，工程量计算即可自动完成。如图11-2为某用户输入的CAD二维平面图，图11-3为软件自动生成的对应三维立体图。

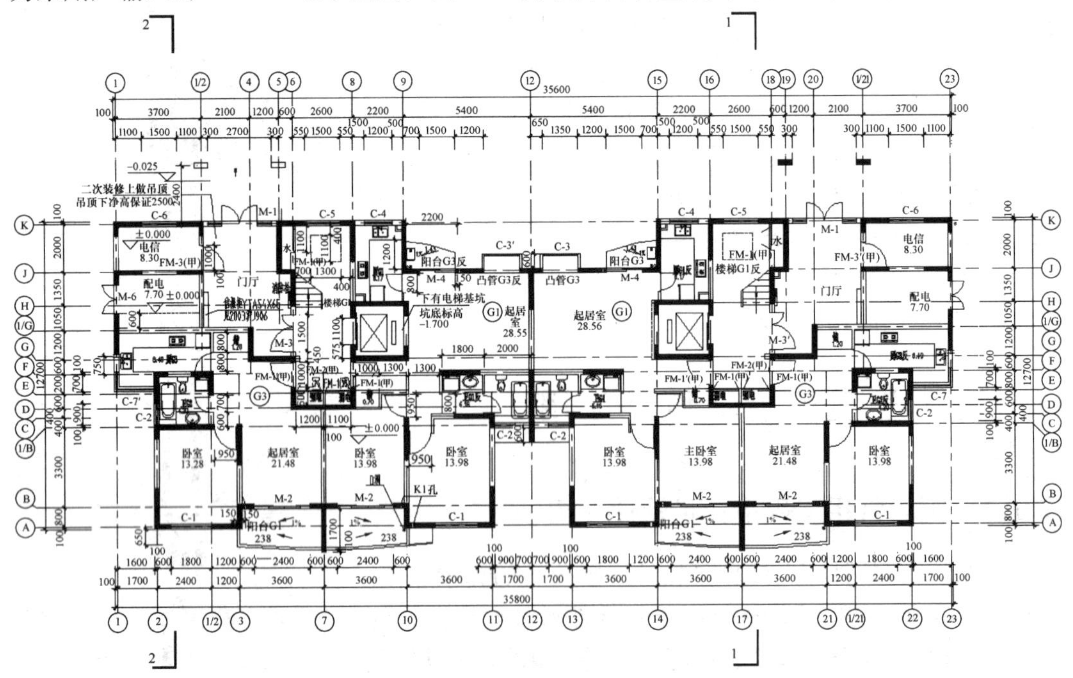

图11-2 某建筑二维CAD图

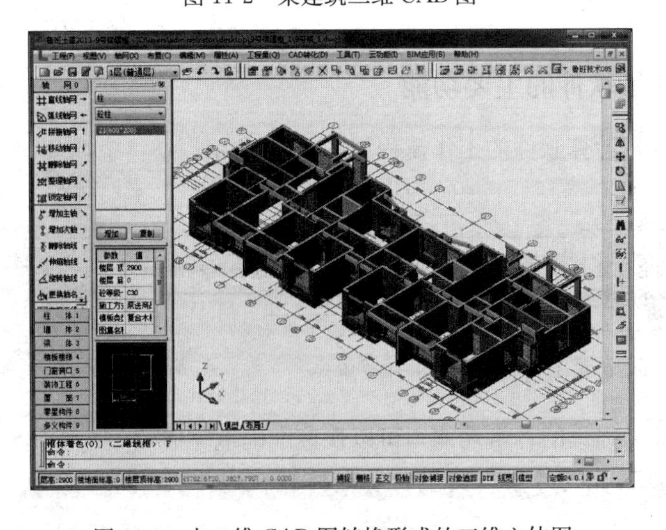

图11-3 由二维CAD图转换形成的三维立体图

3. 算量过程可视化，方便计算与校核

由于软件采用了三维立体建模，用户输入的模型，均可以立体显示，计算快速、直观。如对计算结果有疑问，可以通过三维显示，进行直观的校核。如图 11-4 所示，窗间构造柱的工程量计算是否正确，或是墙身工程量中的扣减量是否正确，估价人员可以通过对该图的理解或计算便可一目了然。

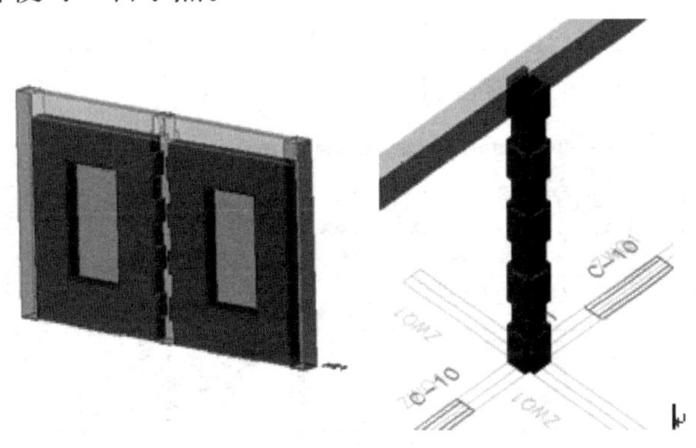

图 11-4　窗与构造柱可视化三维立体图

4. 定义断面，三维空间与二维图形互换，灵活处理复杂构件

在现代工程建筑中，形体复杂多样，该软件能将微小的细节准确计算（如各种复杂造型的异形构件以及异形界面的交接），大大提高工程量的计量速度。

现代建筑的立面装饰做法繁多，这就需要估价人员考虑复杂装饰在空间中的上下面、侧边、底面的装饰情况。鲁班软件可以精确地处理该类问题，还可自动识别立面装饰的空间整体布置情况，通过展开装饰功能，将三维造型的装饰展开成平面效果，既便于工程量计算，又便于进行修改和布置。

5. 批量布置，计量与校核同步完成

在结构构件的计算中，许多构件是相同的，鲁班软件可以将批量计量与校核，智能化效果明显。如某砖墙在多处需设置马牙槎，此时只需将需要设置马牙槎的部位选出，如图 11-5 所示，软件将按选定条件自动布置构件并计算工程量，该软件还对设计遗漏问题设置了相关提示，便于设计人员修改。

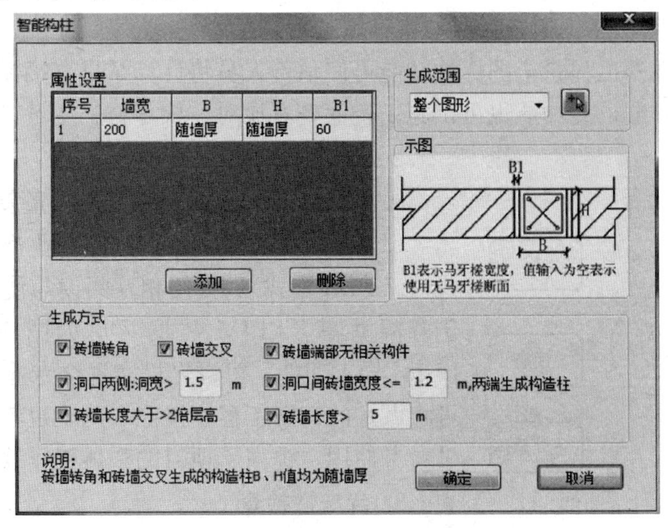

图 11-5　智能构柱显示页面

6. 区域校验与条件统计，计量与报表实现动态管理

“区域校验”是指用户需要的数据随时都可框选计算出工程量，施工到哪，数据就能同步到哪，满足动态控制的要求。

“条件统计”是指支持用户按任意楼层进行任意选定工程量统计的功能，如图 11-6 所示，这将对精细化成本管理起到积极的作用。

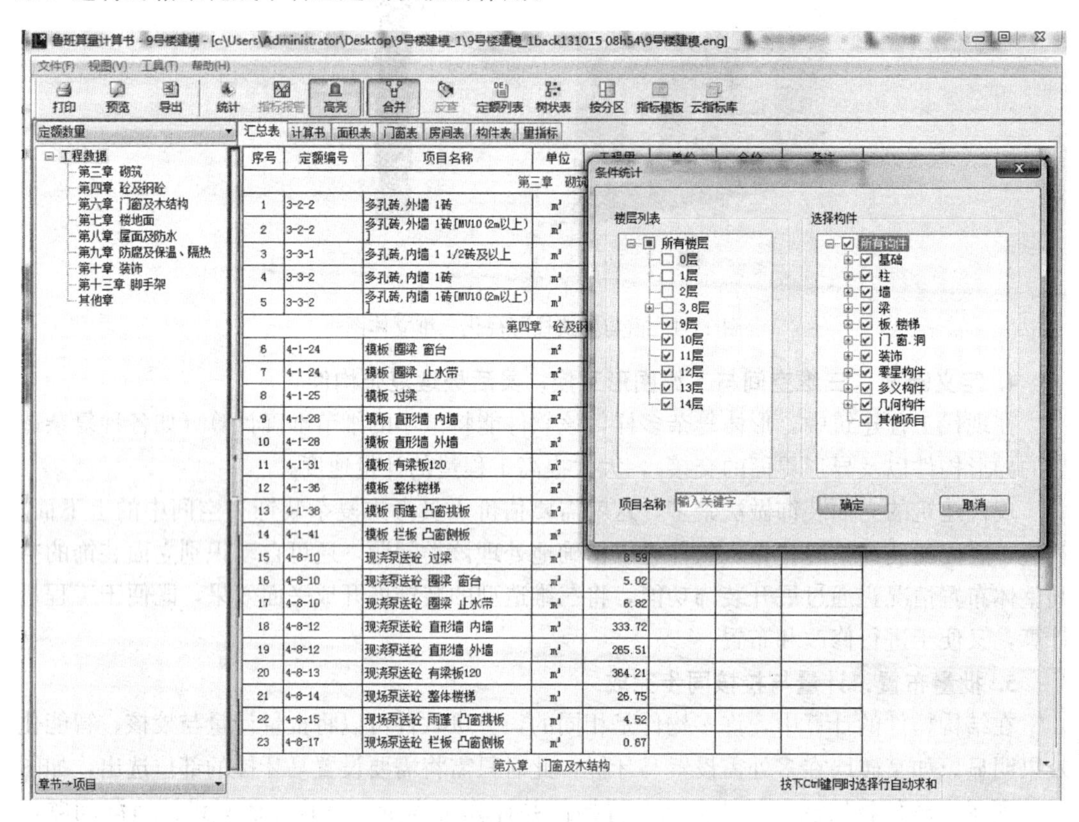

图 11-6 满足“条件统计”的计算报表

7. 工程量全图标注，便于对量与指导施工

鲁班计量软件的工程量全图标注功能可使估价人员将计算结果直接标注在图中，结合图形显示，便于对账，此功能也可供施工企业查看比对，核算材料用量，进行有效的成本控制。

8. LBIM 互导，避免不同工种重复工作

LBIM 是在系列软件中，各专业都使用同一输出格式（. LBIM 格式），方便相互阅读与使用相关数据，便于资源共享。LBIM 数据共享如图 11-7 所示。通过 LBIM 导入功能，可以轻松实现全专业的数据互导。如可将做好的钢筋工程直接导入到土建软件中，供土建计量参考使用，提高了项目的整体工作效率。

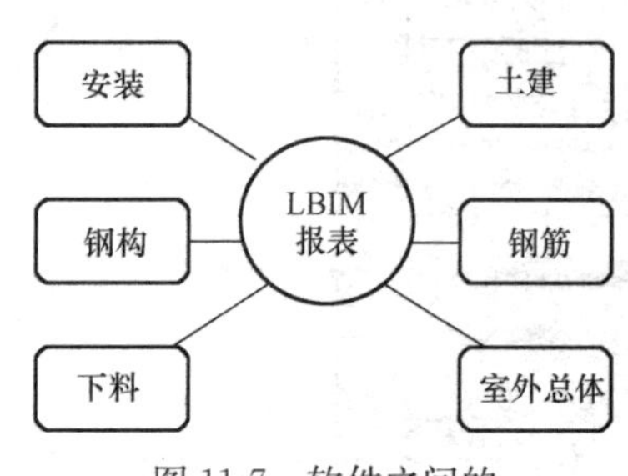

图 11-7 软件之间的 LBIM 数据共享

9. 合法性检查

当整个工程的工程量计算完毕，鲁班软件可以通过基于互联网功能的“云模型检查”功能，智能判断图形、属性的错误，工程量的漏算与错误，并能反查到出错构件，有的错误还可以进行一键修复，这既为用户节约了时间又能避免经济损失。

11.1.3 钢筋计量软件

钢筋的工程量计算是工程量算量中最为繁琐的工作，不仅量大、种类繁多，同时也是单方价格较高的部分。因此钢筋工程量计算是否准确，对工程估价起着重要的作用。

1. 钢筋计算方式

鲁班软件对钢筋计算提供了两种不同的方法：建模方式和非建模方式。

（1）建模方式：建模方式可分为三大类。

1）手工建模方式是指通过定义构件属性，按照工程图纸，画出构件并为各构件进行配筋，由软件自动按照各构件之间的位置关系，根据计算规则进行钢筋工程量计算的一种处理方法；

2）CAD 导图是建模方式的一种特殊形式，它是通过识别 CAD 电子文件中的构件，使其转化为钢筋软件中能计算的构件；

3）导入 LBIM 文件的建模方式是指保存土建工程文件为 LBIM 格式，然后在钢筋软件中导入 LBIM 文件，以此互导方式减少重复建模提高工作效率。

（2）非建模方式：主要包括单构件法和单根法，它能解决一些特殊构件和零星构件。

建模方式主要适用于主体结构中的标准构件如基础、柱、墙、梁、板等，而非建模方式一般对零星构件的计量较为适用。

2. 钢筋计算流程与功能

鲁班钢筋软件的具体操作流程，如图 11-8 所示。

鲁班钢筋软件设置了以下功能以快速完成钢筋的计算。

（1）软件内置钢筋规范，便于各类钢筋的计算

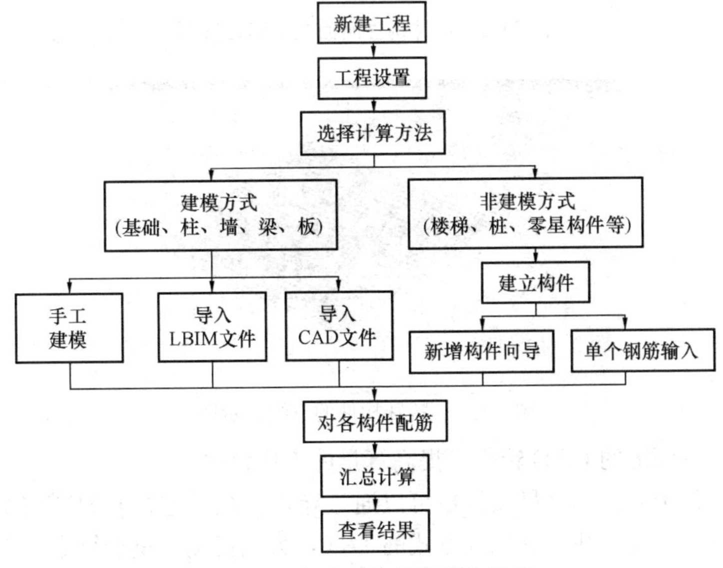

图 11-8 鲁班钢筋软件操作流程

鲁班钢筋软件内置了现行钢筋相关的规范，这就不需要估价人员在计算钢筋时再花时间翻阅或查找相关规范，提高了工作效率。同时，通过软件也可以方便地了解与学习与钢筋布置相关的规定，对计算结果的准确性与布筋的合法性进行基于互联网功能的“云模型检查”。此外，在某些特殊情况下，可以调整布筋设置，以适应各类工程的具体要求。

(2) 钢筋三维显示，便于理解与计算

在施工图中，钢筋图（尤其是对一些复杂构件的钢筋配筋）的识别与计算，是影响估算人员工作进度的瓶颈，也是影响估价准确性的关键因素之一。用鲁班钢筋算量软件，只要建好钢筋算量模型，工程量计算速度可成倍提高。软件提供的各种模块，对于计算特殊构件断面配筋设置，只需要按图输入即可。如图 11-9 为某特殊构件断面及配筋设置，从这张二维平面图较难对其空间钢筋布置进行想象，而利用钢筋算量软件，将其转换为三维布局，如图 11-10 所示，估价人员就可以清楚地看明白其空间布局，这既方便了估价人员对钢筋工程量的计算，也对施工企业实施施工提供了便利。

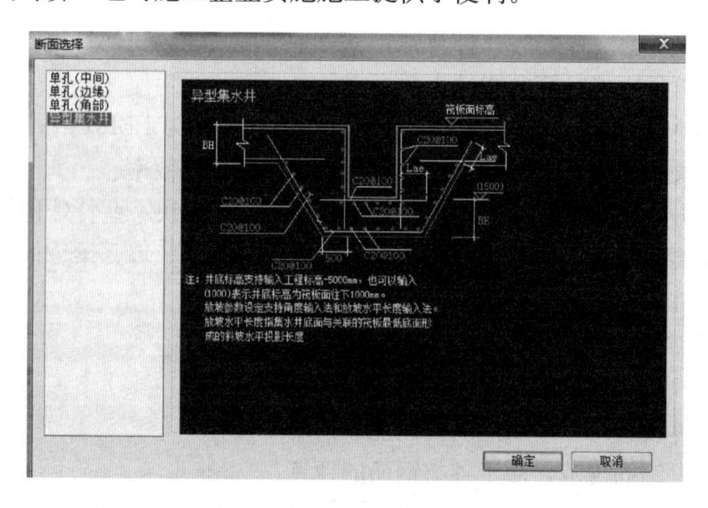

图 11-9 特殊构件断面及配筋设置图

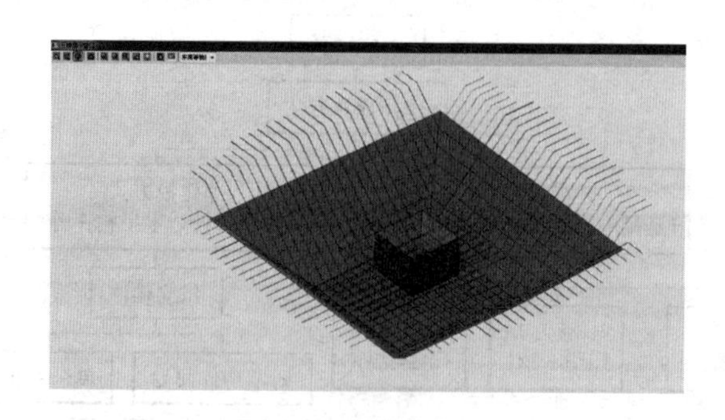

图 11-10 特殊构件的三维显示图

(3) 实现了钢筋图的 CAD 转化，提高算量的工作效率

如前所述，鲁班的钢筋算量软件也可以通过导入图纸，进行 CAD 转化，快速计算钢筋工程量，其所需时间往往只有传统方式的 1/50，大大提高了钢筋算量的工作效率。

(4) 不同的工程量统计途径，便利的修改数据方法，满足不同用户的需求钢筋计量软件的计算结果以数据库方式保存，可以方便地以各种方式对计算结果进行统计分析，如按层、按钢筋级别、按构件、按钢筋直径范围进行统计分析。将成果应用于成本分析、材料管理和施工管理日常工作中。

利用钢筋计量软件可以方便地进行数据修改，也就是说，只要在算量模型中修改几个数据，即可方便地得到新的计算结果。

11.2 工程计价软件及应用

工程量清单计价自2003年推行实施以来，工程量清单计价软件就在建设工程行业中得到了广泛的应用，目前国内已开发清单计价软件较多。计价软件的开发思路是要建立一个完备的计价平台，该平台一方面要求能支持国标清单计价规范，又能挂接全国各地区、各专业的定额库，并使其参与工程量清单计价，同时还要能支持定额计价、综合计价等多种不同的计价方法，并实现不同计价方法的快速转换。本书以青山.net清单计价软件为实例，介绍工程量清单计价软件在建设工程工程量清单计价工作中的应用。

青山.net清单计价软件是按照现行计价规范，结合各省市清单计价消耗量定额而编制。该软件适用于建设项目的工程量清单计价活动，包括工程标底、预算、结算及工程审计的编制工作。其特色是集成度高，操作方便，能集各地的定额于一体，并自动根据不同定额体系变换，从而适应当地规则的操作界面，提高了用户工作效率。

11.2.1 软件界面认识

软件安装完成后会自动在桌面建立快捷启动图标，双击桌面上的清单计价软件快捷图标即可启动软件。清单计价软件的运行模式为：自动检测加密锁，若未发现加密锁则会提示以学习版方式启动，正式版的工程数据和学习版的工程数据可以相互打开。软件主界面如图11-11所示。

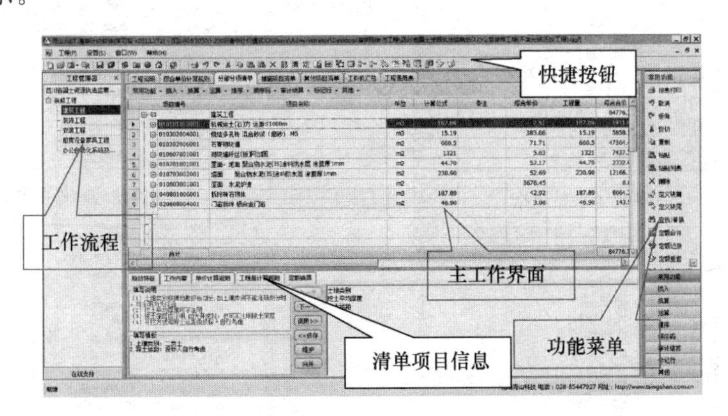

图11-11 软件主工作界面

11.2.2 主要功能特点介绍

1. 无限制撤销、重做功能

该功能具有随时撤销、重做、不怕误操作的特点；不限撤销、回退次数；存盘后也可以撤消、重做。

2. 合法性检查、准确反查定位

系统可以自动检查各类常见问题，双击检查结果直接反查到错误位置，如图 11-12 所示。

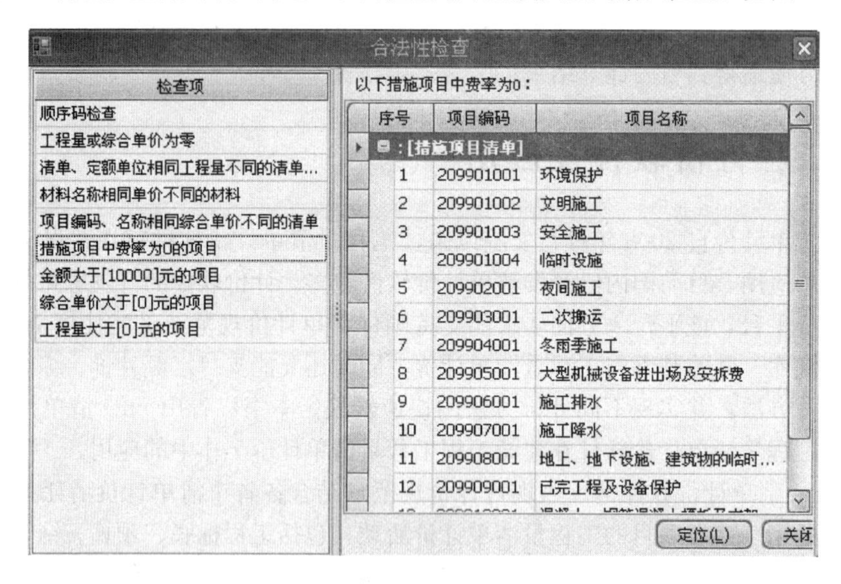

图 11-12 合法性检查

3. 与电子表格数据进行复制粘贴

软件不但支持从 EXCEL 电子文档导入数据，更支持从电子表格复制粘贴，像电子表格复制粘贴一样，将电子表格中的数据直接粘贴到计价软件中，需要哪部分粘贴某部分，如图 11-13 所示，支持复制整块或某列数据，在进度支付和结算阶段尤为实用。

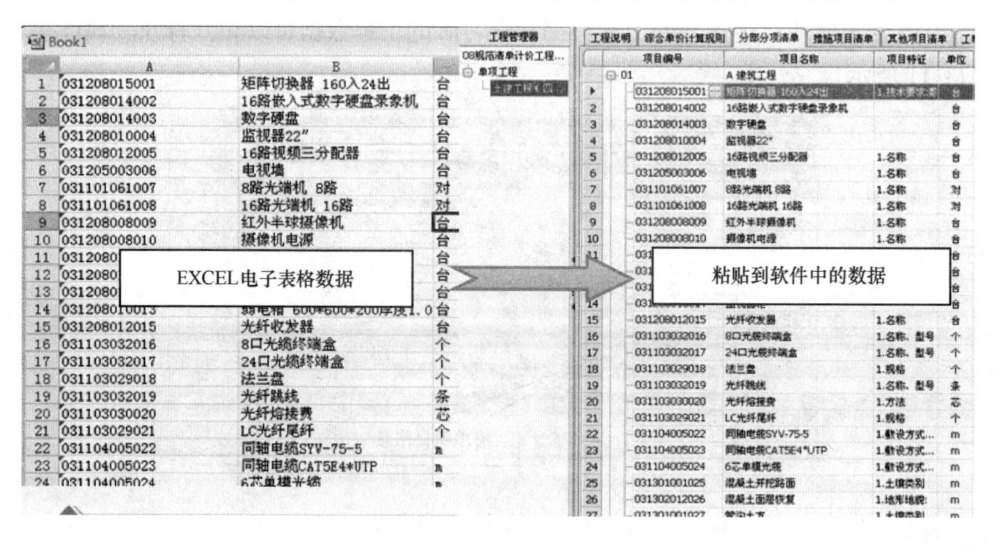

图 11-13 电子表格数据交换

4. 错误标记

检查到数据错误暂时无法解决时，可以使用标记功能，一键点击，软件自动标注颜色和备注信息，如图 11-14 所示。

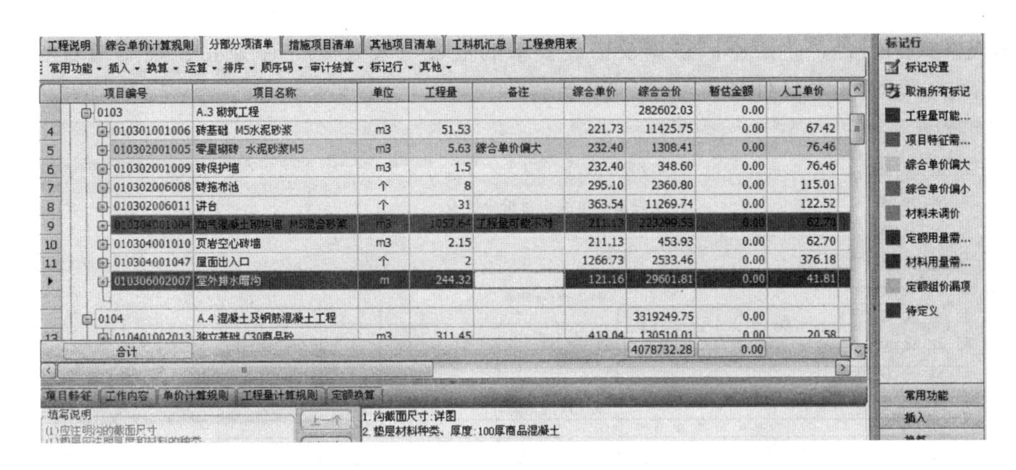

图 11-14 一键标注错误信息

5. 汇总量与指标分析

框选块提取数据，查看总量和指标，将需要查看的数据定义为块，鼠标移动哪列，就自动汇总哪列块的数量及指标，如图 11-15 所示，在核对工程数据时非常实用。

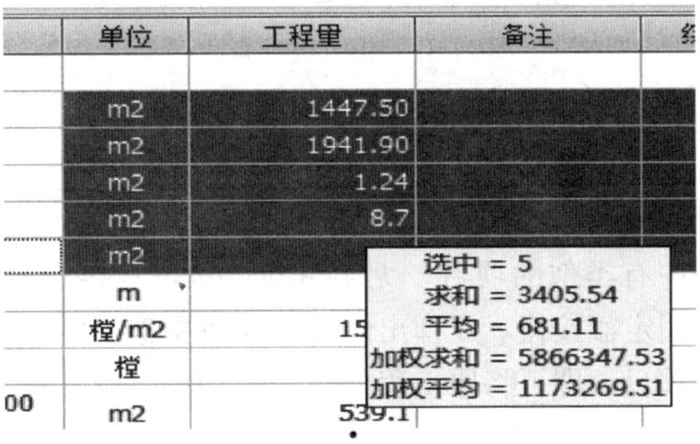

单位	工程量	备注
m2	1447.50	
m2	1941.90	
m2	1.24	
m2	8.7	
m2		
m		
樘/m2	15	
樘		
m2	539.1	

选中 = 5
求和 = 3405.54
平均 = 681.11
加权求和 = 5866347.53
加权平均 = 1173269.51

图 11-15 块提取数据汇总

6. 报表编辑方便灵活

点击报表中的参数按钮，选择不同的参数值，如图 11-16 所示，可以对同一报表进行

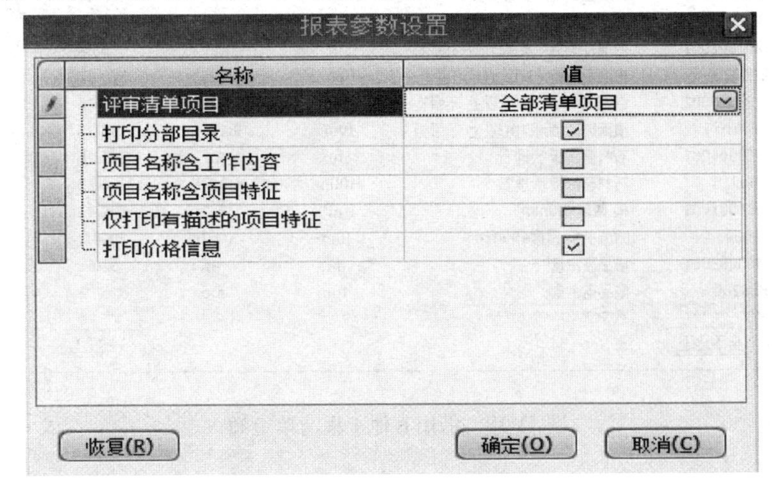

图 11-16 报表参数设置

数据或格式的组合，生成不同数据及格式要求的报表，大大提高招投标过程中，招标单位对报表格式要求的灵活处理。

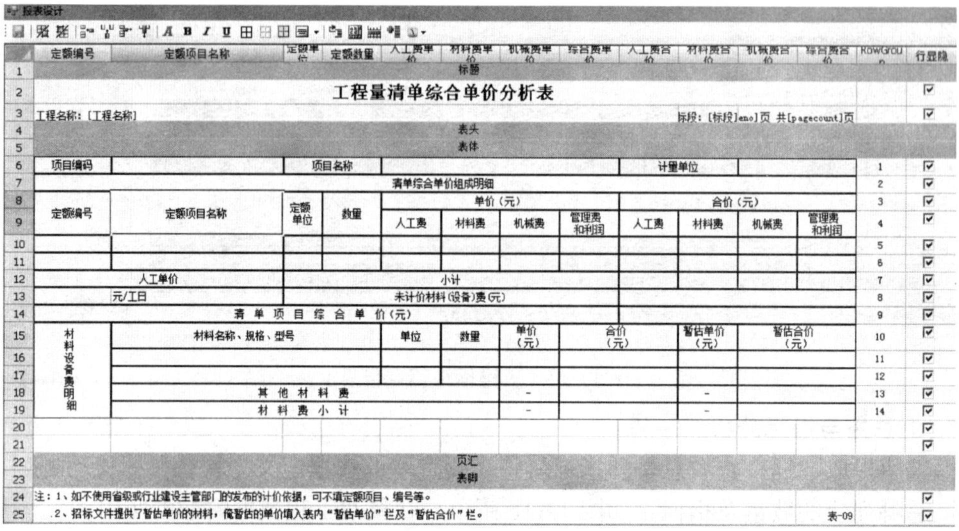

报表设计

	定额编号	定额项目名称	定额单位	定额数量	人工费单价	材料费单价	机械费单价	综合费单价	人工费合价	材料费合价	机械费合价	综合费合价	RowGroup	行显隐
1						标题								
2						工程量清单综合单价分析表								☑
3	工程名称：[工程名称]									标段：[标段]eno]页 共[pagecount]页				☑
4						表头								
5						表体								
6	项目编码		项目名称						计量单位				1	☑
7						清单综合单价组成明细							2	☑
8	定额编号	定额项目名称	定额单位	数量	单价（元）				合价（元）				3	☑
9					人工费	材料费	机械费	管理费和利润	人工费	材料费	机械费	管理费和利润	4	☑
10													5	☑
11													6	☑
12		人工单价				小计							7	☑
13		元/工日				未计价材料（设备）费（元）							8	☑
14		清单项目综合单价（元）											9	☑
15	材料设备费明细	材料名称、规格、型号			单位	数量	单价（元）	合价（元）		暂估单价（元）	暂估合价（元）		10	☑
16													11	☑
17													12	☑
18		其他材料费					-			-			13	☑
19		材料费小计					-			-			14	☑
20														☑
21														☑
22						页汇								
23						表脚								
24	注：1、如不使用省级或行业建设主管部门的发布的计价依据，可不填定额项目、编号等。													☑
25	2、招标文件提供了暂估单价的材料，侻暂估的单价填入表内"暂估单价"栏及"暂估合价"栏。											表-09		☑

图 11-17 报表设计修改

像编辑 EXCEL 电子表格一样，对报表进行修改编辑，可以插入宏变量或对宏变量进行运算类的操作，如图 11-17 所示。

7. 跨工程借用数据

本工程和以往工程中有类似的项目，无须重新组价，直接借用以往工程中的组价数据，点击借用清单或借用定额按钮，在弹出的选择窗口中选择需要借用清单项目的工程，勾选需要的清单或定额项目，即可将原工程的数据借用到当前工程中，直接使用或修改，如图 11-18 所示。

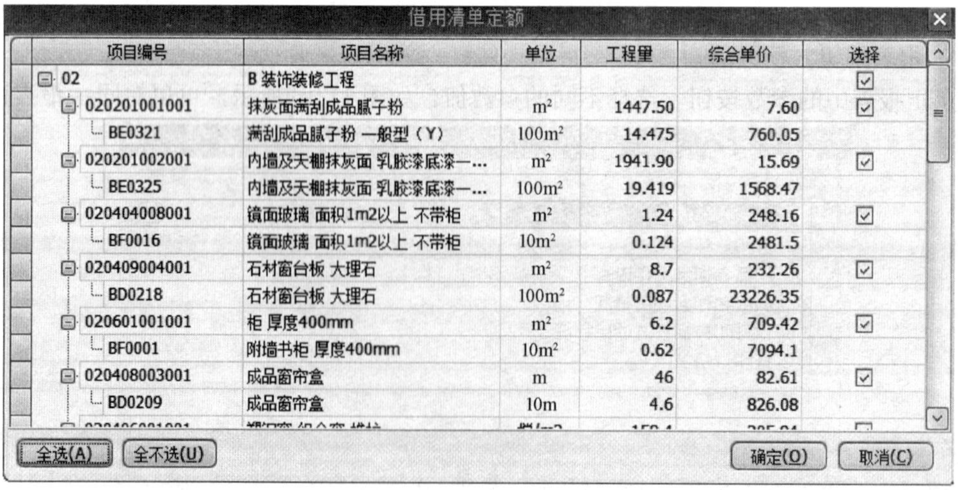

借用清单定额

项目编号	项目名称	单位	工程量	综合单价	选择
02	B 装饰装修工程				☑
020201001001	抹灰面满刮成品腻子粉	m^2	1447.50	7.60	☑
BE0321	满刮成品腻子粉 一般型（Y）	$100m^2$	14.475	760.05	
020201002001	内墙及天棚抹灰面 乳胶漆底漆一…	m^2	1941.90	15.69	☑
BE0325	内墙及天棚抹灰面 乳胶漆底漆一…	$100m^2$	19.419	1568.47	
020404008001	镜面玻璃 面积1m2以上 不带框	m^2	1.24	248.16	☑
BF0016	镜面玻璃 面积1m2以上 不带框	$10m^2$	0.124	2481.5	
020409004001	石材窗台板 大理石	m^2	8.7	232.26	☑
BD0218	石材窗台板 大理石	$100m^2$	0.087	23226.35	
020601001001	柜 厚度400mm	m^2	6.2	709.42	☑
BF0001	附墙书柜 厚度400mm	$10m^2$	0.62	7094.1	
020408003001	成品窗帘盒	m	46	82.61	☑
BD0209	成品窗帘盒	10m	4.6	826.08	
[illegible]	[illegible]	[illegible]	[illegible]	[illegible]	

全选(A)　全不选(U)　确定(O)　取消(C)

图 11-18 借用其他工程清单定额

11.3 信息技术在工程成本控制中的应用

11.3.1 BIM技术概述

BIM（Building Information Modeling，建筑信息模型）自问世以来，逐渐受到全球范围内的广泛关注。麦格劳一希尔建筑信息公司给出了BIM广义和狭义的定义。

从狭义上讲，BIM是有效的设计工具，更是有效的分析工具。

从广义上讲：BIM创建并利用数字模型对项目进行设计、建造及运营管理的过程。强调BIM是建立项目全寿命周期建筑信息数据库的过程。

美国国家BIM标准对BIM的含义从以下四个层面进行了解释：

（1）一个设施（建设项目）物理和功能特性的数字表达；

（2）一个共享的知识资源；

（3）一个分享有关这个设施的信息，为该设施从概念开始的全生命周期的所有决策提供可靠依据的过程；

（4）在项目不同阶段不同利益相关方面通过BIM中插入、提取、更新和修改信息以支持和反映其各自职责的协同工作。

早在1975年，被誉为“BIM之父”的Chuck Eastman教授就提出未来将会出现可以对建筑物进行智能模拟的计算机系统。20世纪80年代后，BIM的研究虽受到CAD的冲击，但学术界对BIM的研究并未中断。21世纪以后，得益于计算机软硬件水平的迅速发展，BIM的研究和应用取得了突破性进展。全球三大建筑软件开发商Autodesk、Bently及Graphisoft都推出了自己的BIM软件产品，并取得了良好的效果。

2011年5月18日，住房和城乡建设部编制的建筑业“十二五”规划《2011-2015建筑业信息化发展纲要》中明确提出要推进BIM、协同等技术应用，普及可视化、参数化、三维模型设计，以提高设计水平，降低工程投资，实现从设计、采购、建造、投产到运行的全过程集成运用。

BIM技术平台强大的数据支撑和技术支撑能力，可以提高项目全过程精细化管理水平，消除各种可能导致工期拖延和造价浪费的设计隐患，从而大幅提升项目效益。有资料表明，目前国内在利用BIM技术的成效上，与国外相比，还存在一定的差距，但至少可以使工程进度加快约10%，减少60%返工，施工企业的经济效益至少可获得10%甚至更高的提升，与此同时，还可大幅提升项目协同能力，强化质量安全管理能力，并能形成详尽、准确、结构化的工程竣工档案，为后期维护服务、业主方运维提供很大价值。

11.3.2 基于BIM的成本核算理论

BIM是一个包含丰富数据、面向对象的、具有智能化和参数化特点的建筑设施的数字化表示。BIM中的构件信息是可运算的信息，借助这些信息，计算机可以自动识别模型中的不同构件，并根据模型内嵌的几何和物理信息对各种构件的数量进行统计。以墙体的计算为例，计算机可以自动识别软件中墙体的属性，根据模型中有关该墙体的类型和组分信息统计出该段墙体的数量，并对相同的构件进行自动归类。因此，当需要制作墙体明细表或计算墙体数量时，计算机会自动对它进行统计。使用模型来取代图纸，所需材料的名称、数量和尺寸都可以在模型中直接生成。而且这些信息将始终与设计保持一致。在设计出现变更时，如窗户尺寸缩小，该变更将自动反映到所有相关的材料明细表中，估价师使用的所有材料名称、数量和尺寸也会随之变化。使用模型代替图纸进行成本计算的优势为：

（1）基于 BIM 的自动化算量方法将估价师从繁琐的劳动中解放出来，为估价师节省更多的时间和精力用于更有价值的工作。

（2）基于 BIM 的自动化算量方法比传统的计算方法更加准确。工程量计算是编制工程预算的基础，但计算过程非常繁琐，容易因人为原因造成计算错误，影响后续计算的准确性。BIM 的自动化算量功能可以使工程量计算工作摆脱人为因素影响，得到更加客观的数据。

（3）基于 BIM 的自动化算量方法可以更快地计算工程量，及时地将设计方案的成本反馈给设计师，便于在设计的前期阶段对成本的控制，传统的工程量计算方式往往因耗时太多而无法及时地将设计对成本的影响反馈给设计人员。

（4）可以更好地应对设计变更。在传统的成本核算方法下，一旦发生设计变更，估价师需要手动检查设计变更，找出对成本的影响，这样的过程不仅缓慢，而且可靠性不强。BIM 软件与成本计算软件的集成将成本与空间数据进行了一致关联，自动检测哪些内容发生变更，直观地显示变更结果，并将结果反馈给设计人员，使他们能清楚地了解设计方案的变化对成本的影响。

11.3.3 基于 BIM 的成本控制技术简介

目前国内许多高校、软件公司都致力于研发符合国内建筑领域的 BIM 产品，并在不同程度上将 BIM 技术运用于实际项目中。本节以上海鲁班软件有限公司的 BIM 研发体系为例，介绍其体系在成本控制上的运用。

鲁班 BIM 目前已经积累了数十个 BIM 应用工程案例，逐步形成一套完整的 BIM 技术应用体系。如鲁班 BIM 通过创建 7D・BIM 体系 ，即 3D 实体、1D 时间、1D・BBS（投标工序）、1D・EBS（企业定额工序）、1D・WBS（进度工序），提高了项目全过程精细化管理水平。BIM 应用流程如图 11-19 所示。

鲁班 BIM 整体解决方案架构如图 11-20 所示。从该图可以清楚地反映出其成本管理体系能满足不同用户、不同项目管理模式的要求。

在该系统架构图的思想指导下，通过多年的探索总结，鲁班 BIM 软件在项目全寿命周期的 8 大阶段（如投标策划、项目策划、施工阶段、结算阶段、现场服务等）、38 个管理大项（图纸问题梳理、施工方案模拟、成本控制、BIM 多专业集成应用碰撞检查、质量和安全协同管理等）和 106 个对成本控制影响较大的应用点进行有效地项目管理与成本控制。表 11-1 节选了在施工阶段 BIM 技术的应用点（节选）。实际工作中，这些节点的控制将对项目成本控制起到关键作用。

该公司现已在诸如苏州中心广场、上海中心、上海金虹桥国际中心、无锡地铁控制中心、杭州奥体中心、王府井大酒店改造工程、上海迪士尼等多个项目中，实现了 BIM 在不同价值点的应用，并通过有效的成本控制，为用户带来了较为显著的经济效益。

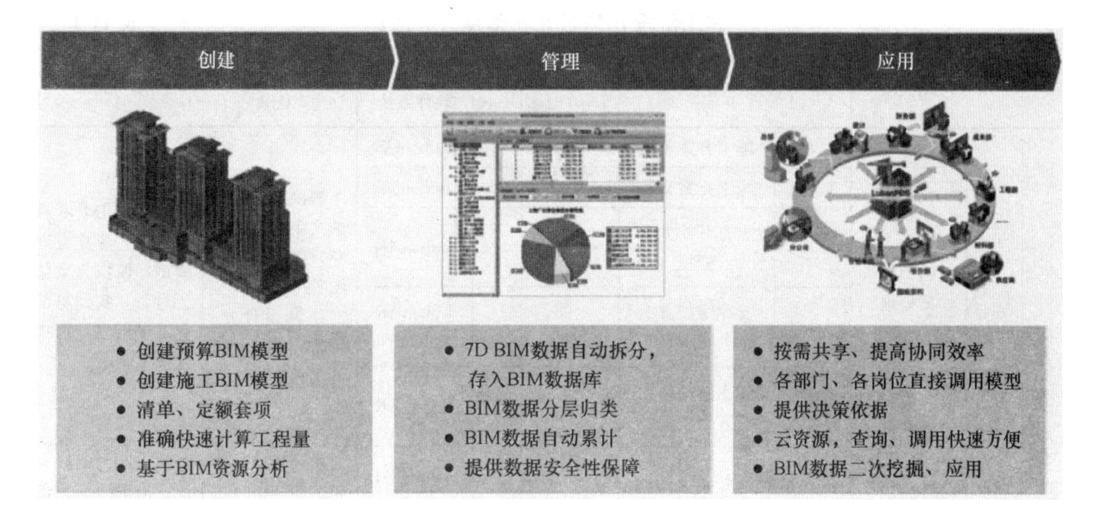

图 11-19　BIM 应用流程图

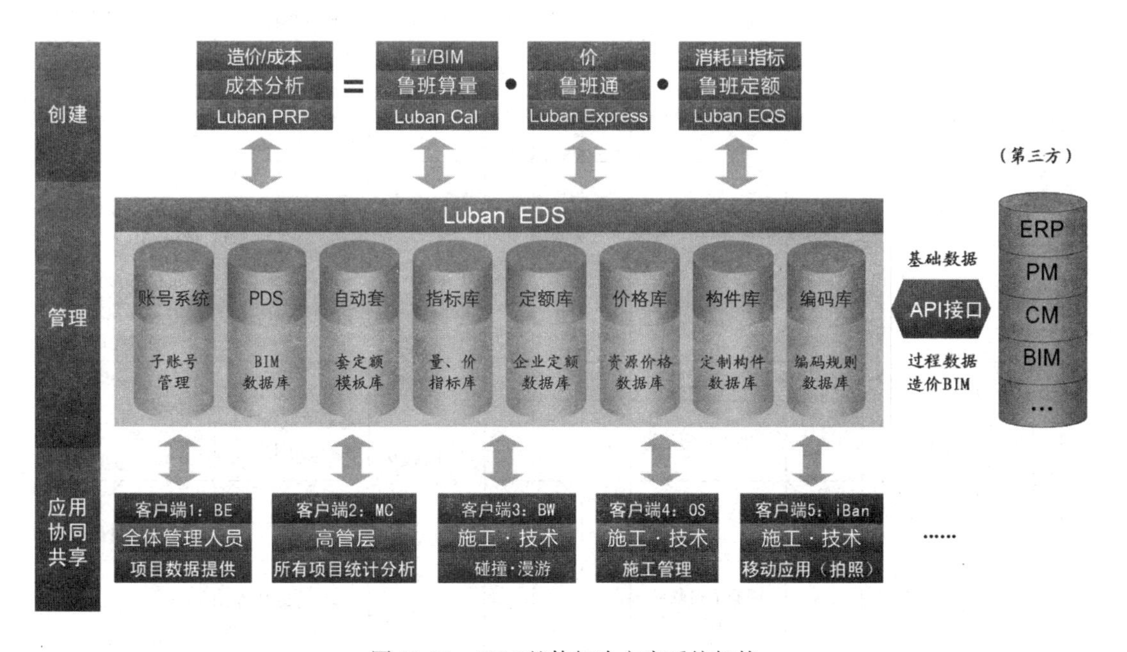

图 11-20　BIM 整体解决方案系统架构

施工阶段 BIM 应用价值点（节选） 表 11-1

阶段		BIM 应用大项		详细应用点		专业			BIM 支持软件系统	施工方配合工作	预期成果
						土建	钢筋	安装			
Ⅲ	施工阶段	3.1	施工方案模拟	3.1.1	施工方案模拟	•	•	•	LubanOS	提供施工方案的文字资料，视频、电子图、蓝图等 协调设计方、甲方和咨询顾问的工作	利用 BIM 可视化特点，建立方案模型，模拟方案施工过程，找到可能存在的问题，可视化技术交底
				3.1.2	施工方案交底	•	•	•	LubanBE		
				3.1.3	土方开挖方案模拟	•			LubanAR		
				3.1.4	支撑维护方案模拟	•	•		LubanAR LubanST		
				3.1.5	二次结构施工方案模拟	•			LubanAR		
		3.2	BIM 模型维护	3.2.1	设计变更调整	•	•	•	LubanCAL LubanPDS LubanBE	协调设计、总包、专业分包、造价咨询和监理的单位等工作	提供几乎实时动态、准确、完整的工程信息模型，实现高效协同与共享
		3.3	对外造价管理	3.3.1	进度款申请配合	•	•	•	LubanCAL LubanPDS LubanMC	协调施工单位和监理单位的工作	提供准确进度工程量
				3.3.2	设计变更调整	•	•	•		协调施工单位和监理单位的工作	及时提供准确变更工程量
				3.3.3	签证索赔支撑	•	•	•		协调施工单位和监理单位的工作	提供工程量变更依据
		3.4	对内成本控制	3.4.1	内部多算对比	•	•	•	LubanCAL	提供实际消耗量 协调成本、材料部门	对比计划与实际用量，找到管理问题和原因
				3.4.2	分包班组工程量核对	•	•	•	LubanCAL		审核分包班组提供的工程量，确保公平，避免超付
		3.5	土建专业 BIM 应用	3.5.1	施工区域划分	•			LubanAR	协调设计方、施工单位和咨询顾问的工作	深化设计，优化施工方案
				3.5.2	提供实际施工量						
				3.5.3	高大支模区域筛选					提供技术筛选条件	快速查找提供需高大支模具体位置
		3.6	钢筋专业 BIM 应用	3.6.1	钢筋下料翻样复核		•		LubanST	协调设计方、施工单位和咨询顾问的工作 提供施工班组下料数据	复核班组下料翻样数据
				3.6.2	提供钢筋加工翻样图						
				3.6.3	钢筋断料优化				LubanST	提供施工班组下料数据	提出钢筋断料优化建议，提高钢筋利用率降低钢筋损耗，优化断料组合
				3.6.4	钢筋施工指导				LubanST LubanBE		钢筋三维显示，指导钢筋施工

续表

阶段		BIM应用大项		详细应用点		专业			BIM支持软件系统	施工方配合工作	预期成果
						土建	钢筋	安装			
Ⅲ	施工阶段	3.7	安装专业BIM应用	3.7.1	协助安装管线综合（深化设计）				LubanMEP	协调设计方、施工单位和咨询顾问的工作	提前发现影响实际施工的碰撞点，加快施工进度
				3.7.2	辅助复杂区域方案优化				LubanMEP LubanBW	配合设计、施工方三维方案	运用三维模型更快找到最优方案
				3.7.3	配合施工方给业主演示施工方案				LubanMEP LubanBW	施工配合工程顾问做最优模型	用三维动态形式将复杂区域效果方案向业主展示
				3.7.4	预埋量测算				LubanMEP	施工设计方提供电子版图纸	提供预埋工程量
				3.7.5	协助综合支架优化				LubanMEP LubanBW	提供支架配置要求	1）通过综合支架达到美观效果 2）指导支架的制作和排布
				3.7.6	重点节点结构实际尺寸测量			•	LubanMEP LubanCAL	提供测量工具和施工员配合	调整土建BIM模型，避免因尺寸偏差引起碰撞
				3.7.7	建立全尺寸设备三维模型				LubanMEP	提供设备厂商三维模型图或透视图	1）确定预留管线位置 2）参与管线碰撞 3）形象和直观展示
				3.7.8	建立企业设备库、构件库				LubanEDS	企业提供设备三维模型或透视图	1）形成企业级设备库，内部共享 2）形成企业核心竞争力
				3.7.9	出剖面图、平面图				LubanMEP	出图要求	深化设计成果的剖面图、平面图
				3.7.10	三维动态剖切				LubanMEP LubanBW	根据现场施工进度和要求，施工人员确定模型	实现深度虚拟交底，可以直接到具体的施工人员（指导现场班组施工）
		3.8	钢构专业BIM应用	3.8.1	钢构整体模型				LubanCAL	钢构图纸	建立钢构模型
				3.8.2	XSteel模型导入				XSteel	设计BIM模型	计算工程量，用于同机电的碰撞（不含节点）

续表

阶段		BIM应用大项		详细应用点		专业			BIM支持软件系统	施工方配合工作	预期成果
						土建	钢筋	安装			
Ⅲ	施工阶段	3.9	BIM多专业集成应用1——碰撞检查	3.9.1	检测安装各专业碰撞	•		•	LubanBW LubanBE	协调设计方、施工单位和咨询顾问的工作	1）工期：避免工期延误10%左右 2）提升质量：大幅减少返工，改善工程质量 3）提升安全：提前预见问题，减少危险因素大幅提升工作效率
				3.9.2	检测安装与结构碰撞检查						
				3.9.3	检测安装与结构碰撞检查						
				3.9.4	出碰撞报告						
				3.9.5	预留洞口定位报告						
				3.9.6	净高检查						
		3.10	BIM多专业集成应用2——漫游	3.10.1	手控漫游	•		•	LubanBW LubanBE	协调设计方、施工单位和咨询顾问的工作	提前发现影响实际施工的碰撞点，加快施工进度
				3.10.2	指定路径漫游						
				3.10.3	动态碰撞检查（吊装运输碰撞）						
				3.10.4	属性查询						
		3.11	材料管理	3.11.1	精细化材料计划	•	•	•	LubanMC	目前材料采购流程	按节点要求提供材料计划量
				3.11.2	材料领用控制（限额领料）	•	•	•		明确现有材料领用流程	对材料使用进行审核，避免材料超领造成浪费
				3.11.3	材料用量分析对比	•	•	•		实际材料采购量 现场剩余材料盘点	1）核对材料用量是否在控制范围内 2）出现问题时，协助现场管理人员查找原因 3）避免因材料飞单引起的材料偏差
				3.11.4	控制材料飞单	•	•	•		实际进场数量、实际用量提供	多算对比，控制飞单
				3.11.5	材料二次搬运/垂直运输控制	•	•	•		详细施工计划	1）精细化控制每个区域每个楼层材料用量 2）避免材料二次搬运造成的浪费和增加费用

续表

阶段		BIM应用大项		详细应用点		专业			BIM支持软件系统	施工方配合工作	预期成果
						土建	钢筋	安装			
Ⅲ	施工阶段	3.12	分包管理	3.12.1	分包BIM模型整合	•	•	•	LubanTrans	提供其他专业BIM模型	1）提供整体BIM模型 2）协调与查找各专业问题 3）提供整体数据查询
				3.12.2	派工单	•	•	•	LubanPDS LubanPRP	班组资料	班组任务管理
				3.12.3	进度款支付审核	•	•	•	LubanPDS	分包工作范围 分包支付规定 分包进度清款资料	1）精确审核分包完成工作量 2）涉及多家分包精确划分工作区域，避免重复 3）避免进度款超付
				3.12.4	分包工作面划分	•	•	•	LubnPDS		
				3.12.5	BIM标准执行监督检查				—	协调专业分包单位等工作	形成满足质量要求的BIM模型
		3.13	质量，安全协同管理	3.13.1	采集现场数据，建立现场质量缺陷、安全风险、文明施工等数据资料，与BIM模型即时关联	•	•	•	LubanBE LubanPDS	协调内部和各分包的工作	1）快速完成施工中、竣工后的质量缺陷等数据的统计管理 2）对质量、安全、文明施工等问题落实整改，形成可追溯的记录
				3.13.2	提供详细质量、安全分析报告	•	•	•		根据质量、安全报告、协调改进	实时统计分析，提前预防，减少问题发生概率
		3.14	现场资料管理	3.14.1	利用iBan进行工程质量、安全、施工、协调等管理	•	•	•	iBan	协调施工、监理、与咨询顾问的工作	利用移动终端（智能手机、平板电脑）采集现场数据，建立现场质量缺陷、安全风险、文明施工等数据资料，与BIM模型即时关联，缺陷问题可视化，方便施工中、竣工后的质量缺陷等数据的统计管理
				3.14.2	在BIM中建立工程资料档案	•	•	•	LubanBE LubanPDS	协调施工、监理、与咨询顾问的工作	基于BIM技术的施工方档案资料协同管理平台，可将施工管理中、项目竣工和运维阶段需要的资料档案列入BIM模型中，实现高效管理与协同

续表

<table>
<tr><th colspan="2" rowspan="2">阶段</th><th colspan="2" rowspan="2">BIM 应用大项</th><th colspan="2" rowspan="2">详细应用点</th><th colspan="3">专业</th><th rowspan="2">BIM 支持软件系统</th><th rowspan="2">施工方配合工作</th><th rowspan="2">预期成果</th></tr>
<tr><th>土建</th><th>钢筋</th><th>安装</th></tr>
<tr><td rowspan="2">Ⅲ</td><td rowspan="2">施工阶段</td><td rowspan="2">3.15</td><td rowspan="2">动画制作</td><td>3.15.1</td><td>动画脚本制作</td><td rowspan="2">·</td><td rowspan="2">·</td><td rowspan="2">·</td><td rowspan="2">—</td><td rowspan="2">提供虚拟施工技术要求</td><td rowspan="2">1）展现施工工艺流程
2）扩大企业宣传</td></tr>
<tr><td>3.15.2</td><td>施工方案虚拟，BIM 模型渲染和加工</td></tr>
</table>

习题

根据本书附录，应用工程估价软件编制工程量清单，并编制投标报价文件。

附录1　物管办公室工程量清单复核

附1-1　物管办公室设计说明

一、工程说明

1. 本工程为一层砖混结构工程，室外地坪标高为－0.300m，屋面混凝土板厚为120mm。

2. 基础为C10混凝土垫层（中砂），砖基础为M5水泥砂浆（中砂）砌筑，且基础垫层为原槽浇灌。

3. M5混合砂浆砌筑内外墙，不设置墙体拉结筋。

4. 现浇及预制钢筋混凝土构件均为C20混凝土（中砂）。

5. 现浇构件钢筋含量分别为：现浇平板72kg/m^3，现浇压顶25 kg/m^3，现浇雨篷60 kg/m^3（包括雨篷梁）；预制钢筋混凝土过梁体积钢筋含量详见表1。现浇及预制钢筋混凝土构件中，ϕ10以内圆钢占30%，ϕ10以上螺纹钢占70%。

6. 门窗型号及数量见表2。

预制钢筋混凝土过梁体积及钢筋含量表　　表1

序　号	型　号	体积（m^3/根）	含量（kg/根）
1	GL10241	0.041	4.50
2	GL15241	0.09	7.37
3	GL10121	0.020	1.85

门　窗　表　　表2

序号	型号	洞口尺寸（mm）	个数
1	M0820	800×2000	1
2	C0906	900×600	1
3	C1215	1200×1500	2
4	C1015	1000×1500	1
5	M1024	1000×2400	1
6	M0920	900×2000	3

7. 散水。80厚C10混凝土，且散水沿墙壁边及转角处设沥青麻丝伸缩缝。

8. 台阶。现浇C10混凝土，长1.5m，宽0.8m。

9. 屋面。在钢筋混凝土板面上做 1：6 水泥炉渣找坡层；20mm 厚 1：2 水泥砂浆找平层（上翻 300mm）；3mm 厚 APP 改性沥青卷材防水层（上卷 300mm）；20mm 厚 1：3 水泥砂浆找平层（上翻 300mm）；40mm 厚 C20 细石混凝土（中砂）刚性防水层。

10. 地面。面层 20mm 厚 1：2.5 水泥砂浆地面压光；垫层为 80mm 厚 C10 素混凝土垫层（中砂），垫层下为素土夯实。

11. 踢脚线。面层为 20mm 厚 1：2.5 水泥砂浆抹面压光，底层为 20mm 厚 1：3 水泥砂浆。踢脚线高度为 120mm。

12. 内墙及顶棚装饰。内墙面及顶棚抹灰均采用 7mm 厚 1：1：4 混合水泥石灰砂浆，面层 5mm 厚 1：0.5：3 水泥石灰砂浆抹灰；满刮普通成品腻子膏两遍，刷立邦乳胶漆三遍（底漆一遍，面漆两遍）。内墙门窗侧面、顶面和窗底面均刷乳胶漆，其乳胶漆计算宽度均按 100mm 计算，并入内墙面乳胶漆项目内。

13. 外墙装饰。外墙贴陶瓷马赛克，其墙门窗侧面、顶面和窗底面门窗侧边宽度按 145mm 计算。

14. 其他。挖土堆放在场内 40m 处，余土机械外运 10km。

二、工程量清单复核要求

根据上述资料，参照施工图及现行计量规范，复核工程量清单表，检查有无计算错误与漏项。

附 1-2 物管办公室工程量清单表

分部分项工程和单价措施项目清单与计价表

工程名称：物管办公室工程　　　　第　页　共　页

序号	项目编码	项目名称	项目特征描述	计量单位	工程量	金额（元）		
						综合单价	合价	其中 暂估价
			土（石）方工程					
1	010101001001	平整场地	1. 土壤类别：三类 2. 取弃土运距：由投标人根据施工现场情况自行考虑	m^2	53.45			
2	010101003001	挖地槽土方	1. 土壤类别：三类 2. 挖土深度：综合 3. 弃土运距：现场内运输堆放距离为 40m、场外运输距离为 10km	m^3	67.05			
3	010103001001	回填土（夯填）	1. 密实度要求：符合规范要求 2. 填方运距：综合	m^3	45.74			
4	010103002001	余方弃置	运距：运输 10km	m^3	20.41			

续表

工程名称：物管办公室工程　　　　　　　　　　　　　　　第　页　共　页

序号	项目编码	项目名称	项目特征描述	计量单位	工程量	金额（元）		
						综合单价	合价	其中 暂估价
			砌筑工程					
5	010401001001	砌砖基	1. 砖品种、规格、强度等级：页岩标砖 MU15 240mm×115mm×53mm 2. 砂浆强度等级：M5水泥砂浆 3. 防潮层种类及厚度：20mm厚1∶2水泥砂浆（防水粉5%）	m^3	27.90			
6	010401003001	实心砖墙	1. 砖品种、规格、强度等级：页岩标砖 MU10 240mm×115mm×53mm 2. 砂浆强度等级、配合比：M5混合砂浆	m^3	37.45			
			混凝土及钢筋混凝土工程					
7	010501001001	砖基础混凝土垫层	1. 混凝土种类：现场搅拌 2. 混凝土强度等级：C10	m^3	4.50			
8	010501001002	地面垫层	1. 混凝土种类：现场搅拌 2. 混凝土强度等级：C10	m^3	43.00			
9	010505003001	现浇混凝土平板	1. 混凝土类别：现场搅拌 2. 混凝土强度等级：C20	m^3	6.41			
10	010503005001	现浇雨篷梁	1. 混凝土类别：现场搅拌 2. 混凝土强度等级：C20	m^3	0.13			
11	010505008001	现浇雨篷	1. 混凝土类别：现场搅拌 2. 混凝土强度等级：C20	m^3	0.072			
12	010507005001	现浇压顶	1. 混凝土类别：现场搅拌 2. 混凝土强度等级：C20	m^3	0.53			
13	010507004001	现浇混凝土台阶	1. 混凝土类别：现场搅拌 2. 混凝土强度等级：C10	m3	0.27			
14	010507001001	散水	1. 垫层材料种类、厚度：C10混凝土、厚20mm 2. 面层厚度：80mm 3. 混凝土强度等级：C10 4. 填塞材料种类：沥青麻丝	m^2	25.65			

续表

工程名称：物管办公室工程　　　　第　页　共　页

序号	项目编码	项目名称	项目特征描述	计量单位	工程量	金额（元）		
						综合单价	合价	其中 暂估价
15	010510002001	预制过梁 GL10241	1. 图代号：GL10241 2. 单件体积：0.041 3. 安装高度：综合 4. 混凝土强度等级：C20 5. 砂浆强度等级、配合比：综合	m^3	0.21			
16	010510002002	预制过梁 GL15241	1. 图代号：GL15241 2. 单件体积：0.09 3. 安装高度：综合 4. 混凝土强度等级：C20 5. 砂浆强度等级、配合比：综合	m^3	0.18			
17	010510002003	预制过梁 GL10241	1. 图代号：GL10121 2. 单件体积：0.020 3. 安装高度：综合 4. 混凝土强度等级：C20 5. 砂浆强度等级、配合比：综合	m^3	0.02			
18	010515001001	现浇构件钢筋（Φ10 以内）	钢筋种类、规格：Ⅰ级Φ6.5、Φ8、Φ10	t	0.15			
19	010515001002	现浇构件钢筋（螺纹）	钢筋种类、规格：Ⅱ级Φ12	t	0.34			
20	010515002001	预制构件钢筋（Φ10 以内）	钢筋种类、规格：Ⅰ级Φ6.5、Φ8、Φ10	t	0.01			
21	010515002002	预制构件钢筋（螺纹）	钢筋种类、规格：Ⅱ级Φ12	t	0.03			
			屋面及防水工程					
22	010902001001	APP 卷材屋面	1. 卷材品种、规格：APP 防水卷材、厚 3mm 2. 防水层做法：详见西南地区建筑标准设计通用图集	m^2	52.65			
23	010902003001	刚性防水	1. 刚性层厚度：刚性防水层 40mm 厚 2. 混凝土种类：细石混凝土 3. 混凝土强度等级：C20	m^2	46.39			
24	011101006001	屋面找平层	找平层厚度、配合比：20mm 厚 1∶2 水泥砂浆，20mm 厚 1∶3 水泥砂浆	m^2	52.65			

续表

工程名称：物管办公室工程　　　　第　页　共　页

序号	项目编码	项目名称	项目特征描述	计量单位	工程量	金额（元）		
						综合单价	合价	其中 暂估价
防腐、隔热、保温工程								
25	011001001001	屋面保温层	1. 部位：屋面 2. 材料品种及厚度：水泥炉渣1∶6、找坡2%、最薄处60mm	m^2	46.39			
楼地面工程								
26	011101002001	水泥砂浆楼地面	面层厚度、砂浆配合比：20mm厚1∶2.5水泥砂浆	m^2	43.32			
27	011105001001	水泥砂浆踢脚线	1. 踢脚线高度：120mm 2. 底层厚度、砂浆配合比：20mm厚1∶3水泥砂浆 3. 面层厚度、砂浆配合比：6mm厚1∶2水泥砂浆	m^2	6.01			
墙、柱面工程								
28	011201001001	墙面一般抹灰	1. 墙体类型：砖墙 2. 底层厚度、砂浆配合比：素水泥砂浆一遍，15mm厚1∶1∶6水泥石灰砂浆 3. 面层厚度、砂浆配合比：5mm厚1∶0.5∶3水泥石灰砂浆	m^2	179.24			
29	011201001002	女儿墙内侧抹灰	1. 墙体类型：砖墙 2. 底层厚度、砂浆配合比：素水泥砂浆一遍，15mm厚1∶1∶6水泥石灰砂浆 3. 面层厚度、砂浆配合比：5mm厚1∶0.5∶3水泥石灰砂浆	m^2	30.72			
30	011204003001	墙面陶瓷马赛克	1. 墙体类型：砖外墙 2. 粘结层厚度、材料种类：8mm厚1∶2水泥砂浆 3. 面层材料品种、规格、颜色：100mm×100mm白色玻璃马赛克、厚5mm 4. 缝宽、嵌缝材料种类：灰缝宽6mm白水泥勾缝	m^2	128.94			

续表

工程名称：物管办公室工程　　　　第　页　共　页

序号	项目编码	项目名称	项目特征描述	计量单位	工程量	金额（元）		
						综合单价	合价	其中 暂估价
31	011206002001	零星陶瓷马赛克	1. 墙体类型：砖外墙 2. 粘结层厚度、材料种类：8mm厚1∶2水泥砂浆 3. 面层材料品种、规格、颜色：100mm×100mm白色玻璃马赛克、厚5mm	m^2	3.67			
			顶棚工程					
32	011301001001	天棚抹灰	1. 基层类型：混凝土板底 2. 抹灰厚度、材料种类：12mm厚水泥石灰砂浆 3. 砂浆配合比：7mm厚1∶1∶4水泥石灰砂浆，5mm厚1∶0.5∶3水泥砂浆	m^2	43.00			
33	011301001002	雨篷天棚抹灰	1. 基层类型：雨篷板底 2. 抹灰厚度、材料种类：12mm厚水泥石灰砂浆 3. 砂浆配合比：7mm厚1∶1∶4水泥石灰砂浆，5mm厚1∶0.5∶3水泥砂浆	m^2	1.20			
			门窗工程					
34	010806001001	中悬固定木窗	1. 窗类型及代号：中悬固定木窗 2. 玻璃品种、厚度：玻璃5mm 3. 五金材料：拉手、内撑	m^2	0.54			
35	010806001002	单层玻璃木窗	1. 窗类型及代号：单层玻璃木窗 2. 玻璃品种、厚度：玻璃5mm 3. 五金材料：拉手、内撑	m^2	5.10			
36	010801001001	镶板百叶木门	1. 门类型及代号：镶板百叶木门 2. 五金：包括合页、锁	m^2	1.60			
37	010801001002	单层镶板木门	1. 门类型及代号：单层镶板木门 2. 五金：包括合页、锁	m^2	7.80			

续表

工程名称：物管办公室工程　　第　页　共　页

序号	项目编码	项目名称	项目特征描述	计量单位	工程量	金额（元）		
						综合单价	合价	其中 暂估价
油漆、涂料、裱糊工程								
38	011406001001	墙抹灰面乳胶漆	1. 基层类型：抹灰面 2. 腻子种类：普通成品腻子膏 3. 刮腻子遍数：两遍 4. 油漆品种、刷漆遍数：立邦乳胶漆，底漆一遍、面漆两遍	m^2	182.18			
39	011406001002	顶棚抹灰面乳胶漆	1. 基层类型：抹灰面 2. 腻子种类：普通成品腻子膏 3. 刮腻子遍数：两遍 4. 油漆品种、刷漆遍数：立邦乳胶漆，底漆一遍、面漆两遍	m^2	43.00			
措施项目								
40	011701001001	综合脚手架	1. 建筑结构形式：砖混结构 2. 檐口高度：3.6m	m^2	53.45			
41	011702006001	现浇雨篷梁模板	支撑高度：综合	m^2	1.35			
42	011702016001	现浇板模板	支撑高度：综合	m^2	56.99			
43	011702023001	现浇雨篷模板	1. 构件类型：雨篷 2. 板厚度：60mm	m^2	1.39			
44	011702028001	现浇压顶模板	构件类型：压顶	m^2	5.18			
45	011702027001	现浇台阶模板	台阶踏步宽：1.5m	m^2	1.20			
46	011703001001	垂直运输	1. 建筑物建筑类型及结构形式：砖混结构 2. 建筑物檐口高度、层数：3.6m、一层	m^2	53.45			

附 1-3 物管办公室施工图

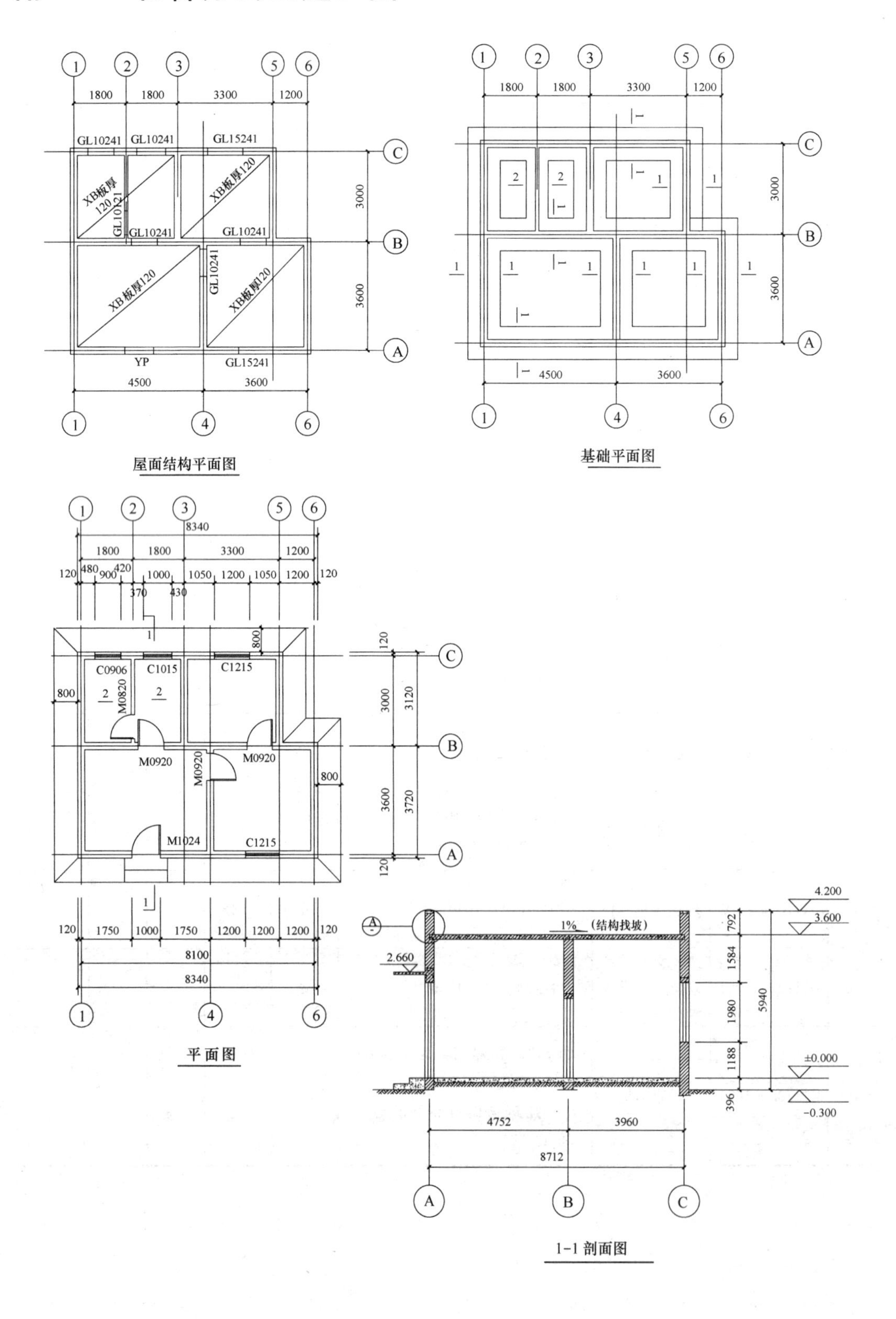

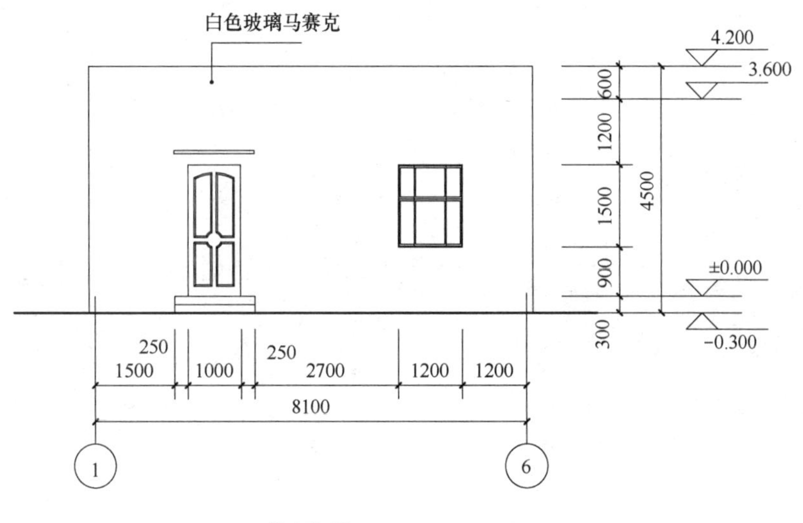

立 面 图

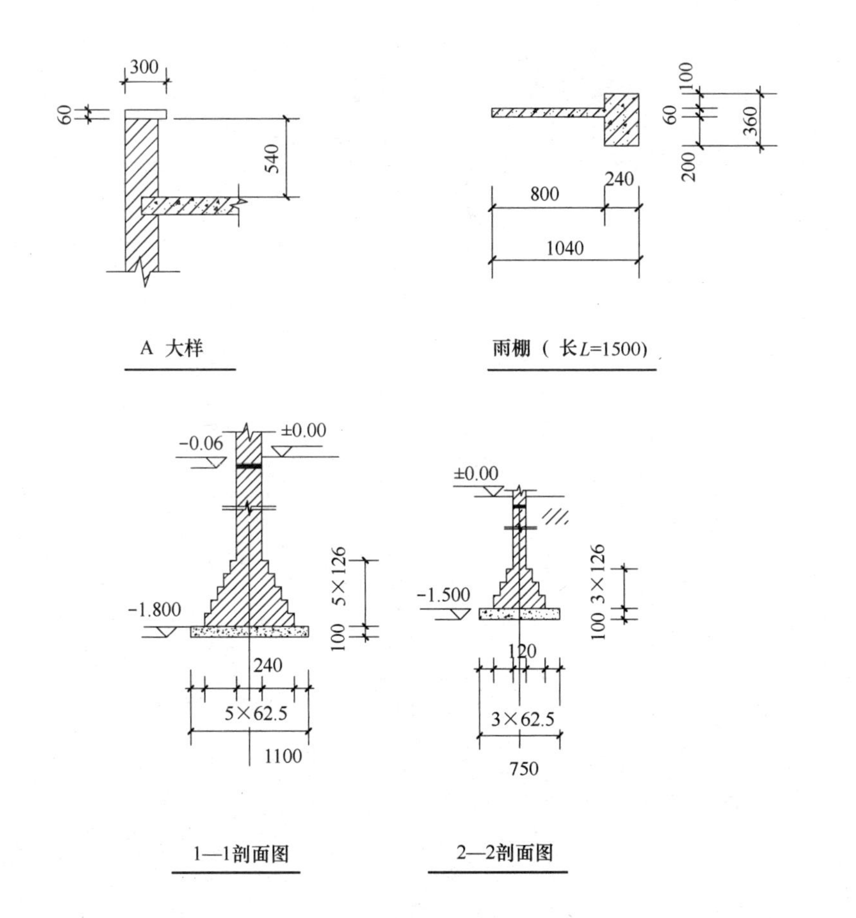

A 大样

雨棚（长L=1500）

1—1剖面图

2—2剖面图

附录2　办公楼招标投标文件编制
（砖混结构课程设计）

附2-1　办公楼设计说明及计价说明

一、土建工程说明

1. 本工程为砖混结构内廊式4层楼房。设计标高±0.000m，室外标高−0.300m。

2. 基础为C10混凝土垫层（中砂），M 7.5水泥砂浆砖基础，C20钢筋混凝土圈梁（中砂）。

3. 底层M7.5混合砂浆砌内外墙，楼层M5混合砂浆砌内外墙。零星砌砖采用M5混合砂浆。

4. 现浇构件除图注明外，均为C20混凝土（中砂）；楼板、屋面板均为120mm厚，预制构件为C20混凝土。

5. 散水为80mm厚C15混凝土，每隔6m设玛瑺脂伸缩缝。

6. 屋面。现浇钢筋混凝土屋面板上铺1∶6水泥炉渣找坡，$i=3\%$，最薄处30mm厚，20mm厚1∶2.5水泥砂浆找平层，刷冷底子油一道，APP改性沥青卷材防水层，20mm厚1∶2.5水泥砂浆保护层，240mm×120mm×240mm（长×宽×高）砖墩，上铺590mm×590mm×30mm钢筋混凝土隔热板。φ110塑料水落管，配相应落水口及弯头。

二、装饰装修工程说明

1. 楼地面。底层厕所：C10混凝土垫层80mm厚（找坡），焦油聚氨酯防水层2mm厚，20mm厚水泥砂浆粘合层，300mm×300mm×8mm防滑地砖；楼层厕所：25mm厚1∶2.5水泥砂浆找坡层，上层作法同前。其他房间、过道地面：底层为C10混凝土垫层80mm厚，水泥浆结合层一道，20mm厚水泥砂浆粘合层，600mm×600mm×10mm地砖；楼面为25mm厚1∶2.5水泥砂浆找平层，上层作法同前。楼梯贴地砖。地砖踢脚线高120mm。

2. 外墙面及挑檐、阳台、窗台线、花台、花池贴外墙面砖。

3. 内墙装饰。厕所内墙贴瓷砖2.60m高。其余内墙面做法：普通水泥砂浆抹灰，满刮腻子两遍，乳胶漆底漆一遍、面漆两遍。

4. 天棚。厕所天棚采用铝合金方板龙骨，面层为铝合金方板500mm×500mm。其余天棚做法：混合砂浆板底抹灰，刷乳胶漆（做法同墙面）。

5. 油漆。木作油漆：满刮透明腻子一遍，聚氨酯清漆四遍。楼梯、阳台栏杆见楼梯、阳台详图。刷防锈漆一道，调合漆两道。

6. 门窗。M—1、M—5采用双扇带上亮铝合金地弹门100系列。其余为木门，M—2为带亮镶板木门（X—0924，框断面42mm×95mm）。M—3、M—4为带亮半百叶木门（框断面54cm² 内）。C—3采用平开塑钢窗60系列，其余采用塑钢推拉窗70系列。厕所防潮板隔断，并在隔断上安小门。

三、现场情况及施工条件

1. 本工程位于市区甲方单位内。交通便利，所用一切建材均可直接运入现场。

2. 施工用水和电都可从单位现有水管和电网中接用。

3. 现场地势较平坦，土质属坚土，常年地下水位在地面1.5m以下。

四、工程量清单及计价编制说明

本工程工程量清单及计价按《房屋建筑与装饰工程工程量清单计算规范》GB 50854—2013、《建设工程工程量清单计价规范》GB 50500—2013执行。其相应工程计价表格严格按规范要求编制。由于编制招标文件或编制投标文件要求的表格有一定的差异，且表格数量较多，在此不一一列举。对于清单项目的组价构成方法，本书已有阐述，读者应根据相关要求及地方定额或企业定额进行组价。下表示范性地给出了本工程“分部分项工程和措施项目计价表”中主要项目的项目编码、项目名称及计量单位，供读者参考。

分部分项工程和单价措施项目清单与计价表

工程名称：办公楼 房屋建筑与装饰工程　　　　　　标段：

序号	项目编码	项目名称	计量单位	工程量	金额（元）		
					综合单价	合价	其中 暂估价
	01	房屋建筑与装饰工程					
	0101	土石方工程					
1	010101001001	平整场地	m²				
2	010101003001	挖沟槽土方	m³				
3	010103001001	回填方	m³				
4	010103002001	余方弃置	m³				
		……					
		分部小计					
	0104	砌筑工程					
5	010401001001	砖基础	m³				
6	010401003001	实心砖墙	m³				
7	010401012001	零星砌砖	m³				
8	010404001001	垫层	m³				
		……					
		分部小计					
	0105	混凝土及钢筋混凝土工程					

续表

工程名称：办公楼 房屋建筑与装饰工程　　　　标段：

序号	项目编码	项目名称	计量单位	工程量	金额（元）		
					综合单价	合价	其中 暂估价
9	010503004001	圈梁	m^3				
10	010503005001	过梁	m^3				
11	010505001001	有梁板	m^3				
12	010505003001	平板	m^3				
13	010505003002	屋面架空隔热板	m^3				
14	010505007001	挑檐板	m^3				
15	010506001001	直形楼梯	m^2				
16	010507001001	散水	m^2				
17	010507001002	楼地面垫层	m^2				
18	010507004001	台阶	m^2				
19	010515001001	现浇构件钢筋	t				
20	010515001002	砌体钢筋	t				
21	010515002001	预制构件钢筋	t				
22	010516002001	预埋铁件	t				
		……					
		分部小计					
	0108	门窗工程					
23	010801001001	木质镶板门	m^2				
24	010801001002	木质胶合板门	m^2				
25	010801001003	半百叶木门	m^2				
26	010802001001	铝合金地弹门	m^2				
27	010807001001	塑钢窗	m^2				
		……					
		分部小计					
	0109	屋面及防水工程					
28	010902001001	屋面卷材防水	m^2				
29	010902004001	屋面排水管	m				
30	010904002001	楼（地）面涂膜防水	m^2				
		……					
		分部小计					
	0110	保温、隔热、防腐工程					
31	011001001001	保温隔热屋面	m^2				
		……					
		分部小计					

续表

工程名称：办公楼 房屋建筑与装饰工程　　标段：

序号	项目编码	项目名称	计量单位	工程量	金额（元）		
					综合单价	合价	其中 暂估价
	0111	楼地面装饰工程					
32	011102003001	卫生间防滑地砖楼地面	m^2				
33	011102003002	地砖楼地面	m^2				
34	011105003001	地砖踢脚线	m^2				
35	011106002001	地砖楼梯面层	m^2				
36	011107002001	地砖台阶面	m^2				
		……					
		分部小计					
	0112	墙、柱面装饰与隔断、幕墙工程					
37	011201001001	墙面一般抹灰	m^2				
38	011204003001	卫生间瓷砖墙面	m^2				
39	011204003002	外墙面砖墙面	m^2				
40	011206002001	卫生间瓷砖零星项目	m^2				
41	011206002002	外墙面砖零星项目	m^2				
42	011210005001	卫生间隔断	m^2				
		……					
		分部小计					
	0113	天棚工程					
43	011301001001	天棚抹灰	m^2				
44	011302001001	吊顶天棚	m^2				
		……					
		分部小计					
	0114	油漆、涂料、裱糊工程					
45	011401001001	木门油漆	m^2				
46	011407001001	墙面喷刷涂料（内墙面、顶棚）	m^2				
		……					
		分部小计					
	0115	其他装饰工程					
47	011503001001	金属扶手、栏杆、栏板	m				
		……					
		分部小计					
	0117	措施项目					
48	011701001001	综合脚手架	m^2				
		……					
		分部小计					
		合计					

附 2-2 办公楼建筑施工图

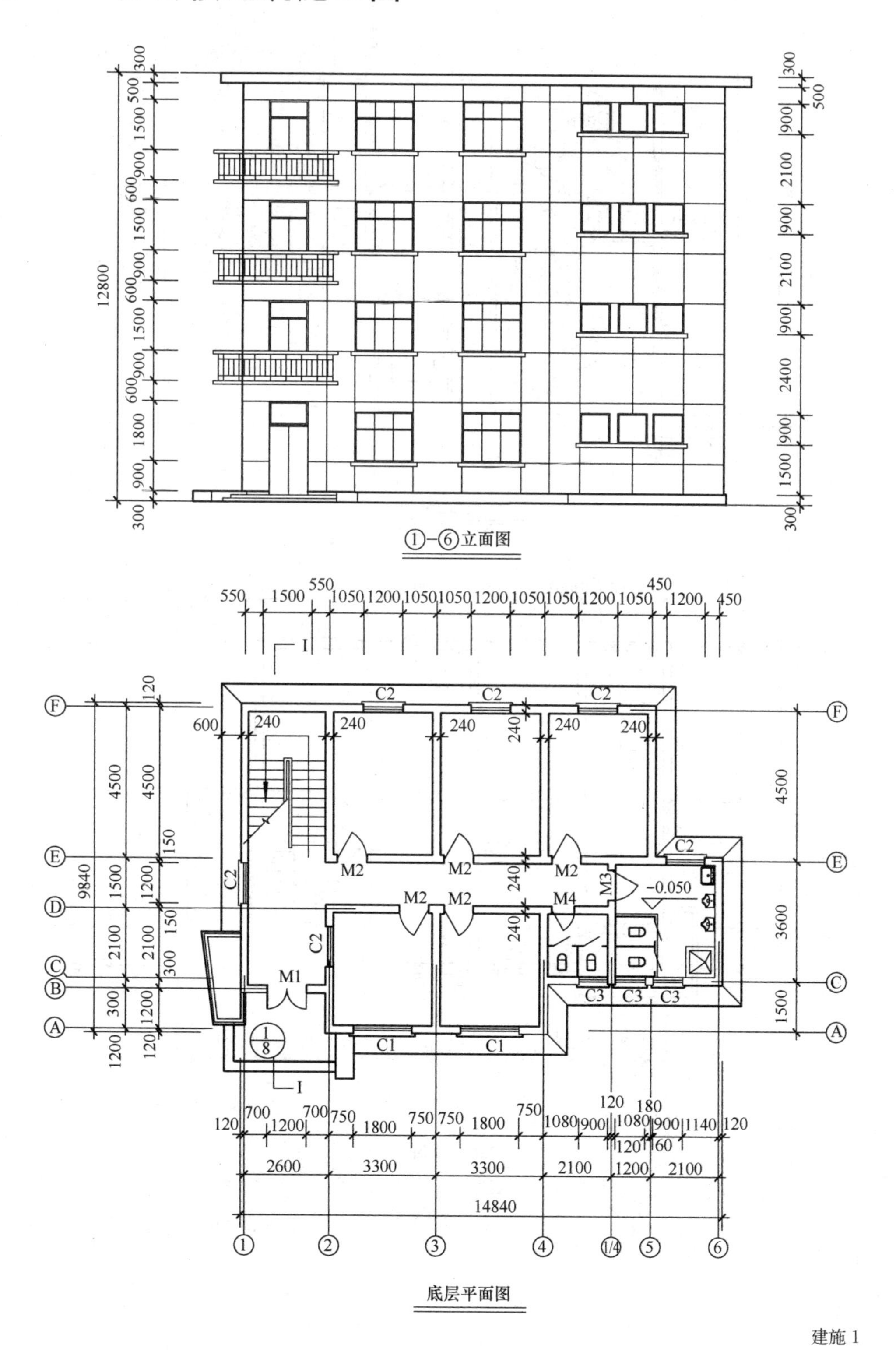

建施 1

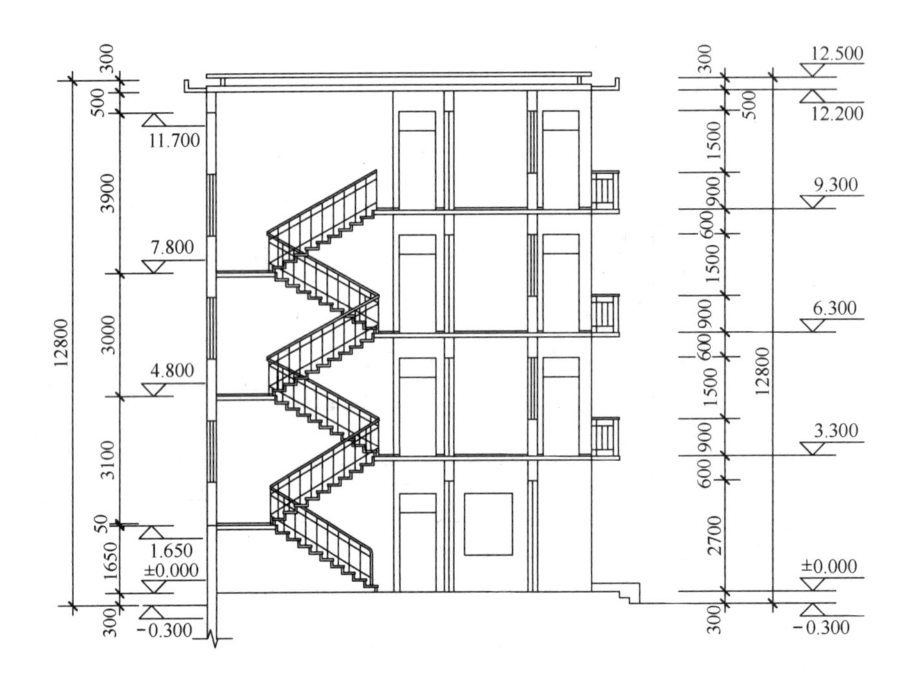

I-I 剖面图

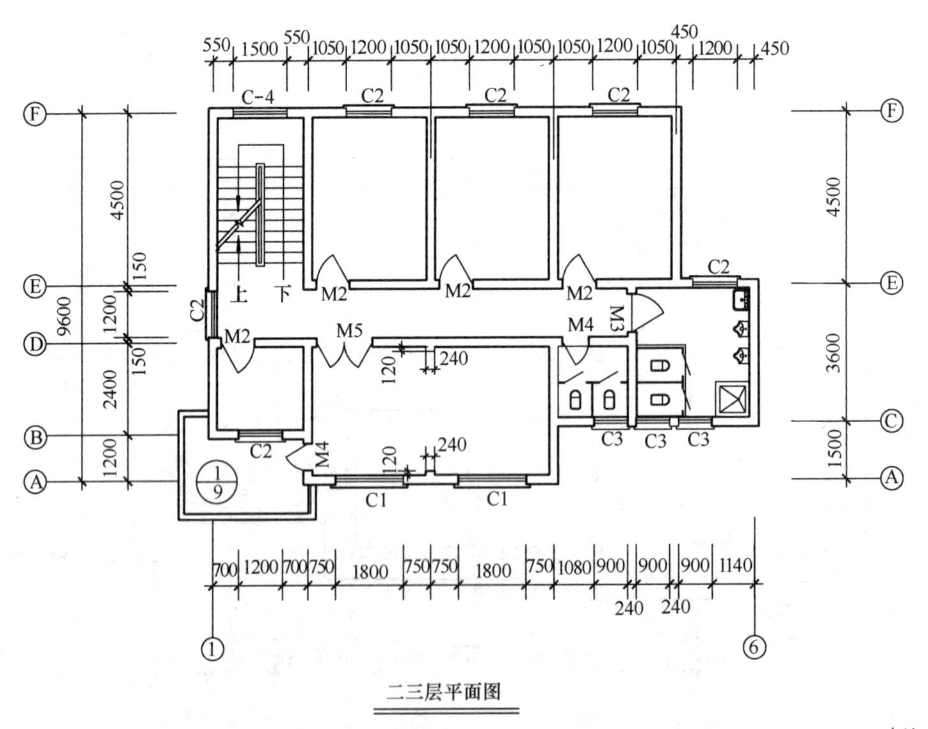

二三层平面图

建施 2

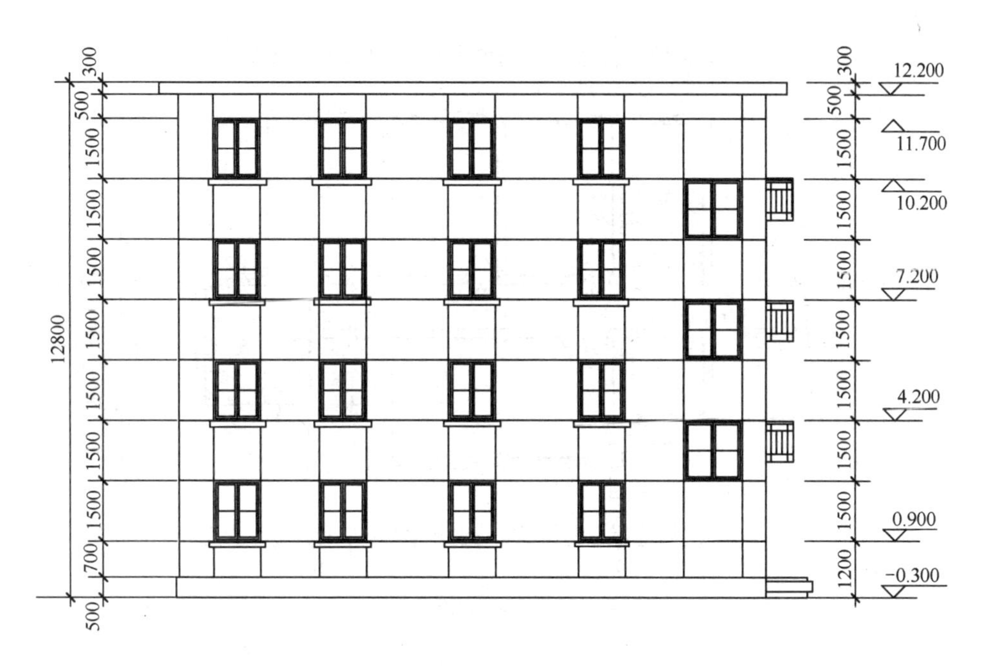
12800
300
500
1500
1500
1500
1500
1500
1500
1500
700
500
1200
12.200
11.700
10.200
7.200
4.200
0.900
−0.300

⑥—① 立面图

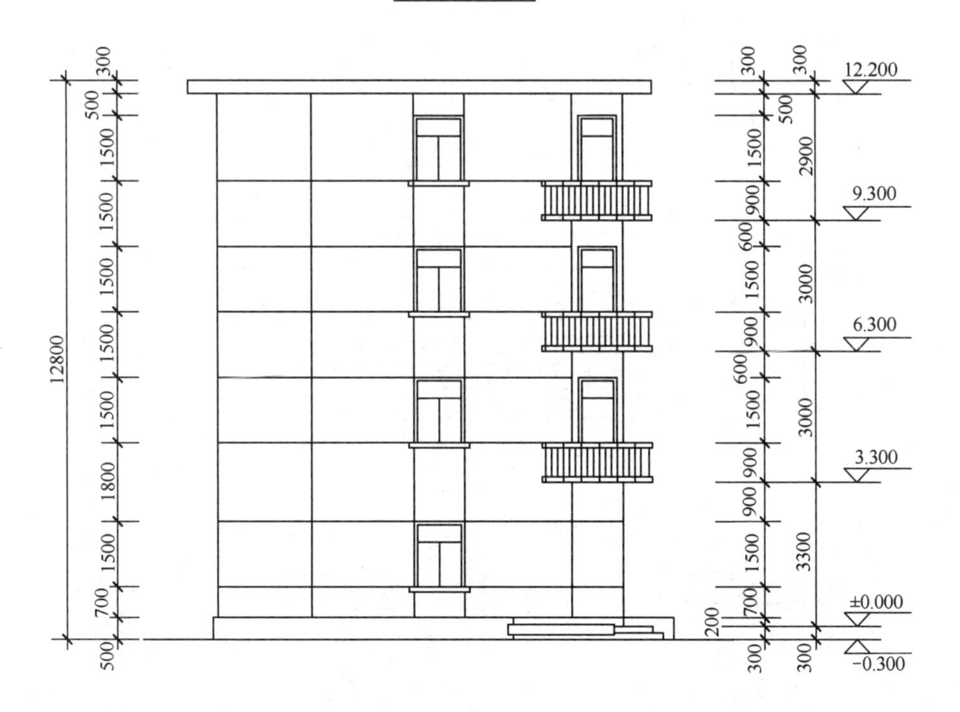
12800
300
500
1500
1500
1500
1500
1500
1800
1500
700
500
900
600
200
2900
3000
3000
3300
12.200
9.300
6.300
3.300
±0.000
−0.300

Ⓕ—Ⓐ 立面图

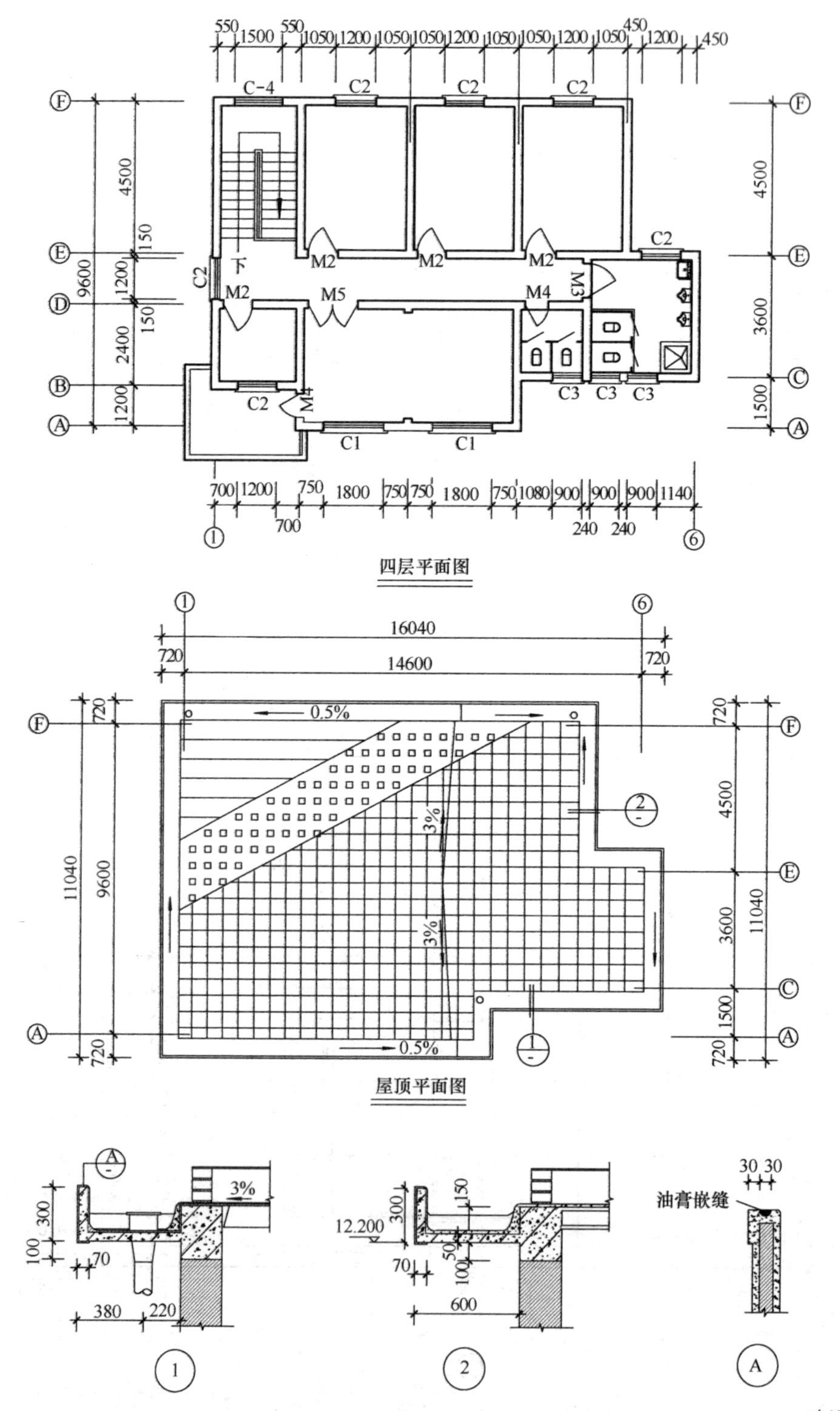
四层平面图
屋顶平面图
16040
14600
720
11040
9600
4500
3600
1500
0.5%
3%
油膏嵌缝
12.200
建施 4

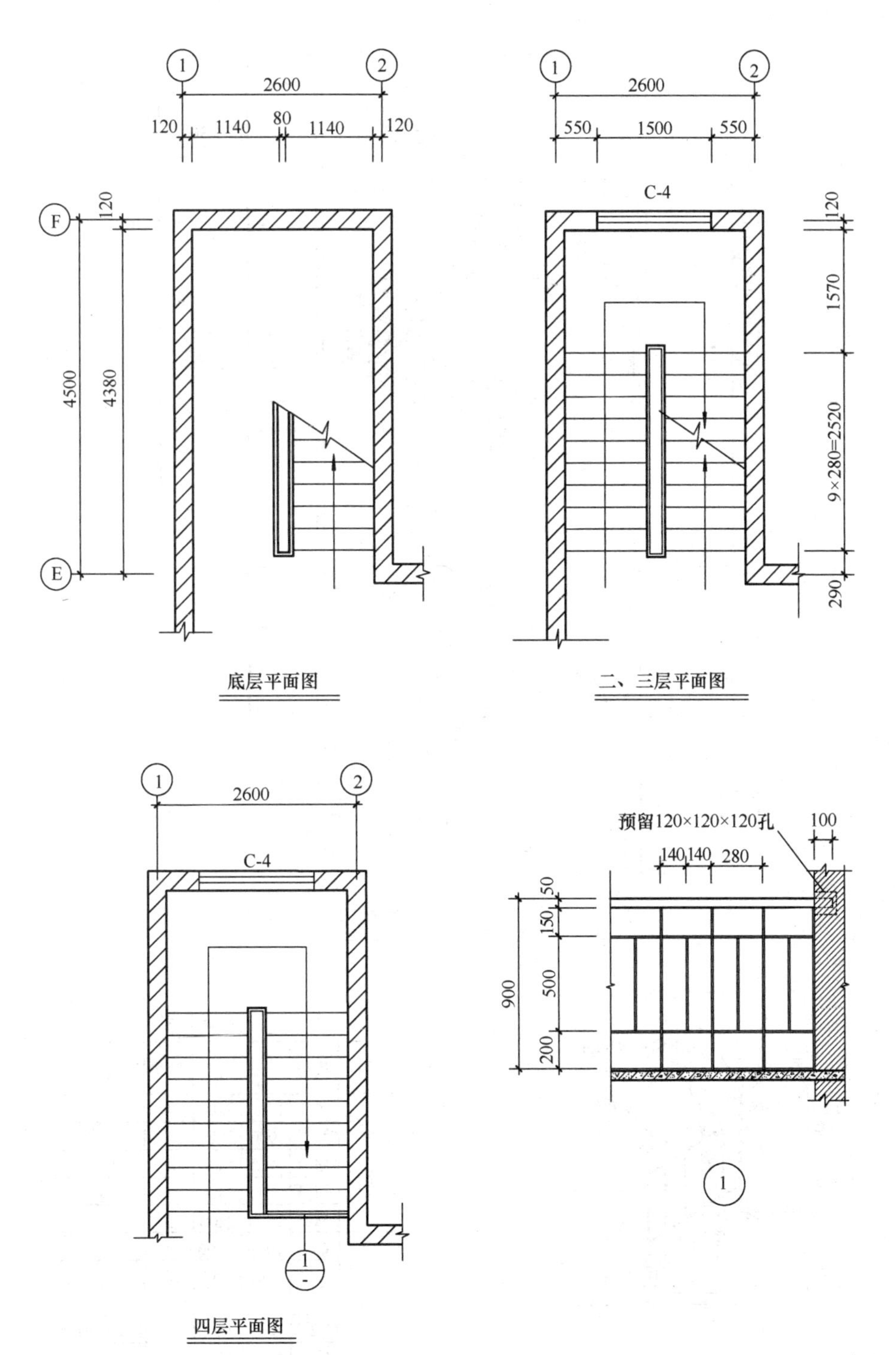
1
2
2600
120
1140
80
1140
120
550
1500
550
C-4
F
E
4500
4380
1570
9×280=2520
290
底层平面图
二、三层平面图
四层平面图
预留120×120×120孔
100
140
140
280
50
150
500
200
900

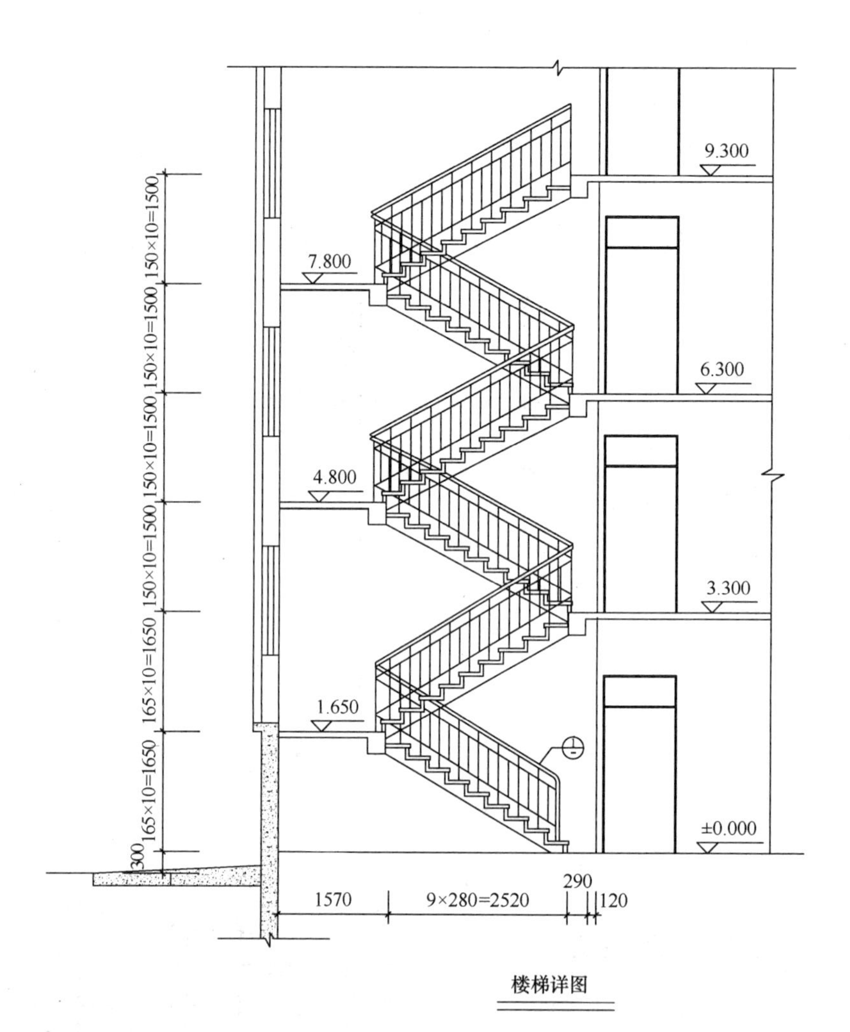

楼梯详图

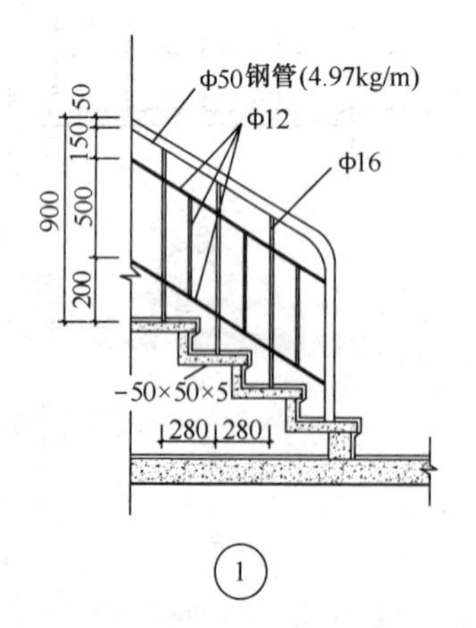

门窗明细表

名称	代号	洞口尺寸		数量	备注
		宽	高		
门	M-1	1500	2700	1	
	M-2	900	2400	17	
	M-3	900	2400	4	
	M-4	700	2400	7	
	M-5	1500	2400	3	
窗	C-1	1800	1500	8	
	C-2	1200	1500	23	
	C-3	900	900	12	
	C-2改	1200	1500	1	C-2改内开
	C-4	1500	1500	3	

建施 6

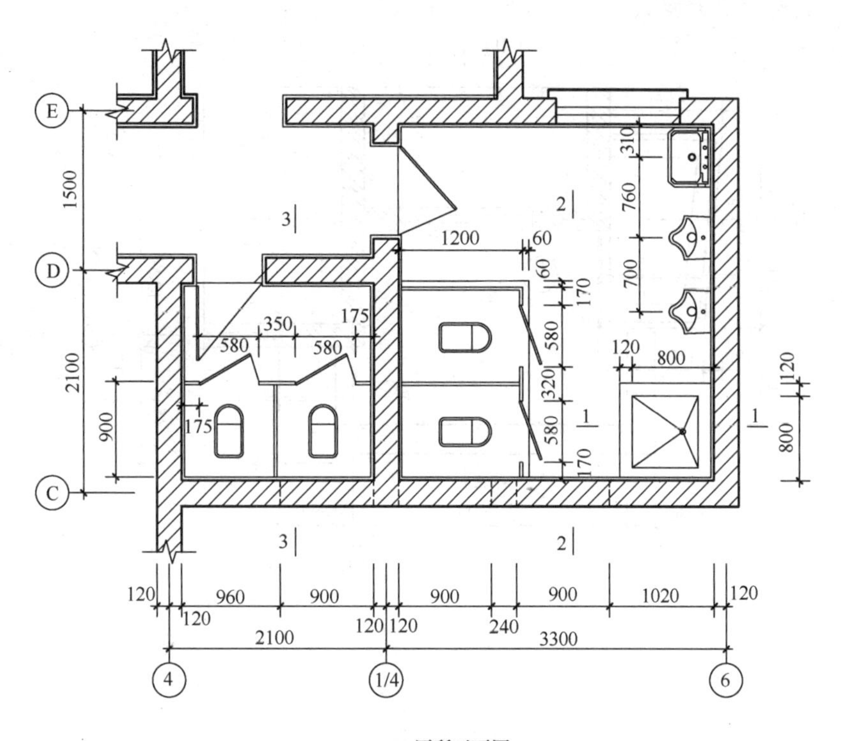
E
D
C
1500
2100
900
3
2
1200
60
310
760
700
350
175
580
580
170
580
320
580
170
120
800
175
1
120
800
120
960
900
900
900
1020
120
120
120
120
240
2100
3300
4
1/4
6

厕所平面图

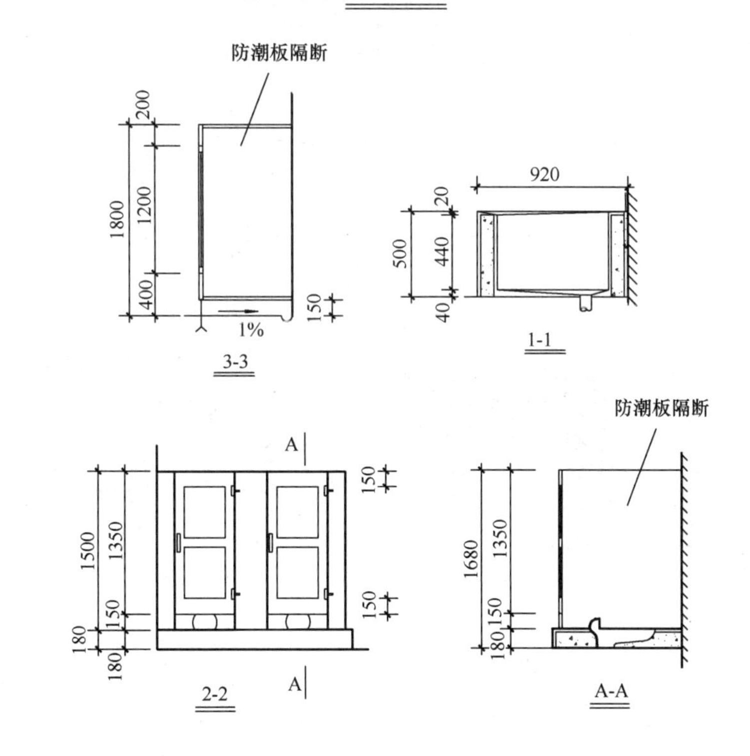
防潮板隔断
200
1800
1200
400
150
1%
3-3
920
20
500
440
40
1-1
A
1500
1350
150
180
180
150
150
2-2
防潮板隔断
1680
1350
150
180
A-A

建施 7

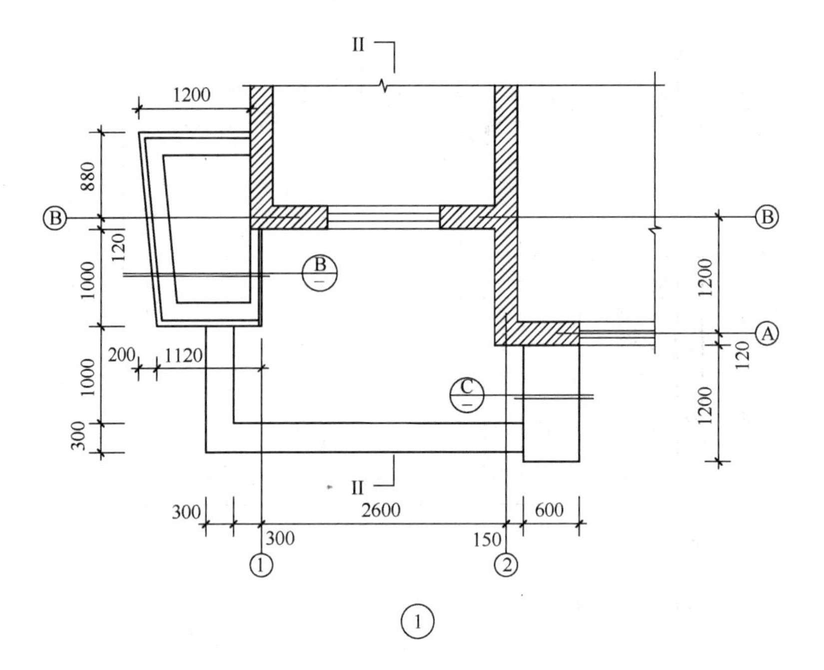
II
1200
880
120
1000
1000
300
200
1120
1200
120
1200
300
2600
600
300
150
1
2
1

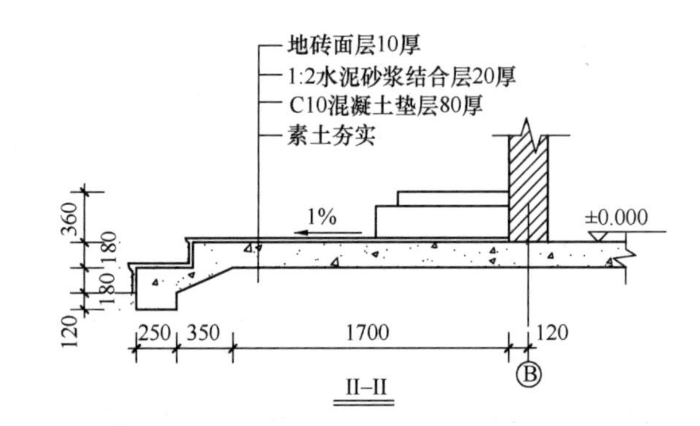
地砖面层10厚
1:2水泥砂浆结合层20厚
C10混凝土垫层80厚
素土夯实
1%
±0.000
360
180
180
120
250
350
1700
120
II–II

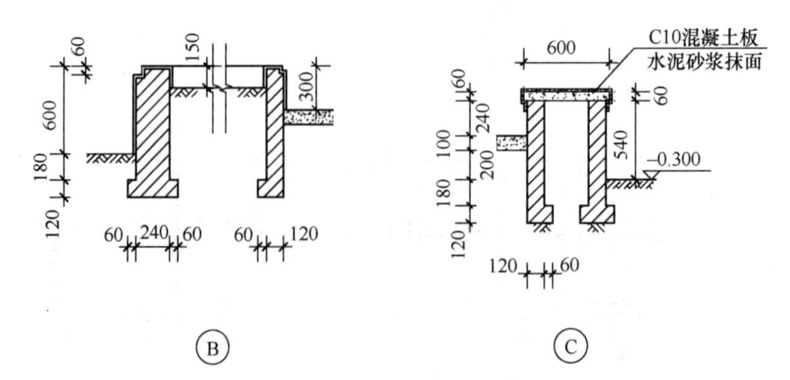
C10混凝土板
水泥砂浆抹面
600
60
540
-0.300
240
100
200
180
120
60
150
300
600
60
240
60
60
120

建施 8

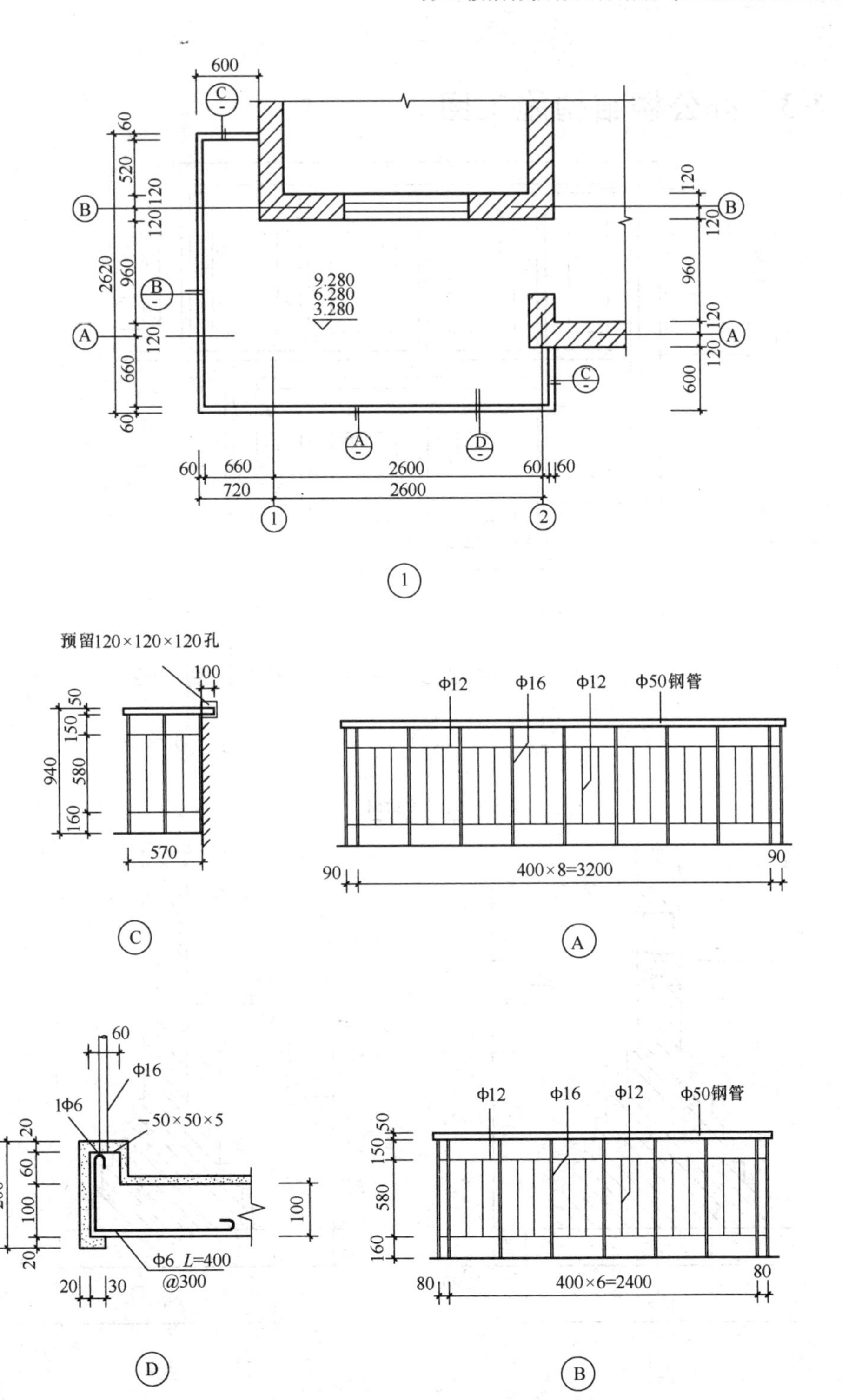
600
9.280
6.280
3.280
2620
60
520
120
120
960
120
660
60
60
660
2600
60
60
720
2600
1
2
预留120×120×120孔
100
50
150
940
580
160
570
Φ12
Φ16
Φ12
Φ50钢管
90
400×8=3200
90
C
A
60
Φ16
1Φ6
−50×50×5
20
60
200
100
20
100
Φ6 L=400
@300
20
30
Φ12
Φ16
Φ12
Φ50钢管
50
150
580
160
80
400×6=2400
80
D
B

附 2-3 办公楼结构施工图

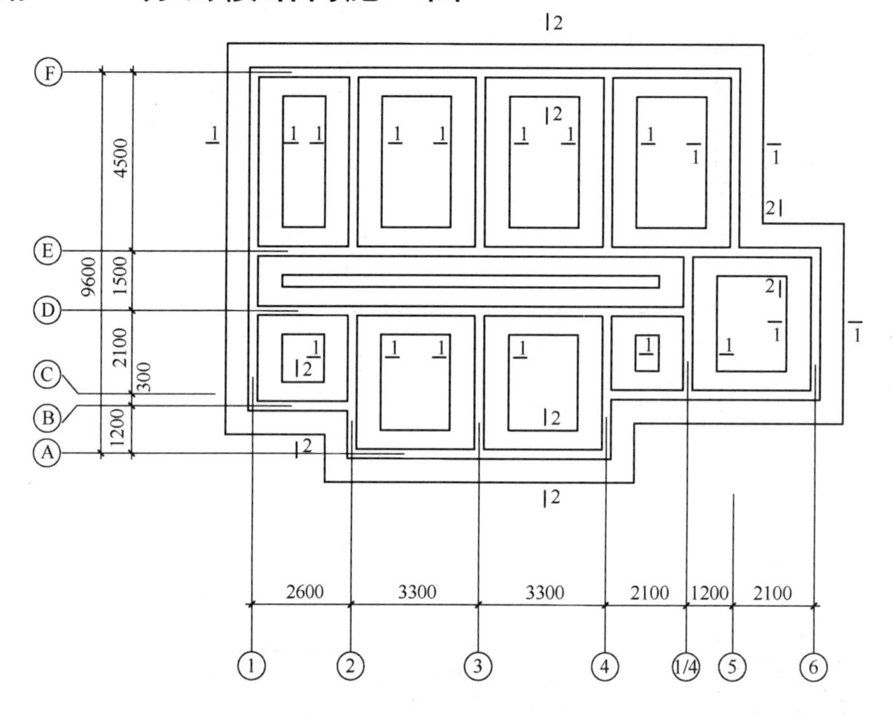

基础平面图

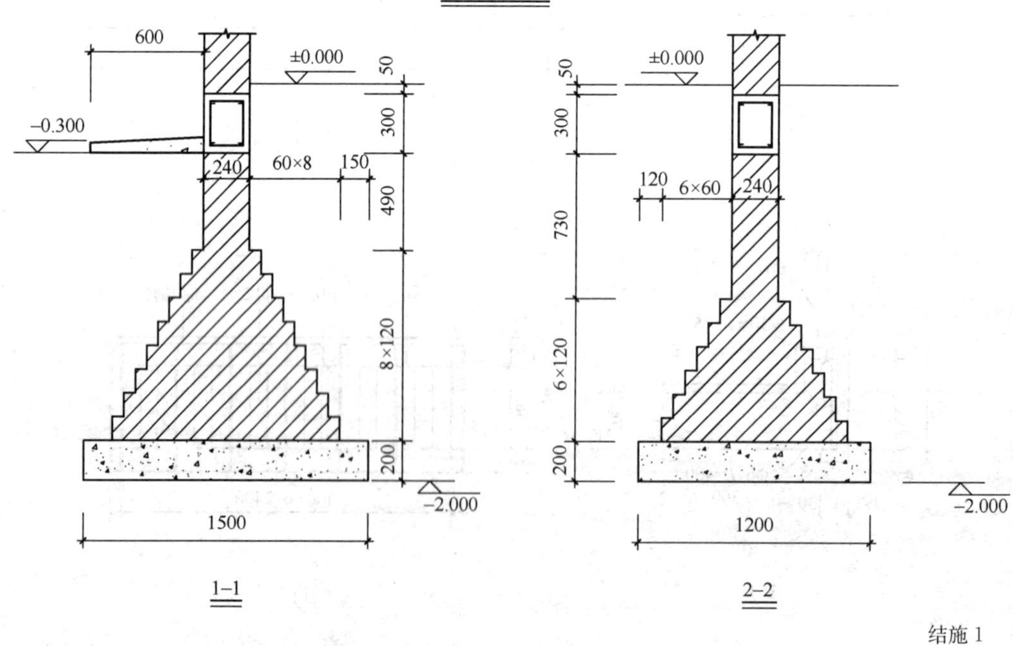

1-1

2-2

结施 1

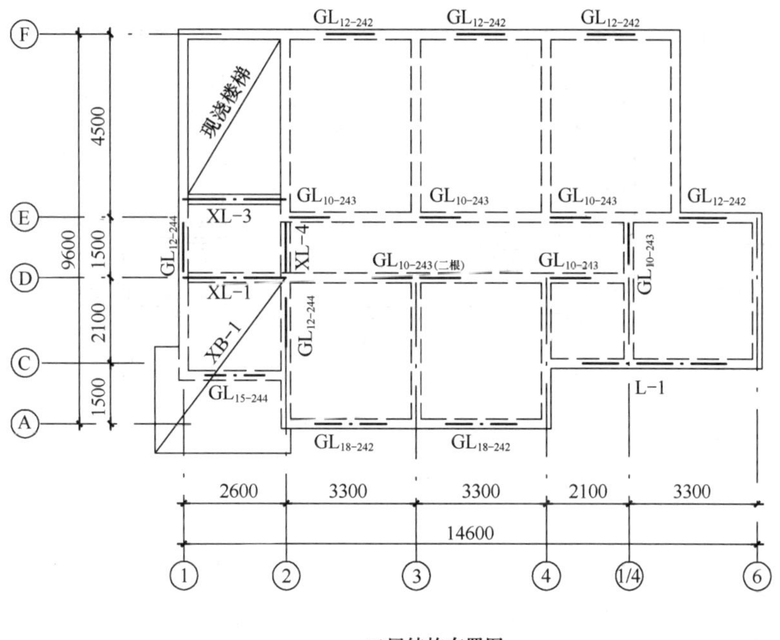

二层结构布置图

h=120

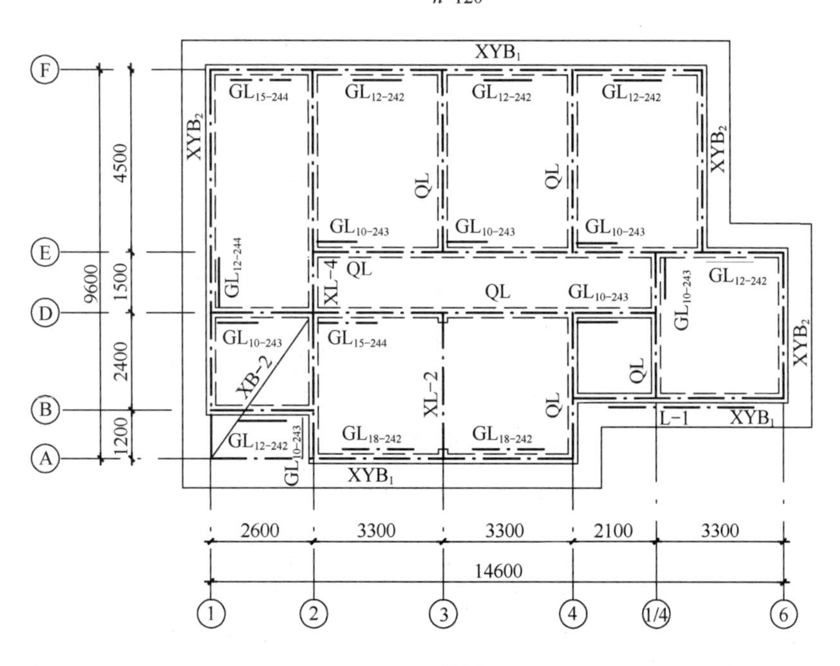

注：各层结构平面布置图主要练习梁、板混凝土工程量的计算，现浇板配筋未标注。

屋顶结构布置图

h=120

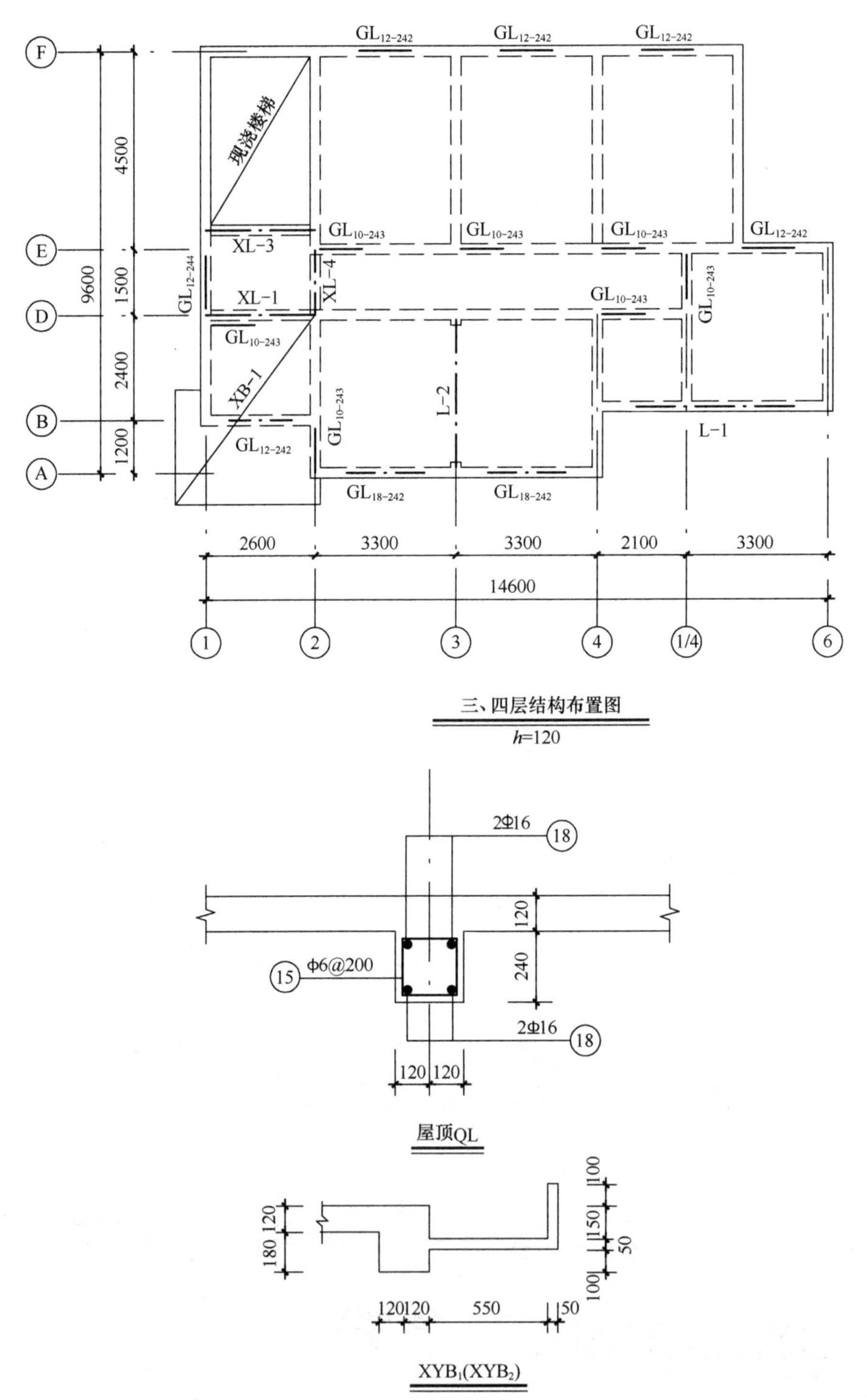

F
E
D
B
A
4500
1500
2400
1200
9600
现浇楼梯
GL12-242
GL12-242
GL12-242
GL12-242
GL10-243
GL10-243
GL10-243
GL10-243
GL10-243
GL10-243
GL10-243
XL-3
XL-1
XL-4
GL12-244
XB-1
L-2
L-1
GL12-242
GL18-242
GL18-242
2600
3300
3300
2100
3300
14600
1
2
3
4
1/4
6
三、四层结构布置图
h=120
2Φ16
18
120
240
Φ6@200
15
120
120
屋顶QL
120
180
100
150
50
100
120
120
550
50
XYB1(XYB2)

结施 3

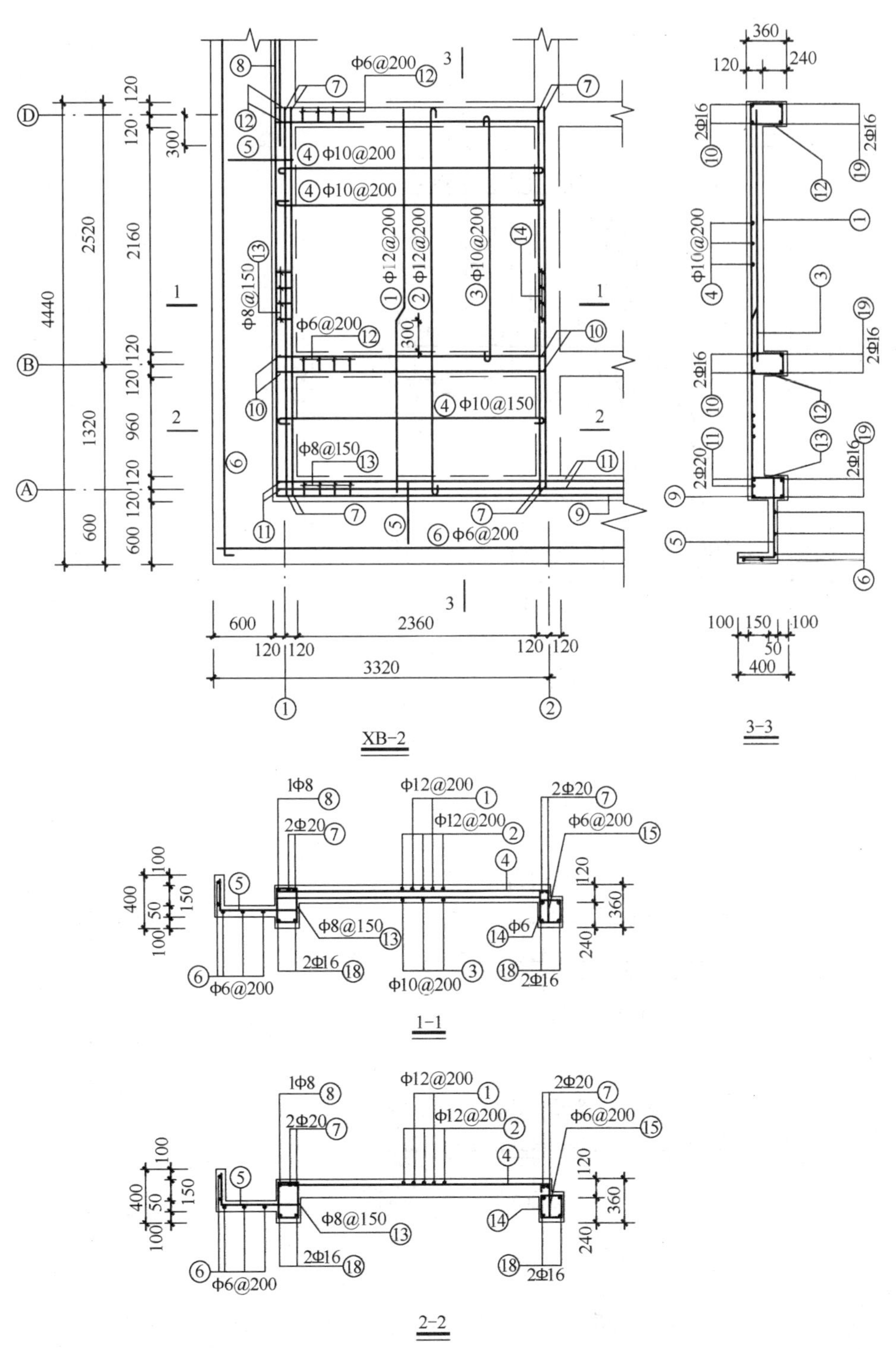
XB-2
3-3
1-1
2-2

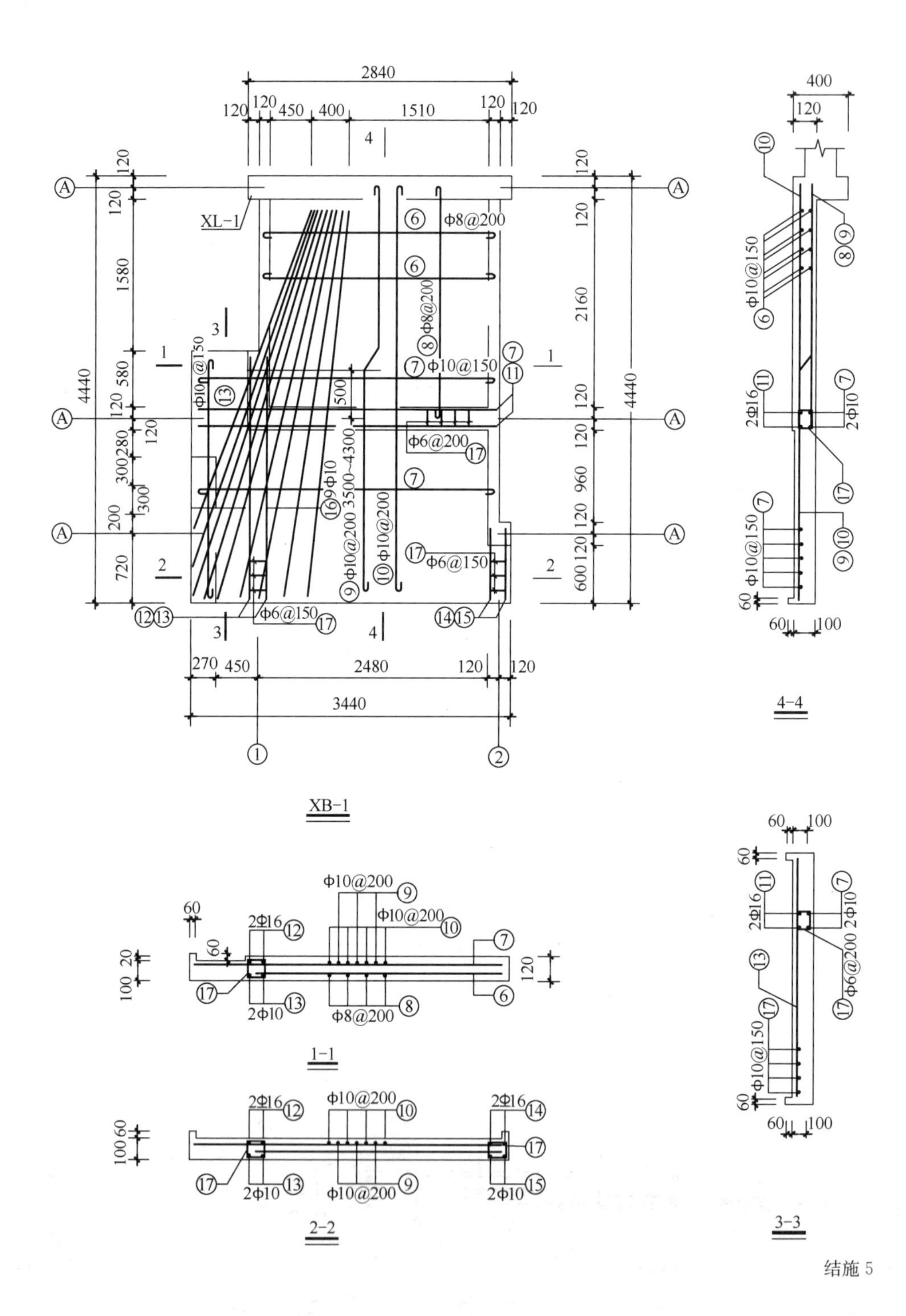
XB-1
1-1
2-2
3-3
4-4

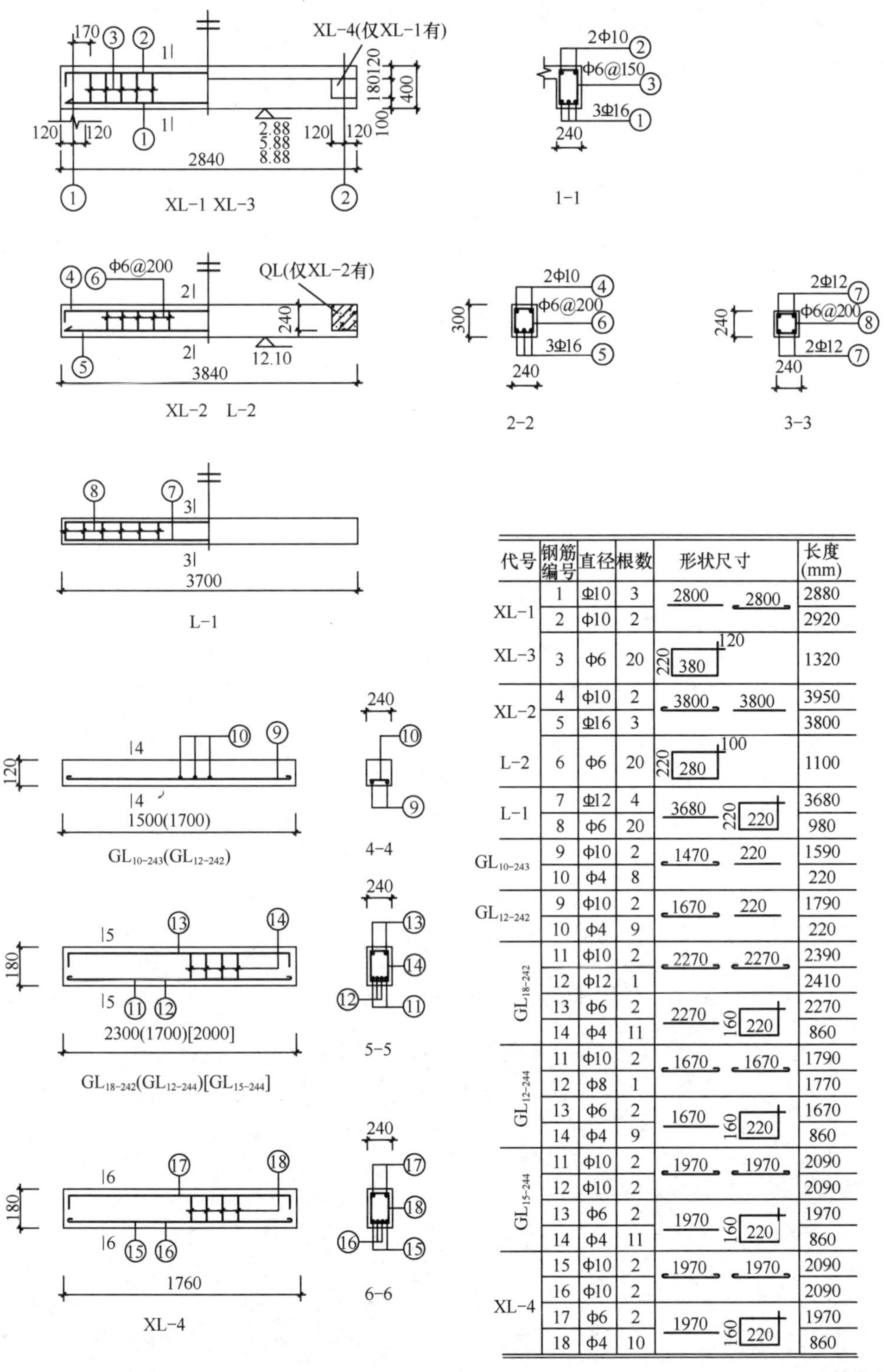

代号	钢筋编号	直径	根数	形状尺寸	长度(mm)
XL-1	1	Φ10	3	2800 2800	2880
	2	φ10	2		2920
XL-3	3	φ6	20	220 380 120	1320
XL-2	4	φ10	2	3800 3800	3950
	5	Φ16	3		3800
L-2	6	φ6	20	220 280 100	1100
L-1	7	Φ12	4	3680 220 220	3680
	8	φ6	20		980
GL_{10-243}	9	φ10	2	1470 220	1590
	10	φ4	8		220
GL_{12-242}	9	φ10	2	1670 220	1790
	10	φ4	9		220
GL_{18-242}	11	φ10	2	2270 2270	2390
	12	φ12	1		2410
	13	φ6	2	2270 160 220	2270
	14	φ4	11		860
GL_{12-244}	11	φ10	2	1670 1670	1790
	12	φ8	1		1770
	13	φ6	2	1670 160 220	1670
	14	φ4	9		860
GL_{15-244}	11	φ10	2	1970 1970	2090
	12	φ10	2		2090
	13	φ6	2	1970 160 220	1970
	14	φ4	11		860
XL-4	15	φ10	2	1970 1970	2090
	16	φ10	2		2090
	17	φ6	2	1970 160 220	1970
	18	φ4	10		860

结施 6

附录3　综合楼招标投标文件编制（框架结构课程设计）

附3-1　综合楼设计说明及计价说明

一、工程说明

1. 本综合楼为四层钢筋混凝土框架结构。设计标高±0.000m，室外标高−0.450m。

2. 各部位混凝土强度等级见下表：

基础垫层	柱下独基	柱	梁	板	楼梯板 楼梯小柱	砌体中 构造柱	砌体中 圈、过梁
C10	C25	C30	C30	C30	C30	C20	C20

3. 基础为柱下独立基础，基底设计标高−2.100m。场地和地基回填，人工夯实200mm夯实一次，夯实后为150mm，机械夯实为每200mm夯实一次，夯实后为150mm，压实系数：地坪垫层>0.94，干密度2.0t/m³。

4. 本工程过梁设置如下：

（1）对通长带形窗，洞口上框架梁兼作过梁；

（2）对独立门窗，根据门窗洞口宽度，按下表选用（单位：mm）。

门窗洞宽	小于1000	1000～1800	1800～2400	备　注
过梁高	120	180	240	端部在墙体上的支承长度不小于250

5. 砌体。本工程中，−0.030m标高以下墙体用MU15页岩实心砖，M7.5水泥砂浆砌筑；填充墙体：外墙和卫生间采用小型页岩空心砌块，M5混合砂浆砌筑，内墙采用加气混凝土小型砌块，M5混合砂浆砌筑。

（1）填充墙高度超过4000mm时，在墙中部或门顶或窗台高度处加设一道通长的钢筋混凝土圈梁，图中未标注者，截面为墙厚×200mm。

（2）填充墙构造柱除注明外，凡内、外墙转角及相交处均需设置构造柱；凡墙长≥4000mm时，墙中间需设构造柱，构造柱间距（或与框架柱间距）≤4000mm。

（3）窗洞≥3000mm的窗下墙中部（间距≤2000 mm）及窗洞口两侧需设构造柱。洞口两侧无构造柱的窗间墙中部。条形通窗下墙中及阳台栏板设构造柱间距≤2000mm。

（4）构造柱边长度≤200 mm的墙垛用C20素混凝土浇筑。填充墙构造柱除注明外，截面尺寸为：墙厚×240mm。

（5）屋顶女儿墙构造柱间距≤2000mm。

6. 楼地面。楼地面做法详见工程细部做法表。楼梯面层采用花岗石。

7. 屋面。屋面做法详见工程细部做法表，落水管选用 ϕ110UPVC 落水管配相应落水口及弯头。

8. 外墙。外墙做法详见工程细部做法表。墙身防潮层：在室内地坪下约−0.060m 处做 20mm 厚 1∶2 水泥砂浆内加 5%防水剂。

9. 油漆。木作油漆：满刮透明腻子一遍，聚氨酯清漆四遍。凡露明铁件一律刷防锈漆两遍，调合漆罩面。除不锈钢及铝合金扶手外，金属栏杆扶手刷防锈漆及底漆各一道，磁漆两道，颜色另详。凡与砖（砌块）或混凝土接触的木材表面均满涂防腐剂。

10. 门窗。M5438 采用组合全玻平开门，M1524 双扇带上亮铝合金地弹门。其余为平开有亮塑钢门。窗全部采用推拉塑钢窗。厕所采用防潮板隔断，并在隔断上安小门，隔断高 1.8m。

11. 散水为 60mm 厚 C15 混凝土，每隔 6m 设玛𤧛脂伸缩缝。

二、现场情况及施工条件

本工程位于市区甲方单位内。交通便利，结构用混凝土采用泵送商品混凝土，其余建材均可直接运入现场。

施工用水和电都可从单位现有水管和电网中接用，现场“三通一平”已经具备。

现场地势较平坦，土质属坚土，常年地下水位在地面 2.8m 以下。

三、工程细部做法

工程细部做法表（mm）

类别	名称	适用部位	做　　法
楼地面	防滑地砖地面	底层卫生间	10 厚地面砖干水泥浆擦缝，30 厚 1∶3 干硬水泥砂浆结合层表面撒水泥粉，1.5 厚聚氨酯防水层（2 道），最薄处 20 厚 1∶3 水泥砂浆细石混凝土找坡层抹平，60 厚 C15 混凝土垫层，150 厚 5mm 卵石灌 M2.5 混合砂浆振捣密实
	防滑地砖楼面	楼层卫生间	上层作法同前，60 厚 1∶6 水泥焦渣填充层，现浇钢筋混凝土之现浇叠合层
	花岗石地面	底层办公用房	20 厚花岗石块面层水泥浆擦缝，20 厚 1∶2 干硬性水泥砂浆粘合层，上洒 2 厚干水泥并洒清水适量，100 厚 C10 混凝土垫层，水泥浆结合层一道，素土夯实基土
	花岗石楼面	楼层办公用房	20 厚花岗石块面层水泥浆擦缝，20 厚 1∶2 干硬性水泥砂浆粘合层，上洒清水适量，水泥浆结合层一道，20 厚 1∶3 水泥砂浆找平层，结构层
踢脚	花岗石踢脚线	除卫生间外所有部位	20 厚花岗石块面层水泥擦缝，25 厚 1∶2.5 水泥砂浆灌注
屋面	防滑地砖屋面	屋面	10 厚防滑地砖面层，20 厚 1∶3 水泥砂浆找平层，40 厚挤塑保温板，4 厚 SBS 改性沥青防水卷材一道，20 厚 1∶3 水泥砂浆找平层，页岩陶粒找坡层，最薄处 30 厚

续表

工程名称：办公楼 房屋建筑与装饰工程　　　　　　　　　　　　　　　　标段：

类别	名称	适用部位	做　　法
内墙面	釉面砖墙面	卫生间	5厚釉面砖，白水泥擦缝，4厚强力胶粉水泥粘结层，揉挤压实，1.5厚聚合物水泥基复合防水涂料防水层，9厚1∶3水泥砂浆打底压实抹平，素水泥浆一道甩毛。内墙面砖高2.6m
	乳胶漆墙面	办公用房	封底漆一道，树枝乳胶漆2道饰面，5厚1∶0.5∶2.5水泥石灰膏砂浆找平，9厚1∶0.5∶3水泥石灰膏砂浆打底扫毛，素水泥浆一道
天棚	铝合金天棚	卫生间	铝合金方板面层500×500，铝合金方板龙骨
	乳胶漆天棚	办公用房	封底漆一道，树枝乳胶漆2道饰面，2厚纸筋灰抹面，5厚1∶0.5∶3水泥石灰膏砂浆，3厚10.5∶1水泥石灰膏砂浆打底，素水泥浆一道
外墙面	保温墙面	外墙	外墙采用外保温，其构造做法由内至外依次为，20厚混合砂浆抹灰，200厚加气混凝土砌块，30厚水泥砂浆找平层粘结层，30厚复合硅酸盐板，20厚保护层水泥砂浆抹灰

四、清单计价编制要求

清单计价编制要求同附录二，此处仅给出了“分部分项工程和措施项目计价表”供参考，其他参照规定编制。

分部分项工程和单价措施项目清单与计价表

工程名称：综合楼 房屋建筑与装饰工程　　　　　　　　　　　　　　　　标段：

序号	项目编码	项目名称	计量单位	工程数量	金额（元）		
					综合单价	合价	其中 暂估价
	01	房屋建筑与装饰工程					
	0101	土石方工程					
1	010101001001	平整场地	m^2				
2	010101003001	挖沟槽土方	m^3				
3	010101004001	挖基坑土方	m^3				
4	010103001001	回填方	m^3				
5	010103002001	余方弃置	m^3				
		……					
		分部小计					
	0104	砌筑工程					
6	010401005001	空心砖墙	m^3				
7	010401012001	零星砌砖	m^3				
8	010401014001	砖地沟	m				
		……					
		分部小计					
	0105	混凝土及钢筋混凝土工程					

续表

工程名称：综合楼 房屋建筑与装饰工程　　　　标段：

序号	项目编码	项目名称	计量单位	工程数量	金额（元）		
					综合单价	合价	其中 暂估价
9	010501001001	基础垫层	m^3				
10	010501003001	独立基础	m^3				
11	010503001001	基础梁	m^3				
12	010503004001	圈梁	m^3				
13	010503005001	过梁	m^3				
14	010505001001	有梁板	m^3				
15	010506001001	直形楼梯	m^2				
16	010507001001	散水、坡道	m^2				
17	010507001002	楼地面垫层	m^2				
18	010507004001	台阶	m^2				
19	010515001001	现浇构件钢筋	t				
20	010515001002	砌体钢筋	t				
21	010515002001	预制构件钢筋	t				
22	010516002001	预埋铁件	t				
		……					
		分部小计					
	0108	门窗工程					
23	010802001001	铝合金地弹门	m^2				
24	010802001002	金属（塑钢）门	m^2				
25	010805005001	全玻自由门	m^2				
26	010807001001	塑钢窗	m^2				
		……					
		分部小计					
	0109	屋面及防水工程					
27	010902001001	屋面卷材防水	m^2				
28	010902004001	屋面排水管	m				
29	010904002001	楼（地）面涂膜防水	m^2				
		……					
		分部小计					
	0110	保温、隔热、防腐工程					
30	011001001001	保温隔热屋面	m^2				
31	011001003001	保温隔热墙面	m^2				
		……					
		分部小计					
	0111	楼地面装饰工程					
32	011102001001	花岗石楼地面	m^2				
33	011102003001	卫生间防滑地砖楼地面	m^2				

续表

工程名称：综合楼 房屋建筑与装饰工程　　　　　　　　　　　　标段：

序号	项目编码	项目名称	计量单位	工程数量	金额（元）		
					综合单价	合价	其中 暂估价
34	011105002001	花岗石踢脚线	m^2				
35	011106001001	花岗石楼梯面层	m^2				
36	011107001001	花岗石台阶面	m^2				
37	011108001001	石材零星项目	m^2				
		……					
		分部小计					
	0112	墙、柱面装饰与隔断、幕墙工程					
38	011201001001	外墙面一般抹灰	m^2				
39	011201001002	内墙面一般抹灰	m^2				
40	011202001001	柱面一般抹灰	m^2				
41	011204003001	卫生间瓷砖墙面	m^2				
42	011206002001	卫生间瓷砖零星项目	m^2				
43	011206002002	外墙面砖零星项目	m^2				
44	011209002001	全玻（无框玻璃）幕墙	m^2				
45	011210005001	卫生间隔断	m^2				
		……					
		分部小计					
	0113	天棚工程					
46	011301001001	天棚抹灰	m^2				
47	011302001001	铝合金方板天棚	m^2				
		……					
		分部小计					
	0114	油漆、涂料、裱糊工程					
48	011407001001	墙面喷刷涂料（内墙面、顶棚）	m^2				
49	011407001002	外墙面喷刷涂料	m^2				
		……					
		分部小计					
	0115	其他装饰工程					
50	011503001001	金属扶手、栏杆、栏板	m				
		……					
		分部小计					
	0117	措施项目					
51	011701001001	综合脚手架	m^2				
		……					
		分部小计					
		合计					

附 3-2 综合楼建筑施工图

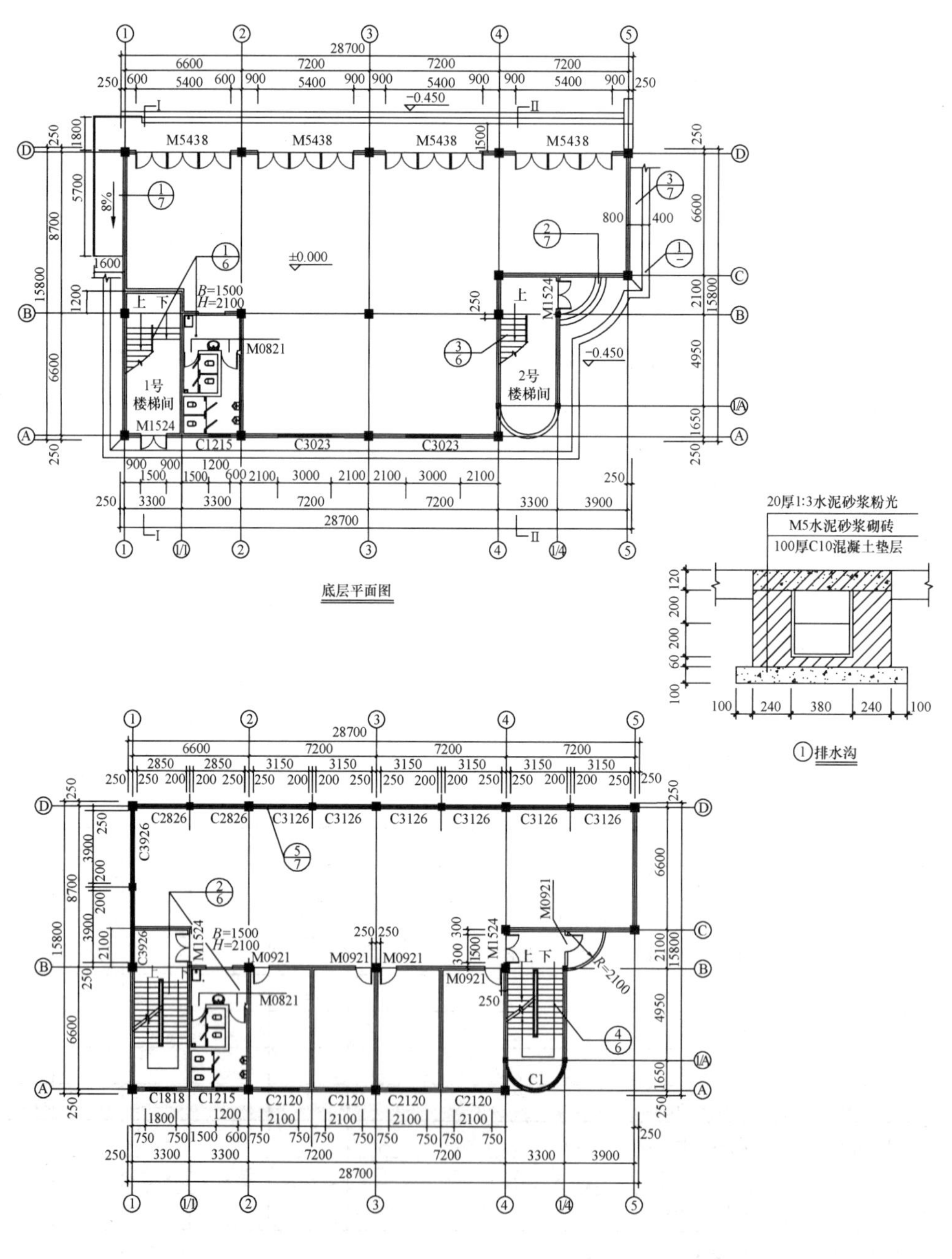

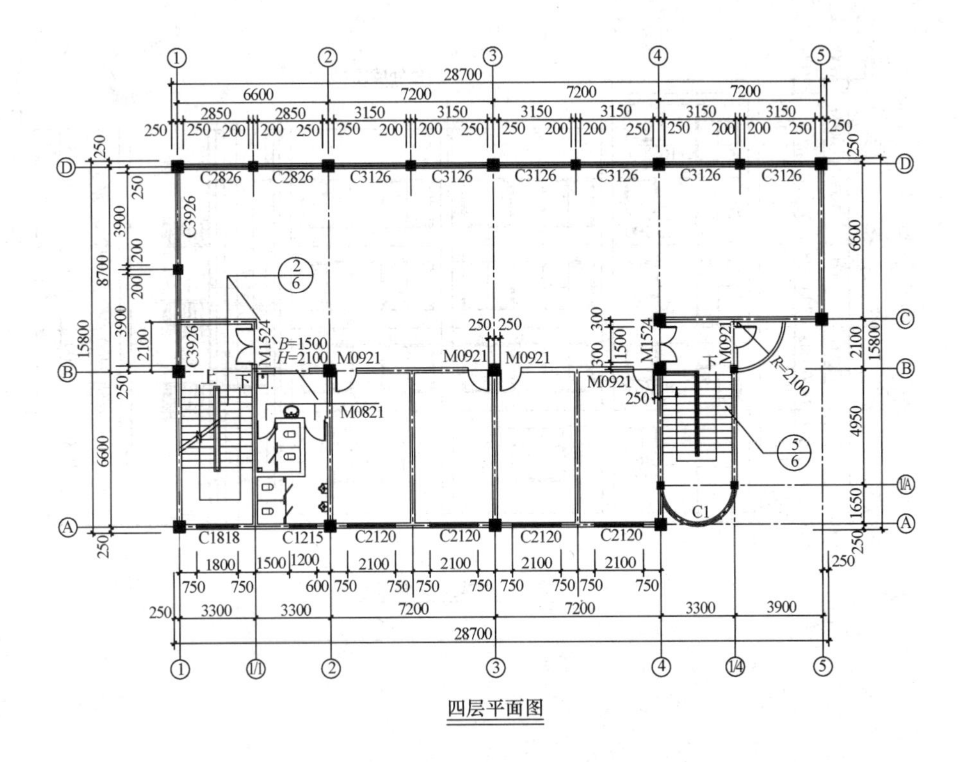

四层平面图

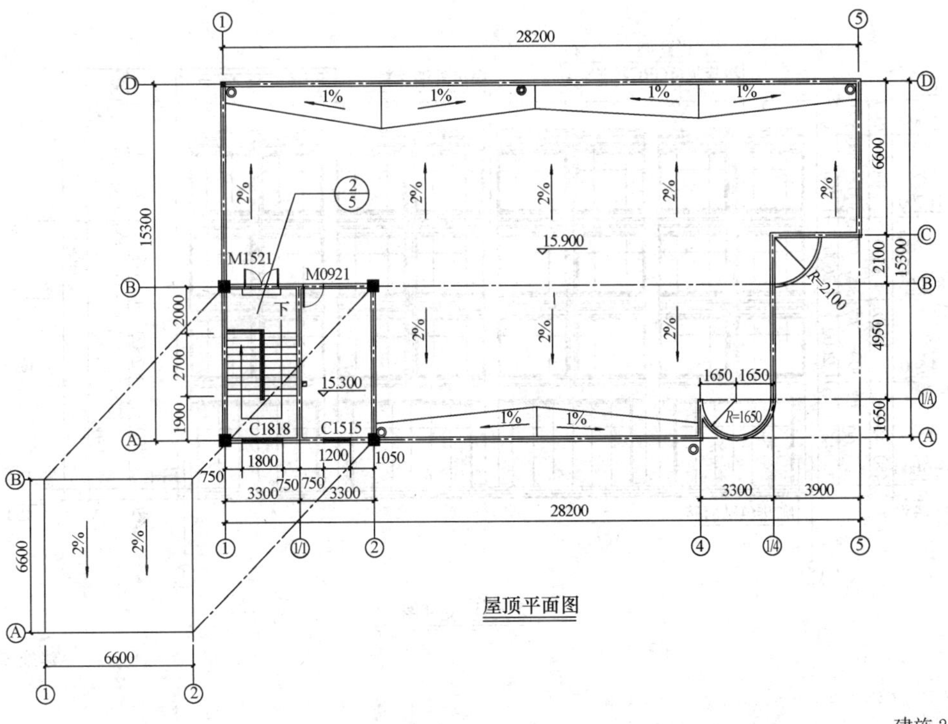

屋顶平面图

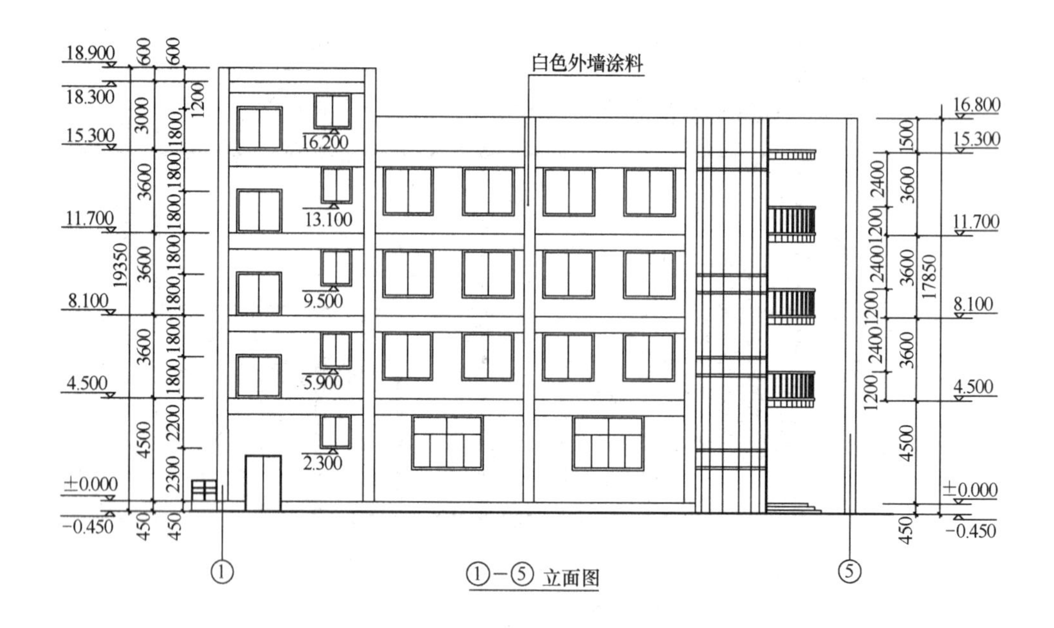

①−⑤ 立面图

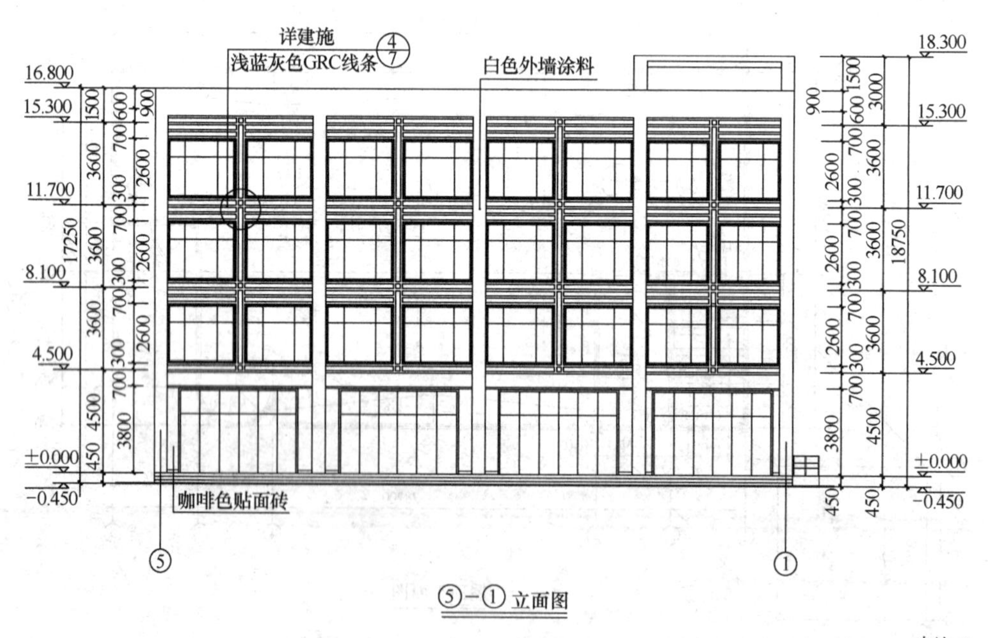

⑤−① 立面图

建施 3

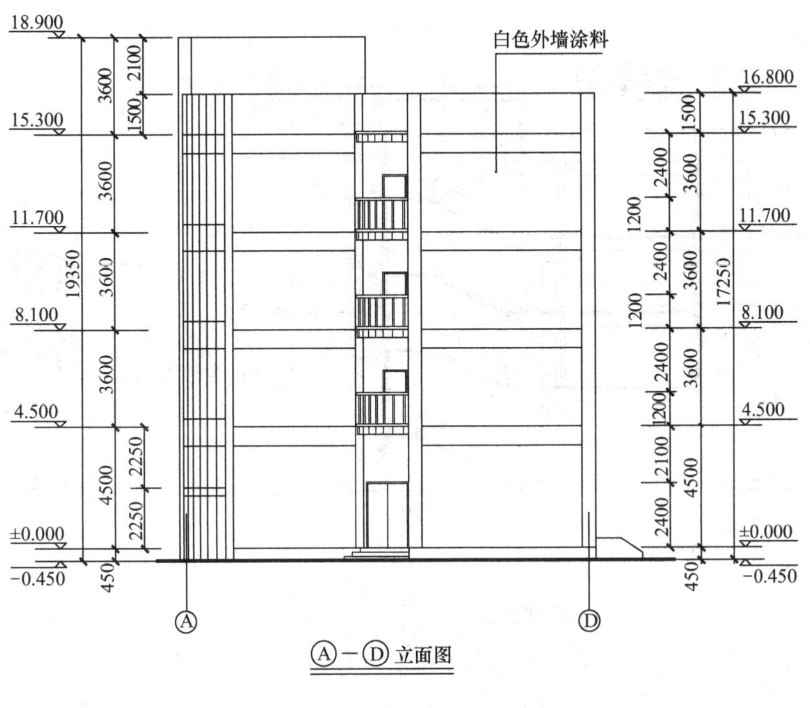
18.900
15.300
11.700
8.100
4.500
±0.000
−0.450
16.800
15.300
11.700
8.100
4.500
±0.000
−0.450
白色外墙涂料
3600
2100
1500
3600
19350
3600
3600
4500
2250
2250
450
1500
2400
3600
1200
2400
3600
17250
1200
2400
3600
1200
2100
4500
2400
450
A
D

Ⓐ—Ⓓ立面图

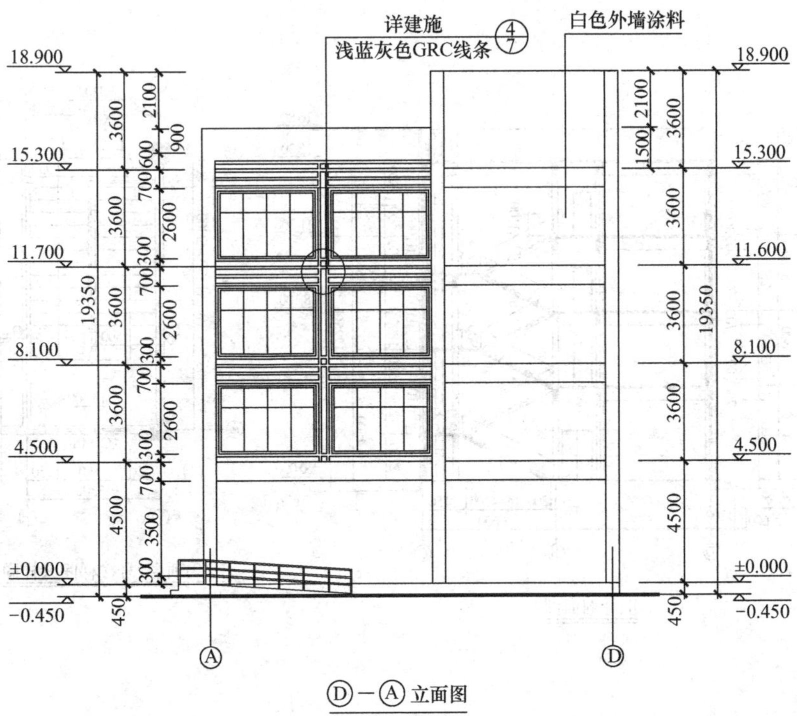
详建施
浅蓝灰色GRC线条
4
7
白色外墙涂料
18.900
15.300
11.700
8.100
4.500
±0.000
−0.450
18.900
15.300
11.600
8.100
4.500
±0.000
−0.450
3600
2100
900
600
700
2600
300
700
2600
300
700
2600
300
700
3500
300
19350
3600
3600
3600
4500
450
2100
1500
3600
3600
3600
19350
3600
4500
450
A
D

Ⓓ—Ⓐ立面图

建施4

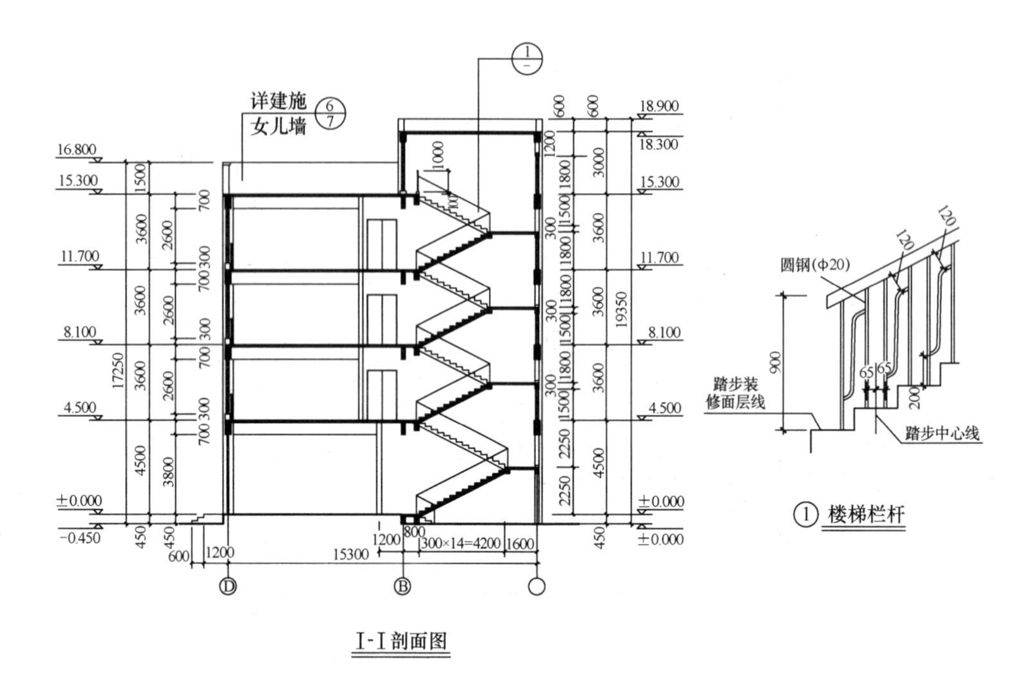

Ⅰ-Ⅰ剖面图

① 楼梯栏杆

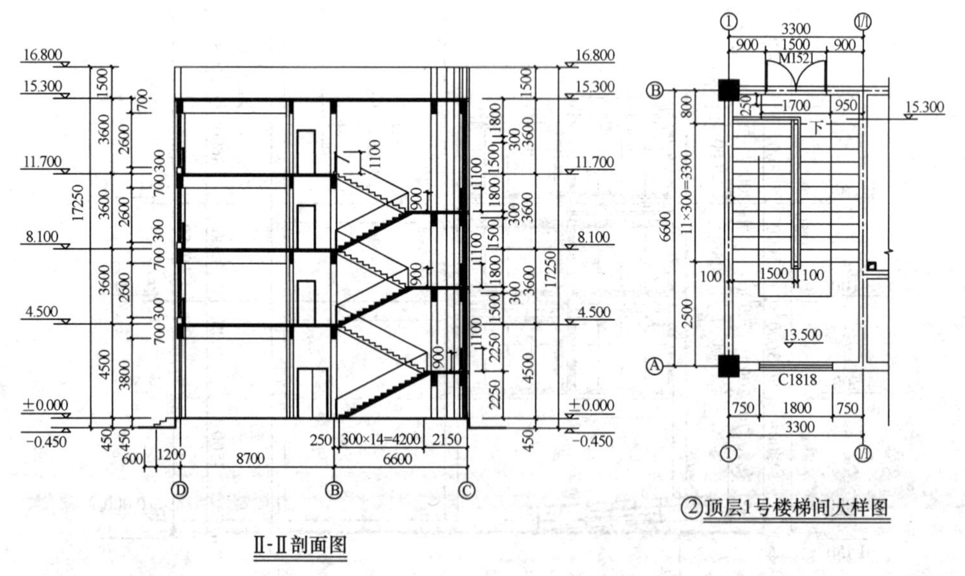

Ⅱ-Ⅱ剖面图

②顶层1号楼梯间大样图

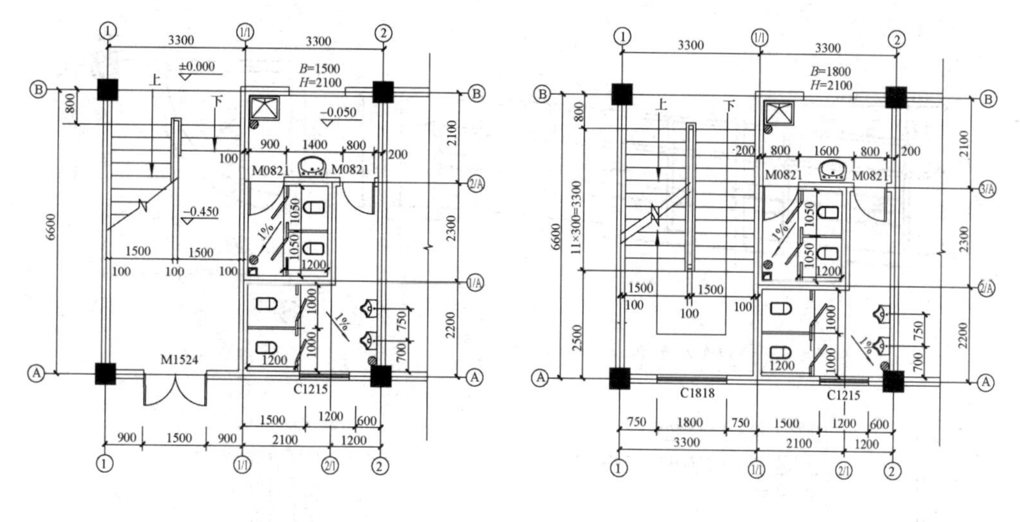

①底层1号楼梯间.卫生间平面图

②二～四层1号楼梯间.卫生间平面图

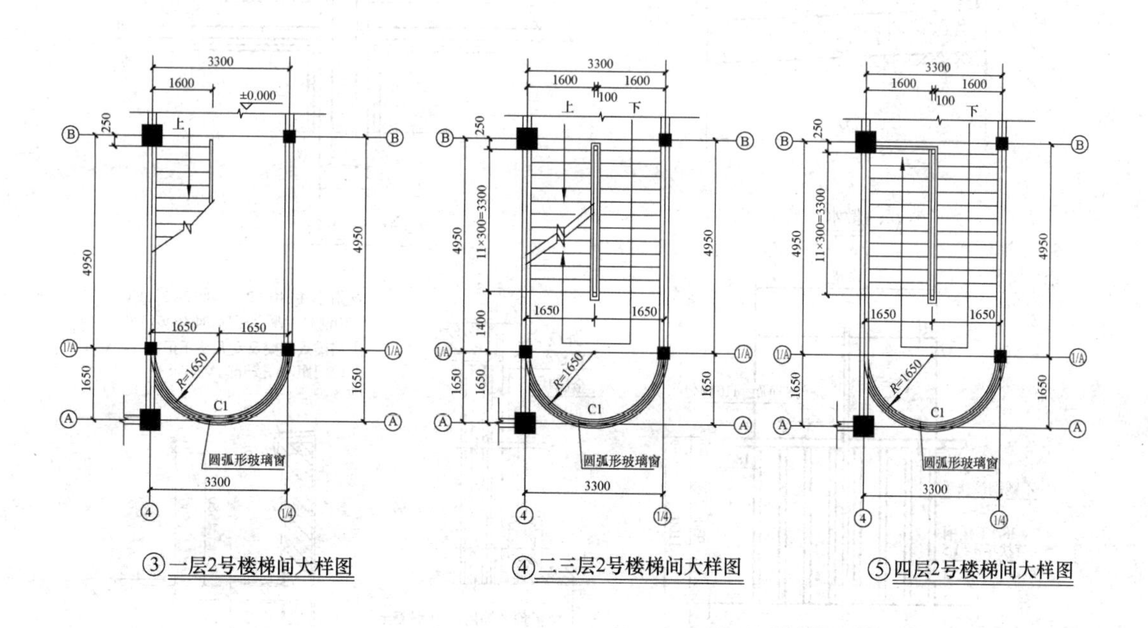

③一层2号楼梯间大样图

④二三层2号楼梯间大样图

⑤四层2号楼梯间大样图

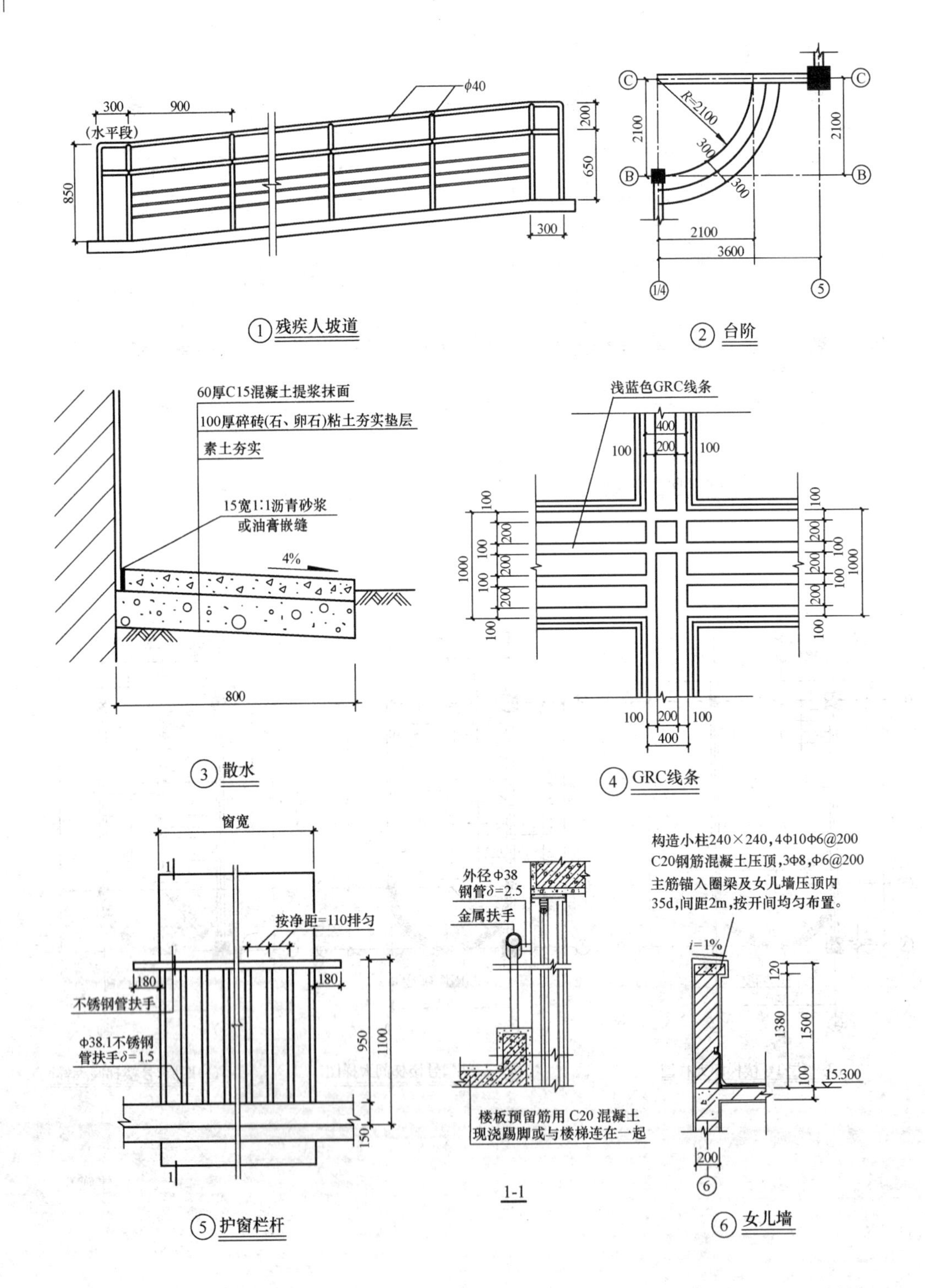

300
900
φ40
(水平段)
850
200
650
300
①残疾人坡道
C
B
R=2100
300
300
2100
2100
2100
3600
1/4
5
②台阶
60厚C15混凝土提浆抹面
100厚碎砖(石、卵石)粘土夯实垫层
素土夯实
15宽1:1沥青砂浆
或油膏嵌缝
4%
800
③散水
浅蓝色GRC线条
400
200
100
1000
④GRC线条
窗宽
按净距=110排匀
180
不锈钢管扶手
φ38.1不锈钢
管扶手δ=1.5
950
1100
150
⑤护窗栏杆
外径Φ38
钢管δ=2.5
金属扶手
楼板预留筋用 C20 混凝土
现浇踢脚或与楼梯连在一起
1-1
构造小柱240×240，4Φ10Φ6@200
C20钢筋混凝土压顶，3Φ8，Φ6@200
主筋锚入圈梁及女儿墙压顶内
35d，间距2m，按开间均匀布置。
i=1%
120
1380
1500
100
15.300
200
6
⑥女儿墙

附 3-3　综合楼结构施工图

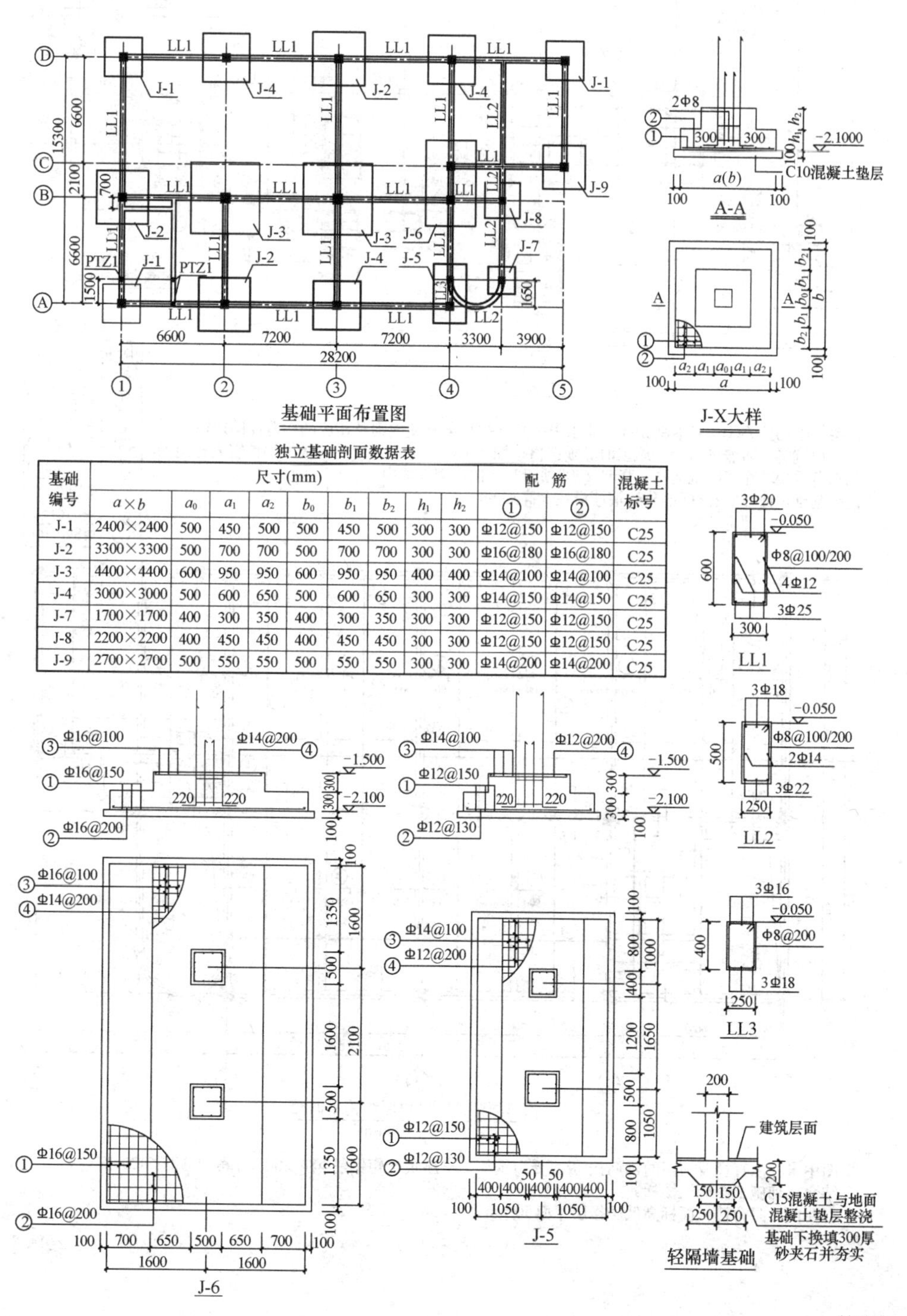

独立基础剖面数据表

基础编号	尺寸(mm)									配筋		混凝土标号
	$a\times b$	a_0	a_1	a_2	b_0	b_1	b_2	h_1	h_2	①	②	
J-1	2400×2400	500	450	500	500	450	500	300	300	Φ12@150	Φ12@150	C25
J-2	3300×3300	500	700	700	500	700	700	300	300	Φ16@180	Φ16@180	C25
J-3	4400×4400	600	950	950	600	950	950	400	400	Φ14@100	Φ14@100	C25
J-4	3000×3000	500	600	650	500	600	650	300	300	Φ14@150	Φ14@150	C25
J-7	1700×1700	400	300	350	400	300	350	300	300	Φ12@150	Φ12@150	C25
J-8	2200×2200	400	450	450	400	450	450	300	300	Φ12@150	Φ12@150	C25
J-9	2700×2700	500	550	550	500	550	550	300	300	Φ14@200	Φ14@200	C25

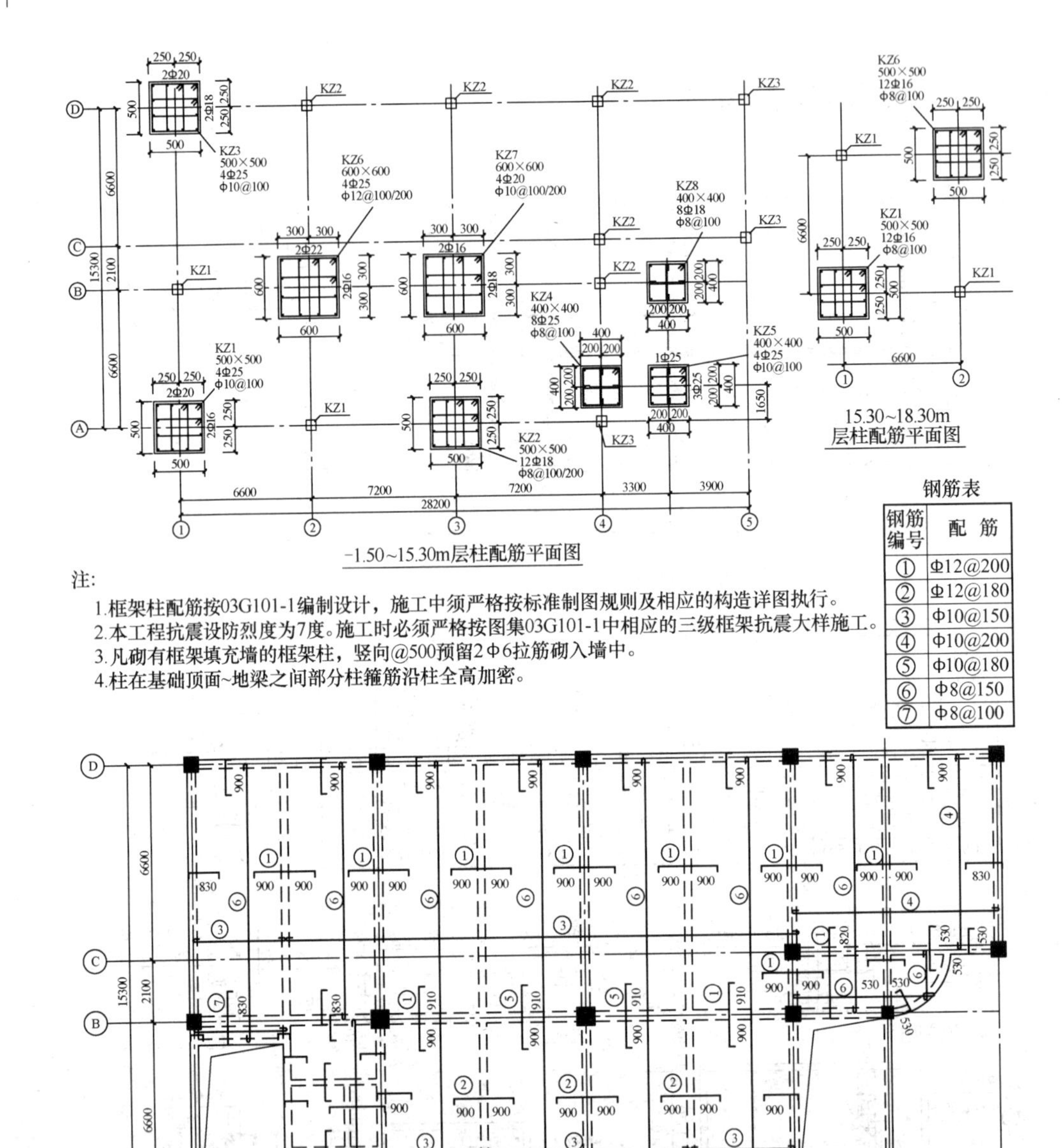

−1.50~15.30m层柱配筋平面图

注:

1.框架柱配筋按03G101-1编制设计，施工中须严格按标准制图规则及相应的构造详图执行。
2.本工程抗震设防烈度为7度。施工时必须严格按图集03G101-1中相应的三级框架抗震大样施工。
3.凡砌有框架填充墙的框架柱，竖向@500预留2Φ6拉筋砌入墙中。
4.柱在基础顶面~地梁之间部分柱箍筋沿柱全高加密。

钢筋表

钢筋编号	配 筋
①	Φ12@200
②	Φ12@180
③	Φ10@150
④	Φ10@200
⑤	Φ10@180
⑥	Φ8@150
⑦	Φ8@100

4.500~11.700m层结构平面图
h=100mm

注:

1.图中未标注直径及间距的钢筋按:板底受力钢筋、支座负弯矩钢筋Φ8@200，分布钢筋Φ6@200配筋;
2.结合楼梯施工图施工楼梯。
3.卫生间、阳台楼板面标高低于楼层平面50mm。

结施 2

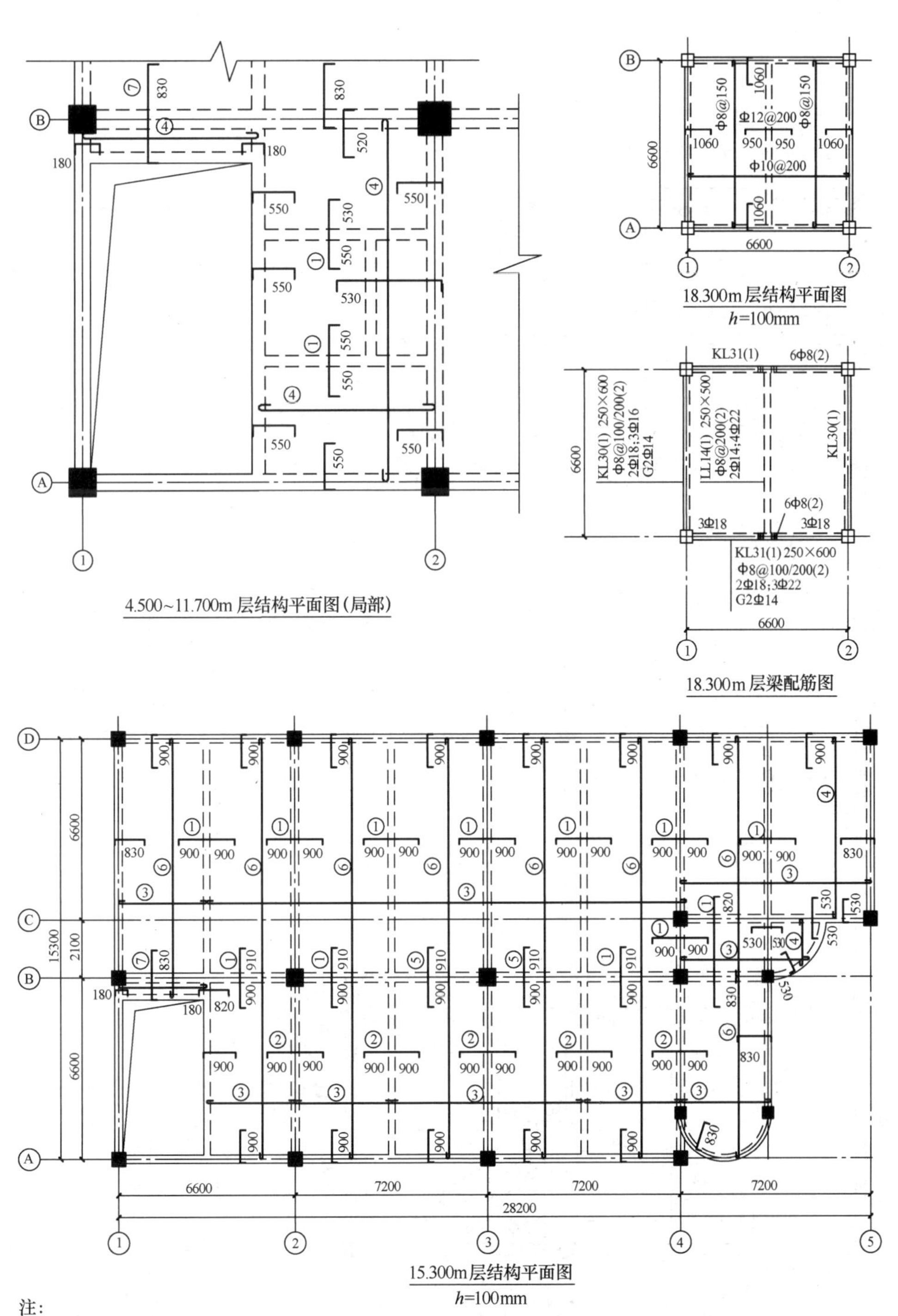

注：

1.图中未标注直径及间距的钢筋按:板底受力钢筋、支座负弯矩钢筋Φ8@200，分布钢筋Φ6@200筋；

2.结合楼梯施工图施工楼梯。

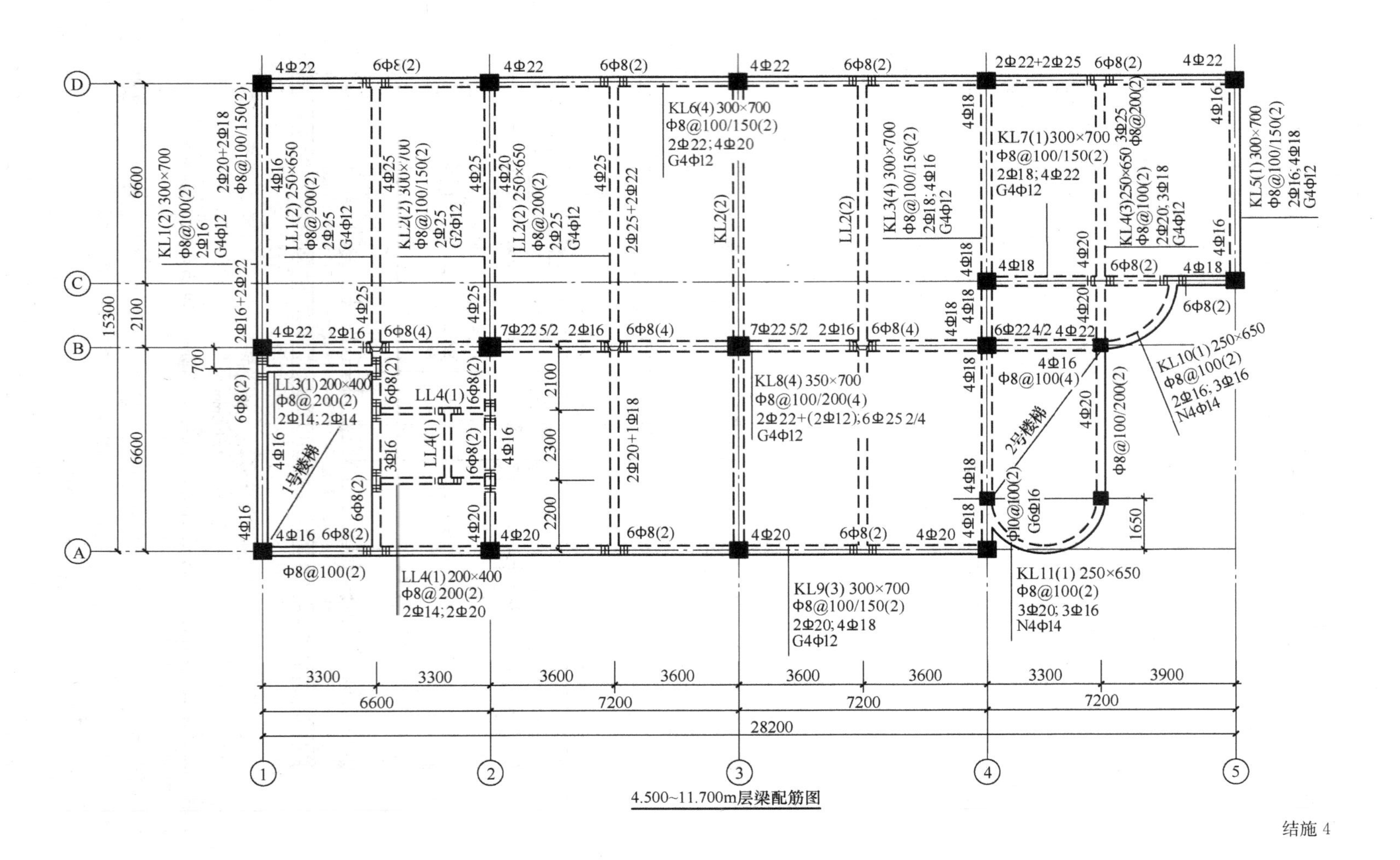

4.500~11.700m层梁配筋图

结施 4

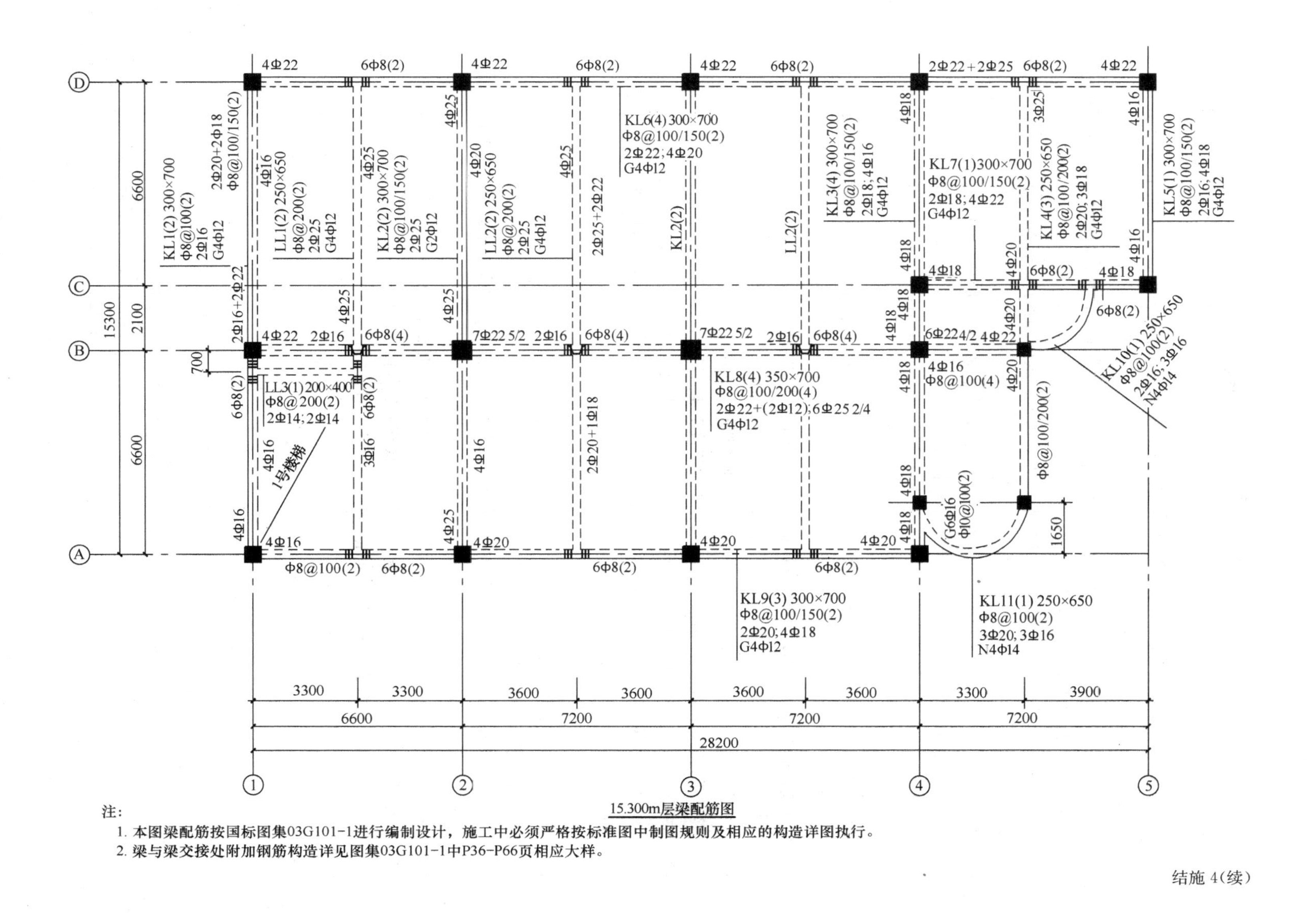

15.300m层梁配筋图

注：
1. 本图梁配筋按国标图集03G101-1进行编制设计，施工中必须严格按标准图中制图规则及相应的构造详图执行。
2. 梁与梁交接处附加钢筋构造详见图集03G101-1中P36–P66页相应大样。

结施 4(续)

参 考 文 献

[1] 中华人民共和国住房和城乡建设部、中华人民共和国国家质量监督检验检疫总局. 房屋建筑与装饰工程工程量清单计算规范 GB 50854-2013. 北京，2013.

[2] 中华人民共和国住房和城乡建设部、中华人民共和国国家质量监督检验检疫总局. 建设工程工程量清单计价规范 GB 50500-2013. 北京，2013.

[3] 城乡建设部、财政部关于印发《建筑安装工程费用项目组成》的通知. 建标〔2013〕44 号. 北京，2013.

[4] 规范编制组. 2013 建设工程计价计量规范辅导. 北京：中国计划出版社，2013.

[5] 中华人民共和国建设部. 建筑工程建筑面积计算规范 GB/T 50353-2005. 北京，2005.

[6] 全国造价工程师执业资格考试培训教材编审委员会 . 建设工程造价案例分析 . 北京：中国城市出版社，2013.

[7] 全国一级建造师执业资格考试用书编写委员会等. 建设工程经济(第三版). 北京：中国建筑工业出版社，2011.

[8] 中国建设监理协会. 建设工程投资控制 . 北京：知识产权出版社，2009.

[9] 谭大璐 . 工程估价(第三版). 北京：中国建筑工业出版社，2007.

[10] 谭大璐. 土木工程经济. 北京：中国建筑工业出版社，2010.

[11] 袁建新 . 建筑工程预算(第二版). 北京：中国建筑工业出版社，2005.

[12] 王雪青. 工程估价(第二版). 北京：中国建筑工业出版社，2011.

[13] 李宏扬. 建筑工程预算——识图、工程量计算与定额应用. 北京：中国建材工业出版社，2001.

[14] 郑君君，杨学英. 工程估价. 武汉：武汉大学出版社，2004.

[15] 张建平，吴贤国. 工程估价. 北京：科学出版社，2006.

[16] 唐连珏. 工程造价编制实务. 北京：中国建筑工业出版社，2000.

[17] 王武齐. 建筑工程计量与计价. 北京：中国建筑工业出版社，2005.

[18] 王广斌，张洋，谭丹，基于 BIM 的工程项目成本核算理论及实现方法研究，科技进步与对策，2009，26(21)，47-49.

[19] 重庆大学等三院校. 土木工程施工. 北京：中国建筑工业出版社，2005.

[20] 刘尔烈等. 工程项目招标投标实务. 北京：人民交通出版社，2000.

[21] 刘宝生主编. 建筑工程概预算. 北京：机械工业出版社，2001.